KB216781

이렇게 불쌍한 별이라니! 이제 죽어 버린 형제가 대기의 살을 먹어 치우는 동안 무기력하게 궤도를 돌고 있습니다. 블랙홀은 끝없이 먹어 치우며 구멍이 숭숭 뚫린 검은 입 속으로 끊임없이 가스를 빨아들이고 또 빨아들입니다. 가스는 이 우주에서 다시는 볼 수 없는 영원한 심연으로 떨어지기 전에 엄청나게 뜨거운 온도에 도달합니다. 우리는 수천 광년 떨어진 곳에서 그 고통의 비명과 도와 달라는 울부짖음을 보고 있습니다.

Courtesy of NASA/CXC/M.Weiss

여기저기에서 마치 공기 방울이 피어오르는 듯 섬세하고 아름다운 오리온성운은 새로운 별들이 탄생하는 곳입니다. 그러나 강력한 방사선과 충격파, 폭발하는 별들의 온상이기도 하지요. 제발 부탁이에요. 멀리서만 관찰하세요. 장담하는데, 안쪽에서 보면 그렇게 예쁘지만은 않아요.

Courtesy of NASA, ESA, M. Robberto (Space Telescope Science Institute/ESA) and the Hubble Space Telescope Orion Treasury Project Team

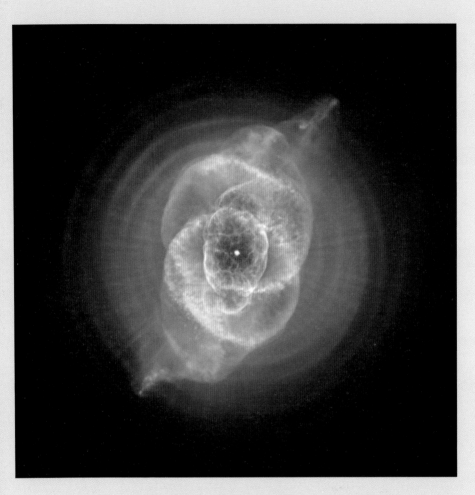

여기 성운 스펙트럼의 반대쪽 끝에는 별의 탄생지가 아니라 묘비인 행성상 성운이 있습니다. 이 행성상 성운 이름은 전혀 낭만적이지 않은 NGC6543입니다.(하지만 감성 가득한 탐험가들은 고양이눈성운이라고 부릅니다.) 중심 별이 뒤집혀서 이렇게 형성되는 데 약 1,500년의 비참한 세월이 걸렸습니다. 맞아요. 예쁘기도 하고, 지저분해 보이기도 합니다.(옮긴이: 별이 뒤집히면서 안에 있던 것을 다 쏟아 내거든요.)

Courtesy of NASA, ESA, HEIC, and The Hubble Heritage Team (STScI/AURA)

여기 또 다른 별의 무덤, 게성운이 있습니다. 눈을 가늘게 뜨고 19세기에 만들어진 망원경으로 보면 게 모양으로 보일 거예요. 게성운은 거대한 초신성 폭발에서 남은 조각들의 잔해입니다. 서기 1054년에는 낮에도 볼 수 있을 정도로 밝았습니다. 가운데에는 한때 위대했던 별이 남긴 마지막 잔재인 펄서가 있습니다. 그럼 펄서를 둘러싼 나머지는 무엇일까요? 방사능과 실패한 꿈으로 가득한 독성 황무지입니다.

Courtesy of NASA, ESA, J. Hester and A. Loll (Arizona State University)

우주여행자를 위한 생존법

경이로운 우주를 탐험하기 전 알아야 할 것들
우주여행자를 위한 생존법

초판 1쇄 발행 2025년 4월 10일

지은이 폴 서터
옮긴이 송지선

편집 김은이, 최일규
표지 디자인 Atto
본문 디자인 Leobook

펴낸곳 오르트
펴낸이 정유진
전화 070-7786-6678
팩스 0303-0959-0005
이메일 oortbooks@naver.com

ISBN 979-11-976804-5-8 03440

한국어판 ⓒ오르트, 2025. Printed in Korea.

무단전재와 무단복제를 금합니다.
잘못 만들어진 책은 구입하신 서점에서 바꾸어 드립니다.

A Journey Through Dangerous Astrophysical Phenomena

HOW TO
DIE
IN
SPACE

폴 서터 **지음** | 송지선 **옮김**

경이로운 우주를 탐험하기 전
알아야 할 것들

우주여행자를 위한 생존법

오르트

HOW TO DIE IN SPACE

Copyright © 2020 by Paul M. Sutter

All rights reserved.

No part of this book may be used or reproduced in any manner whatsoever without written permission except in the case of brief quotations embodied in critical articles or reviews.

Korean Translation Copyright © 2025 by Oort Publishing Company
Korean edition is published by arrangement with The Tobias Literary Agency through Imprima Korea Agency.

이 책의 한국어판 저작권은 (주)임프리마 코리아를 통해 The Tobias Literary Agency와 독점 계약한 오르트에 있습니다.
저작권법에 의해 보호를 받는 저작물이므로 무단전재와 무단복제를 금합니다.

이 세상 모든 어머니께, 나와 여러분의 어머니께
우리는 끝없는 빈 공간을 모험해야만 합니다
위험한 이 우주에서 절대 쉴 수 없어요
내가 지내는 이곳이 어떤 느낌인지 알려 줘서 고마워요

- 고대 천문학자의 시

일러두기

지은이의 설명과 자료 출처는 숫자 1, 2, 3, ……으로 표기하고 책 뒤 〈주석〉에 모았습니다.
옮긴이의 설명은 ●로 표기하고 해당 쪽 아래에 모았습니다.

한국 독자분들께

함께 꿈을 나눠요

한국 독자 여러분, 만나서 반갑습니다. 이 책을 한국어로 소개한다는 소식을 들었을 때 참 기뻤습니다. 함께 우주를 이야기하고 생각을 나눌 수 있기 때문이지요. 머리 위 하늘과 그 뒤에 숨어 있는 깊은 우주는 우리 모두의 공간이라고 믿습니다. 우주와 우주가 품고 있는 모든 미지의 세계는 어느 한 나라나 문화권에서 자신들의 소유라고 이야기할 수 없는, 전 인류의 것입니다.

전 세계 어디서든 우리는 반짝이는 별이 가득한 멋진 밤하늘을 볼 수 있습니다. 사람들은 각각의 별이나 별자리에 다른 이름을 지어 주기도 하고, 별자리에 서로 다른 이야기를 붙여 주기도 합니다. 하지만 지구 전체를 감싸안은 둥근 하늘은 우리 모두에게 똑같이 쏟아지지요.

하늘은 하나예요. 모든 인류를 위한 단 하나의 공통된 하늘이 있을 뿐입니다. 이 책에 나오는 수많은 위험 또한 우리 모두가 문제를 해결해 가며 이해해야 할 것들이지요. 또한 우주 끝, 닿기 어려운 곳에 숨어 있는 신비한 아름다움은 우리 모두의 기쁨이기도 합니다.

이 책을 쓰는 동안 정말 즐거웠습니다. 독자 여러분도 그만큼 즐거운 우주여행을 하시길 바랍니다. 그리고 저 멀리 별들 사이에 있을, 있을지도 모르는 생명에 대한 꿈을 나누며 우리가 언젠가 만나기를 기대합니다.

여행자를 위한 경고

> 길을 잃고 외롭게 죽는 것과
> 사람들에게 둘러싸여
> 무언가를 남기고 죽는 것
> 무엇이 더 나쁜가
>
> - 고대 천문학자의 시

우주에서 살아남을 수 없습니다. 그렇죠. 불가능해요. 여러분은 광활하고 위대한 대자연의 자식이에요. 하지만 안타깝게도 대자연이 여러분을 사랑해야 한다는 법은 없습니다. 대자연은 여러분을 사건의 지평선 아래로 끌어내려 모든 살아 있는 영혼과 만나지 못하도록 만들 수 있습니다. 시속 수만 킬로미터의 속도로 산을 던져 여러분을 산산조각 낼 수도 있고. 여러분을 지겹도록 괴롭혀 다음 항성계로 이동하기 위해 끝없는 시간을 보내게 만들 수도 있습니다. 심지어 여러분에게 **전자파**(microwave)를 쏠 수도 있지요. 말 그대로 전자파로 여러분을 요리할 수도 있다는 이야기예요. 대자연이 심각한 수준의 방사선을 내뿜을 수도 있습니다. 운이 좋으면 여러분은 **겨우** 무서운 암에 걸리는 정도에서 끝나겠죠. 또한……. 이제 제가 하려는 말을 아실 거예요.

　우주는 거칠어요. 정말 거친 곳인데, 여러분은 물론 누군가가 우주를 탐험하고 싶어 한다는 사실에 무척 놀랐습니다. 당연히 우주는 경이로움으로 가득 찼지요. 수 광년에 걸쳐 뻗어 있는 가스의 덩굴손, 우주를 가로질러 볼 수 있는 별의 폭발, 기묘한 상태의 물질도 있어요. 죽어 가는 별과 붕괴되고 있는 별 등 놀라운 광경의 연속이죠. 아름답고 멋진 우주는 다채롭고 역동적이며 생명이 깃들어 있습니다. 엄청나게 크고 모두를 위한 충분한 공간도 겸비하고 있죠. 여러 세대의, 호기심 많은 사람들을 만족시킬 만큼 놀랍고 신비로워요.

　경이로움에 이끌린 열혈 탐험가들은 제대로 준비하지 못한 채 탐험에 나섭니다. 낯설고, 독특하고, 특이한 것을 찾아 떠나죠. 성운 사이사이를 춤을 추며 지나고 중력의 파도 위에서 서핑합니다. 자연의 가장 내밀한 곳에 숨겨진 비밀을 알아내려 합니다. 뒤도 돌아보지 않고 계속 앞으로만 나아가죠. 모든 은하마다 수천억 개의 별이 있고 관측 가능한 우주에는 이런 은하가 수천억 개 있습니다.

　탐험가들은 별을 보러 갑니다. 융합의 공장이죠. 창조의 샘이기도 하고요. 심해의 주의 깊은 안내자예요.

　성운을 보러 갑니다. 중력 때문에 떨어진 것들이 모인 무덤이자 빛의 발상지입니다. 원소들이 생겨나는 공장이고요.

　보이지 않는 것을 보러 갑니다. 먼 충돌의 속삭임, 기묘한 물질로써 놓은 비밀, 아무것도 없는 광활한 공간이지요.

　극한을 보러 갑니다. 새로운 우주로 가는 관문, 고대 우주의 유물, 새로운 친구를 찾아서 말이에요.

보러 갑니다. 탐험하고, 연구하고, 관찰하고, 목격하기 위해서요.

안타깝게도 너무 일찍 최후를 맞이할 거예요. 블랙홀의 중력에 휘말릴 수도 있고, 갑자기 날아온 혜성에 부딪힐 수도 있어요. 별 표면이 폭발하면서 나오는 방사선에 피폭될 수도 있지요. 모든 것이 비극입니다. 무의미하고 불필요한 비극이지요.

그래서 제가 알려 드리려고 해요. 저의 최우선 과제는 여러분이 위험에서 벗어날 수 있도록 미리 경고하는 것입니다. 행성을 찾고 바위를 찾아서 집이라고 부르세요. 농장을 가꾸고 아이들을 키우세요. 우주에 있는 모든 위험을 없애기는 어렵지만 치명적인 위험만은 피할 수 있습니다. 발 아래에 흙을 깔고 머리 위에 공기를 두세요. 수십억 년 동안 지속될 수 있는 열과 빛, 온기가 남아 있는 별과 액체 상태의 물이 풍부한 행성을 찾아보세요. 취미가 있어야 우주에 대한 걱정을 내려놓을 수 있을 거예요.

망원경을 구입하는 건 어떠세요? 멀리서 즐기면 좋겠어요. 하지만 이런 이야기 안 들으실 거죠? 위험하고 머나먼 우주로 여행을 떠나실 거죠? 여러분은 다른 사람들과 달라요. 잘 모르거나 무지하거나 게으르지도 않아요. 영리하고 조심하고 또 조심할 거예요. 경이로우면서도 경외심이 드는 이야기를 잔뜩 가지고 집으로 돌아올 거예요. 대자연을 상대로 한판 붙는 걸까요? 대자연은 수십억 년의 내공을 가지고 있다는 사실만 기억하세요.

저의 두 번째로 중요한 과제는요, 지구에 가만히 머물지 않을 여러분이 앞으로 직면할 몇 가지 위험에 대해 말씀드리는 거예요. 지구를 떠나 우주에 도달하는 방법, 충분한 음식물과 공기를 가져가는 방법, 항해 및 이동 방법과 같은 간단한 문제는 이미 해결했다고 가정하겠습니다. 그건 모두 공학적인 문제일 뿐 물리학자인 제가 관여할 부분은 아닙니다.

제 전공은 물리학, 그중에서도 천체물리학입니다. 우주에서 어떤 현상이 어떻게 일어나는지를 알아내는 것이죠. 그래서 여러분의 새롭고 멋진 꿈을 위해 천체물리학 내용을 아낌없이 말할 거예요. 간략하게 설명하기도 하고, 때로는 속도를 늦추고 자세히 파헤쳐야 할 때도 있을 겁니다. 단순히 위험을 나열하는 것이 아니라 **왜** 위험한지를 설명해 드리겠습니다.

저는 여러분이 우주에서 살아남기를 바랍니다. 이왕이면 더 많은 지식을 활용해서 살아남으면 좋겠습니다. 이 책에는 지구의 과학자들이 수십 년, 어떤 경우는 수 세기 동안 연구하여 얻은 최신 과학 지식을 담았습니다. 다시 말해 상당 부분은 맞지만 일부는 틀릴 수도 있다는 뜻입니다. 그게 바로 현실입니다. 어떤 것이 확실한 사실인지, 약간 의심스럽거나 심지어는 완전히 추측에 불과한 것에는 무엇이 있는지 여러분께 알려 드리기 위해 최선을 다하겠습니다. 다시 한번 말씀드리지만 여러분의 판단을 존중하세요. 하지만 저는 최소한의 안전을 위해서라도 진리만을 말씀드리기 위해 노력할 겁니다.

우주에 나가면 아무리 조심해도 지나치지 않습니다. 여기 있는 내용들도 우주에 있는 모든 위험을 나열한 완전한 목록은 아닙니다. 이 책을 쓸 때 기한이 있었고, 모든 새로운 발견이나 지식이 책에 포함되도록 무작정 기다릴 수만은 없었으니까요. 가장 명백한 위험과 잘 알려지지 않은 그다음의 위험 몇 가지를 다루겠습니다. 물론 저

넓은 우주에는 더 많은 위협이 존재하고, 제가 아무리 똑똑해도 전지전능한 존재는 아닙니다. 우주는 그렇게 돌아가고 있는 겁니다.

가장 중요한 것은, 아무리 강조해도 지나치지 않을 정도로 이 책에는 부정확한 내용이나 불완전한 지식이 있을 수도 있어요. 물론 최소화하려고 노력했어요. 완벽한 사람은 없잖아요.

여행은 전적으로 여러분의 책임입니다. 특정 진화 단계에 있는 별이 앞으로 100만 년 동안 안정적일 거라고 말했지만 갑자기 초신성이 될 수도 있어요. 그렇더라도 저 대신 물리학을 탓하세요. 우주는 복잡한 곳이며 물리학도 단순하지 않습니다.

어디까지 도달할지, 모험에서 결국 무엇을 맞닥뜨릴지 모르겠습니다. 우리 우주는 끊임없이 변화하고 거대하고 거칠어요. 여러분은 당황할 수도 있어요. 그런 우주에 깜짝 놀랄지도 몰라요.

분명히 경고했습니다.
그럼 탐험을 시작하시죠.

차례

HOW
TO DIE
IN
SPACE

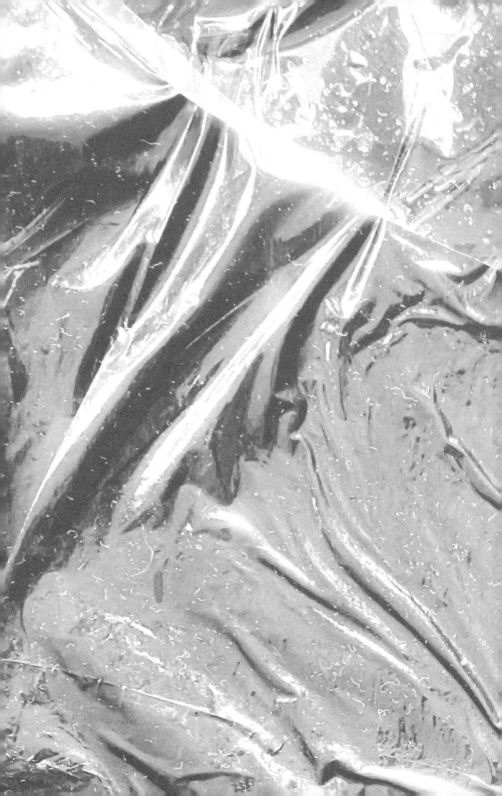

지구를 떠난 후

HOW TO
DIE
IN
SPACE

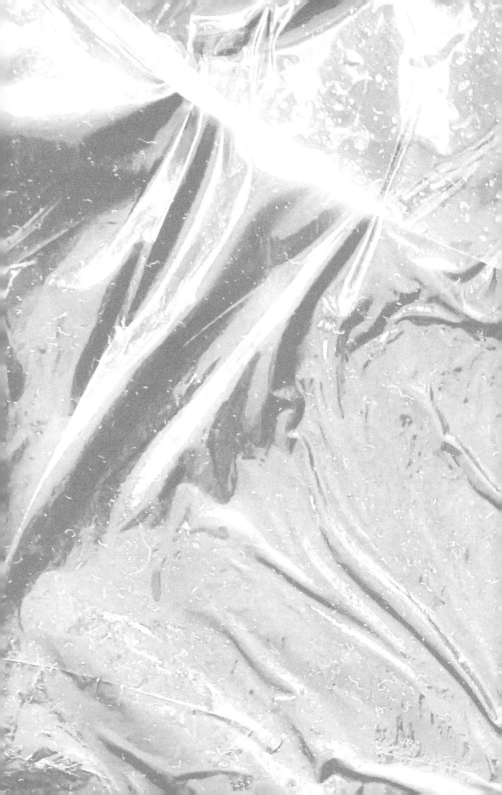

아무것도 없는 공간 <u>1</u>

숨을 들이켜 보지만
아무것도 따라오지 않는다
지친 눈빛과 얼어붙은 피부
배신당한 듯 뛰는 심장

- 고대 천문학자의 시

대기가 있는 이 소중한 공간을 떠나자마자 여러분이 만나게 될 가장 큰 문제는 우주에 아무것도 없다는 것입니다. 중요한 문제죠. 자, 그런데 **아무것도 없다**는 건 여러분에게는 최고의 선물이 될 수도 있어요. 특히 우리가 여행을 계속하면서 만날 '아무것도 없는 게 아닌' 그 모든 위협, 특히 여러분을 괴롭히기도 하고, 산산조각을 낼 수도 있는 우주 현상들이 도사리고 있다는 것을 생각하면 말입니다. 이제 여행을 시작하면서 우주에 **아무것도 없다**는 생각이 가장 위험하다는 걸 깨닫고 놀랄 것입니다.

하지만 그래서 우주탐험이 경이로워요. 우주가 더 이상 위험하지 않을 때 비로소 우주는 내 손에 쥘 수 있는 최고의 카드가 되지요. 그러나 우리가 그 카드를 손에 넣긴 어려워요. 아무것도 없는 무(無)

일 뿐이에요.

아무것도 없는 것. 그건 바로 진공이죠. 프랑스인들은 이를 **수비드**(sous vide)라고 하는데, 인터넷 번역기에 돌려 보니 '텅 빈 것보다 더 없는'이라는 뜻이랍니다. 마치 어떻게든 우리가 텅 빈 상태를 만들수 있거나 경험할 수 있는 것처럼 들려요. 예를 들어서 우유병에 있는 마지막 한 방울을 따라낸 후에 어떻게든 우유병을 **더** 비울 수 있다는 듯 말이에요. 제 생각에 프랑스어로 '진공'이라는 단어는, 오래전 진공을 만들기 위해 공기를 전부 다 빨아낸 후 혹시 남아 있을지모를 마지막 공기 방울을 꺼내기 위해 노력했던 그 경험에서 생긴 것같아요.

"다 비웠나?"

"네!"

"아직이야. 더 비워야 해!"

실제 대화는 아니지만, 진공이라는 뜻의 프랑스 단어는 참 흥미롭고 진공을 시각화하는 데도 도움이 되네요. 그런데 프랑스인들만 아주 옅은 공기로 진공을 만들어 보려 했을까요? 고대 로마인들도 여러 유용한 목적으로 흡착식 기구들을 만들었어요. 하지만 기본적으로 그 기구들을 이용해 어떻게 진공을 만드는지는 몰랐지요. 더 재미있는 점은 고대 철학자들이 그랬듯, 튜브에서 물을 제거하고 나면 아무것도 남지 않은 진공이 되는 것인지, 아니면 그저 우리 눈에 보이지 않는 또 다른 무엇이 남아 있는지가 뜨거운 논쟁거리였어요.

그들이 왜 그런 뜨거운 논쟁을 했는지 알 거는 같아요. 어디를 둘러보아도 **무언가는** 눈에 들어오죠. 그 눈에 보이는 모든 것은 때로는 딱딱하기도 하고 돌 같기도 하고, 공기처럼 가볍기도 하지요. 어찌 됐든 항상 뭐가 있긴 있어요. 아무것도 없는 것을 취할 수는 없죠. 창문을 열면 창문을 통해 바람이 들어오는 것을 느낍니다. 그건 자연이 비어 있는 공간을 힐끗 보고 그 공간을 얼른 공기로 채워 버리기 때문이에요. 자연은 진공을 싫어하는 것 같네요.

이런 논쟁이 항상 그렇듯, 아무것도 없는 공간은 종교적이거나 철학적인 개념 또는 신비한 무엇으로 여겨져 많은 논쟁을 불러일으켰습니다.[1] 비어 있는 것 중에서도 가장 비어 있는 진공의 진위를 자연만 싫어한 게 아니에요. 신성한 존재도 좋아하지 않았던 거죠. 실제로 진공이라는 것이 텅 비어 아무것도 없는 공간이라면 종교에서 말하는 모든 것을 알고, 모든 것을 보고, 모든 **존재하는 것**의 창조주라는 개념을 적용하기는 어렵기 때문이겠죠. 한편, 관에서 물을 다 빼내면 사실 관 안에 별로 남아 있는 게 없긴 해요. 텅 비어 보이죠.

그래서 항상 뜨거운 논쟁거리였나 봅니다. 1600년대 독일의 한 도시에서도 아주 격렬한 논쟁이 이어졌습니다. 마그데부르크의 시장인 오토 폰 게리케는 시장의 업무보다는 진공 청소기, 진공 펌프, 흡입 장치 등을 가지고 노는 데 열중하느라 바빴거든요. 그는 기존의 설계를 개선하여 잘 봉인된 관에서 공기를 끌어낼 수 있는, 소위 진공 펌프를 만들었습니다.

꽤 쓸 만한 장치였어요. 호스의 한쪽 끝을 체임버*에 연결하고 반대쪽 끝은 피스톤에 연결합니다. 피스톤을 당겨 체임버에서 공기를

---

* chamber, 외부 환경과 격리된 공간

빼낸 뒤 호스에 달린 밸브를 잠급니다. 그리고 피스톤을 호스에서 분리해 피스톤 안의 공기를 밖으로 밀어냅니다. 다시 피스톤을 결합한 뒤 호스의 밸브를 열고 피스톤을 당기는 과정을 반복하는 거죠.

체임버에 무엇이 남아 있었을까요? 공기가 빈 공간을 채우려 어떻게든 들어왔을까요? 빼낼 수 없었던 어떤 신비한 다른 물질이 있었을까요? 거기에 진공이라는 것이 실제 존재했을까요? 당시에는 답을 찾기 어려운 과학 문제를 접했을 때 "실험해 보려면 말 여러 마리가 필요한데……"라며 오랫동안 미루곤 했습니다. 하지만 폰 게리케는 시간을 낭비하지 않았어요. 정말 말 떼를 데리고 왔지요.[2]

그러고는 그가 당시 고급 기술로 만든 새 진공 펌프를 이용해 두 개의 반구를 서로 붙여 놓고 그 안의 공기를 빼냈어요. 여러 마리 말이 양쪽에서 끌게 해 두 개의 반구를 떼어 내려 했지만 아무리 힘센 말들도 하지 못했습니다. 말들이 두 개의 반구를 서로 떼어 내지 못한 이유는 두 개의 반구 사이 공간에는 아무것도 없고 그 바깥에는 무언가가 너무 많아서였죠. 바깥에 있는 공기는 두 개의 반구에 더 강한 압력을 가했고, 그에 반해 붙어 있는 두 개의 반구 안에는 서로를 밀어낼 압력을 가할 만한 물질이 아무것도 없었던 겁니다. 말들은 바깥에만 존재하는 공기압과 싸워야 했기에 떼어 내지 못한 거죠. 폰 게리케의 진공 펌프는 기능이 꽤나 좋아 두 개의 반구 안을 무(無)로 가득 채울 수 있었어요. 1654년, 뜨거운 논쟁에서 결국 진공이 이겼습니다. 다른 가능성은 전혀 없었습니다.

———

그러고 보니 아마도 진공은 우리가 어쩔 수 없이 허용하는 특별한 경우에 한해 존재하나 봅니다. 이제 아이작 뉴턴이 등장합니다. 그는 만유인력의 법칙과 같은 중력에 관한 연구를 했죠. 참 고마운 일이에요. 수 세기 전에 사람들은 지구 너머의 우주가 온갖 다양한 무언가로 가득 차 있다고 생각했습니다. 대부분 수정 구슬들로 가득 차 있다고 생각했어요. 그래요. 하늘에 보이는 것들 하나하나가 수정 구슬이었어요. 달도 그중에 하나, 태양도 그런 수정 구슬 중 하나, 행성들도, 별들도 다 하나씩 그런 수정 구슬이었어요. 지구가 그 모든 것의 중심에서 고요하고 가만히 앉아 있는 동안 우주에 가득한 온갖 수정 구슬들이 달이나 태양 같은 수정 구슬들을 규칙적으로 특정 경로를 따라 운반하는 것이라 생각했죠.(우리 지구는 움직이지 않는다고 여겼으니 지구는 이 같은 수정 구슬들 중 하나가 아니라고 생각했나 봐요.)

요하네스 케플러가 나타나기 전까지는 옳은 생각이었죠. 케플러는 태양계 행성들이 원이 아닌 타원의 경로[3]로, 그것도 지구가 아닌 태양을 중심으로 공전하고 있다고 했어요. 무한한 공간에서 아무런 어려움 없이 서로를 지나쳐 가는 타원 궤도가 사실이라면 하늘 자체가 둥그렇다고 하기엔 좀 무리가 있어 보였어요. 그래서 수정 구체라는 개념은 가차 없이 버렸습니다.

맞아요, 뉴턴. 행성들이 **어떻게** 원이 아닌 타원 궤도를 돌게 되었는지는 아무도 몰랐습니다. 뉴턴이 그랬죠. "중력은 지구에만 있는 것이 아니다. 중력은 단순히 나무에서 땅으로 사과를 끌어당기는 것만이 아니라 우주에 있는 모든 물체를 우주의 다른 모든 물체와 연결하는 것이다." 모든 물체에 중력이 작용하고 동시에 다른 물체에 의

한 중력을 느끼고 있다는 것입니다. 사과를 나무에서 땅으로 잡아 끌어당기는 그 중력이 행성들을 태양 주위에 타원 궤도로 묶어 놓는 보이지 않는 그 힘과 바로 같은 힘인 것입니다.

그런데 말이죠. 지구가 태양의 주위를 엄청난 속도로 돌고 있다면 **과연** 어떤 매질을 **통과하며** 돌고 있는 것일까요? 앞에서 우리는 자연이 진공을 싫어한다고 했습니다. 그것도 자연스럽게 아주 당연히 말이죠.(물론 폰 게리케가 보여 준 것처럼 우리 주위에는 말 떼로 실험해야 할 만큼 많은 노력이 필요한 경우들도 간혹 있지만요.) 그런데 만약 중력이라는 힘이 모든 행성을 특정한 궤도의 특정한 위치에 머무르도록 유지하는 것이라면 지구와 행성들은 무언가의 안에서 움직이고 있어야 한단 말입니다. 그게 무엇이든지 간에 아무것도 아닌 무(無)는 아니죠. 그렇다면 어떤 제동력이 있어야 하지 않을까요? 말 그대로 움직임에 반대하는 제동력이요. 태양의 주위를 공전하는 것에 반하는 그 어떤 힘. 지구의 공전을 느려지게 하는 그런 제동력…… 말이에요. 하지만 행성들이 궤도상에서 움직이는 것은 중력만으로도 완벽하게 설명할 수 있어요. 제동력이 존재한다는 증거는 전혀 없어요. 우리의 속도를 줄일 수 있는 그 어떤 매질도 **존재하지 않는다**는 거죠.

뉴턴도 천체들 사이에 어떤 매질이 존재한다는 가능성은 완전히 배제하였고[4] 그러한 사실을 공식적으로 인정했어요. 그럼에도 불구하고 거대한 진공 공간이 있다는 것을 받아들이지 못하고 다른 주장을 펴는 사람이 굉장히 많았습니다. 우리가 살고 있는 우주가 어떤 곳인지 잘 알고 있는 현대인의 입장에서는 우주가 진공 상태라는 것이 왜 그리 받아들이기 어려운지 이해하기 어려울 거예요. 그렇다면 우주의 대부분이 비어 있다고 치죠. 그게 뭐 그리 큰 문제일까요?

아무것도 없다는 진공이라는 개념은 너무 낯설어 우리의 직관에 반한다고 생각합니다. 하지만 여러분과 저를 비롯해 현대인들은 진공 청소기와 우주라는 공간에 익숙하기 때문에 진공이라는 개념이 익숙합니다. 여기서 잠시 우리의 똑똑했던 선조들의 생각을 알아볼까요? 그들은 이 모든 것을 어렵게 알아내야 했습니다. 문제를 해결하는 데 한두 세기가 걸렸다 해도 놀랍지 않죠.

보세요. 우주의 공간을 메우는 매질이 존재해야 한다는 이야기는 뉴턴이 아니라고 했을 때 끝나지 않았습니다. 뉴턴 이후에도 문제는 계속해서 제기되었습니다. 마치 머리가 여러 개 달린 히드라처럼 말이에요. 그러면서 그 개념은 더 다양한 맥락과 난해한 과학적 수수께끼를 풀기 위해 사용되었죠. 결국엔 **에테르**라는 이름을 얻었어요.

우주 전체가 수정 구체라는 생각이 무너진 이후, 처음에는 에테르가 행성들의 공전 궤도 사이에 존재하는 매질일 것이라고 생각했습니다. 아무도 이의를 제기하지 않았죠. 왜냐하면 에테르가 존재하지 않으면 태양계 전체에 대한 이론이 정지해 버리거든요. 또한 에테르의 존재는 당시의 빛에 대한 이론에 반하지 않았어요. 그러면서 정말 말 그대로 그저 존재하기만 했어요. 자연이 진공을 싫어하기 때문에 말이에요. 그런데 뉴턴이 말했어요. 사람들이 에테르가 존재하기를 바라는 이유는 오로지 에테르가 존재하기를 원했기 때문이라고요. 어떤 것을 원하는 마음을 버릴 수만 있다면 그것은 존재하지 않아도 되겠죠.

"그냥 좀 포기해. 없다고 생각해."

뉴턴이라면 이렇게 말하지 않았을까요? 여기서 빛의 본질에 대해 한번 생각해 볼까요? 우주에는 태양, 별, 활활 타고 있는 것들, 평소와 같이 엄청난 양의 빛을 발산하는 여러 종류의 발광체가 있습니다. 그런데 빛은 **무엇일까요?** 어떻게 생겼고 어떻게 행동하나요? 어떤 방식으로 빛을 가장 잘 설명할 수 있을까요?

뉴턴과 당시 연구자들은 빛이 미립자라고 생각했어요. 미립자(corpuscle)는 라틴어로 '아주 작은 입자'라는 뜻입니다. 이 미립자들이 마치 총알이 우박처럼 쏟아지듯 우주를 휘젓고 다니면서 밝은 천체들을 쏜살같이 스쳐 지나가고, 반사와 굴절을 반복하면서 결국 우리의 눈으로 강하게 파고들며 그 존재를 우리에게 알린다고 생각했죠. 뉴턴은 빛이 단지 입자에 불과하다고 생각했기 때문에 에테르가 존재해야 할 이유가 없었어요. 빛은 그저 우주 공간에서 마구 쏘다니는 거죠. 행성들처럼 말이에요. 이런 생각에는 아무런 문제가 없어 보였습니다.

그러다 중요한 사건이 생겼어요. 뉴턴이 세상을 떠나 더 이상 이걸로 논쟁할 수가 없었어요. 그리고 결정적으로 토머스 영이 빛은 적어도 스스로가 원할 때 파동처럼 행동할 수 있다는 것을 입증했습니다.[5] 매우 좁은 슬릿 두 개에 빛을 비추고 슬릿 뒤의 스크린에서 간섭 패턴을 관찰했더니 빛이 파동처럼 움직이는 것이 나타났어요.* 여기서 간섭 현상이란 스크린의 일부에서는 여러 빛줄기가 모여 훨씬 더

---

* 빛이 단지 입자에 불과하다면 빛은 직진만 할 수 있어야 합니다. 즉 스크린에는 슬릿을 통해 직진한 입자만 관측되고 간섭 현상은 볼 수 없어야 합니다.

밝아지고 또 다른 일부에서는 빛이 서로를 상쇄 소멸시켜 어두운 띠를 남기는 것을 말합니다. 이것은 100퍼센트 정확히 파동이어야만 가능한 일이에요. 빛은 파동입니다. 뉴턴이 받아들여야겠네요. (1799년 토머스 영 이전에는 왜 아무도 이런 생각을 하지 못했을까요?)

그러니까 빛은 때로는 입자로서, 때로는 파동으로서 움직인다는 말인데요. 그게 그렇게 중요하냐고요? 중요하죠. 왜냐하면 빛이 파동이라면 뭔가에 **파동을 일으킬 수 있다**는 이야기니까요. 생각해 봅시다. 소리 파동은 공기에 파동을 일으킵니다. 물 위의 파동은 당연히 물에 파동을 일으키지요. 그렇다면 파동인 빛은 태양에서 지구까지 이동하면서 무엇에 파동을 일으킬까요?

이러한 논쟁은 토머스 영의 실험 이후 수십 년간 더욱 심각해졌습니다. 슈퍼 천재이자 덥수룩한 수염이 상징적인 제임스 클러크 맥스웰이 우연히 빛을 만들었을 때였습니다.[6] 빛을 만들려고 의도한 것은 아니었고 그냥 전기장과 자기장의 움직임을 묘사하기 위해 몇 가지 방정식을 풀고 있었을 뿐이에요. 그러다 보니 전기장의 변화가 자기장을 만들 수 있고, 자기장의 변화가 전기장을 만들어 낼 수 있다는 결과를 방정식이 깔끔하게 설명하고 있었지 뭐예요. 따라서 변하는 전기장과 자기장은 서로 작용하는 것이 가능해졌고 서로를 앞뒤로 흔들어 서로에게 파동을 일으키며 얽혀 우주 공간을 뛰어다닐 수 있다는 결론을 얻었습니다.

호기심이 많은 맥스웰은 이 방정식을 이미 알려진 전기장과 자기장의 특성에 적용해 보았고, 같이 엮여 전진하는 전자기장 파동이 빛의 속도로 이동한다는 것을 찾아냈습니다. 빛은 정말 파동이었습니다. 전기장과 자기장의 파동이지요. 하지만 다른 파동과 마찬가지로 무언가를 통과해야 했습니다. 여전히 완벽한 진공이란 있을 수 없었죠. 그럼 이번엔 과연 완벽한 진공이 아닌 무엇이 있어야 할까요? 바로 **빛을 발하는** 에테르, 즉 빛이 파장으로서 그 안에 머무를 수 있는 매질인 에테르가 필요했습니다.

———

에테르가 왜 존재해야 하는지에 대해 더욱 미묘한 **수학적인** 이유가 있습니다. 에테르의 존재를 어떠한 관점에서 보느냐에 달린 것이죠. 물리학 전문 용어로는 기준 좌표계라고 합니다.

뉴턴의 물리학(중력, 작용 반작용, 힘과 가속도 등)을 적용하기 위해서는 저 바깥 우주의 어딘가에 절대적인 기준틀이 있어야 했어요. 그것이 어디에 있느냐, 어떻게 적용하느냐는 별로 중요하지 않았죠. 일단 절대적인 기준틀이 **존재**해야 했던 겁니다. 그래서 그 보편적인 기준점으로부터 위치나 속도와 같은 측정을 할 수 있는 대표적인 자나 시계 같은 것들이 필요했단 이야기지요. 뉴턴의 수학에서 모든 움직임은 고정된 틀에 대해 상대적인 것이어야 하거든요.

그러다가 콧수염이 덥수룩한 맥스웰이 나타나 다 망쳐 놓았습니다. 일부러 그런 것은 아니었어요. **맥스웰의** 전자기장 방정식들에서 파동으로서의 전자기장, 즉 빛은 무슨 일이 있어도 단 하나의 고정되고 일관된 값, 다시 말해 빛의 속도를 가집니다. 물론 빛의 속도는 어떤 물질을 통과하느냐에 따라 그 값이 변할 수는 있어요. 하지만 이

건 또 다른 논쟁이 될 수 있는 내용입니다. 빛의 속도는 표준 시계나 우주의 절대적인 시간을 재는 그 어떤 장치에도 상대적인 값이 아니었지요.

이것은 전 세계 모든 사람이 받아들이기 어려운 사실이었어요. 맥스웰은 빛이 존재하거나 앞으로 나가기 위해 특별한 기준틀이 굳이 필요하지 않다고 했습니다. 하지만 뉴턴은 세상의 모든 움직임에 절대적인 기준점이 있어야 그것을 기준으로 측정을 할 수 있다고 했죠. 누가 이길까요? 누가 이길 논쟁인지 답하기는 어렵지만 타협은 한번 해 볼 만해 보이죠. 에테르를 가지고 말입니다. 밝은 빛을 발하는 에테르는 그저 이상하고 미묘한 알 수 없는 매질이기도 했지만, 한편으로는 우주의 절대적 기준 관점틀이기도 했습니다. 미세한 움직임도 없는 절대적이고 정적인 좌표계. 그래야 뉴턴의 법칙들이 말이 되니까요. 이 논리대로라면 빛이 빛의 속도를 가질 수 있는 건 오로지 에테르의 존재하에서만, 에테르의 정점을 기준으로 해서만 가능했습니다. 자, 그렇게 틀리지 않은 논리 같기는 하죠. 우선 이 논리가 맞다고 가정하고 계속 추론해 보자고요. 실험을 통해서 말이에요!

일단 에테르가 완벽히 정적이고 움직이지 않는 것이라면, 지구가 태양 주위를 돌 때 에테르라는 매질을 뚫고 지나가야 합니다. 우리가 그 모양을 볼 수도 없고, 형태를 그 어떤 방식으로도 느낄 수 없다 하더라도 에테르는 우리가 지나가는 그 길목에 함께 있어야 해요. 또한 빛이 오로지 그 에테르에서만 일정한 속도를 가질 수 있다면 지구가 태양 주위를 돌 때 방향에 따라 때로는 '빛의 속도로' 가지만 때로는 '그 반대의 속도로' 간다는 말이 되기도 하죠.

결론: 빛의 속도가 변하는 걸 측정할 수 있어야 한다.

1887년, 수많은 실패를 거듭한 후(물론 어떤 실험이든 '실패'란 없지요. 항상 무언가 배울 게 있으니까요.) 앨버트 마이컬슨과 에드워드 몰리가 간섭계를 이용하여 빛의 속도 변화를 측정하는 데 성공합니다. 하나의 빛줄기를 나눠서 각각 다른 방향으로 보낸 후, 다시 그 두 빛줄기를 합치기 전에 미세하게라도 속도 변화가 있는지를 확인하는 거였어요. 두 과학자는 바로 실험을 했고 결과는…… 아무 차이도 측정할 수 없었습니다.[7] 두 개의 빛줄기를 비교해 보니 빛의 속도에 전혀 차이가 없었어요. 그리고 만약 빛의 속도가 어느 방향에서든 일정하고 일관된다면, 에테르에 대한 이론은…… 산산조각이 되어 버리죠.

마지막으로 이 결과에 대못을 박은 건 바로 아인슈타인이었습니다. 당시 대부분의 사람들이 맥스웰과 뉴턴의 세기의 논쟁에서 뉴턴을 승자로 꼽았지만(당연하죠!) 아인슈타인은 그 여론과 다르게 맥스웰을 최후의 승자로 꼽았습니다. 하지만 뉴턴을 이기기 위해서는 뉴턴이 말하는 절대적이고 보편적인 기준틀 전체를 없애야 했습니다. 아인슈타인은 "**모든** 움직임은 상대적이다."라고 주장했고 그 주장은 후에 복잡한 수학으로 증명되었죠. 세상에 절대적인 시계나 자는 없었습니다. 우리가 움직이는지를 알 수 있는 건 절대 기준틀이 아닌 그저 다른 것들이 기준이 되어서 가능한 것이죠.

아인슈타인에게 빛은 언제 어디서나, 누가 측정해도 일정했습니다. 늘 **같은** 속도였죠. 맥스웰이 만든 빛은 에테르가 필요하지 않았습니다. 진공 공간이어도 아무 문제없이 관통할 수 있고, 특정 속도를 측정하기 위한 특정 기준틀도 필요하지 않았습니다. 그 대가로 모든 움직임은 상대적이고, 시공간에 있는 모든 측정이 상대적이라는 것, 시간 팽창, 거리 수축, $E=mc^2$ 등 그의 상대성 이론에 관련된 모두가 상대적이라는 결론을 얻었습니다. 뉴턴의 절대적 움직임에 관한 이론은 틀린 것으로 판명 났지만 그래도 웅대한 마지막을 맞이했어요.

몇 년 뒤, 지구 대기권 밖의 공간은 신비로운 물질이 아닌, 물질이면서도 물질이 아닌 '진공'으로 둘러싸인 것이 되었습니다. 오토 폰 게리케와 그의 팀이 말을 이용한 실험을 통해 처음으로 아무것도 없는 진공이 존재할 수 있다는 것을 밝힌 이후 거의 250년이 지난 20세기 초반, 우주 공간은 진공으로 다시 태어났습니다.

———

더 많은 이야기를 하기 전에 한 가지 명확하게 하고 싶은 것이 있습니다. 특히 행성이나 별들 사이 공간이 텅 비었다는 이야기를 하려면 아주 정확하게 해야겠죠. 이 진공이라는 공간은 사실 통째로 텅텅 빈 건 아니에요. 아니, 그렇다면 앞서 제가 거짓말을 한 걸까요? 설명해 드릴게요. 제가 마법을 써서 여러분을 우주 어딘가의 위치로 순간이동 시킨다면(그러려면 정말 엄청난 마법이 필요하겠죠. 그 이야기는 나중에 다시 하기로 해요.) 그리고 여러분의 수중에 아주 작고 작은 미세한 에테르와 같은 물질을 감지해 낼 수 있는 기계가 있다면, 여기저기서 **핑-핑-핑** 하는 신호 탐지 소리가 들릴 수도 있습니다.

우주선(cosmic ray)이죠. 중성 미자도 있고 복사광도 있어요. 흩어져 있는 작은 분자들도 있고 우주를 날아다니는 솜털도 있지요. 우주는 바쁜 공간이에요. 아무리 비어 보여도 언제 어디든 **무언가가** 지나가죠. 피할 수 없어요. 그냥 믿으세요. 생각할 수 있는 한 가장 민감한 감지기가 있어야만 이 물질의 존재를 알아차릴 수 있을 정도지만 분명 존재합니다. 대부분 무해하다고 말할 수 있지만 아주 치명적일 때도 있습니다. 그 미세 입자들은 지구처럼 큰 천체들을 날려 버릴 만큼 **충분히** 흩어져 있는데, 중력에만 영향을 받을 뿐 알아차리기 어렵습니다. 그래서 뉴턴과 그의 연구팀이 전혀 몰랐던 거예요.

우주 공간이 완전히 비어 있을까요? 쉽게 답하기는 어려울 거예요. 그런데 이게 핵심이에요. 규모의 문제죠. 여러분이 충분히 커다란 상자를 놔두고 충분히 오랜 시간을 기다릴 수 있다면 당연히 무언가가 그 상자를 지나갈 거예요. 빛(radiation)도 포함될까요? 기본적으로 어디에든 존재하는 빛 말이에요. 네, 여러분의 생각에 맡길게요. 우주가 '완전한 진공이다, 아무것도 없다.'라고 생각하신다면 저도 굳이 논쟁하지 않을게요. 왜냐하면 우리가 현재 들이마시는 공기와 비교한다면 우주는 충분히 비어 있는 공간이 맞으니까요. 하지만 만약 여러분이 '우주는 진공이 아니다.'라고 생각하시면 함께 논쟁해도 좋아요. 아무것도 없어 보이는 우주에도 "봐, 내가 뭐 있다고 말했지?"라고 할 만한 많은 것이 존재하기 때문이에요.

하지만 진공인 우주 공간에 대해서 정말 중요한 것을 꼭 이야기해야겠네요.(진공이라는 공간이 얼마나 빨리, 그리고 끔찍하고 격렬하게 여러분을 죽일 수도 있다는 사실 말고도요.) 예를 들어 하늘 위로 보이는 우주 공간 일부를 무작위로 골라서 입자 하나하나, 빛과 성간 먼지, 혹은 중성 미자 하나하나, 광자, 중성자와 전자, 그 **모든 것**을 다 제거해 버리더라도, 우주는 여전히 완전한 빈 공간이 아닐 거예요.

이건 좀 이상하죠. 공간의 진공 상태를 표현하자면 모호하긴 해도 엄밀히 말해 살아 있다고 할 수 있어요. 적어도 진동을 하고, 그 진동은 마치 웅웅거리는 콧노래 같아요. 무슨 말이냐고요? 과학적이지도 않고 모순되게 들리는 거 알아요. 그럼 이제 과학적으로 설명해 볼게요. 여러분은 춥고 험한 진공 우주로 긴 시간 여행을 떠날 거잖아요. 그러니까 우주에서 어떤 일이 일어나는지 명확히 알고 가는 게 좋겠죠. 우주에서 일어나는 현상들을 이해하기 위해서는 우리가 입자라고 부르는 것, 그리고 물리학에서 배운 그 모든 것이 거짓임을 깨달아야 합니다. 우리보다 훨씬 더 총명한 과학자들이 20세기 중반부터 지금까지 밝혀낸 우주의 모습에서,[8] 우주의 근본적인 입자들은 혼자 고요히 떠다니는 질량과 에너지 덩어리가 아니에요. 오히려 그보다 훨씬 더 크고 웅장한 것, **장**(field)* 의 한 부분일 뿐입니다.

그다지 경외심을 불러일으킬 만한 이름은 아니지만 괜찮아요. 모든 종류의 입자들(예를 들어 전자, 광자, 톱 쿼크 등)은 특별한 종류의 **장**과 연관되어 있습니다. 장은 모든 시공간에 존재하지요. 시간적으로는 빅뱅** 이후부터 영원***까지 이르고, 공간적으로는 (지금 걱정할 건 아니지만 우주의 끝이 있다면) 우주 한쪽 끝자락에서 다른 끝자락까지

---

* 힘이 그 영향력을 미칠 수 있는 공간이에요.

** 우주가 태어났다고 할 수 있는 초기 시점

*** 우주의 운명에 마지막이 있다면 그 시간의 끝이라고 할 수 있는 시점

에 이릅니다. 여기서 말하는 장에는 전기장도 있고 빛의 장(전자기장)도 있고, 톱 쿼크의 장도 있습니다. 어떤 건지 느낌이 오시죠?

우리가 '입자'라고 부르는 것은 물리학의 한 분야인 양자장 이론의 관점에서 볼 때…… 양자장의 한 부분입니다. 만약 여러분이 우주의 한 조각을 가져다가 그 안에서 에너지를 공급하고 싶은 양자장을 찾고 에너지를 공급한다면, 짜잔! 떼어 낸 그 우주 조각 안에 많은 입자가 돌아다니는 것을 볼 수 있습니다. 그것들은 그렇게 생성되어 작은 입자로서의 삶을 살아갈 것이고 때로는 사라질 수도 있습니다. 여기서 입자가 사라진다는 것은, 그 입자들이 있는 바로 그 우주 조각의 장이 입자로서의 존재를 유지하기 위해 공급받았던 에너지를 잃는다는 뜻입니다.

다 이상한 이야기 같지만 아직까지는 이해할 수 있을 거예요. 그다음이 더 문제입니다. 우리 우주의 양자장은 결코 완전히 조용하지 않다는 점입니다. 장에서 입자 하나를 끄집어내려면 엄청난 세기의 진동이 필요한데, 이 장이 갖는 에너지는 절대로 0이 될 수 없습니다. 항상 미세한 진동과 소리가 있고 그 미세한 진동들이 무작위로 충분히 커져서 일시적으로 입자를 만들어 내기도 합니다. 그 입자는 오래 존재할 수 없는데, 장의 미세한 진동이 더욱 작게 줄어들면서 생성됐던 입자는 다시 원래 있던 곳으로 돌아갑니다. 하나의 입자가 오랫동안 유지되지는 못하지만 여전히 입자들은 생겨났다 사라졌다를 반복합니다. 우리가 원하든 원하지 않든, 여러분이 직접 그 입자들을 만들 만한 에너지가 없을 때도 말입니다.

우리는 이 배경 미세 진동을 **양자 거품**이라고 부릅니다. 아주 딱

걸맞는, 그리고 그 미세 진동의 배경을 잘 묘사한 이름이에요. 그리고 장이 소유한 0이 아닌 배경 에너지를 **진공 에너지**라고 하는데요, 역시 좀 재미없지만 아주 적절한 이름입니다.

입자도 없고, 빛도 없고, 그 어떤 것도 존재하지 않는 시공간의 진공 그 자체에도 우리가 절대로 없앨 수 없는 에너지가 있다는 이야기입니다. **우주 자체**에 '끊임없는 불안'과도 같은 그런 에너지가 있다는 말이에요. 불행히도 진공 에너지를 이용해 어떤 재미있는 일을 할 수는 없지만 우리가 아는 모든 물리학 법칙, 과학과 생명이라는 존재가 바로 그 배경 에너지 '위에' 생겨났어요.

그렇다면 진공에 대체 얼마만큼의 에너지가 있을까요? 묻지 마세요. 멍청한 대답밖에 못 드려요. 그래도 꼭 대답해야 한다면……, 무한합니다. 맞아요. 진공에 존재하는 에너지는 무한해요. 우리가 아는 한(사실 우리는 지금까지 수십 년 동안 이걸 연구해 왔어요.) 우주에는 무한한 진공 에너지가 있습니다. 상자 하나를 가져다 안에 있는 것을 모두 비워 보세요. 축하해요. 이제 상자에는 무한한 에너지가 담겼어요.

그런데 보세요. 에너지가 무한하다는 것은 사실 아무 의미가 없어요. 앞에서 말한 대로 우리가 아는 모든 물리는 그 에너지 위에 있기 때문이죠. 산꼭대기에 살고 있는, 살아 있는 생명체를 생각해 볼까요? 그 산이 얼마나 높은지는 상관없어요. 가정해 보자고요. 만약 여러분이 벽에 그림을 걸려다 의자에서 떨어진다면 이때 중요한 건 의자의 높이입니다. 의자에서 떨어져 크게 다친다면 그 심각함의 정도는, 산의 고도보다는 머리 끝이 땅에서 얼마나 떨어져 있었는지가 훨씬 더 상관있다는 거예요. 산이 아무리 무한히 높다 해도 말이에요.

헷갈리세요? 괜찮아요. 이제 시작이에요. 양자 역학의 세계에 오신 것을 환영합니다! 저는 우주의 위험을 알려 드리고 경고하겠지만 양자 역학을 자세히 말하지는 않을 겁니다. 여기엔 아주 타당한 이유가 있습니다. 첫째, 잡아야 할 더 큰 물고기가 있습니다. 둘째, 양자 역학은 정말 머리가 아플 정도로 복잡한 학문입니다. 여기서 제가 말하고 싶은 건 그저 자연에는 놀랄 일이 가득하다는 겁니다. 그 놀라움 중 어떤 것은 이해할 만하지만, 다른 어떤 것들은 기분이 언짢아질 정도로 어렵습니다. 아무것도 존재하지 않는 순수한 진공처럼 보이는 것이, 사실은 멀리 떨어진 초신성 폭발부터 시공간 자체의 본질에 이르는 모든 현상으로 인해 생성된 혼란스러운 입자와 방사선이 복잡하게 얽혀 소용돌이치며 거품이 일고 있는 것이라고요.

참 웃기죠? "하하하."까지는 아니지만 꽤 흥미로워요. 우주 진공에 대한 이야기가 한 바퀴 돌았습니다. 수 세기 동안 철학자들은 진공이라는 개념에 반대했는데 그럴 만도 하죠. 그 후에 진공이 존재한다는 것을 발견했고, 그다음엔 대부분의 우주 공간이 비었다는 것을 발견했단 말이죠. 그러고 나서는 또 그 아무것도 없다는 진공 자체가 양자 역학적 정의에 의해서는 존재하는 무언가가 되었으니까요. 그렇게 진공을 바라보는 시각은 시대에 따라 변했어요.

어쨌든 여러분은 멋지고 따뜻하고 아늑한 대기권을 정말 벗어나고 싶으신가요? 이 모든 말도 안 되는 일이 곧 시작될 거예요.

———

미래의 탐험가님, 하늘을 보세요. 별들을 탐험하는 꿈을 꾸고 계시죠? 그럼 다시 한번 하늘을 올려다보세요. 그 별들은 말이 안 될 정도로, 상상도 할 수 없을 정도로 멀리 있습니다.

하지만 진공은 그리 멀리 있지 않아요. 보세요. 지구에도 공기가 그다지 많지는 않아요. 네네, 맞아요. 우리 지구처럼 푸른 잔디밭이 없는 행성들도 있죠. 경쟁도 안 되죠. 달걀 하나를 우리 지구만큼 크게 부풀리면 그 달걀에 있는 껍데기가 우리 대기권보다 두꺼울 거예요.(그럼요, 그만큼 지구에는 공기가 많지 않다는 이야기죠.)

지구 대기권 밖의 우주도 그리 멀지 않아요. 만약 지구 표면에서부터 (대기권 밖으로 가기 위해) 하늘을 향해 수직으로, 시속 100킬로미터로 일정하게 간다면 아무것도 없는 진공의 공간까지는 한 시간 내로 도착해요.

그런데 여기서 잠시 생각해 볼게요. 우리 공기층이 이렇게 얇다는 것이 얼마나 **틀린 생각** 같아 보이는지 한번 살펴볼까요? 우리가 매일 폐로 들이마시는 이 달콤하고 신선한 공기가, 또 모든 미생물, 모든 웃음소리, 여러분이 평생 마실 물 한 모금 한 모금이 말도 안 되게 얇은 거품 안에 존재한다는 게 믿어지나요? 그 얇은 공기층이 섬세하게 지구를 감싸고 있지 않다면 지구는 한낱 메마르고 생명체라고는 찾아볼 수 없는, 녹아내리는 돌덩이에 지나지 않을 거예요.

심호흡을 크게 한번 하고 안심하세요. 그런데 그 심호흡이 상황을 더 악화시킬 수도 있겠군요. 다행히 대기는 쉽게 생기지 않지만 쉽게 사라지지도 않습니다. 안정적인 대기가 가까이 있다는 걸 생각하면 우린 참 운이 좋은 거예요.

우리 지구, 그리고 우리와 가장 가까운 이웃 행성들, 특히 온순하고 붉은 이웃 화성과, 밝고 항상 화가 나 있는 이웃 금성을 함께 생각해 봅시다. 세 개의 행성 모두 물, 질소, 이산화탄소가 충분한 상태에서 태어났어요. 그리고 같은 원시 행성계 덩어리(천체물리학자들은 '성운'이라는 전문 용어를 쓰지요.)에서 유래했어요. 태양에서부터 비슷한 거리에 있었기 때문에 가스와 먼지들이 뒤엉켜 행성으로 태어나기까지의 화학적, 분자적 형성 과정은 거의 비슷했지요. 금성과 지구는 우연히 거의 같은 크기가 될 수 있었던 반면, 화성은 지구나 금성보다 작게 만들어졌습니다.

　　그렇게 생성되고 얼마 지나지 않아, 철과 규소와 같은 무거운 원소들은* 밑으로 가라앉고 질소나 물처럼 가벼운 분자들은 위로 떠올랐습니다. 짜잔! 대기를 가진 돌덩이로 된 행성이 탄생했어요! 물론 몇 가지 과정은 제외하고 이야기했지만 이야기의 흐름은 전달됐으리라 믿습니다.

　　하지만 이렇게 비슷하게 태어난 세 개의 행성은 45억 년이 지난 지금 너무나도 달라졌죠. 화성은 춥고, 건조하며, 생명도 없습니다. 태양의 주위를 도는 그저 하나의 돌덩이라는 사실 외에는 별로 붙여줄 이름도 없는 혹독한 사막입니다. 아, 대기가 **있긴 있습니다.** 하지만그 대기가 거의 진공에 가까운 정도의 이산화탄소로 되어 있다는 게 문제죠. 실제 화성에는 지구 대기의 1퍼센트도 안 되는 기압의 이산화탄소만 존재합니다. 반대쪽을 보면 금성이 있어요. 엄청나게 두

• 중력으로 인해

꺼운 층의 대기가 질식할 만큼 압력을 가하고 있는데, 그게 다 또 이산화탄소입니다.(자연은 탄소와 산소를 좋아하는 모양입니다.) 두꺼운 이산화탄소 대기 덕분에 금성은 표면 온도가 매우 높습니다. 심지어 태양과의 거리가 절반 정도에 불과한 수성의 표면 온도보다도 더 높습니다.

금성 표면에 납덩어리 하나를 떨어뜨린다고 생각해 보세요. 몇 분 후 돌아와 보면 납덩어리는 다 녹아서 납으로 된 웅덩이만 있을 겁니다. 무척 뜨거워요.

하지만 약 10억 년 전으로 돌아간다면(물론 가정만 해 보죠.) 아름다운 세 개의 자매 세상이 있을 거예요. 각각의 세상에는 하얗고 푹신한 구름이 떠다니고 좀 빽빽하기는 해도 불편할 정도까지는 아닌 대기도 있겠죠. 또한 넓은 바다와 서핑하기 좋은 훌륭한 해변도 있을 거고요. 결국 이 세 개의 행성은 진지한 천체물리학자들이 소위 말하는 태양 주변의 생명 가능 지대(Habitable Zone, 골디락스 구역이라고도 해요.) 안에 있었던 겁니다. 생명 가능 지대란 물이 다 얼어 버릴 만큼 춥지도 않고, 너무 뜨거워서 비명을 지르며 녹아내릴 만큼 덥지도 않은 지역을 말합니다.

수십억 년 전에 호기심 많은 생명체는 집이라고 부를 만한, 가능성 있는 세 곳을 찾았을 거예요.[9] 도대체 다른 두 행성에는 무슨 일이 일어나 이 생명체가 살아남지 못했고, 지구는 뭐가 또 그렇게 잘 맞았기에 생명체가 지금까지 존재할까요?

솔직히 화성은 너무 작다는 점이 문제였어요. 너무 기분 나빠하지 마, 화성아. 너는 그냥 그렇게 만들어졌을 뿐이야. 불행하게도 너는 대기나 바다를 오랫동안 유지할 능력이 없을 뿐이야. 화성에서 대기가 사라진 미스터리에 대한 실마리는 화성 중심핵 깊숙이 있습니다. 단단하고 지루하며 생명력이 없는 핵일 뿐입니다. 아무런 흥미로운 일도 하지 않고 그저 크고 멍청한 쇳공처럼 가만히 있습니다. **특히** 강한 자기장을 생성하지 않습니다. 그에 반해 지구의 핵은 녹아 있고 활동적이며 회전하고 있으며 엄청나게 강한(아, 네, 물론 우주에 있는 다른 천체들에 비해서는 약하지만 태양계의 내부 행성들에 비하면 무척 역동적인) 자기장을 뿜어냅니다.

지구 주변의 자기장은 **말 그대로 역장**(force field, 힘의 장)입니다. 역장. 꼭 공상 과학 영화에나 나오는 말 같죠. 이 역장은 우리 지구를 완전히 감싸고 있어서 전하를 띤 위험한 우주 입자들이 지구를 향해 날아올 때 그 방향을 바꿔 줄 수 있습니다. 그런데 눈에 보이지는 않아요. 전하를 띤 입자들 대부분은 태양에서 오지요. 우리는 그 입자들의 치명적인 의도는 애써 모른 척하며 태양풍이라는 좋은 이름도 지어 줬어요. 이 태양풍에 대해서는 나중에 더 이야기하겠습니다. 지금은 ① 고에너지 입자들이라는 것과 ② 태양계를 가득 채우고 있다는 것만 기억하세요. 아, 그리고 ③ 태양풍의 전하를 띤 입자들은 불과 몇억 년 만에 약한 행성의 대기를 벗겨 낼 수 있다는 것도요. 우주에서는 몇억 년이면 거의 순식간이죠.

하지만 고맙게도 지구는 끊임없는 태양의 맹공격을 자기장의 힘을 빌려 견딜 수 있습니다. 태양풍의 일부는 바로 차단하고 남은 태양풍은 극지방으로 끌어와 '오로라'라는 아름다운 빛의 쇼를 연출합니다. 다음에 오로라(북극광 또는 남극광)를 보러 갈 때, 그것이 실제로 무엇(태양풍에서 오는 입자들과 지구 자기장의 상호 작용)인지를 생각하면서 광경을 즐겨 보세요. 보이지 않는 지구의 역장이 귀중한 공기가 달아나지 않게 하는 걸 느끼면서요.

화성은 과거 한때 지구처럼 핵이 녹아 있었기 때문에 활발하게 활동하는 자기장이 있었습니다. 하지만 화성은 너무 작아 핵이 금방 식어 버렸고, 식은 핵은 점점 느리게 회전하다가 결국 멈췄습니다. 그렇게 자기장은 사라지고 말았습니다.

대기여, 안녕. 그동안 알고 지내서 참 좋았구나. 공기가 사라지면서 바다도 증발하고, 물이 모두 증발해 땅은 다 말라 버립니다. 화성은 그렇게 젊은 나이에 죽었지요.

금성은 어땠나요? 금성은 그리스 신화에 나오는 이카루스의 운명을 겪어야 했어요. 태양에 너무 가까이 날아갔던 거죠. 태양이 항성으로서 초기 단계에 있었을 때, 지금보다 살짝 희미하고 조금 작은 크기였어요. 원시 시대 지구의 공룡들에게 내리쬐던 태양광은 지금보다 약했습니다.(그 과정과 결과에 대해서는 물리 이론으로 꼭 설명할게요.) 아주 오래전 금성은 생명 가능 지대의 거의 정가운데에 있었습니다. 그 지역은 물이 액체가 될 만큼 태양에서 가까웠고, 그래서 바다와 대기가 완벽한 조화를 이루며 공존하고 있었습니다. 그러다 태양이 더 뜨거워졌죠. 그래서 금성은 결국 질식하게 되었습니다.

처음에는 그렇게 심각하지 않았어요. 태양열이 강해지면서 금성의 온도는 아주 조금 올라갔고, 그저 바닷물 몇 방울이 더 증발해 수증기가 되었고, 그렇게 만들어진 수증기는 대기 안에 머무는 정도였거든요. 그 정도면 그리 심각한 상황은 아니잖아요? 맞아요. 다만 수증기가 아주 효율적인 온실가스라는 사실만 빼면 말이죠. 대기 중의 수증기는 표면의 열을 더 가둬 놓는 역할을 한 거죠. 그 열 때문에 바닷물이 아주 조금 증발했습니다. 그래서 대기 중에 수증기가 조금 증가했고, 온도가 올라갔고, 바닷물이 증발했고, 온도가 올라갔고……, 어떻게 되었을까요?

대기 상층부에서는 물이 금방 분해됩니다. 그러나 그 전에 이미 다 사라져 버렸어요. 표면(지각)에는 윤활유가 될 수 있는 물이 더 이상 없기 때문에 금성의 지각 활동은 느려지다 결국 멈췄습니다.(오늘날 금성이 완전히 100퍼센트 육지로 둘러싸여 있는지 확신할 수 없지만 여기서 설명하기 위해서는 100퍼센트라 해도 무방하겠습니다.)

대기를 행성과 완전 다른 것이라고 생각한다면 큰 착각입니다. 대기와 행성은 서로 얽혀 있어요. 서로 없어서는 안 되는 연인처럼요. 대기 중의 탄소는 다양한 화학 과정을 통해 암석 내부로 침투하게 되고, 지각의 판 구조가 바뀌면 그 암석들은 행성의 깊은 내부로 들어갈 수 있습니다. 이렇게 온화한 움직임 속에서 지각과 대기는 서로 조화롭게 균형을 이루고 행성을 안정적으로 유지합니다.

그러나 금성은 균형을 잃었습니다. 탄소를 맨틀 안으로 끌어내릴 지층 내부의 활동이 사라지면서 그만큼 유해한 가스가 계속해서 대기 중에 쌓일 수밖에 없었어요. 또 다른 온실가스인 이산화탄소는 금성의 대기에서 말도 안 될 정도로 증가합니다. 더 이상 남아 있는 수증기도 없이 한때 한없이 아름다웠던 행성은 그렇게 평온한 균형을 회복할 희망조차 다 잃었습니다. 눈 깜짝할 사이(우주 역사에서는 눈 한 번 깜짝할 사이이지요.) 금성은 천국에서 지옥으로 변해 버렸고 회복할 가망은 없었습니다.

　물론 금성은 녹은 핵을 수용할 수 있을 만큼 충분히 크지만 너무 느리게 회전하기 때문에(1년에 두 번만 회전해요.) 보호 역장을 끌어올릴 수 없습니다. 이는 한때 찬란했던 화성을 망쳐 놓은 태양풍이 금성의 대기도 날려 버릴 수 있다는 걸 의미합니다. 하지만 금성의 대기는 훨씬 두툼해서 상관없었습니다. 금성은 한순간에 질식해 죽었습니다. 그다음 일이 궁금하다면(궁금하시죠?)……, 그래요. 태양은 계속해서 뜨거워질 것이고, 그렇게 지구도 똑같이 죽고 말겠죠. 지금 바로, 아직 숨 쉴 수 있을 때 달콤하디 달콤한 지구 대기를 충분히 들이마셔 보세요.

———

　만약 태양계 내의 다른 행성이나 위성에서 공기의 근원을 찾고 있다면 진심으로 **행운**을 빌겠습니다. 여기 목록이 있습니다.

수성

엄밀히 말하면 이 작은 세계에는 대기가 있습니다. 하지만 '엄밀히 말하면' '대기'가 있다는 것이에요. 미세한 것도 감지할 수 있는 기술이 있는 '우리'니까 그렇게 말할 수 있습니다. 여러분은 그 대기를 들이마실 수도 없고, 수성에서 살아남을 수도 없습니다. 가까운 태양의 힘에 못 이겨 산 채로 불에 타거나 즉시 얼음과 어둠 속에 갇히게 될 것입니다. 수성에는 따뜻한 쪽에서 차가운 쪽으로 열을 순환시키는 공기나 물이 없기 때문이지요. 어쨌든 여러분의 폐 안으로 끌어당길 그 무엇도 없습니다.

금성

조금 전에도 금성에 대해 이야기했죠. 질식할 정도로 두꺼운 대기층이 있습니다. 정말로 납도 녹일 수 있습니다. 물론 대기권으로 올라갈수록 온도와 밀도가 떨어지니까 어떤 특정한 높은 고도에서는 실온이면서 해수면의 기압과 비슷한 환경이 있을 수도 있어요. 하지만 숨 쉴 만한 좋은 공기는 기대하지도 마세요. 금성의 대기는 끔찍하게도 황산으로 가득 찼어요. 산성비 아시죠? **산성비** 대기! 끔찍하죠?

지구

하얀색 뭉게구름과 온화한 미풍이 부는 천국이네요. 잘 대해 주세요.

화성

여러분은 그것을 대기라고 부를 수 있나요? 네, 부를 수는 있겠죠. 하지만 아니에요. 다 이산화탄소예요. 여러분이 식물이 아닌 한 이산화탄소는 안 좋겠죠?

목성

맞아요, 대기로 가득 찼어요. 너무나도 가득해서 만약 여러분이 목성으로 뛰어든다면 얼마 가지도 않아 완전히 찌그러진 음료수 캔처럼 부서져 흔적도 없이 사라질 거예요. 설령 높은 곳에 있더라도 시속 수백 킬로미터로 불어오는 바람과 수시로 불어닥치는 허리케인, 그리고 대적점(the Great Red Spot, 적색의 큰 점)이라는 엄청난 폭풍과 싸워야 합니다. 대적점은 워낙 커서 지구 두 개 이상을 한꺼번에 삼켜 버릴 수 있을 정도인데, **적어도** 수백 년간 격렬하게 활동했습니다.

토성

목성과 비슷하지만 조금은 나아요. 토성에는 육각형이 있어요. 무슨 말이냐고요? 토성의 북극에는 엄청나게 거대한 대폭풍이 있고 낮은 고도에서 고속으로 돌고 있는 작은 폭풍들이 육각형 모양을 하고 있어요. 여기서 한번 생각해 보자고요. 토성에 육각형 폭풍이라니……. 그렇게 이상한 곳이라면 근처에도 안 가고 싶겠죠?

천왕성과 해왕성

사람들은 얼음장 같은 두 거대 행성을 별로 언급하지도 않아요. 수소, 헬륨, 메탄, 그리고 소량의 '기타 등등'의 대기가 아주 두껍게 있기는 합니다. 거기 너무 춥잖아요. 그러니 좀 봐주고 넘어가자고요.

명왕성

꼭 지구처럼 대부분이 질소로 된 아주 소량의 대기가 있어요. 어쩌다 눈도 온답니다. 그래서 방금 내린 신선한 눈이 쌓인 명왕성의 산 경사면에서 스키를 타도 될 정도예요. 산소 탱크를 메고 좀 두툼하게 입어야 할 겁니다.

타이탄

토성의 커다란 위성이에요. 호기심을 자극하죠? 전체 태양계에서 가장 두꺼운 대기를 가졌고 그래서 멀리서 보면 표면이 완전히 희미해요. 두껍고 뿌연 질소, 메탄, 수소가 마구 뭉쳐 있기 때문에 희미하게 보이는 것이에요. 절대 온도 100도가 안 될 만큼 무척 춥습니다.

이게 다예요. 태양계에 있는 대기(어떤 때는 심지어 이것이 단어 정의를 왜곡하기도 하죠.)에 대한 이야기라면요. 숨 쉴 수 있는 공기를 원하나요? 그렇다면 지구에 그냥 머물러 있으세요. 어디 가려면 지구를 가져가야 할 거예요. 일단 지구를 떠나는 순간……, **제대로 준비하셔야겠죠.**

———

(대기권 밖의) 어느 지점부터 우주라고 정한 사람들은 지구 표면에서 100킬로미터* 정도 떨어진 곳을 기준으로 삼았어요.[10] 100킬로미터라는 한계선은 관측으로 정한 것인데, 그 고도에 다다르면 공기가 너무 희박해서 날개를 들어올릴 힘(비행기를 위로 받쳐 주는 힘)도 없어져요. 다시 말해서 100킬로미터보다 높은 곳에서는 비행기를 탈

• 대기권이 지구에서 얼마만큼 떨어진 곳까지인지는 여러 자료에서 조금씩 다르게 나올 거예요. 높은 곳으로 간다고 해서 대기가 갑자기 완전히 사라지는 게 아니기 때문이죠. 이 책에서는 대략적으로 지구 표면에서부터 약 100킬로미터까지를 대기권으로 보며, 그 이상의 고도에서는 비행기가 날 수 없다고 이야기합니다.

수 없다는 뜻이죠. 오직 로켓만 가능해요.

그래도 아직 공기가 **조금** 남아 있기는 해요. 아주 적게요. 만약 그 고도에서 지구 주위를 공전하고 있다면 대기 저항력을 걱정하셔야 합니다. 천천히, 꾸준히 여러분을 궤도에서 끌어내릴 거예요. 주기적으로 추진 장치를 가동해 높은 고도로 조금씩 올라가지 않는다면 여러분은 불타며 지구 표면으로 떨어지는 혜성과 같은 불운을 겪게 될 겁니다. 공기는 상대적으로 옅은 물질이지만 여러분이 시속 수만 킬로미터로 공기를 밀치고 가려고 하면, 그 타격은 무지하게 강렬할 수 있어요.

100킬로미터보다 더 높은 곳의 공기층을 '여전히 공기가 꽤 있으니 지구를 공전하고 있는 장치들을 망쳐 놓을 수 있지만 숨은 쉴 수 있을 정도'라고 생각하면 안 돼요. 왜냐하면 그렇게 숨을 쉬는 순간 아주 끔찍한 방법으로 죽을 거니까요.

우주복이나 산소통 없이 우주의 진공에 혹시나 노출된다면 상황은 아주 갑작스럽게 안 좋아질 것입니다. 여러분이 곧바로 알아차릴 변화로는 피부가 끔찍하게 순간적으로 얼어 버린다는 것이에요. 피부에 있는 모든 유분과 수분이 마치 무슨 일이 일어날 것을 감지하자마자 땀이 확 나듯 모두 결정화되고 증발해 버리기 때문입니다. 기압은 말 그대로 액체를 표면의 제자리에 유지시키죠. 이제 지치고 슬픈 행성인 화성의 대기가 화성의 바다에도 그랬던 것처럼 말입니다. 피부, 안구, 겨드랑이, 심지어 발톱 아래에 얼음 결정이 순간적으로 생기면 상당한 통증을 느낄 수 있습니다. 말할 것도 없이 피부 표면이 바짝 마를 테죠. 만약 안전하게 돌아온다면 그때는 보디로션을 충분하게, 정말 듬뿍 발라야 할 것입니다.

하지만 끔찍하기는 해도 여러분은 아직 살아 있습니다. 심장은 뛰고, 뇌는 생각하고 있고, 팔다리는 마구 움직이고 있습니다. 무기력하고, 떠돌고 있지만, 살아는 있지요.

'우주에 버려지는 것'은 일부 오래된 공상 과학 영화에서 많이 다루는 주제 중 하나죠.(이건 아주 순하게 돌려 말하는 거지요.) 여러분은 진공에서 터져 버릴 수도 있고 두 눈이 튀어나올 수도 있어요. 즉각 얼어서 죽을 수도 있고요. 이런 일들이 실제 일어나지는 않습니다. 물론 여러분은 빠르게 죽음을 맞이하겠지만 그건 다른 이유에서지요. 폭발하지는 않겠지만 그렇다고 특별히 편안하지도 않을 거예요. 여러분 몸 안은 액체, 기체와 섬세한 조직들로 가득 차 있고 여러분 몸 밖은 진공으로 가득 차 있지요. 그러한 환경에서* 여러분 몸 안에 있는 액체, 기체와 섬세한 조직들은 팽창하기를 원할 것이고 새로 찾아낸 더 넓은 영역을 탐험하고 싶어 할 테지만(이걸 '폭발'한다고 하죠.) 불행하게도 여러분의 피부는 몸 안에 있는 것을 잘 유지하는 데 정말 능숙합니다. (내부 조직들이) 아무리 노력해도 여러분 피부의 장력은 우주의 진공에 맞서 여러분을 온전하게 유지하기에 충분합니다. 다행이죠.

그런데 잠시만요. 더 있어요. 피부 표면 **가까이** 있는 액체와 기체는 여전히 여러분 몸을 빠져나가려고 **애쓸** 거예요. 여러분에게 좋지는 않겠지만, 피부가 견딜 수 있다면, 몸이 붓고 피하의 액체, 기체가

---

* 몸 안의 압력이 몸 밖의 압력보다 훨씬 커져요.

확장하는 정도에서 만족해야 할 것입니다. 진공에서 이렇게 붓는 현상을 **체액 비등**(ebullism)이라고 하는데 색전증(embolism, 역시 치명적이지만 진공과 전혀 상관없이 발생하죠.)과 혼동해서는 안 됩니다. 여러분이 얼마나 불어날지는 정확히 알 수 없습니다. 살아 있는 인간을 진공실에 던져 무슨 일이 일어나는지 관찰할 만큼 대담하고 비윤리적인 사람은 없었으니까요. 그러나 우주 비행의 역사에서 몇 가지 사고와 아슬아슬한 실수가 있었기 때문에 공기 압력 게이지가 0에 도달하면 몸 부피가 두 배 정도 통통해진다는 건 추측할 수 있어요. 그래도 회복이 된다면, 금방 원래 상태로 돌아오고 결국 치유될 것입니다. 따라서 우주의 진공이 여러분을 직접 죽이는 것이 아니고 진공은 그저 여러분을 극도로 불편하게 만들 것입니다.

여러분을 괴롭힐 것은 바로 산소예요. 산소 부족이 문제겠죠. 보세요. 진공에는 공기가 없어요.(그게 진공이죠.) 여러분의 폐가 텅 빈다는 말이에요. 하지만 여러분의 심장은 아직 무슨 일이 일어나고 있는지 몰라요. 심장은 그저 멍청하게 쿵쿵쿵 뛰고만 있어요. 마치 모든 게 정상이라는 듯 말이에요. 어쩌면 그보다 조금 더 빨리 뛸 수도 있겠네요. 여러분이 처한 상황을 깨달았다면 말이죠. 심장이 할 일은 폐까지 혈액을 운반해서 폐에서 소중한 산소를 좀 얻어 내고 산소로 가득 찬 혈액을 몸 구석구석 모든 곳으로 보내는 것이죠. 몸의 모든 부분으로 말입니다. 그래서 혈액이라는 기차는 폐라는 정류장에서 산소 뭉치들을 싣고 가요. 이런! 창고가 비어 있네요. 그럼에도 불구하고 호루라기 소리와 엔진 소리와 함께 기차는 동맥의 죽음을 향해 가고 있어요. 안타깝게도 그 기차 안은 비었습니다.

신체에서 가장 산소가 많이 필요한 부분이자 꽤 중요한 기관인 뇌는 산소가 규칙적으로 들어오지 않는다는 걸 몇 초 만에 알아차립니다. 곧바로 절전 상태가 되고 의식과 같은 중요하지 않은 기능들은 꺼지게 되죠. 진공에 노출된 후 단 10초 안에 여러분은 잠이 들 것입니다. 지금, 여러분은 죽지 않았습니다. 아직은 말이에요. 안전한 곳으로 끌려 나온다면 충분히 깨어날 수 있고(의식을 회복할 수 있고) 상대적으로 스트레스 없는 삶을 살게 되겠죠. 하지만 몇 초가 몇 분이 되면서 여러분 몸 내부에 있는 신체 기관들이 산소가 부족함을 깨닫고 절전 모드로 하나둘씩 전환됩니다. 결국엔 여러분 내부의 모든 조직의 전원이 다 꺼지게 되겠지요. 의사들은 이러한 과정을 '죽음'이라고 부르고, 최대한 피하라고 조언하죠.

우주의 진공은 여러분을 죽일 거예요. 완전히요. 2분도 채 되기 전에 말이죠. 여러분의 퉁퉁 붓고 바싹 말라 버린 몸은 우주의 거대한 공간을 영원히 돌아다니게 될 것입니다. 여러분은 이 암울한 운명에 직면했을 때 숨을 참아 몸의 안팎의 압력을 조절하여 산소가 공급되는 안전한 기지로 돌아갈 수 있는 단 몇 초의 시간을 벌기 위해 마지막 산소 한 방울을 아끼고 싶은 유혹을 느낄 수 있습니다.

딱 한마디만 할게요. 그러지 마세요. 여러분 폐에 있는 공기는 우리에게 익숙하고 편안한 대기압 1기압에 맞춰져 있어요. 여러분이 마지막 숨을 들이마실 때 여러분 폐 바깥에 있던 바로 그 기압과 같은 압력이에요. 그러나 지금 여러분 폐 바깥, 진공의 압력은 0이에요. 그것이 진공이고 바로 그것이 진공의 정의지요.

바로 본론으로 갈게요. 여러분 목 안에 있는 근육과 끈적끈적한 조직들은 진공에서 대기압 1기압을 유지하도록 만들어지지 않았어요. 아무리 숨을 참으며 노력을 해도 폐 안의 공기는 바깥으로 나오는 길을 찾을 것이고 나올 때 무척 빨리 그리고 과격하게 나와 진공으로 퍼져 나가면서 (아마도 영구적으로) 목을 손상시킬 것이고 (아마도 영구적으로) 그보다 더 섬세한 조직들, 즉 이제 많이 남아 있지 않은 혈액 안으로 산소를 운반하는 일을 하는 폐 속에 있는 작은 주머니, 폐포들을 손상시킬 겁니다.

다시 말할게요. 하지 마세요. 그냥 숨을 내뱉어도 돼요. 그만큼의 고통을 견디며 괴로워할 가치가 없어요. 만약 숨을 참고 어떻게든 기적적으로 살아남아 회복한다 해도 여러분을 다시 잘 꿰매려면 또 다른 기적이 필요할 거예요.

일단 진공을 만나면 여러분에게는 시간이 많지 않기 때문에 빨리 생각해야 해요. 적어도 얼어 죽지는 않을 거예요. 얼어 죽는다는 괴로움이 다가오기 한참 전에 이미 죽고 말 테니까요. 그래요, 우주는 추워요. 진공이라는 공간에서 어떤 온도를 쟀다고 하기 어렵겠죠. 진공 안에는 거의 아무것도 없고(때로는 아무것도 없는 것조차 없지요.) 어떤 특정한 온도가 되려면 미세 입자들이 빠르게 움직여야 하니까요. 여러 가지의 기술적인 이유로 여러분이 당장 생존할 수 있도록 절대온도 0도보다 높은 절대 온도 3도를 우주의 온도로 정하죠. 그래도 일단 지금은 '춥다'라고 하고 인생을 (최대한 오랫동안) 살기로 하죠.

이런, 인생의 끝일 수도 있어요. 여러분의 몸은 따뜻하고 우주는 그렇지 않아요. 서서히 열이 여러분의 몸에서부터 우주로 흘러나갈 것이고, 결국엔 슬프게도 여러분 몸도 추워지겠죠. 열이 한곳에서 다른 곳으로 흘러가는 데에는 세 가지 방법이 있습니다.

전도: 차가운 것을 만지면 여러분 몸에 있는 원소들의 미세한 떨림이 차가운 물체의 원소에 미세한 떨림을 유발하고 그렇게 에너지와 열이 운반됩니다.

대류: 여러분 주위를 순환하는 공기나 물 같은 유체가 원자의 미세한 떨림으로 에너지와 열을 운반하지만, 유체가 움직이면서 미세한 떨림을 할 새로운 원자들을 계속해서 보충해 주죠.

복사: 여러분 몸을 이루는 원소 하나하나가 빛을 발산하고 그 빛은 여러분 몸 밖으로 방출되어 다른 원소들과 무작위로 충돌하여 미세한 떨림을 유발합니다.

열의 흐름은 수많은 입자의 미세한 떨림과 연관되어 있습니다. 우주에는 미세하게 떨리는 입자들이 없지요. 여러분이 만질 수 있는 것도 없고 여러분의 주위를 순환할 수 있는 공기도 물도 없습니다. 전도와 대류는 열을 빼앗는 데에 아주 효과적인 방법이에요. 그래서 미지근한 물에서도 저체온증은 위험한 겁니다.

우주 공간에 남은 방법은 복사뿐입니다. 보통의 사람 몸에서 발산되는 열이 100와트 정도인데요. 과거에 많이 사용했던 백열등이 발산하는 열과 꽤 비슷합니다. 사람이 발산하는 복사는 우리 눈으로는 볼 수 없는데 그 이유는 그 복사열은 전자기 스펙트럼에서 대부분 적외선 영역에 해당하기 때문이지요. 적외선을 볼 수 있는 안경을 쓴다면 또 모르지만요. 적외선 안경으로 보면 우리는 마치 팔다리가 달린 전구처럼 밝게 빛나겠네요.

우리의 몸은 복사열 에너지를 잃을 때를 대비해 열을 생성하는 여러 다양한 방법이 있습니다. 우리가 먹은 음식에서, 우리가 만지는 물건에서, 태양에서, 또는 일반적으로 우리 주위의 환경에서 열에너지를 얻어 내지요. 하지만 여전히 체온을 적정한 수준(행복 영역)으로 유지하려면 아주 열심히 노력해야 합니다.

우주에서는 그런 호강을 누릴 수 없죠. 특히 우리가 죽은 다음이라면요. 우리는 그저 따뜻한 고기와 물로 만들어진 덩어리로 섭씨 36.5도라는 온도를 유지하고 있고 100와트의 복사열을 허공으로 방출하고 있어 이 덩어리의 온도를 완전히 낮추려면 놀라울 정도로 오래 걸릴 겁니다.

여러분이 만약 태양의 빛을 온전히 다 받을 수 있으면 여러분의 공전 궤도에 따라 다르겠지만 전혀 얼지 않을 수도 있어요. 지구에 가까이 있다면 우리 행성의 액체 상태의 물을 그대로 액체로 잘 보존하기에 딱 맞는 양의 태양 빛을 받고 있다는 걸 꼭 기억하세요. 엄청난 양의 에너지예요. 그래서 진공의 우주 공간에서 무언가를 보기 위해 눈을 찌푸린다면(일단 눈물이 얼어붙어 생기는 손상은 무시하기로 하고요.) 고기로 된 얼음과자는 안 될 거니까 (영원히) 안심하세요.

태양 때문에 피부가 말도 못하게 탈 거예요. 그게 여러분의 주요 근심거리가 될 수도 있고 아닐 수도 있어요. 그 소중한 몇 분의 시간이 어떻게 펼쳐질지에 달린 거죠. 하지만 태양에서 너무 멀리 있거나 어떤 그림자에 가려져 있다면 여러분은 바로 얼어 버릴 거예요. 단 몇 시간 안에 몸은 아주 서서히, 서서히 열을 잃어 갈 것이고 그렇게 여러분도 주위의 거의 절대 온도 0도에 가까운 온도로 시들어 가면 여러분 몸 안에 있는 물은 얼음이 되고 우주에 마지막으로 보내고 싶은 메시지를 담은 마지막 자세로 팔다리는 그렇게 얼어붙을 거예요.

이제 아주 오랜 세월 동안 초미세 운석들이—나중에 자세히 탐구할 미세한 작은 먼지 조각들이—얼어 버린 여러분의 피부를 파고 들어갈 것입니다. 초미세 운석이라고는 하지만 여러분 피부에는 눈에 충분히 보일 만한 구멍을 낼 거예요. 시간이 충분하다면(우주에는 그러기에 충분한 시간이 있지요.) 끝없는 미세 충돌 때문에 결국 여러분은 산산조각 날 것이고 여러분을 이루고 있는 분자들은 별 사이로 퍼져 나갈 거예요. 아마도—먼 훗날에나—새로운 태양계를 형성하는 데 합류하겠죠. 여러분은 별 사이를 떠다니는 우주여행을 할 수 있을 겁니다. 적어도 일부는 말이에요.

소행성과 혜성 2

바위와 얼음 덩어리
떨어져 나가는 조각들
헤아릴 수 없이 많은
좋은 하루를 망치는 수많은 방법

- 고대 천문학자의 시

우선 오래전부터 익숙한 몇 가지 위험 요소부터 살펴봅시다. 몸을 휘어 버릴 블랙홀도, 피부를 녹이는 특별한 폭발도, 뇌를 마비시키는 고대 우주의 유물도 아닙니다.(걱정 마세요. 이런 위험들도 모두 다룰 거예요.) 지금 살펴볼 건 우선 바위입니다. 그냥 바위 말이에요. 그냥 바위인데 성격이 좀 삐딱한 녀석이네요. 어디를 맞출까 하고 표적을 찾고 있는 바위예요. 이런, 여러분의 우주선에 표적이 있네요.

많은 바위가 있어요. 아주 작은 미세 먼지 알갱이들도 있고, 조약돌 크기의 자갈들도 있고요. 작은 고리 시스템을 형성하기에 충분한 중력을 가진 그런 바위들도 있어요. 행성이라고 부르기엔 아직 미숙한, 그래서 행성으로 분류하지 않는 거대한 덩어리들도 있습니다. 하지만 그 바위들에게 그렇게 말하면 안 돼요. 성질이 급하고 크기에 비해 놀라울 정도로 민첩하거든요.

그 바위들을 부르는 이름은 여러 가지가 있죠. 혜성, 소행성, 유성, 아폴로 소행성군, 트로이군, 해왕성 횡단 소행성체. 뭐라고 부르든 어떻게 분류하든 모두 골칫거리입니다. 눈 깜짝할 사이에 여러분의 몸과 우주선에 구멍을 낼 수 있거든요. 그 천체들이 여러분을 완전히 분쇄해 버린다면 한 100년쯤 후 다른 탐험가가 그 잔해를 보고 그저 우주의 먼지쯤으로 생각할 거예요.

그 천체들은 어둡고, 조용하고, **빠릅니다**. 아예 피하라고 말하고 싶지만, **어디에나** 있습니다. 똑똑하신가요? 그러면 피할 수 있을까요? 그 천체들보다 빨리 달리고, 먼저 그 바위들을 격파하고, 먼저 감지하여 피할 수 있을까요? 덩치가 클수록 문제를 더 일으킨다는 거 아시죠? 우주 개그인데 별로 재미는 없죠?

바위에 부딪혀 여러분이 산산조각 나기 전에 낱낱이 파헤쳐 보자고요. 먼저 일반적인 우주 먼지를 알아보죠. 미세한 탄소와 실리콘 조각들이 있고, 약간의 물과 미네랄도 있을 수 있어요. 별로 특별한 것 없이 종종 서로 같이 엮여 있고 연결돼 있죠. 소행성, 혜성 또는 우주선이 충돌할 때 남은 잔해입니다. 소행성은 태양계뿐만 아니라 별들 사이의 광활한 거리의 곳곳에서 발견됩니다. 소행성은 크기가 충분히 작은 경우에만 태양 복사에 의해 바깥으로 밀려나지만, 그렇지 않은 경우에는 천천히 나선형을 그리며 태양의 뜨거운 열에 의해 타서 재가 돼 버리기도 하죠. 아니면 어느 행성에 비가 되어 내릴 수도 있고요. 만약 여러분이 지금 그런 행성에 있다면, 이 글을 읽는 지금도 이 우주의 쓰레기가 꾸준히 여러분 머리 위에 비처럼 내리고 있을 거예요. 우주의 쓰레기가 비처럼 내린다니 유쾌하지 않겠죠.

양을 추정하기는 조금 어렵지만, 매일 수백 톤의 우주 먼지가 무작위로 지구에 떠내려오고 있다고 해요.[1] 이 암석들을 크기대로 줄을 세웠을 때 작은 쪽으로 분류되는 암석들은 단순히 '먼지'라고 부르며(이름이 참 독창적이죠!) 큰 쪽으로 분류되는 암석들은 미세 유성체(micrometeoroid)라고 하는데 이는 과학적으로 '아주 작다(tiny)'는 말의 정의에 따라 명명된 것이죠.

실제로 이 암석들을 볼 수 있습니다. 물론 각각은 그렇지 않지만, 태양계 전체에 퍼져 있기 때문에 햇빛을 많이 반사해요. 어둡고 맑은 밤에 밖으로 나가서 태양계의 평면을 찾으면(태양계의 평면은 행성 몇 개를 찾아 그 행성들을 선으로 이어 보면 쉽게 찾을 수 있습니다.) 지는 해의 수평선에서 시작하여 머리 위로 갈수록 점점 희미해지는 빛을 볼 수 있을 거예요. 이것을 황도광이라고 하는데, 이는 태양계에 있는 수억 개 또는 수조 개의 작은 우주 파편들이 반사한 태양광이 축적되어 보이는 것이지요.

사실 황도광은 꽤 아름다워요. 하지만 아름다움에 속지 마세요. 미세 운석들은 아름답다고 마냥 즐길 수 있는 녀석들이 아니에요. 작은 크기에도 불구하고 시속 30,000킬로미터 이상의 속도로 이동합니다. 시속 30,000킬로미터로 날아가는 것에 부딪혀 본 적 있나요? 지금 이 책을 읽고 있으니 부딪힌 적이 없다는 거네요!

우주에 나갔을 때 이 미세 운석의 충돌을 피하는 것은 인류가 '지구인 복장'에서 '우주인 복장'을 만들 때 맞닥뜨렸던 첫 번째 도전 과제였습니다. 초기의 시도들은 간단하고 직관적이었습니다. 부드럽고 섬세한 소재보다는 두꺼운 패딩 소재로 우주 비행사들을 감싸서 쏜살같이 날아다니는 작은 바위들이 패딩에 묻히기를 바랐습니다.[2]

다음은 유성입니다. 여전히 꽤 작지만, "이야, 저기 운석이 있네. 바로 저쪽에 말이야."라고 할 만큼 충분히 크지요. 먼지 알갱이보다는 확실히 크지만 일반적으로 1미터 미만 정도일 것으로 간주됩니다.

유성체들도 미세 유성체처럼 태양계 주위를 돌고 있는 더 큰 암석 사촌들이 부서져 생긴 조각들이거나 어쩌다 우연히 떨어져 나온 미세 유성체들보다 조금 더 큰 덩어리들입니다. 그 조각들의 중력은 너무 작아서 그 돌들을 동그랗게 만들지는 못하기 때문에(기억하세요. 중력은 모든 것을 끌어당기는 것을 좋아하기 때문에 울퉁불퉁한 부분을 제거하기 위해 갖은 노력을 하겠지만, 질량이 크지 않으면 다른 물체를 끌어당길 수 있는 힘에는 한계가 생기죠.) 온갖 종류의 울퉁불퉁한 모양을 하고 있습니다. 그들은 자신의 궤도를 돌면서 자신의 일에만 신경을 씁니다. 누군가가 그 궤도 안에 들어오지만 않으면 말이죠. 그러다가 사람이 마치 부드러운 치즈인 듯 쓰윽 파고들 수도 있어요.

작고 귀엽기 때문에 무해하다고 생각하시나요? 보세요, 유성체는 단단하고 이제는 그 크기가 충분히 커져서 그 안에 금속들이 상당량 함유되어 있습니다. 그러다가 지구나 행성의 대기에 충돌할 때에는 초속 약 20킬로미터, 그러니까 시속 약 72,000킬로미터의 속도로 움직입니다. 더 익숙하고 무서운 경우와 비교하자면 총알보다 약 50배 빠르다는 뜻입니다. 단단한 바위로 만들어진 지름이 약 30~60센티미터 되는 총알 말이에요. 그리고 흙으로 만들어졌으니 밝지도 않고 자신의 위치를 잘 알려 주지도 않죠. 위험도 척도로는 10점 만점

중 8점 정도 되겠어요.

때때로 이러한 유성 중 하나가 행성에 떨어지기도 합니다. 정말 환상적인 별똥별을 본 적이 있나요? 하늘을 가로지르며 불타는 흔적을 남기는 별똥별 말이에요. 소원을 빌 수 있는 유성? "오!", "아!"라는 감탄사가 절로 나오는 그런 유성들 말이에요.

모래알만 한 크기의 운석이 시속 160,000킬로미터의 속도로 지구 대기권으로 돌진하면서 만들어지는 장관입니다. 이러한 엄청난 속도에서 암석은 말 그대로 피스톤처럼 앞의 공기를 밀어내고 압박하며 ⓐ 기체를 플라스마로 만들 수 있는 온도나 ⓑ 바위를 기화시킬 수 있는 그런 말도 안 되는 온도까지 가열하게 됩니다. 그래서 운석이 파멸로 치달을 때 멋진 밝은 빛과 불타는 꼬리가 나타나죠.

옛날 사람들은 이러한 빛의 쇼를 일종의 대기 현상이라고 생각했기 때문에(실제로는 암석이 대기에 부딪혀 지글거리고 타들어 가는 현상이니까 엄밀히 말하면 대기 현상이라고도 할 수 있겠네요.) 날씨와 관련된 것을 가리키는 단어(meteo-)에서 **유성(meteoroids)**이라는 이름을 얻었지요. 유성이 지구 대기를 통과해 날아오는 동안 살아남아 지구 표면에 도달하면 **운석**이라는 새로운 이름을 얻고, 지구에 있는 사람들은 이 암석들을 수집하여 이베이(eBay)에서 판매하기도 합니다.

매일 지구와 같은 행성에 충돌하는 2,500만 개에 달하는 미세 유성부터 일반 유성까지의 대부분은 대기 상층부에서 증발하기에, 200킬로미터의 하강을 끝내는 녀석들을 묘사할 수 있는 단어는 단 한 가지, 바로 '**쿵**'이죠.

그리고 더 큰 바위들은 말이에요. 세상에! 이 나쁜 녀석들은 그 크기가 몇 미터(운석의 크기)부터, 행성이라고 할 수 있을 만큼 큰 것까지(물론 어떤 크기일 때 행성으로 구분할 것이냐에 대해서는 천문학자들 사이에서도 항상 논쟁의 여지가 있어요.) 다양하죠. 만약 그 큰 녀석 중 하나가 알려진 안정된 궤도를 돌고 있고, 대부분 암석 또는 금속으로 이루어져 있으며, 다른 녀석들을 괴롭히지 않는다면 우리는 그들을 **소행성**이라고 부릅니다. 불안정한 궤도를 돌고, 대부분의 일생을 태양계 바깥쪽에서 보내며, 보통 대부분이 얼음으로 되어 있고 스스로만 중요한 듯 궤도를 돌고 있다면 우리는 그들을 **혜성**이라고 합니다.

만약 이 커다란 녀석들 중 하나가 행성에 와서 부딪힌다면, 그건 정말 나쁜 소식입니다. 충돌하면서 생길 불꽃놀이를 즐길 수 없을 거예요. 대신에 목숨을 걸고 달려서 도망가야 하고 다음 끼니를 어디서 해결해야 할지를 걱정해야 할 거예요.

———

다양한 모양과 크기의 이 모든 암석들은 대부분 태양계가 처음 생성되었을 때 생겨난 거예요. 주방에서 그릇에 담긴 밀가루를 저을 때, 조금 세게 젓거나 개가 갑자기 짖거나 또는 TV에서 흥미로운 장면이 나왔을 때 밀가루가 온통 주변으로 흩어진 적 있죠? 그런 것과 비슷해요.[3]

젊은 태양계는 마구 어질러 놓은 방과 같은 곳이에요. 나중에 이야기하겠지만, 일반적으로 젊은 태양계를 피해야 하는 이유는 여기저기로 마구 날아다니는 암석들이 위험하기 때문이에요. 큰 것, 작은 것 할 거 없이 휙휙 날아다니죠. 행성들이 만들어져야 하고, 가스 구름에서 행성을 얻으려면 많은 충돌과 마찰이 필요하죠. 먼지 알갱이는 바위로 자라게 되지요. 바위들은 서로 붙어 잔해 더미가 되고요. 잔해 더미는 그 이웃들을 끌어당겨 원시 행성이 되지요. 그 원시 행성들은 서로 부딪치며 행성을 만들 거고요. 원시 행성이 클수록 중력으로 더 많은 것들을 끌어당길 것이고, 서로 맞닥뜨리는 횟수도 늘어납니다.

하지만 멋있고 깔끔하고 질서가 있는 그런 곳은 아니에요. 조약돌 크기의 지구에서 원시 지구로, 일반 크기의 지구로, 지구로서의 지구로 꾸준히 자라나는 그런 과정이 아니에요. 같은 궤도 안이나 근처에서 여러 행성이 형성되기도 합니다. 궤도 안으로 두 개의 원시 행성이 들어오고, 하나의 원시 행성이 나가기도 하고요. 초기 태양계에는 수백 개까지는 아니더라도 수십 개의 원시 행성이 떠다녔습니다. 지금은요? 겨우 8개죠.(9개였던 적도 있죠.) 그렇게 수십 개의 원시 행성이 8개의 행성이 되기까지 격렬한 일들이 많았고 균일하게 일어나지도 않았습니다. 충돌할 때마다 당시의 참혹함을 상기시켜 주며 떠다니는 잔해 더미를 남겼지요.

심지어 지구의 달도 이러한 원시 행성들의 충돌로 형성되었다고 생각하기도 합니다. 생각해 보세요. 모든 내부 행성 중에서 지구만 유일하게 달이라는 위성을 가졌어요. 수성은 위성이 없어요. 금성도 위성이 없죠. 화성은 두 개가 있지만 아주 작아요. 지구 주위에 제대로 된 달을 만들 수 있는 유일한 방법은 젊은 행성이 마치 교통사고를 당하듯 우연히 화성 크기의 물체와 부딪혀야 합니다. 그 충돌은 달

크기의 덩어리를 젊은 지구 주위 궤도로 보낼 만큼 충분한 **힘**을 가졌을 거예요.

이제 이런 일이 여러분에게 일어난다고 상상해 보자고요. 이 단계가 지나면, 초기 행성은 경쟁에서 이기고 주변을 정리하여 모든 것이 깨끗하고 안전하다고 생각하여, 대기와 바다, 그리고 지구 표면을 기어다닐 작은 벌레들을 만들기 시작했을 겁니다. 하지만 어느새 목성 크기의 거대 가스 행성이 태양계 내부 궤도가 궁금해서 잠시 방문하게 되죠.

'태양계 내부 궤도에 들어온 가스 거대 행성'은 '도자기 가게에 들어온 황소'와 같습니다. 상상이 되시나요? 이러한 거대 행성의 이주는 일부 태양계에서 일어나는데, 다행히 우리 태양계는 아니네요. 만약 우리 태양계에서 일어났다면 내부 행성들이 모두 태양에 삼켜졌거나 태양계 밖으로 흩어져 버렸을 것입니다. 우리 태양계도 나름대로 변화가 없었던 것은 아니지만, 우연찮게도 우리 태양계에서 대부분의 대규모 재배치는 태양에서 아주 멀리 떨어진 궤도에서 일어났고 그 결과 **늦은 거대 충돌**[4]이라는 작은 사건으로 이어졌습니다.

오, 충돌에 대해 이야기해 볼까요? 원시 행성이 자신의 컬렉션에 추가할 멋진 큰 바위를 끌어들일 때, 큰 바위를 가져와 꼭 껴안고 영원히 잘 지내는 그런 그림이 아니에요. 대신에 격렬한 충돌이 계속해서 일어나지요. 그리고 그때 태양계 밖의 혜성들과 소행성들이 새롭게 안정 궤도를 벗어나 우주의 질서 재편이 일어나면서 태양계 내부로 쏟아져 들어와 고통스러운 폭발을 일으키고, 그때마다 새로운 유성이 행성 간 공간으로 분출됩니다.

이 모든 활동, 이 모든 소동이 태양계를 정신없게 만들지요. 물론 파편 중 일부는 결국 주요 행성 중 하나에 떨어져 돌아오겠지만 충분한 양의 파편들—머리가 아플 정도로 많은 파편들—이 태양계 전체에 퍼져 있을 것입니다. 일부 조각들은 안정된 궤도를 유지하며 수십억 년 동안 잘 돌아다닐 수 있어요. 일부는 외계 행성을 넘어 거의 성간 공간에까지 도달하고요. 그리고 또 다른 일부는 그냥 정신없이 돌아다니죠. 심지어 달에서 지구 먼지 샘플도 찾아냈고 지구에서는 화성 암석 샘플이 발견됐는걸요. 여기서 잠시, 한 행성의 어떤 조각 하나를 다른 행성의 표면으로 가져가는 데 필요한 원천적 에너지를 한번 생각해 볼까요?

와우! 태양계의 원시 시대부터 남겨졌든, 더 최근에 우주로 날아가 버렸든, 그 파편 조각들은 태양 근처에 머물면서 그 열에 의해 수분과 이산화탄소가 다 날아가 버린 단단한 암석입니다. 부서지기 쉬우며 우주 먼지가 되어 사라져 버리기도 하지요. 오로지 외곽에서만 얼음과 약한 물질들은 외로운 어둠 속에서 서로 달라붙어 함께 머물러요.

가장 멀리 떨어져 있는 조각들은 더 큰 조각이 될 기회조차 얻지 못했을 수도 있어요. 그것들은 우리 태양계가 형성될 때 생겨 남은 찌꺼기일 수 있으며, 주위에 있는 다른 태양계에서 남은 찌꺼기와 섞여 영원히 한 태양계와 다른 태양계 사이를 오가며 (우리의) 파티에 합류할 기회조차 얻지 못했을 수도 있습니다. 한 태양계의 중력이 다른 태양계의 중력을 압도하여 원래 태양계로 데려올 만큼 강하지 못했기 때문입니다. 그렇게 주춤거리며 패배하는 거지요.

하지만 이야기가 여기서 끝나지 않아요. 2017년 지구에서 천문학자들은 평소처럼 하늘을 관측하던 중 아주 이상한 것을 발견했어요. 바로 작은 우주의 암석이었습니다. 그 자체로는 새로운 것도 아니었고 태양계 밖에서 날아오는 그저 또 다른 혜성일 뿐이라고 생각했죠. 하지만 계속 추적한 결과 몇 가지 낯선 사실들을 밝혀냅니다. 첫째로, 최대 속도가 초속 87킬로미터 이상, 즉 시속 30만 킬로미터에 육박할 정도로 **빠르게** 움직였습니다. 엄청난 속도죠. 천문학자와 탐험가들이 지구 표면 밖의 물체를 다룰 때 단위를 바꾸는 이유가 여기 있어요. 그 속도는 태양의 중력에서 벗어나기 위해 필요한 속도보다도 빨랐어요. 다시 말해 이 신비한 암석은 탈출 궤도에 있었던 거죠. 게다가 태양계의 다른 어떤 것(말 그대로 **그 어떤 것**)보다 훨씬 더 기울어진 매우 이상한 각도로 들어오고 있었으며, 우리가 보기에는 거의 수직으로 보였어요.

그 속도와 궤도를 생각하면 결론은 단 하나, 인류가 최초의 성간 침입 물체[5]를 방금 목격했다는 뜻이었어요. '오우무아무아(하와이어로 '정찰병'이라는 뜻)'라고 명명하고 이 천체를 상세히 추적하여 확인했을 때는 이미 태양계를 떠나는 궤도에서 이동하고 있었습니다. 후속 관측에서는 거의 보이지 않았고 너무 작아서 그 길이는 수백 미터에 불과했지만 담배처럼 길쭉했어요. 태양계의 얼음 깊은 곳에서 발견되는 다른 천체들처럼 짙은 붉은색을 띠고 있었죠. 하지만 혜성을 혜성으로 만드는 얼음도, 꼬리도 없었고 눈에 보이는 가스 방출도 없었어요.

그저 낯설고 외계인 같은 바위일 뿐입니다. 수만 년을 여행하여 알 수 없는 기원에서 우리에게 도달한 후, 또 다른 영겁의 시간을 위해 광활한 우주로 향하고 있는 이 돌은 끝에서 끝으로 굴러가는 거죠. 이 돌을 성간 공간으로 날려 보낸 것이 무엇이든, 상상하기조차 두려운 일입니다.

대략적인 추정에 따르면 대형 외계 침입자('대형'이라는 수식어가 필요한 이유는 태양 너머에서 무작위로 떠다니는 우주 조각들이 참 많이 존재하기 때문이긴 한데요. 그 작은 조각들도 다 포함시켜야 할까요?)의 수는 1년에 하나 정도로 추정됩니다. 그러나 일반적으로 그 조각들은 작고, 희미한 색을 띠며, 빠르게 움직이기 때문에 발견하기가 어렵습니다. 여러분이 모르는 사이에 얼마나 많은 파편이 여러분을 스쳐 지나갔을까요?

———

태양계에서 가장 위험한 곳이 어딜까요?
바로 태양계 그 자체입니다.

답이 너무 단순한가요? **자세한 설명**이 필요한가요? 좋아요. 익숙한 우리 태양계를 예로 들어 볼게요. 하지만 우리 태양계뿐만 아니라 물론 다른 행성계에도 고유한 특징이 있기 때문에 새로운 행성계, 혹은 잘 모르거나 미지의 행성계로 진입할 때마다 주의를 기울이셔야 합니다. 고유한 특징 말고도 거의 모든 행성계에 공통으로 존재하는 위험 구역들이 있어요. 이 지역들은 행성 형성 과정에서 나온 부산물이기 때문에 위험하죠. 우리의 이야기를 그럼 여기서부터 시작하는 게 좋겠어요. 아니면 여기서 멈추는 것도 나쁘지 않아요.(위험하니까요.)

작은 미세 운석 우주 먼지(태양계가 손님이 올 것을 예상했다면 오래전에 잘 정리했어야 할 것들)는 태양계 전체에 매우 얇게 퍼져 있습니다. 다른 곳보다 더 많은 우주 암석이 있는 곳에서는 자잘한 알갱이들이 더 많이 생성되어 여기저기서 작은 충돌을 일으키며 이름 모를 잔해를 흩뿌려 놓게 됩니다.

각각의 알갱이들은 그 무게에 따라 태양 안으로 밀려 들어오거나 바깥쪽으로 살살 밀려 나올 수 있는데, 이는 작은 알갱이마다 제각기 다른 힘의 합이 작용하기 때문에 태양 안으로 들어올지 바깥쪽으로 밀려날지는 당연히 예측하기 어렵습니다. 새로운 우주 먼지는 항상 만들어지고 있고요. 만약 우주 먼지가 계속해서 만들어지고 있지 않다면 태양의 압력이나 중력으로 인해 기존에 존재하던 먼지를 태양 밖으로 날려 버리거나 태양 안으로 삼켜 버려서 태양계는 깔끔하고 깨끗하게 남아 있어야 할 겁니다. 태양계가 이렇게 깨끗하려면 수백만 년간 꾸준히 청소를 해 왔어야 하겠지만, 태양계는 수백만 년보다 훨씬 오래되었기 때문에 여전히 남아 있는 **먼지가** 어질러져 있지요. 태양계 평면 밖으로 나가면 먼지들은 거의 즉시 없어질 거예요. 왜냐하면 먼지를 만들어 내는 암석들은 주로 행성들 사이에서 존재하거든요.

보통은 적절한 보호 장비만 있다면 먼지에 대해 그렇게 크게 걱정하지 않아도 됩니다. 적절한 보호 장비가 없다면, 이 위험천만한 바깥에서 무엇을 하고 있나요? 항상 존재하고 악화되는 먼지 외에도 우리와 가장 가깝고 태양계에서 가장 위험한 곳은 화성과 목성 궤도 사이의 소행성과 운석으로 이루어진 거대한 고리 소행성대(Main Belt)입니다. 여기에는 소행성 중 가장 큰 세레스가 있죠. 세레스는 너무 커서 오늘날 천문학자들은 이전 세대에 반기를 들며 때로는 세레스를 행성이라고 부르기도 합니다. 또는 왜소 행성이라고 하기도 하죠. (행성에 대한 정의는 논쟁이 되는 부분이니) 너무 많이 묻지는 마세요.

세레스, 에로스 같은 소행성은 특별한 이름이 있다는 것만으로도 얼마나 큰지 짐작할 수 있어요. 'HKJ-33028472'나 'RGF-92750285'와 같은 (천체 분류에 따른) 이름이 있는데도 불구하고 또 다른 이름이 있으니까요. 태양계에 있는 모든 천체에 이름을 붙이지는 않거든요. 그만큼 소행성대가 비교적 잘 알려져 있고 그 지도가 잘 그려져 있다는 것을 의미하기도 합니다. 1800년대 사람들도 찾아낼 수 있었을 정도니 지금쯤은 어디에 있는지 잘 알고 있어야 하지 않겠어요? 하지만 아무리 그 크기가 수백 킬로미터에 달한다 하더라도 그 소행성의 중력장에서 벗어나는 건 충분히 가능해요. 한 번만 강하게 뛰어올라 보세요.*

물론 신화에 나오는 이름을 얻지 못한 작은 소행성들도 많이 있죠. 그 작은 소행성들에 직접 이름 붙여 줄 수도 있어요. 예를 들면 거

---

* 밀도가 그렇게 높지 않아서 물리적으로 그 크기가 아무리 커도 중력장의 세기가 크지 않기 때문에 탈출 가능한 속도를 내는 것이, 단 한 번의 강한 도약으로도 가능하다는 의미입니다.

트루드의 꿈과 한클레픽스 1776이라는 이름을 아직 아무 천체에도 이름 붙이지 않았다네요. 하지만 여러분이 이들 소행성들을 어떻게 분류했는지를 다른 사람이 알아볼 거라고 기대하지는 마세요. 여러분이 무언가를 처음 발견했을 경우에나 있을 일이지만, 장담하건대, 여러분이 소행성대에 있는 소행성을 최초로 발견할 가능성은 거의 없어요.

과거 천문학자들은 소행성대를 거대한 행성 충돌의 잔해라고 생각했어요. 왜냐하면 충돌이 워낙 격렬했을 테니까요. 뿐만 아니라 당시에는 또 다른 가능성을 생각해 낼 만한 자료도 없었어요. 하지만 소행성대에 있는 모든 암석들을 다 모은다 해도, 설령 세레스처럼 큰 덩어리를 포함하더라도 태양계 내에서 가장 약하고 작고 볼품없는 행성밖에 만들 수 없을 뿐더러, 그 행성의 크기는 달의 절반도 되지 않을 거예요.

대신에 목성을 탓해야 해요. 우리가 목성 탓을 한다 해도 목성은 신경도 안 쓸 거예요. 신경 쓰기엔 목성은 너무 크죠. 소행성대에 있는 천체들과는 비교도 안 될 만큼 목성은 충분히 커요. 보통 한 행성이 다른 행성의 탄생이나 생애에 영향을 미치지는 못해요. 금성이나 토성에 대해 걱정해 본 것이 마지막으로 언제였나요? 일단 행성이 궤도를 한 번 지나갈 때마다, "걱정 마세요. 내가 알아서 합니다. 이건 나만의 공간이에요. 지나가면서 아무도 괴롭히지 않을 테니 나도 괴롭히지 마세요. 알았죠?" 그저 모두가 자신의 영역을 지키면 그것으로 되는 거예요.

목성만 빼고요. 목성은 거대한 무법자예요. 소행성대 위치에 안정적인 궤도로 자리 잡을 **법했던** 행성이지만 그러지 않고 오히려 더 좋은 선택을 했어요. 소행성대 안에서는 목성이 소행성들을 가끔씩 중력으로 잡아당길 만큼 충분히 크고 가깝습니다. 두 개의 소행성이 더 가까워지기로 하고 더 커지려고 하나요? 목성이 안 된다고 하네요. 이번에는 안 된다며 둘을 더 멀리 떨어뜨려 놓습니다. 더 큰 소행성이 초기 태양계에서 주변의 소행성들을 다 빨아들이기 시작하나요? 목성이 그러기 전에 한 번 더 생각해 보라고 하네요. 그러고는 소행성대 밖으로 모든 물질들을 밀어내 버립니다. 정말 괴짜죠. 우리는 단지 크다는 이유만으로 목성을 행성 세계의 왕이라고 하지 않아요.

그렇게 소행성대가 남은 것이죠. 행성이 되지 못한 채 말이에요.[6] 소행성대가 까다로운 곳이라고 생각하시는 거 압니다. 소행성들이 서로 부딪히고, 충돌하고, 파편이 생기고, 위험의 연속이죠. 맞아요, 그렇긴 하지만 여러분이 생각하는 그런 방식은 아니에요. 소행성들이 서로 충돌하기는 하죠. 그 파편들―일명 운석들―은 무작위로 예기치 않게 날아다닙니다. 소행성대는 우주 먼지의 주요 발생원 중 하나입니다.

하지만 조금 천천히 생각해 봐야 해요. 아니, 생각을 **천천히** 하라는 게 아니고 여러분이 **생각하고 있는 것들의 속도가 느리다는 거예요.** 그 모든 격렬한 일들이 확실히 일어나는 것은 맞는데 훨씬 더 느리게 일어난다는 거예요. 소행성대에 있는 소행성이 다른 무엇인가와 부딪히는 데에는 수백만 년이 걸릴 수도 있어요. 세레스에 크레이터가 있는데 그 크레이터들은 아주 오래전에 만들어진 거예요. 수십억 년의 역사를 가진 태양계의 관점에서 볼 때, 소행성대는 정신없이 늘어놓은 곳이죠. 그런데 인간의 관점에서 보면, 오후에 낮잠을 자는 앤트 모드(Aunt Maude)*를 연상시킬 만큼 조용합니다.

소행성대에는 평균보다 울퉁불퉁하고 끔찍한 암석이 더 많지만, 소행성대에서의 '평균'은 거의 0에 가깝고 그건 금메달감 성적은 아니에요. 일반적인 소행성의 폭이 약 10미터라면(무작위로 숫자 하나를 뽑자면) 소행성대에 있는 소행성 사이의 평균 거리가 너무 커서 약 1억 개의 소행성을 끝에서 끝까지 엮어야 가장 가까운 소행성에 닿을 수 있을 거예요. 우리가 지난 수년 동안 소행성대를 통과하는 우주선을 아무 충돌 없이 어떻게 쏘아 올릴 수 있었는지 아시겠죠?

가장 큰 소행성의 위치를 파악하고 나면―그리고 이들은 수백 년간 알려져 왔기 때문에 여러분이 여행하는 데 아무 문제가 되지 않을 거예요.―우주선을 조준하고 행운을 빌기만 하면 됩니다. 유성은 너무 작아서 추적하기가 어렵고 새로운 유성은 계속해서 만들어지고 있어요. 소행성대는 너무 **커서** 어디에선가 두 개의 소행성은 어느 순간 부딪히고 있을 거예요.

우주선 안에서 외계로 여행을 하고 있다면 두 가지의 선택이 있어요. 화성을 통과한 후 소행성대를 완전히 피해 태양계의 평면에서 뛰어올라 벗어나거나 아니면 그냥 앞으로 밀고 나가는 거지요. 태양계 밖으로 뛰어올라 벗어나는 것은 쉬워요. 화성의 슬링샷**을 이용해

• 《밀리, 몰리(Milly, Molly)》라는 책에 나오는 캐릭터예요. 혼자 있는 것과 요리하는 것, 텃밭에서 채소 재배하는 것만 좋아해요.

•• 중력 도움

팅겨 나가면 됩니다. 하지만 돌아오는 건 좀 어려울 거예요. 바깥에는 다시 돌아올 수 있도록 도와줄 수 있는 게 없거든요. 그러니 그냥 앞으로 밀고 나가 볼까요?

기본적으로 소행성대는 산산조각이 날 위험이 아주 조금 더 있을 뿐이에요. 그 정도의 위험으로 우리가 지구에서 우주선을 외계로 쏘아 올리는 것을 멈추게 할 만큼 크지 않아요. 하지만 여러분이 한 번쯤 더 생각해 보게 할 만큼은 크죠. 여러분은 별들 사이에서 꿈을 펼칠 기회를 얻기도 전에 거대한 끝을 만나는 불운의 여행자가 될까요? 시속 수만 킬로미터로 날아가는 미지의 운석과 마주칠 수 있는 100만 분의 1의 확률이 여러분의 불운의 숫자가 될까요? 매일매일 주사위를 던져야 해요. 우주로 나가려면 여러분은 이러한 확률 게임을 하셔야 합니다.

———

소행성대가 여러분의 수명을 평균보다 짧게 하는 유일한 이유라고 생각하지 않았으면 합니다. 오늘날 소행성대는 오히려 안정적이거든요. 물론 격동적인 젊은 시절을 보냈지만요. 누구는 아닌가요? 하지만 오랜 세월이 흐르면서 예측 가능한 궤도에 안착했고 아주 가끔씩만 지난 과거를 회상하며 극적인 시도를 할 뿐이랍니다.

그야말로 제멋대로인 건 거대한 행성들 너머에 있어요. 언젠가 사람들은 외부 태양계 길들이기라는 이야기를 하게 되겠죠. 우리가 어떻게 제멋대로인 야생 지역을 투쟁과 거침이 없는 번창하는 문명으로 바꾸었는지를 말이에요. 하지만 그날이 오늘은 아니네요. 해왕성 너머, 태양의 빛이 희미하게 비추는 태양계의 마지막 끝자락에 있는 이 지역은 오늘날 혼돈과 놀라움으로 가득합니다. 어둡고, 얼어붙은 공간, 얼음처럼 차가운 위협으로 가득 찬 곳입니다.

천문학자와 탐험가들은 여전히 태양계의 이 지역을 도표화하기 위해 바쁘게 움직이고 있어요. 이곳의 모든 것이 ⓐ 매우 작고, ⓑ 매우 멀리 떨어져 있기 때문에 쉬운 작업은 아니죠. 일반적으로 해왕성 궤도를 넘어 있는 모든 천체를 해왕성 통과 천체(trans-Neptunian object, TNO)라고 하는데, 말 그대로 해왕성을 통과하기 때문입니다.

가장 유명한 해왕성 통과 천체(TNO)는 명왕성으로, 충분히 커서 한때 행성이라 간주되었다가 왜소 행성으로 재분류되었죠. 하지만 여전히 일부 학계에서는 큰 행성 타이틀을 놓고 경쟁하고 있습니다.[7] 명왕성은 (상대적으로) 큰 위성인 카론을 보유하고 있지만 그 표면은 놀라울 만큼 매끄럽습니다. 최근 탐사선에 따르면 명왕성에 물로 된 얼음산으로 둘러싸인 거대한 질소 얼음 빙하 지대 형태의 곪고 또 곪은 상처가 있는 것으로 밝혀졌는데요. 그 물얼음산은 지구의 에베레스트산과 맞먹는 크기랍니다.

무언가가 명왕성을 충분히 따뜻하게 유지하고 있다는 이야기예요.(이 먼 곳에서는 태양이 고작 성난 빛에 불과하기 때문에 이 세계를 영구적인 황혼에 가두어 버려요.) 그러나 현재까지 우리는 그게 무엇인지 이해하지 못하고 있습니다. 명왕성이 얼음 껍질 아래 액체 상태의 바다를 숨기고 있을지도 모른다고 말씀드렸나요? 네, 여기에는 이상한 것들이 있는 게 확실합니다.

명왕성은 혼자가 아니에요. 명왕성에는 네 개의 작은 위성이 더 있어요. 뿐만 아니라 왜소 행성인 에리스와 그 위성 디스노미아도 있고요. 이상할 정도로 길쭉하게 생긴 하우메아도 있어요. 마케마케, 콰오아, 세드나, 오르쿠스, 살라키아도 있어요.

태양에서 엄청난 거리에 떨어져 있다는 것을 고려할 때, 이 행성들은 무척 거대합니다. 일부는 지각에 얼음이 섞여 회청색을 띠고 있어요. 일부는 태양계 외곽에서만 볼 수 있는 칙칙한 붉은 황토색을 띠고 있는데 이는 유기 분자가 오랜 세월 동안 자외선에 손상되었기 때문입니다.

에리스를 제외한 이 행성들과 셀 수 없이 많은 작은 행성들은 외부 태양계에 있는 첫 번째 위험 고리 지역인 카이퍼 벨트에 속합니다. 소행성대처럼, 카이퍼 벨트는 온갖 크기의 돌덩이들로 가득 차 있어요. 물론, 이 중 한두 개는 잠시 방문해 볼 가치가 있을 수도 있지만 여러분이 이미 여기까지 왔다면 태양계를 깨끗이 벗어날 수 있는 궤적과 속도를 유지하고 있다는 거예요. 외롭고 차가운 바윗덩어리들과 이야기를 나눌 시간이 없습니다.

또한 소행성대처럼 카이퍼 벨트도 비교적 차분하고 안정적이에요. '안정적'이라는 단어는 매우 정확한 과학적 의미를 가지고 있는데요, 여러분과 같은 여행객에게 중요한 점이죠. 여러분이 의자에 앉아 있다가 누가 와서 부딪히면 약간은 흔들릴 수 있지만 그렇지 않은 경우에는 그 자리에 그대로 있을 수 있죠. 그게 바로 **안정적**이라는 뜻입니다. 산꼭대기에서 발끝으로 서 있는데 누군가 와서 부딪히면 어쩌면 여러분은 흥미로운 내리막으로 갈지도 모르죠. 내리막길로 내려가는 것이 바로 **불안정한** 상태예요.

소행성대와 카이퍼 벨트는 꽤 안정적이에요. 여기저기서 약간의 중력이 영향을 줄 수는 있지만 대부분 알려진 궤도를 벗어나지 않고 머무르죠. 어쩌다 한 번씩 몇몇 천체가 탈출하여 커다란 가스 행성 중 하나의 달이 되기도 하지만, 그렇지 않으면 그들만의 외롭고 얼음 장 같은 감옥에 갇혀 있습니다. 카이퍼 벨트를 탐험하는 건 소행성대를 탐험하는 것과 같아요. 주요 플레이어 중 한 명을 직접 조준하지 않도록 주의하면서 조절판을 밟으면 됩니다.

하지만 카이퍼 벨트를 지나고 나면 약 50AU에서 100AU 이상 은 훨씬 더 위험한 지역, 산란 원반(Scattered Disk)입니다. (제가 AU에 대해 언급했던가요? 천문단위라고 하죠. 태양과 지구 사이의 평균 거리가 1AU 예요.) 이름조차 무섭게 들리죠. 산란 원반은 말 그대로 불안정하고 제멋대로이며 난장판이에요. 또한 나머지 시스템 전체에 불화와 혼돈을 야기하지요. 이 원반이 없었다면 태양계 내부는 훨씬 더 안전한 지역이 되었을 것입니다.[8]

산란 원반은 혜성이 태어나는 고향 중 하나입니다. 혜성을 그냥 그대로 놔두면 소행성 사촌들보다 더 큰 위협이 되지 않아요. 그저 살짝 더 얼음이 많은 건, 태양으로부터 아주 먼 곳에서 만들어져 혜성이 가진 물이 끓지 않았기 때문이죠. 하지만 산란 원반에서 살아남으려면 쉽지 않습니다. 한 궤도에 있다가 눈 깜짝할 사이 다른 궤도로 밀려나기도 합니다. 그리고 또 다른 궤도로…… 또 다른 궤도로…… 그렇게 반복되다가 태양계에서 완전히 튕겨 나가거나 태양계 한가운데 있는 타오르는 불덩이 속으로 직행하게 될 수도 있어요.

이렇게 밀리고 부딪히고 흩어져 떨어져 나갈 수밖에 없는 이유는 원반 안쪽을 공전하는 거대한 행성들 때문이죠. 이 거대한 가스 행성들과 얼음 덩어리들이 태양 주위를 느리게 돌 때* 그들은 이 바깥쪽에 있는 천체들을 잡아당기고 비틀곤 하죠. 이러한 밀고 당김의 움직임을 충분히 하다 보면, 아늑하고 친숙한 궤도에서 불안정해지게 되고, 원반에서 떨어져 나가면 성간 공간으로 흘러가 버리거나 우리 태양계의 중력 우물 안으로 떨어질 수 있습니다. 이는 마치 언덕 꼭대기에서 떨어지면 어느 방향으로든 떨어질 수 있는 것과 비슷한 경우죠.

　적어도 혜성은 악당이 되기 전에 우리에게 경고는 하지요. 혜성이 태양계 내부로 진입할 때, 얼어 버린 기체들과 분자들은 태양의 열에 의해 기화되고 수백만 킬로미터에 이르는 꼬리가 항상 태양으로부터 멀어지는 방향으로 뻗어 있는 상태로 남게 되죠.

　새로 발견한 궤도에서 이 혜성들은 태양계 내부 행성에 부딪히지 않을 수도 있지만 몇 세기 동안 반복해서 내부 태양계로 돌아오면서 충돌할 수 있다고 위협합니다. 일단 원반에서 튀쳐나오고 나면, 혜성들은 수천 년 동안 태양 주위를 돌 수 있는 새로운 규칙적인 궤도 경로를 설정하곤 합니다. 그들 중 일부는 심지어 지구인들에게 유명해지기도 해요. 핼리 혜성처럼요.(지구에 있는 천문학자들이 혜성이 정기적이고 예측 가능한 경로로 우리 가까이로 올 수 있다는 사실을 깨닫는 데 꽤 오랜 시간이 걸렸으며, 핼리는 처음으로 그 사실을 깨닫고 그 이름의 시조가 된

---

* 태양과 멀수록 공전 속도는 느립니다.

친구가 돌아올 것을 예측했지요.)

하지만 결국엔 혜성들은 부서져 버릴 거예요. 혜성들은 완전히 견고한 고체가 아니었고 속해 있는 별에 그렇게 가깝게 오도록 만들어지지도 않았죠. 궤도를 돌고 돌며 붕괴되면서 운석 구름을 남기고 그 운석들은 교차하는 행성의 대기에 긁히지요. 운석들을 피한다면 뭐 그렇게 큰 문제는 아니에요. 다행히도 이미 남아 있는 주요 혜성 구름의 도표를 만들어 놓았기 때문에 위험해지기 전에 충분한 경고는 받을 수 있겠네요.

그런데 태양 주위를 돌면서 상대적으로 취약한 곳을 찾아 태양계 내부로 들어오려고 항상 기회를 엿보고 있는 새로운 혜성들이 있지요. (그런데 참 이상하죠.) 다른 이유를 다 떠나서 이 원반은 오래전에 혜성이 되고자 했던 모든 조각들을 다 없앴어야만 해요. 태양계에 살아남았다 하더라도 이 잔해들은 하나씩 불에 타거나 얼음과 충돌해서 사라졌어야 해요. 더이상 우주여행자들을 괴롭히지 못하도록 말이에요. 분명 (우리가 상상하는 것보다) 더 먼 그 어느 곳에선가 이 잔해들이 리필되고 있는 게 분명합니다.

———

산란 원반을 지나면 훨씬 더 미지의 세계가 되고 더 나빠집니다. 소행성대와 카이퍼 벨트는 그 시스템 안에서 여행하는 경우에만 문제가 되죠. 카이퍼 벨트와 원반은 태양계의 주요 행성의 궤도를 벗어나기 때문에 여러분의 다음 목적지를 향한 궤도가 특별히 불운한 경우가 아니라면 카이퍼 벨트와 원반을 통과할 이유가 별로 없습니다. 그리고 소행성대는 내부 태양계와 외부 태양계 사이를 여행할 때만 문제가 될 거고요. 이 모든 것에서 탈출하는 가장 좋은 방법은 아예 우리 태양계의 수직 방향으로 궤도를 도는 거죠.

어떤 방향으로 향하든 태양계를 떠나 성간 공간으로 가고 싶다면 오르트 구름을 통과해야 합니다. 이름에서 짐작할 수 있듯이 오르트 구름은 고리나 원반이 아니고 태양계 평면에만 국한되어 있지도 않습니다. 사방으로 둘러싸고 있어요.

오랫동안 우리는 오르트 구름의 존재조차 몰랐습니다. 사실 지금까지 오르트 구름을 직접 관측하거나 마주쳐 본 천문학자나 탐험가는 없습니다. 오르트 구름에는 지구 같은 행성 다섯 개는 만들 수 있을 만큼의 물질들이 존재할 것으로 추정되지만 그 모든 물질들이 엄청난 부피의 공간에 다 흩어져 있기 때문에 (얼마만큼의 물질이 있는지) 이해하기조차 어렵습니다.

오르트 구름 안쪽 가장자리에 도달할 때쯤이면 이미 태양에서는 **수천AU** 떨어져 있고, 구름을 통과할 때쯤이면 가장 가까운 별까지 거리의 4분의 1, 즉 1년 동안 빛이 갈 수 있는 거리만큼 간 것입니다.

지구가 다섯 개라고 하니 많은 것 같죠. 하지만 그 지구들을 도시 한 블록보다 넓지 않은 크기로 잘게 부수어 1광년 두께의 거대한 껍질에 펼쳐 놓는다 생각해 보세요. 태양에서 이렇게 멀리 떨어져 있기 때문에 아무리 빛나는 물체도 거의 빛을 발하지 못해요. 그래서 오르트 구름은 광활한 만큼이나 신비로운 그 모습을 우리에게 드러내지 않습니다.

오르트 구름이 특이한 혜성의 근원지이기 때문에 우리가 그 존재를 알게 되었습니다. 어떤 혜성은 원반에서 출발했기에 규칙적이고 예측 가능한 궤도를 그리며 수십 년마다 한 번씩 범죄 현장으로 돌아오는 반면, 어떤 혜성은 무작위한 방향에서 나타나 오직 한 번만 오는 경우가 있습니다. 이러한 혜성들의 궤도를 거꾸로 추적하면 수천AU~수만AU 떨어진 곳에서부터 날아온다는 사실을 발견할 수 있어요.

먼 거리에서 하늘의 임의의 방향

+ 이 혜성을 우리에게 데려다주는 구형 껍질

= 오르트 구름[9]

적어도 하나의 적당한 크기인 둥근 천체가 존재하는 소행성대, 카이퍼 벨트, 산란 원반들과는 달리, 이 깊은 곳, 오르트 구름에는 행성이 될 만한 천체도 존재하지 않으며, 작은 얼음으로 죽은 듯한 덩어리들만이 숨어 있습니다.

이 먼 곳까지는 태양의 중력은 거의 작용하지 않으며, 오르트 구름은 뭐 달리 할 일이 거의 없기 때문에 그대로 그 자리에 머물며 유지되는 거예요.

오르트 구름은 태양계 형성 초기에 흩어져 여기까지 밀려왔거나 아예 그만한 기회조차 얻지 못하고 바깥에 남겨진 마지막 조각들로 만들어졌어요. 그것들은 심지어 우리의 국부 항성단이 형성될 때 남은 공통된 조각일 수도 있고 아니면 어느 그룹(항성단이나 또 다른 태양계)과도 연관되지 않을 수도 있습니다.

소행성대에서와 같이, 더 흥미로운 곳으로 가는 길에 오르트 구름을 지나가는 것은 운이 좋아야 하는 거예요. 워낙 광활하고 얇고 또 믿을 수 없을 정도로 지루하기 때문에 제가 말해 주지 않으면 오르트 구름 안에 있다는 사실조차 모를 겁니다.

오르트에서 온 혜성들은 참으로 끔찍합니다. 산란 원반의 녀석들이 툴툴거린다고 생각했다면, 이 녀석들의 기분 좋지 않은 날은 상상할 수 있을 겁니다. 태양계의 일부로 간주되지도 않는 혜성들은 수백만 년 동안 원한을 품고 있었거든요.

이 거리에서 태양의 중력이 매우 약하기 때문에 아주 약간의 밀치고 튕기고 비틀고 부딪히는 그런 작용은 혜성을 태양계 내부로 깊숙이 떨어뜨릴 수 있습니다. 오르트 구름 안에 있는 혜성은 수십억 년을 (아주 느슨한 의미에서) 겨우 다른 항성이라고 여겨질 만한 작은 빛의 한 지점을 공전할 수 있습니다. 그곳은 춥고 외롭지만 적어도 어떤 녀석들에게는 고향이에요.

하지만 아주 조금만 건드려 줘도 그 마음을 바꿀 수 있어요. 이런 작은 밀림은 어느 방향에서든 올 수 있죠. 지나가는 별이나 떠돌아다니는 분자 구름이 그들의 작은 얼음장 같은 마음을 잡아당겨 충분히 태양 쪽으로 갈 수 있는 궤도로 바꿀 수 있습니다. 심지어 은하 자체도 혜성이 태양계 내부로 진입하는 것을 유발할 수 있어요. 은하에서 태양계가 있는 쪽에 있는 평균적인 별의 수가 다른 쪽에 있는 별의 평균수와 다르기 때문에 아주 미세하지만 감지할 만한 중력의 차이가 있습니다. 천천히, 천천히, 궤도를 돌고 또 돌면서 무작위의 한 혜성은 은하 저편의 중력에 의해 태양으로부터 그렇게 조금씩 조금씩 더 멀어질 수 있는 것이지요. 그러나 궤도에 있다는 뜻은, 한 혜성이 궤도의 가장 먼 극점으로부터 멀어진다면 궤도의 가장 가까운 극점으로 다가오기도 한다는 거예요. 즉 혜성의 원형 궤도는 살짝 변형되어 길고 가느다란 타원이 될 수 있고, 일단 그렇게 되면 게임은 끝나는 거죠. 혜성이 태양계 내부 중력 우물 안으로 충분히 들어와 문제를 일으키겠네요.

때때로 오르트 구름에서 혜성이 먼저 산란 원반에 떨어지면 불안정한 공급원이 되어 새로운 혼란을 일으키기도 합니다. 오르트 구름은 태양계를 사방으로 둘러싸고 있기 때문에 이 위험한 조각들은 어느 방향에서든 어떤 궤도로든 날아올 수 있습니다. 거리가 너무 멀어서 **인간**의 일생, 심지어 인류가 살아가는 동안도 혜성은 은하계 깊숙한 곳으로 돌아가기 전 단 한 번만 우리를 통과합니다. 아니면 때로는 처음으로 통과하면서 태양과 부딪혀 버리기도 하고요. 이런…….

이러한 이유들로 혜성은 시간과 공간 모두에서 예측할 수 없습니다. 혜성이 이미 우리 근처에 와서 꼬리를 보이기 전까지는 혜성이 다가오는지 아닌지, 언제 다가올 것인지 알 수 없습니다. 다가온다는 것을 알아차렸을 때는 이미 너무 늦었을 수도 있네요.

엄밀히 말하면 오르트 구름에서 나올 수 있는 혜성의 수는 한정되어 있으며, 태양계에서 추방되거나 충돌로 인해 혜성이 먼지로 변하는 등 혜성이 하나씩 하나씩 꾸준히 사라지고 있기도 합니다. 하지만 태양계가 이미 수십억 년 동안 오르트 구름을 유지해 온 것을 보면, 이 재미가 금방 끝날 것 같지는 않네요.

혜성을 더러운 눈덩어리, 눈 덮인 흙덩어리, 또는 뭐라고 부르든지 간에 혜성은 우리에게 나쁜 존재입니다.

———

여러분이 또 알아야 할 몇 가지 다른 소행성과 혜성의 무리들이 사는 곳이 있죠. '트로이군'이라는 무리가 목성의 궤도를 엎치락뒤치락하며 목성을 따라다니고 목성과 태양 사이의 독특한 힘의 균형 속에 갇혀 있어요. 지구에게도 아폴로스(Apollos)라고 부르는 호위대가 있죠. 이 무리들은 여러분이 그들의 영역을 침범하지만 않으면 여러분에게 해를 가하지 않을 거예요. 목성이나 지구에 접근하기로 결정했다면 현명한 방향에서 접근하셔야 할 거예요.

그리고 고리들이 있지요. 그래요, 고리들. "토성의 고리에 접근하지 마세요."라고 말할 필요조차 있을까요? 말씀드려야겠죠. 그래야 제가 여러분의 우주여행에 필요한 경고를 드리고 편히 잘 수 있을 테니까요. 토성의 고리에 가까이 가지 마세요.

분명히 말씀드렸습니다! 그렇다면 여러분이 생존할 수 있는 확률은 얼마나 될까요? 소행성이나 혜성의 수는 많지만, 작은 우주선을 타고 이동하는 동안 이들에 부딪힐 확률은 확실히 작죠. 왜냐하면 우주는 무척 넓기 때문이에요. 물론 우주가 넓기 때문에 하나의 행성계에서 또 다른 행성계로 이동하는 것이 거의 불가능하지만, 뭐 이 정도면 축복이라고 생각해야 하죠.

여러분이 갑자기 부피가 커지지 않고 끊임없이 움직이며 가장 눈에 띄는 바위들을 잘 피한다면 여러분은 괜찮을 거예요. 괜찮아야 해요. 하지만 이 세상에서는 어떤 약속도 할 수 없습니다. 시간이 지남에 따라 서서히 먼지와 작은 운석에 긁히고 멍드는 일이 계속해서 생길 것이고, 이는 피할 수 없는 일입니다. 장거리 항해를 하고 싶다면 정기적으로 유지 보수 점검과 수리를 꼼꼼히 잘 하셔야 해요.

그러나 한곳에 너무 오래 머무르면 결국 시간은 여러분에게 불리하게 작용하여 (무언가와) 부딪힐 수밖에 없어요. 그러니 깃발을 꽂고 멋진 세상이라고 부를 수 있는 좋고 아늑한 행성을 찾아내도 언젠가는 악당 같은 소행성이나 혜성이 여러분과 여러분의 행성을 찾아낼 거예요. 그때가 오더라도 엄청나게 큰 녀석이 아니기만을 바랄 수밖에요.

이래도 아직 우주 암석을 안 무서워하시는 것 같아요. 적어도 이한 가지는 분명하게 하자고요. 여러분은 절대로 이렇게 위험한 우주 암석들을 화나게 하면 안 돼요.

태양계 곳곳에 남아 있는 분화구를 보면 이 녀석들이 다른 천체를 공격하는 빈도와 그 파괴력을 추정할 수 있습니다. 지구의 달을 보세요. 큰 분화구, 작은 분화구, 여기저기 갖가지 크기와 깊이의 분화구투성이죠. 수성도 마찬가지고 다른 모든 공기 없는 세상도 다 마찬가지입니다. 태양계에서 분화구가 없는 유일한 곳들은 지각 작용이나 침식을 통해 표면을 새로이 할 수 있는 행성들(그리고 혜성을 아침밥으로 먹는 거대 행성들)이지만 그들마저도 10대 아이의 얼굴에 남은 여드름과 같은 흉터는 지니고 있죠.

하지만 그 상처 많은 얼굴을 그대로 드러낸 이 세계들은 자신의 모습을 거의 바꾸지도 않고 화장도 하지 않아 그들의 노출된 표면이 태양계에 내재하는 폭력에 대한 가시적인 기록이 됩니다. 천문학자들은 이 피해 기록을 통해 후기 대폭격과 그 후 40억 년 동안 대체로 고른 폭격이 있었다는 사실을 밝혀냈습니다. 태양계의 어디를 보아도, 뜨거운 수성에서 얼어붙은 명왕성에 이르기까지, 우리는 전투의 흔적들을 찾아볼 수 있습니다. 우리 태양계는 젊었을 때 가장 격렬했지만 오늘날에도 여전히 살아남기에는 위험한 곳입니다.

이 혜성들이 어떤 피해를 입힐 수 있는지 한번 보고 싶으세요? 지구의 천문학자들은 1994년 슈메이커-레비9 혜성의 잔인한 폭격을 목격했습니다. 그 혜성은 목성에 부딪히기 전 21개의 조각으로 부서졌고요. 당시 목성은 충분히 커서 그저 툴툴 털어 버릴 수 있긴 했지만, 목성의 대기가 약간 변했는데요. 이는 전 세계 핵무기 공급량의 600배에 달하는 위력을 가진 가장 큰 충돌이었기 때문이죠.

태양계에서 행성의 왕인 목성이 이 부서진 혜성 조각들을 다 삼켜 버린 것에 감사해야 해요. 그것도 태양계 내부로 진입하기 전에 말이죠. 아니면 연약하고 고립되어 있던 지구가 그 얼음 조각들의 조준선에 딱 놓일 뻔했거든요. 오랜 세월 동안 목성은 행성들 사이에서 그 거대한 중력을 이용해 산란 원반이나 오르트 구름에서 날아오는 신생 혜성의 궤도를 굴절시키거나 흡수시키는 골키퍼 역할을 해 왔습니다. 지난 40억 년 동안 얼마나 많은 혜성들이 우리 대신 그 거대한 행성에 충돌했을까요?

반면, 목성의 거대한 중력은 애초에 산란 원반을 불안정하게 만들어 가만히 그 자리에 놔두었으면 무해했을 혜성을 태양계 내부 행성들에게 위협이 되도록 하기도 합니다. 그러니 목성 입장에선 비긴 거죠.*

우리가 아는 것은 이렇습니다. 지구에는 끊임없이 비가 내리고, 깊은 우주에서 먼지가 끊임없이, 그러나 전혀 해롭지 않은 속도로 들어오고 있어요. 그저 (그 먼지 속까지) 깊이 여행해 들어가기 전에는 먼지에 대해 아무 걱정 안 하셔도 돼요. 또한 미세 운석들도 항상 우리를 향해 날아들어 오는데, 특히 지구인들에게 잘 알려진 유성우 시기가 되면 시간당 최대 100개의 덩어리와 자갈이 섞인 혜성 잔해가 대기권에 진입하지요. 이 또한 머리 위에 두꺼운 보호 대기가 없는 경우에만 위험합니다.

그보다 큰 바위들이 당연히 더 치명적이지요. 하지만 다행히 그렇게 흔하지는 않아요. 여러분이 현재 앉아 있는 그곳, 그 방 정도 크기의 암석이 보통 이동하는 속도로 이동하면 이들은 보통의 핵폭탄에 해당하는 에너지(따라서 그에 해당하는 파괴력)를 가지고 있고 이들은 지구와 같은 행성을 1년에 한 번은 강타합니다. 왜 지구인들은 이 핵폭탄이 터지는 것을 알아차리지 못할까요? 지구 표면의 대부분은 물로 이루어져 있고 물 위에는 아무도 살고 있지 않아요. 또한 타격 각도에 따라 대부분의 암석은 대기권 상층부에서 순식간에 타서 폭발해 버리기 때문이죠. 아무런 해도 입히지 않았으니 그 큰 바위들이 특별히 잘못한 것도 없죠.

---

* 좋은 점도 있고 나쁜 점도 있으니까요.

그러나 일부는 육지에 떨어지기도 해요. 그럴 경우엔 확실히 눈에 띄겠죠. 기록상 가장 큰 규모로 지구에 운석이 충돌한 건 1908년 시베리아 상공에서였습니다.(다행히도 말이에요.) 그곳에서 수십 미터에 불과한 운석이 지구 대기권 마지막 몇 킬로미터까지 내려갔다가 결국 포기했죠.(땅에 닿기 전에 다 타 버렸어요.) 그래도 2,000평방 킬로미터 면적의 나무들을 짓눌렀습니다. 단 하나의 운석이 딱 한 번 떨어졌지만 히로시마 원자 폭탄 수천 개를 능가하는 위력을 발휘할 뻔했습니다. 그리고 자연은 그 순간에도 눈 하나 깜짝하지 않았습니다.

심각한 일(문명을 파괴하는 재앙)을 일으킬 수 있을 만큼 큰 바위는 약 1킬로미터에 달하며 약 50만 년에 한 번씩 떨어집니다. 우리는 그 시간이 더 길기를 바라죠. 멸종 수준의 충돌은 정말 걱정해야 할 사건입니다.[10] 문명이 충분히 발전했다면, 인류는 1킬로미터 크기의 바위 충돌에서 살아남을 수 있을지도 모릅니다. 나라 하나 정도가 말 그대로 지도에서 사라지고 그 자리에는 연기 나는 분화구만 남겠지만, 지구의 나머지 지역에는 충분히 무탈하게 살아남은 생존자들이 다시 잘 살아갈 거예요.

하지만 5킬로미터의 바위라면 어떨까요? 10킬로미터의 바위라면 어떻게 달라질까요? 모든 음식과 햇빛에 작별 인사를 하시고 대기 중에 수천 년 동안 쌓여 있을 화산재를 맞이할 준비를 하셔야겠네요. 다행히 이런 운석들은 2,000만~5,000만 년에 한 번만 지구를 강타합니다. 마지막 대충돌은 6,500만 년 전, 지구상의 상당수 생명체를 멸종시켜 버리고는 "이런, 공룡들아, 미안!"이란 말만 남겼답니다.

그 운석이 지구를 강타했을 때 첫날부터 끔찍한 일이 벌어졌습니다. 운석은 대기권을 뚫고 유카탄반도 끝자락에 있는 멕시코만의 얕은 바다에 떨어졌을 가능성이 높습니다. 그때 생긴 분화구는 오늘날에도 남아 있고 대부분 물속에 묻혔습니다. 직경이 무려 160킬로미터에 달합니다. 이 운석은 지구 지각의 몇 킬로미터를 뚫고 들어가 수십 미터 높이의 해일을 일으켰습니다. 이 충돌로 인해 지구와 운석이 뒤섞인 물질이 달까지의 거리 절반만큼 우주로 날아간 후 다시 불타는 총알이 되어 쏟아져 내리는 바람에 전 세계에 산불이 일어났습니다.

그 타격은 말 그대로 지구를 뒤흔들 만큼 강력했고, 지구 반대편의 화산들을 폭발시켰습니다. 수십 년 동안 태양을 가릴 정도의 화산재와 먼지가 대기 중으로 퍼져 나가 지구는 끝없이 얼어붙은 겨울의 지옥으로 빠져들었죠. 햇빛이 거의 또는 전혀 들지 않자, 식물과 해조류들, 즉 햇빛을 기괴한 짝짓기 의식으로 바꾸는 생명의 근간들이 죽어 갔습니다. 공룡이 되지 말자고요. 한 행성에 너무 오래 머물지 마세요. 한곳에 너무 오래 머무르면 여러분의 시간이 언제 끝날지 모르거든요.

———

앞서 드린 조언은 특히 신생 시스템에서 더욱 그렇습니다. 새로운 행성계가 형성되는 과정에서 소란스러운 일이 일어난 뒤에 어지럽혀진 것을 청소하는 데에는 시간이 좀 걸리죠. 행성 간의 충돌, 가스 거대 행성들의 이동, 중력에 의한 파괴, 그 모든 일. 여러분처럼 경험이 부족한 우주탐험가에게는 결코 좋은 곳이 아니에요.

저 바깥 세상에는 다양한 행성계가 존재하며 각 행성계마다 고유한 위험 요소가 있습니다. 어떤 행성계는 (중심) 별과 간신히 스쳐 지나가는 가스 거성이 있는 반면, 어떤 행성계는 두세 개나 그 이상의 별이 주변 세계를 비추기도 합니다. 오르트 구름, 산란 원반, 트로이군 시스템과 같은 것들은 꽤 흔하지만, 어떤 시스템에 내부 벨트가 있는지 또는 활성 혜성들이 있는지는 알 수 없어요. 항상 주의해야지, 경계를 늦추면 죽을 수도 있다고요.

위험을 최소화하기 위해 할 수 있는 몇 가지 방법이 있기는 합니다. 어느 행성에 머물러야 한다면 대기가 두꺼운 행성을 선택하시고요. 그 많은 공기는 많은 암석을 흡수할 거예요. 할 수 있다면 가능한 한 가스 거성을 찾아보세요. 이 행성은 (목성처럼) 골키퍼와 같은 역할을 할 거예요. 더 섬세한 세계에 위협이 되기 전에 그 거대한 중력을 이용하여 날아오는 암석들을 끌어당길 거거든요. 목성과 슈메이커-레비 기억하시죠?

그리고 제발, 또 제발 소행성을 위험 요소가 적은 궤도로 끌어가기 전에 그 위에 정착하지 마세요. 아무도 그럴 거라 생각하지 않지만, 세상에는 의외로 재치있는 탐험가들이 많거든요. 그들 중 하나가 되지 마시고요.

더 이상 선택의 여지가 없다면, 또 큰 바위가 여러분에게 날아오는데 피할 시간이 없다 해도 몇 가지 할 수 있는 방법은 있어요. 혜성이나 소행성을 막는 것은 불가능하죠. 그들은 시속 수만 킬로미터로 이동하잖아요. 그 운동 에너지를 무엇으로 막을 수 있겠어요? 보잘것

없는 핵폭탄으로? 게다가 대부분의 혜성과 소행성의 문제는 그것들이 단단하게 뭉쳐 있지 않다는 거죠. 그 심장에 거대한 폭탄을 꽂아 터뜨리면 무엇을 얻을 수 있을까요? 바로 짜증 나 버린 운석들이죠. 대부분의 에너지는 구멍이 많은 몸체를 통해 빠져나가고, 기껏해야 내부가 약간 재편될 뿐이에요. 그리고 폭파에 성공했다면요? 축하합니다. 이제 거대한 바위 하나 대신 수천 개의 중간 크기의 바위들이 생겼네요. 100만 개의 작은 상처들이 한 번의 타격만큼이나 여러분을 죽일 수 있습니다.

혜성의 마음을 바꿀 수는 없지만, 여러분이 영리하다면 혜성을 속일 수는 있어요. 충분히 일찍 깨닫는다면 (이 부분은 정말 정말 중요합니다.) 약간의 진로 변경만으로 혜성이 해하지 않는 적당한 거리로 지나가도록 할 수 있습니다. 몇 메가톤의 폭발물을 혜성에 제대로 배치할 수만 있으면 돼요. 하지만 이것은 좋은 조기 경보 시스템이 있을 때만 효과가 있죠. 암석이 너무 가까우면 바위를 충분히 세게 때릴 수 있는 만큼의 충분한 에너지를 모을 수가 없어요. 그럴 땐 도망가거나 몸을 웅크리는 수밖에 없겠네요.

소행성과 혜성은 완벽히 알려져 있거나 어디에 누가 있는지 그 분포 지도가 작성되어 있지 않아요. 그다지 밝지 않거든요. 빨리 움직이기도 하죠. 소행성을 탐지하려면 밤마다 밤하늘을 스캔하여 고정된 별을 배경으로 움직이는 그 움직임을 포착하는 데 의존해야 합니다. 일부 소행성은 그 궤도가 지구 궤도와 교차하기 때문에(지구 자체는 아니고요. 지구 자체와 교차한다면 더 이상 지구상에 불이 켜질 일이 없을 거예요.) 잠재적으로 위험하다고 구분되어 있지만 우리가 아는 한 적어도 향후 1,000년 정도는 지구가 (이 위험으로부터) 안전하다고 말할 수 있겠어요.

하지만 소행성의 궤도는 정말 예측하기 어려워요. 매일같이 상황이 바뀔 수 있기 때문이죠. 태양에서 오는 빛의 압력, 자전, 다른 행성들에서 오는 특히 유별난 중력, 한때 무해했던 소행성은 아무런 경고 없이 행성을 죽이는 존재로 변할 수 있습니다. 경각심과 꾸준한 경계—그리고 거대한 망원경과 잠 못 이루는 천문학자들—가 꼭 필요합니다. 그 암석들은 많은 **에너지**를 가지고 있으며, 그 에너지는 쉽게 우주선을 부수고 행성을 파괴할 수 있습니다.

거기 밖에서 조심하지 않으면 여러분은 그저 예쁜 유성우 한 줄기가 될 수도 있어요. 여러분의 선택입니다.

끓어오르는 태양 <u>3</u>

친근해 보이는 별이라도
자세히 살펴보라
우리를 물지는 않을지
그 작고 귀여운…… 이봐!

- 고대 천문학자의 시

블랙홀. 죽어 가는 별들. 우주는 무서워요. 많은 여행자들은 멋지고 아늑하고 성숙한 곳으로 숨어서 위험에서 벗어날 수 있다고 생각합니다. 이들에게는 평범해 보이는 별조차도 큰 골칫거리라는 사실이 안타깝습니다. 여러분의 집 뒷마당도 최대로 안전한 것이 독사의 소굴로 되는 것일 수도 있습니다.

물론 별 자체에 대한 이야기예요. 심지어 태양도요. 네, 태양이죠. 친절하고 친근하며 웃는 얼굴로 그려지는 우리의 별 태양. 행성에 빛과 따뜻함을 선사하죠. 식물에게 먹이를 주고 먹이사슬을 통해 인간에게까지 전해지죠. 이름에서도 알 수 있듯이 **태양**이 없었다면 **태양계**는 존재하지 않았을 거예요. 물론 태양계에는 불량한 혜성이나 악랄한 소행성 같은 위협이 곳곳에 숨어 있을 수도 있지만요. 하지만 태양은요? 태양은 그냥 태양입니다.

오래전 태양은 격렬한 젊은 시절을 보냈으며 피하는 것이 가장 좋은 때가 있었죠. 수십억 년 후에는 태양이 팽창하여 내부 행성들을 집어삼킬 것입니다. 그때는 절대 그 주위에서 머무르고 싶지 않을 거예요. 하지만 태양의 젊음은 아주 오래전 일이고 죽음도 또한 먼 미래의 일입니다. 태양은 중년이에요. 45억 년 동안 규칙적이고 지루한 수소 핵융합을 반복하고 있죠. 안정적인 직업이 있는 셈이네요. 연금도 있고요. 교외에 좋은 집이 있고, 차 두 대와 아이 두 명이 있어요. 더 이상 록 콘서트에 가지 않아요. 성대한 파티 대신 피자를 먹으며 가족 친화적인 영화를 보는 걸 선호합니다. 그런 고요하고 안정된 상태입니다.

물론…… 변덕스러울 때만 빼고요. 보통은 꽤 안정적이지만, 태양은 때때로 격렬한 소화 불량을 일으킬 수 있다는 것을 알고 계셔야 해요. (태양 속에 쌓인) 압력을 완화하는 유일한 방법은 거대한 트림, 즉 태양 자체의 용광로에서 나오는 물질 덩어리, 입자와 전자기장의 불덩어리를 태양계 전체에 뿜어내는 것입니다. 이 방출은 전자 기기를 뒤흔들고 여러분 몸처럼 부드럽고 말랑말랑한 물체를 녹일 수 있습니다. 통신을 방해하고 위성을 무력화시키기도 하지요. 예측할 수도 없고 피할 수는 더더욱 없습니다.

가장 두드러진 특이사항이에요. 태양 플레어. 코로나 질량 분출. 태양 표면에서 끊임없이 분출하는 격렬함을 설명하는 수많은 이름이 있습니다. 수천만 킬로미터 떨어진 행성의 관점에서 보면 우리 태양과 같은 별은 단순하고 단조롭습니다. 하지만 우리 태양을 포함한 모든 별은 잠자는 용처럼, 깨어나 불꽃을 뿜어낼 기회를 기다리고 있습니다.

———

태양 안을 파헤쳐서 무슨 일이 벌어지고 있는지 알아봅시다. 어서요, 재미있을 거예요, 약속해요. 모든 것의 중심에 있는 중심핵에서부터 시작해 볼까요. 태양 자체의 무게로 인한 중력은 원자핵의 자연적인 반발력을 압도할 만큼 강력합니다. 그리고 (태양의 대부분을 구성하는) 수소의 경우, (원자의) '핵'은 그저 양성자에 불과합니다. 양전하를 띤 양성자 말이에요. 그리고 여기에는 약간의 문제가 있습니다. 보세요, 양성자끼리는 사실 친하게 잘 못 지내요. 양성자들끼리 나란히 놓으면 그들이 가진 양전자들이 "됐어요."라고 말하며 멀리 달아나 버리기 때문입니다.

양성자 두 개를 여러분이 직접 억지로 붙이려 시도해 볼 수도 있지만, 인간의 힘으로는 해낼 가능성이 거의 없습니다. 그러나 별의 중심부는 압력이 매우 강하고 온도가 절대 온도 1,500만 도에 달할 정도로 극심하기 때문에 양성자들은 마지못해 서로 가까이 다가갈 수밖에 없죠. 그리고 양성자가 충분히 가까워지면 강력한 핵력이 작용해 양성자가 일반적으로 직면하는 자연적인 전기적 반발력을 압도해 버리게 됩니다. 양성자들은 이제 좋든 싫든 서로 결합하여 새로운 원소를 형성합니다. 바로 헬륨이죠.

자, 여기에서 우주에 있는 조금 이상한 임의의 사실 하나 말씀드리죠. 두 개의 양성자가 서로 붙어 만들어진 헬륨의 핵 안에 있는 그 두 개의 양성자의 무게의 합은 실제로 따로 존재하는 두 개의 양성자 무게를 합친 것보다 작습니다. 이것은 새로 형성된 원자핵을 두 개의 개별 양성자로 찢어 내는 데 **에너지**가 필요하다는 이야기가 되는 것 이고요. 즉 두 개의 분리된 양성자가 그냥 어울려 있을 때는 서로 뭉쳐 헬륨의 핵이 되었을 때보다 총 에너지가 더 크다는 말이에요. 그리고 에너지는 질량($E = mc^2$, 기억하시나요?)이므로 헬륨의 에너지가 더 작다는 것은 헬륨의 질량이 양성자 두 개 질량의 합보다 작다는 거죠. 따라서 수소를 헬륨으로 융합하는 과정에서 약간의 에너지가 빠져나갑니다.[1]

짜잔, 핵발전입니다. 이것이 바로 수십억 년 동안 태양을 빛나게 해 온 거대한 엔진입니다. 태양이 탄생할 때 함께 태어난 수소 원자가 두 개씩 핵으로 들어가 결합하여 헬륨을 만듭니다. 남은 에너지는 태양의 중심핵 깊숙한 곳에서 빛의 섬광으로 방출됩니다. 고에너지 광자죠.

실제 연쇄 반응은 좀 복잡하고 별의 질량에 따라 달라져요. 우리 태양의 경우 탄소, 질소, 산소와 같은 친구들을 포함하기도 합니다. 또한 수소 + 수소 = 헬륨이 아니라 최종 생성물이 나오기 전에 몇 가지 일시적인 조합이 포함되며 그 과정에서 양전자 및 중성 미자와 같은 이상한 물질을 뱉어 내기도 합니다. 하지만 주된 내용은 아시겠죠. 태양이 (수소의 의지와는 달리) 수소를 뭉쳐서 헬륨 덩어리를 만든다는 것입니다. 태양이 남은 헬륨으로 무엇을 하는지는 다음 장에서 다룰 거예요. 걱정거리를 한 번에 너무 많이 드리고 싶지 않네요.

각각의 수소 핵융합 반응은 거의 사라질 만큼의 적은 양의 에너지를 생성합니다. 그러나 태양의 중심핵은 크고, 수소가 많으며, 이 과정을 땀 한 방울 흘리지 않고 계속해서 반복합니다. **매초** 약 6억 톤의 수소가 핵융합하는 파티가 열린다고요. 다시 말해 태양은 약 3시간 안에 지구 전체 대기와 맞먹는 질량을 씹어 먹는다는 거예요.

매초마다 약 400만 톤의 수소가 순수한 원시 에너지로 전환됩니다. 사람의 관점으로 다시 보면, 인간이 만든 가장 강력한 핵무기인 '차르 봄바'라는 멋진 이름의 핵무기는 약 50메가톤의 TNT를 생산할 수 있었습니다. 20억 개의 차르 폭탄을 일렬로 늘어놓고 동시에 폭발시키세요. 축하합니다. 눈 깜짝할 시간에 태양 에너지 출력과 일치하는 에너지를 만들어 냈네요.

이 오래된 지구의 거의 모든 생명체는 궁극적인 에너지원으로 태양을 바라봅니다. 물론 심해 통풍구 근처의 바다 밑바닥에 사는 동물들도 있지만, 우리는 그들과 그다지 대화를 많이 나누지 않아요. 지금 지구에 있다면 주위를 둘러보세요. 식물, 나무, 곤충, 포유류를 살펴보세요. 부엌에 있는 음식도 보세요.

태양이 만들어 내는 대부분의 에너지는 광활한 우주로 방출되어 그저 또 다른 별빛의 한 줄기가 될 뿐입니다. 지구에는 그중 극히 일부만이 훑고 지나가죠. 여러분과 여러분 주변의 모든 것, 그리고 지구에 가득한 모든 생명체는 태양에서 나오는 총 에너지의 0.00000000217퍼센트에 불과한 양의 에너지에만 의존하고 있는 거예요.

그러나 그 에너지와 핵반응에 대해 말하자면, 태양을 해부해서 내부에서 무슨 일이 일어나고 있는지 확인하기는 어렵습니다. 다행히도 이 모든 핵융합이 어떻게 작동하는지 우리에게 속삭여 줄 수 있는 핵의 작은 메신저가 있어요. '중성 미자'라는 이 작은 입자들은 태양의 핵에서 일어나는 그 핵반응의 조용한 부산물인 유령 입자입니다. 태양은 엄청난 수의 중성 미자를 방출하지만(지금 이 순간에도 수십억 개의 중성 미자가 무해하게 우리 몸을 통과하고 있으며 무해하기 때문에 샤워를 해서 씻어 낼 필요도 없습니다.) 우리는 지구에 있는 거대한 검출기를 통해 아주 가끔씩 중성 미자를 감지할 수 있습니다. 이 중성 미자들은 우리가 직접 측정하기 어려운 태양 중심부의 친밀한 초상화를 그려 줍니다. (핵융합이 일어난다는 사실을 깨닫기 전에는 태양이 연소하면서 스스로 동력을 얻거나 태양이 형성되면서 열을 보유하는 것으로 알고 있었던 조상들을 누가 탓할 수 있을까요? 어려운 문제죠.) 중성 미자는 아마도 가장 위협적이지 않은 입자이므로, 적어도 현재로서는 중성 미자에 대한 이야기는 여기까지만 해도 될 것 같네요.

———

태양의 핵으로 내려가면 좀 더 뜨거워지고 땀이 나는 것을 상상하실 수 있겠죠. 정확히 말하면 절대 온도 1,500만 도의 뜨거운 열기와 땀이 흐르죠. 태양의 한가운데에 있으면 생존할 수 있는 그늘진 곳도 찾을 수 없고요.

이 수소 융합 과정은 전체 태양 반지름의 약 4분의 1에 이르는 꽤 큰 핵에서 발생합니다. 용광로에 더 깊숙이 들어갈수록 태양의 내부 구조는 매우 갑작스럽게 변합니다. 더 들어가면 수소 융합 과정이 일어나는 곳에 다다를 수 있죠. 핵심은 조건이 맞춰지면 이 핵융합 과정은 멈추거나 느려지지 않고 전속력으로 진행됩니다. 물론 태양 전지역 여기저기서 무작위로 우발적으로 핵융합이 일어날 수 있지만, 태양 에너지의 대부분은 비교적 작고 촘촘한 강도의 '불'과 '혼돈' 속에서 생성됩니다.

이는 태양의 핵을 둘러싸고 있는 층이 핵융합으로 인해 방출된 방사선에 의해 지배된다는 것을 의미합니다. 선글라스 꼭 챙기세요. 모든 에너지가 방출되는 유일한 방법은 빛에 의해 운반되는 것입니다. 핵에서 멀어질수록 온도는 낮아지지만, 그 차이는 플라스마의 흥미로운 대규모 운동을 일으킬 만큼 충분히 크지 않습니다. 대신에, 방사선에 방사선이 쌓여 핵으로부터 열을 최대한 멀리 바깥쪽으로 운반할 뿐입니다.

핵 밖에서도 온도가 타오르는 듯 절대 온도 100만~200만 도에 달하고 수소와 헬륨이 섞인 밀도가 그 온도에 상응하기 때문에 (핵에서 방출된) 방사선은 이동하기 위해 강력한 투쟁을 벌여야 합니다. 간단히 말해서 튕겨 다니는 일이 많다는 것입니다.

〈가격은 옳다(The Price is Right)〉*를 본 적 있으세요? 또 특히 용감한 참가자가 원반을 경사진 벽 아래로 떨어뜨리고, 그 원반이 나무못을 뚫고 튀어나와 임의의 지점에 떨어지는 것을 공포와 기쁨으로

---

* 출연자들이 물건의 가격을 추정한 후, 가장 비슷한 가격을 맞히는 사람이 이기는 게임을 하는 텔레비전 프로그램.

지켜봐야 하는 〈플링코(Plinko)〉라는 게임을 본 적이 있으신가요? 원반이 일직선으로 미끄러져 내려가면 훨씬 더 빠르고 참가자는 스트레스를 덜 받겠지만 게임을 보고 있는 우리는 그 재미가 덜하죠. 못이 원반의 움직임을 가로막아 원반이 탁구공처럼 구불구불한 경로를 따라 내려가면 보는 재미가 있죠. 이제 머릿속에 그려진 이 그림을 원자 이하의 세계로 축소하면, 박혀 있던 못은 태양에 가득 찬 수소와 헬륨이고 원반은 통과하려는 방사선이라고 할 수 있어요. 그리고 절대 온도 100만 도까지 **확장해** 보세요.

그림이 그려지셨나요? 좋아요. 빛이 태양을 빠져나가는 데는 기본적으로 무한의 시간이 걸릴 것이며, 이것이 바로 그 이유입니다. 빛한 줄기(광자 하나)가 이 층을 통과하여 빈 공간의 자유로 나가는 데에는 평균 약 10만 년이 걸립니다. 그리고 지구까지 날아오는 데 추가로 8분이 더 걸리죠.

지표면까지 4분의 3 정도에 도달하면 (지배하고 있는) 물리가 완전히 바뀝니다. 여러분이 태양의 바깥층에서 일생을 살아가는 수소가스 덩어리라고 생각해 보세요.(한번 생각해 보세요.) 융합을 시작하기에는 압력이 충분하지 않아서 무슨 재밌는 일 안 생기나 마냥 기다리는 것만으로도 행복할 거예요. 여러분 발 아래로는 핵융합로와 강렬한 방사선 층이 있는데, 핵융합과 광자가 뒤섞여 너무 뜨거워서 여러분이 좋아하지 않을 거예요. 여러분 훨씬 위쪽으로, 즉 가장 바깥쪽 표면에는 우주 공간 자체의 딱딱한 진공 상태가 존재하는데, 여러분이 좋아하기엔 **너무너무** 차갑습니다.

그러니 여러분 주위로 아무리 둘러봐도 안쪽은 뜨겁고 바깥쪽은 차갑네요. 작은 가스 덩어리에 불과한 여러분은 과연 무엇을 할 수 있을까요?

뜨거운 불판 위에 물 냄비를 올려놓으면 어떻게 되죠? 계속 바라보고 있으면 끓기 시작할 거예요. 정말로요. 냄비 바닥에 있는 임의의 물방울은 뜨거운 불판과 가까워서 주변의 물방울들보다 약간 더 따뜻해질 것입니다. 물이 뜨거워진다는 것은 물이 팽창한다는 뜻이죠. 물이 팽창한다는 것은 물의 밀도가 낮아진다는 뜻이고요. 밀도가 낮은 물은 부력이 있는 물입니다. 부력이 있는 물은 상승하게 된다는 뜻이고, 열기구처럼 물의 일부가 위로 올라갑니다.

"자유다!"라고 외치죠. 그러고는 태양 내부의 정상인 태양 표면에 도달하면서 모든 꿈은 무너집니다. 제일 위에서 얼음장 같은 차가운 공기와 닿아 스스로의 열을 잃고는 즉시 수축하여 밀도가 높아져 다시 아래로 가라앉아 영혼이 시들어 버립니다. 동시에 옆에 있던 물방울들은 정반대의 과정을 경험하네요.

물줄기가 앞뒤로, 위아래로 움직이면서 냄비 바닥에서 그 위의 공기로 열을 전달합니다. 이를 대류라고 하며, 열이 한곳에서 다른 곳으로 전달되는 방법 중 하나입니다. 대류는 물을 끓게 하고 태양도 끓게 하지만, 태양 내부의 대류는 파스타를 요리하는 물 대신 거대한 플라스마 기둥을 만들어 냅니다. 끓어오르는 뜨거운 태양. 그 누가 알았겠어요? 천문학자 말고는요. 그들은 오래전부터 알고 있었죠.[2]

이곳 표면의 온도는 절대 온도 6,500도에 **불과하여** 핵에 비해서는 매우 춥지만 여전히 뜨겁습니다. 태양 표면을 자세히 보세요. **맨눈으로는 절대 안 돼요.** 장담하건대 아무 특징이 없는 표면은 보이지 않을 겁니다. 대신 거품이 보여요. 수천 킬로미터에 걸쳐 과열된 태양 물질 덩어리가 표면으로 올라와 처음으로 우주와 접촉하고, '여기가 더 좋다.'라고 생각하며 (열을) 식히고는 원래 있던 깊이로 다시 가라앉는 거죠.

실제 과학자들은 이를 **태양 알갱이**라고 부르지만, 여러분과 저 사이에서는 거품일 뿐입니다. 이것은 태양의 가시 표면인 광권으로, 태양의 에너지가 최종적으로 방출되고 모든 파장의 빛이 허공으로 빠져나가는 곳입니다.

맞습니다. 모든 파장 말입니다. 태양은 가시광선 스펙트럼의 빛을 거의 균등하게 방출하며 무지개의 모든 색을 잘 나타냅니다. 하지만 우리는 이 백색광의 태양을 '노란색'으로 생각하죠. 왜냐하면 지금까지 푸른 대기의 필터를 통해 태양을 보았기 때문에 '하얀색 − 파란색 = 노란색'으로 생각합니다. 하지만 대기권 위로 올라가면 태양을 있는 그대로 볼 수 있습니다. 하얗고 뜨거운 분노의 타오르는 백열등 공이죠.

더 있습니다. 태양 중심부의 핵반응은 거의 독점적으로 고에너지 감마선을 생성하지만, 그 에너지가 표면에 도달할 때까지는 튕겨지고 산란되고 흡수되고 재방출되는 과정을 수없이 거치면서 모든 에너지의 광자가 뒤섞여 온갖 파장이 쏟아져 나오게 됩니다. 물리학 전문 용어로는 **흑체 방사선**이라고 하는데, 부적절한 이름의 아주 좋은 예죠. 이 용어는 1800년대 물리학자들이 이런 종류의 혼합 방사선을 연구하기 위해 사용했던 독특한 장치와 관련되어 있는데요. 그들이 먼저 이름을 지었으니 그 용어가 그저 고착화될 수밖에 없었죠.

휴......[3]

어쨌든 태양은 다양한 종류의 방사선을 뱉어 냅니다. 적외선? 그것이 바로 따뜻한 여름날 피부에서 느껴지는 열입니다. 라디오파? 물론이죠. 자외선? 다행히도 대기는 이 유해한 고에너지 방사선의 대부분을 차단할 수 있지만, 일부 파장은 지표면으로 몰래 내려와 지표면 거주자의 피부를 괴롭힐 수도 있습니다.

———

하지만 태양의 재미는 표면에서만 끝나지 않습니다. 이 혼란스러운 가마솥을 지나면 바로 코로나가 있습니다. 코로나는 특별한 장비로 태양의 밝은 표면을 가리거나 개기 일식이 일어나는 동안 달이 태양을 가리지 않는 한 일반적으로 볼 수 없습니다. 달이 꽤 편리한 천문학적 장치가 될 수도 있네요. (어떤 방식으로든) 태양 표면의 빛이 달에 가려지면 코로나가 표면에서부터 멀리까지 퍼져 있다는 걸 알 수 있습니다. 코로나는 또 너무 뜨거워서 가시광선을 많이 방출하지 않기 때문에 광구가 차단되지 않으면 잘 보이지 않습니다. 네, 가시광선의 에너지는 코로나에 비해 너무 약합니다. 대신 코로나는 아주 좋은 방사선을 방출하죠. 바로 엑스선입니다.

절대 온도 수백만 도에 이르지만, 코로나 속에서는 전혀 고온이라는 인식 없이 헤엄칠 수 있습니다.(**태양 표면에 너무 가까워서** 화상을 입을 수 있지만, 이는 다른 문제입니다.) 코로나는 아주 얇고 희박해서 거의 감지되지 않습니다. 극한의 온도에서 원자 하나가 윙윙거릴 수 있지만, 가끔 한 번씩 뜨거운 원자 하나만 여러분과 부딪힌다면 여러분은 (부딪힌다는 것을) 특별히 알아차리지 못하겠죠. 여러분을 요리하려면 그보다 훨씬 더 짙은 코로나가 필요하며 코로나의 솜사탕 덩굴손은 그에 미치지 못합니다.

코로나가 어떻게 그렇게 뜨거워지는지는 정확히 알 수 없습니다. 생각해 보면 꽤 이상합니다. 코로나의 가장 안쪽 층은 절대 온도 6,500도의 태양 표면입니다. 가장 바깥쪽 층은 절대 온도 0도보다 고작 몇 도 높은 우주 자체입니다. 그리고 이렇게 차가운 두 층 사이에 100만 도를 웃도는 코로나가 있습니다. 왜 그럴까요? 우주의 또 다른 심오하고 매혹적인 (그리고 아직 풀리지 않은) 미스터리입니다.[4]

이 책에 나오는 대부분의 내용이 그렇듯이 코로나는 아름답기도 하지만 치명적입니다. 이 지역에서 태양이 태양계의 다른 지역으로 지독한 독을 뿜어내는 것이 바로 이 지역입니다. 어떻게요? 태양을 연구하는 사람들이 생겨난 이래로 오랫동안 태양을 연구해 왔지만, 이에 대해 우리는 아직 잘 모릅니다. 한 가지 아이디어는 자기장의 재연결입니다.

아, 제가 자기장에 대해 언급했나요? 아니요, 자기장에 대해서는 언급하지 않았네요. 그렇군요. 자기장이요. 태양에도 있죠. 왜 없겠어요? 태양은 전하를 띤 입자들의 뜨거운 플라스마로 만들어졌는걸요. 태양은 또한 회전하고 있죠. 하전 입자들이 원을 그리며 움직이면 자기장이 만들어지지만, 이 자기장은 **전혀** 깔끔하지도 않고 질서정연하지도 않습니다.

이 지옥 같은 자기장이 엉켜 있는 것은 코로나 때문이 아니에요.

코로나는 그저 표면 아래에 있는 전도층에서 일어나고 있는 자기장의 사악한 계략을 그저 방관할 뿐입니다. 실제 범죄(자기장의 엉킴)는 다음과 같습니다.

태양의 자기장은 일반적으로 지구를 포함하여 우주에서 원을 그리며 움직이는 여느 하전 입자의 자기장과 비슷하게 생겼죠. 즉 위쪽 끝에서 튀어나와 남북으로 고요하게 흐르며 구체를 감싸고 아래쪽 끝을 뚫고 들어오는 거대하고 우아한 순환선이에요. 마치 잔뜩 쌓여 있는 철가루 안에 막대자석을 꽂으면 볼 수 있는 자기장과 같습니다.

(정말 괴짜 여행자를 위한 참고 사항: 이런 종류의 자기장은 두 개의 극, 즉 북극 하나와 남극 하나가 있는 아주 단순한 구조를 가지고 있기 때문에 **쌍극자**라고 합니다. 단극자는 완전히 다른 존재이며, 나중에 자세히 살펴보도록 하겠습니다. 왜냐하면 단극자는 정말 잔인하거든요.)

그래서 태양은 빠른 자전으로 생성되는 그런 멋지고 아름다운 고요한 자기장을 가지고 있습니다. 휴…… 그렇게만 유지될 수 있다면 말이죠. 하지만 아쉽게도 태양은 균등하게 자전하지 않습니다. 지구의 표면은 단단한 암석으로 이루어져 모든 부분이 균등하게 자전할 수밖에 없는데 태양은 그런 암석 덩어리가 아니기 때문이죠. 아니요. 태양은 플라스마로 이루어져 있으며 태양의 중간 부분이 극 부분보다 더 빠르게 자전합니다.

평행한 스파게티 가닥들을 예로 들어 볼까요. 가운데에 포크를 꽂고 돌려 보세요. 다음에 무슨 일이 일어날지 아시죠? 태양의 자기장은 스스로 뭉쳐서 뭉친 곳에서는 강해지고 뭉치지 않은 곳에서는 약해집니다.

그런 다음 대류가 시작됩니다. 대류층이 지속적으로 위아래로 끓어오르면서 자기장이 자체적으로 섞여 버려요. 마치 두 번째 포크로 파스타에 수직으로 꽂는 것처럼, 엉킴을 더욱 복잡하게 만듭니다. 수년에 걸쳐 자기장선은 꼬이고 엉키고 묶이고 뭉쳐서 엄청나게 팽팽한 상태에 이르게 됩니다. 대부분의 경우 대부분의 자기장선은 태양 내부에서 안전하게 유지되지만, 복잡한 꼬임으로 인해 때때로 (자기장)줄기들과 다발이 사과에서 벌레가 튀어나오듯 표면을 뚫고 나오기도 합니다.

자기장선이 뭉쳐진 둥근 부분이 표면을 뚫으면 구멍이 뚫린 영역에서 가스의 정상적인 버블링이 중단됩니다. 이것이 바로 우리가 흑점을 볼 수 있는 이유입니다. 강한 자기장이 가스를 밀어내어 정상적인 대류 흐름을 방해하기 때문에 가스가 평소처럼 가열되지 않는 영역입니다. 따라서 흑점은 여전히 절대 온도 수천 도임에도 불구하고 더 뜨거운 주변 환경에 비해 어둡게 보이는 거죠.

이제 게임이 시작됩니다. 잠시 후에 끔찍한 세부 사항에 대해 설명하겠지만, 지금은 엄청난 양의 축적된 에너지가 **방출되고**(제가 생각할 수 있는 가장 환영할 만한 완곡한 표현입니다.) 그 방출 후에 자기장이 다시 원래 자기장이 선호하는 남북 평행 배열로 안정되지만 이번에는 극이 뒤바뀌게 되지요. 그러나 그러고 나면 자전과 대류가 미운 짓을 또 하고 사이클이 새롭게 시작되는 거죠.[5]

우리는 흑점을 통해 태양 자기장의 움직임을 추적할 수 있습니다. 흑점이 많이 보이면 자기장이 한계점에 도달하고 있다는 것을 알 수 있는 거예요. 반대로 흑점 활동이 거의 또는 전혀 없다면 상대적으로 고요하고 차갑고 차분한 별이라는 이야기이고요.

이 패턴은 놀라울 정도로 규칙적으로 반복됩니다. 지구의 천문학자들은 수천 년 동안 태양 흑점을 관찰했습니다.(기록은 했지만 그들이 보고 있는 것이 실제로 무엇인지는 이해하지 못했는데, 천문학에서는 아주 흔한 경우였죠.) 그러나 지난 수백 년 동안 이러한 흑점을 도표화하고 지도화해 온 결과, 태양이 흑점 정점에서 다음 주기의 흑점 정점으로 이동하는 데 약 11년이 걸린다는 사실을 발견했습니다.

왜 4년이나 27년이 아니라 11년인가요? 그건 아무도 몰라요. 이상하게도 태양이 점점 약해지고 있는 것 같습니다. 지난 세기 동안 흑점 수는 정기적으로 감소해 왔으며, 어떤 해에는 흑점이 전혀 보이지 않기도 했습니다. 오늘날의 최대 활동조차도 과거의 일부 최소 활동만큼 활동적이지가 않습니다. 무슨 일이 일어나고 있는 걸까요? 그건 아무도 모르니 그냥 넘어가겠습니다.

———

그러나 이러한 강력한 자기장선들도 그 자체로는 태양계로 가스를 내보낼 수 있는 에너지는 없습니다. 알맞은 자기장 강도를 얻으려면 코로나를 바로 들여다봐야 합니다. 코로나는 미약하지만, 그 아래에서 일어나는 모든 뒤틀림과 대류로 인해 엄청난 양의 자기 에너지를 포함하고 있지요. 그리고 이러한 자기장선이 서로 엉키고 교차하면 밀린 스프링이나 과도하게 늘어난 고무줄처럼 엄청난 장력이 쌓입니다. 그리고 자기장선은 마치 나쁜 데이트가 더 나빠지는 격이나 마찬가지인 듯 긴장, 어색함, 억지 미소, 긴장감 등이 견딜 수 없게 되는 거죠.

그러고는…… 뚝(끊어집니다.) 자기장은 "이제 끝났어."라고 말하며 자신이 원하는 방식(즉 평행)으로 다시 정렬하여 억눌렸던 긴장과 에너지를 순식간에 격렬하게 방출합니다. 수백만 개의 원자 폭탄에 해당하는 에너지가 한꺼번에 말이죠.

수건을 감아서 휙 내리쳐 본 적 있나요? 태양 표면에서 100만 개의 원자 폭탄의 힘으로 그렇게 한다고 상상해 보세요. 제 이야기 계속 듣고 계세요? 엄청난 에너지예요. 태양의 표면. 즐거운 곳은 못 되겠죠. 운이 좋다면 태양은 뭔가 확실한 걸 토해 낼 거예요. 태양 표면에서 코로나 깊숙한 곳까지 돌고 도는 거대한 밝은 아치형 물질이죠. 이 아치형 물질들은 가장 작은 것도 행성 전체를 삼킬 수 있을 만큼 크고, 가장 큰 것은 우리 모별(parent star)의 얼굴을 가로질러 뻗어 있습니다. 이러한 폭발과 같은 아치의 형성이 형성되는 데에는 하루도 채 걸리지 않고 형성된 후에는 최대 몇 주 동안 지속되다가 다시 표면으로 가라앉습니다. 매우 크고 강렬하기 때문에 개기 일식 동안에는 코로나의 그늘막 바로 아래에서 몸부림치는 주황색 또는 빨간색의 뱀처럼 보입니다.

그러나 때때로 태양이 유난히 기분이 좋지 않은 날이나 유난히 성질을 부릴 때면, 태양 홍염들이 갇혀 있던 자기장을 뚫고 벗어나기도 합니다. 그렇게 되면 저장되어 있던 자기 에너지가 순식간에 폭발해 강력한 방사선의 태양 플레어가 태양계를 덮치고, 운이 나쁘게도 그 시야에 들어온 사람은 치명적인 양의 엑스선을 받을 수 있습니다.

하지만 상황은 더 심각해집니다. 때때로 태양 홍염이 터질 때 자기장이 태양 표면에서 물질을 끌어올려 우주로 쏘아 올릴 때 말이에요. 인류가 보유한 모든 무기를 합친 것보다 더 많은 에너지가 집중적으로 폭발합니다. 이것을 코로나 질량 방출(coronal mass ejection, CME)이라고 합니다.

이들이 또 느리지 않아요. 태양 표면에서 폭발하면 며칠 만에 지구 궤도에 도달할 수 있습니다. 고강도 방사선과 치명적일 수 있는 강력한 입자가 태양의 불타는 심연에서 솟구쳐 올라오는 폭풍이에요. 아무런 대비를 하지 않은 행성, 위성, 우주선 또는 정거장 방향으로 치명적인 별 파편들이 날아드는 거죠. 단 며칠 만에 말입니다. 이것이 여러분이 받을 수 있는 경고의 전부일지도 몰라요.

흑점, 플레어, 홍염, 그리고 질량 방출과 폭발 사이의 연관성은 분명히 존재하지만, 아직 완전히 이해되지 않았기 때문에 조기 경보 시스템을 구축하기가 어렵습니다. 흑점과 흑점 폭발은 모두 태양의 자기 활동과 관련이 있는 것은 확실하지만, 흑점은 내부 자기장이 끊어지는 것과 관련이 있는 반면, 플레어와 질량 방출은 굶주린 거머리처럼 외부 자기장이 태양으로 쏟아져 들어오는 것으로 보입니다.

흑점이 11년 주기의 절정에 달할 때 플레어와 질량 방출이 더 많이 발생하는 것으로 보입니다. 그리고 질량 방출은 종종 플레어를 동반하지만 항상 그런 것은 아닙니다. 때로는 질량 방출 없이 단순한 섬광만 있는 경우도 있고, 섬광 없이 질량 방출만 있는 경우도 드물게 있습니다.

태양은 태양 활동의 최고조에 달할 때는 하루 동안 몇 차례 질량 방출을 일으키기도 하지만, 잠잠할 때는 그 경련들 사이에 최대 일주일이 걸리기도 합니다. 때로는 큰 태양 활동이 일어난 후 태양 표면 전체가 어두워지기도 하는데, 마치 용이 다시 불꽃을 뿜기 전에 회복할 시간이 필요한 것과 비슷하네요.

———

지구 과학자들은 이 모든 자기장의 활동이 코로나에서 보이는 이상할 정도로 강렬한 열의 원인이라고 생각하지만, 코로나를 태양의 핵보다 더 뜨거운 절대 온도 1억 도까지 가열하는 가장 큰 태양 플레어는 **단지** 치명적인 양의 방사선, 즉 치명적인 엑스선과 감마선을 방출합니다. 병원에서 엑스선 촬영을 할 때 납 조끼를 입어야 하고, 기술자가 기계를 켜기 전에 크고 두꺼운 벽 뒤로 도망가는 것이 항상 의심스럽다는 것을 알고 계시죠? 엑스선은 대량으로 쬐면 안 돼요. 그건 엑스선이 '부러진 뼈를 확인하는 유용한 방법'에서 '연조직을 종양화하는 유용한 방법'으로 쉽게 바뀔 수 있기 때문이에요. 같이 살아가는 게 쉬운 녀석은 아니지만, 적절한 차폐막만 있으면 연약한 사람들을 충분히 보호할 수 있습니다.

물론 적절한 차폐 장치가 있다는 가정하에 말이죠. (방사선을) 흡수하는 금속들은 무겁고, 무거운 물건을 우주로 운반하는 것은 어렵습니다. 아, 어렵다기보다는 비용이 많이 들죠. 여러분의 장기를 보호하는 데 추가 비용을 지불할 가치가 있다고 생각하시나요? 여러분이 암을 싫어하지 않길 바라요. 태양 폭풍이 올 때마다 암에 걸릴 확률이 커지거든요.

이 방사선은 빛으로 이루어져 있기 때문에 빛의 속도로 우주를 날아갑니다. 플레어나 질량 방출이 일어나고 있다는 것을 알아차렸을 때는 이미 독약을 복용한 후입니다. 때때로 태양이 트림 없이 폭발하는 경우도 있기 때문에 플레어는 질량 방출보다 더 자주 발생합니다. 코로나 질량 방출을 모니터링하는 데 능숙하다고 해도 플레어로부터 여러분을 구할 수는 없습니다.

행성에 사는 사람들은 상황이 조금 나아요. 대기가 여러 좋은 역할을 하는데 그중에서도 치명적인 방사선을 흡수하기도 하거든요. 몇 킬로미터 두께의 질소는 위험한 엑스선과 감마선을 효과적으로 차단할 수 있습니다 엑스선과 감마선은 여러분의 DNA에 해를 끼치지만, 하늘의 공기 분자에는 전혀 해를 끼치지 않습니다. 보안 담요 밖에서 너무 많은 시간을 보내는 경우에만 문제가 될 거예요.

외부 태양계에도 문제가 덜 되죠. 방사선량은 거리의 제곱에 따라 감소하므로 거리가 두 배로 늘어나면 유해지수가 4분의 1로 줄어드니까요. 그러나 내부 행성, 특히 수성은 사악한 장소가 될 수 있습니다. 공기가 없는 달이나 소행성에 서식지를 꾸미는 경우, 이 서식지 설계자는 바로 이 문제, 많은 방사선량을 피하기 위해 서식지를 지하 깊숙이 배치하기를 바랄 것입니다. 그렇지 않으면 여러분은 터지기를 기다리는 걸어 다니는 암, 시한폭탄에 불과할 것입니다.

대기 덕분에 조금 낫다 하더라도 코로나 질량 분출은 잘난 척하는 지구인들에게도 문제를 일으킵니다. 지구의 대기는 방사능으로부터 지구를 보호할 수 있을지는 모르지만, 코로나 질량 방출의 고에너지 입자는 또 다른 이야기입니다. 이 입자들은 태양 자체의 파편으로, 지표층에서 튀어나와 투수가 마운드에서 던지는 수많은 강속구처럼 이리저리 날아다닙니다.

술에 취한 투수가 공을 던지는 것과 같은 셈이죠. 언제 또 코로나 방출이 어디를 향할지 알 수 없거든요. 하지만 일반적으로 방출된 덩어리 크기가 그 어떤 행성보다 크다는 사실을 감안하면 걱정 안 하셔도 돼요. (코로나 방출 덩어리가) 지구 잘 찾아낼 거예요.

———

플레어와 대량의 질량 방출 방사선 부분도 다루었고, 적절한 방호복을 착용하지 않으면 방사선에 노출될 수 있다는 이야기도 나눴습니다. 이제 고에너지 입자에 대해 이야기를 나눠야겠네요. 양성자, 전자, 몇 개의 무거운 핵이 거의 빛의 속도에 다다르는 빠른 속도로 머리 위로 쏟아져 내립니다. 이를 태양 에너지 입자(solar energetic particle, SEP)라고 합니다. **태양 에너지 입자**, 좀 귀엽게 들리죠. 그렇게 치명적이지 않았다면 말이에요. 태양은 이 입자들의 낮은 에너지 흐름을 지속적으로 내뿜지만, 질량 방출이 있을 때에는 훨씬 더 강력한 폭발을 동반합니다.

자, 이 작고 격렬한 입자들은 과연 어떻게 가속되는 걸까요? 이걸 설명하기 위해 제가 단어 하나 던져 볼게요. 아주 큰 녀석이니 자세를 낮추고 웅크려서 받아 보세요. 잘 받으셨죠? '1차 페르미 가속'[6]이에요. 우아, 거창하죠? 상상도 못 했던 단어 아닌가요? 이제 이 귀한 단어를 한번 살살 풀어 볼까요?

1차: 두 가지 단계 중 더 간단한 단계예요.

페르미: 엔리코 페르미(Enrico Fermi), 이걸 알아낸 사람이에요. 다시 확인해 봐요.

가속: 그래요, 가속이란 물체를 더 빠르게 만드는 방법이죠.

휴, 쉽죠? 이제 설명을 해 볼까요? 조금 전에 자기장선이 끊어지고 갈라지면서 많은 에너지를 방출한다고 설명한 것을 기억하시나요? 그 에너지는 태양 대기의 음파로 '쿵' 하는 소리와 같은 충격파의 형태로 나타납니다. 이 충격파는 자기장의 변화를 수반하는데, 다시 말해 충격파의 한쪽 자기장이 반대쪽의 자기장과 다르다는 거예요. 일반적으로는 아무도 신경 쓸 일이 아니지만 그건 태양의 대기가 하전 입자로 구성되어 있다는 점을 제외할 때만 무시해도 되는 거지요.

하전 입자가 자기장의 움직임 변화를 만나면 힘을 받아 튕겨 나갈 수 있습니다. 튕긴 후에는 조금 더 빨라질 것입니다. 충격파가 단 하나만 있다면 가속은 여기서 끝이지만, 이렇게 복잡한 상황에서는 충격파가 사방에 있단 말이죠. 튕겨지고, 튕겨지고 또 튕겨지고, 더 빨리, 더 빨리, 더 빨리, 더 빨리 움직이게 되네요.

자, 됐죠. 자기화된 충격파는 태양의 하전 입자 주위를 방방 뛰어다녀요. 카페인으로 가득 차서 떨고 있는 입자들은 코로나 질량 방출보다 먼저 우주로 날아가 우주를 질주하는데 이들은 단 몇 분 안에 지구에 도달할 수 있습니다.

요약하자면 먼저 플레어 또는 강렬한 방사선의 섬광이 있습니다. 나쁘죠. 그런 다음 고에너지 입자가 폭발하는 태양 에너지 입자(SEP)를 맞습니다. 더 나쁩니다. 그런 다음 대량의 코로나 질량 방출 자체가 날아옵니다. 가장 나쁩니다. 코로나 질량 분출은 500,000,000,000킬로그램 무게의 하전 입자로 만들어진 공입니다. (저 숫자에) 0이 몇 개인지 헤아리려 애쓰지 마세요. 11개가 연속으로 있습니다. 이 모든 질량이 자성을 띤 탁구 게임에서 몇 시간 만에 광속의 10분의 1로 가속되었습니다. 자, 그 속도가 그리 빠르지 않은 것 같죠. 하지만 이 덩어리 중 하나의 엄청난 질량을 고려하면 결코 작은 위협이 아닙니다. 태양에게는 그 정도 물질은 작은 보푸라기에 불과합니다. 하지만 여러분에게는 문제가 맞습니다.

그런데 문제이든 아니든, 대기권 내에 있는 한, '일반적'으로 괜찮습니다. '100퍼센트'가 아니라 '일반적'이라고 말한 점에 유의하세요. 지구처럼 자기장이 강한 행성에 있는 게 훨씬 더 안전합니다. 나침반의 침을 움직이는 그 자기장과 같은 자기장이 태양의 하전 입자를 움직일 수 있어요. 입자들은 행성의 자기장을 만나면 그 주위를 감아 돌다가 행성의 자기극을 향한 고속도로를 따라 행성의 자기극으로 흘러들어 갑니다. 그러고는 대기권으로 충전하여(말장난 주의!)* 원자에서 전자를 떼어 내어 오로라를 만들어 아름다운 하늘을 보여 줍니다. 지구를 정면에서 조준하는 코로나 방출과 같은 큰 사건이 일어나지 않는 한, 오로라를 보려면 추운 곳으로 가야 한다는 점이 아쉽습

• 하전(charged)과 충전(charge)이 영어로 같은 단어임을 이용한 농담입니다.

니다.

이런 일이 발생하면 행성의 (대기의) 보호를 받는 사람들은 열대 지방에서도 꽤 밝은 빛을 볼 수 있습니다. 우주에 있는 보호받지 못하는 사람들한테는 다른 이야기죠.

—

이 죽음의 공의 마지막 재미는 아마도 최악일 것입니다. 방사능 병이나 우주 암보다 더 나쁜 게 뭐가 있을까요? 바로 전자 기기에 결함을 일으킨다는 것이지요.

지구상의 사람들은 1800년대 중반에 이 문제를 처음 발견했습니다. 그 전에는 전자 기기가 고장 났을 때 사람들이 알아차릴 수 있는 전자 기기가 주변에 없었기 때문입니다. 고대 중국이나 바빌로니아의 천문학자들은 집적 회로와 전신선이 없었기 때문에 '태양이 평소보다 더 활발하다.'는 것과 '위성이 더 이상 응답하지 않는다.'는 것을 연결할 기회가 없었습니다.

1859년, 천문학자들은 태양의 가마솥이 끓어오르는 것을 처음 발견했는데, 이것이 최초로 기록된 플레어였습니다. 동시에 전 세계의 전신 기사(telegraph operator)들은 말 그대로 손끝이 얼얼할 정도의 큰 전기 충격을 받았습니다. 오로라가 미쳐 날뛰고, 하늘에 있어야 할 곳에 이상한 빛이 보이기 시작했습니다. 자력계는 도표를 벗어난 수치를 기록했습니다. 무슨 일이 벌어지고 있는 걸까요? 세상이 끝나는 걸까요? 아니요, 지구는 방금 사상 최대 규모의 코로나 질량 분출을

경험했으며, 이는 또한 지금까지 알려진 것 중 가장 큰 것으로 밝혀진 캐링턴 사건입니다.[7]

문제는 하전된 작은 입자에서 비롯됩니다. 대기는 이 입자들이 사람을 쪼개지 못하도록 막지만, 이 입자들은 전하를 띠고 움직이기 때문에 자기장에 반응합니다. 그리고 전하를 띠고 움직이기 때문에 자기장을 **생성**하기도 하죠. 자기장의 변화는 또 전기장을 만들고요.

입자의 파동, 전기와 자기의 파동, 전자기 파동, EMP라고 하죠. 해변에 부서지는 파도처럼 EMP는 전기나 자기에 의존하는 모든 것에 영향을 미칩니다. 예를 들어 **전자 기기** 같은 것 말이죠. 그 긴 전신선은 완벽한 통로였습니다. 이 사건에서 발생한 EMP는 전자를 챔피언처럼 밀고 다니며 회로를 망가뜨리고 그 작업 중이던 사람에게 충격을 주었습니다.

요즘에는 이러한 **전자 기기**가 예전보다 훨씬 더 많아요. 전기로 구동되는 기기에서 이 책을 읽고 있을지도 모르겠어요. 전자는 작은 도관에서 윙윙거리며 컴퓨터 칩 내부에서 수학적 계산을 하고 디스플레이에 불을 밝힙니다. 거대한 태양 전자기 충격이 발생하면 손에 들고 있는 작은 기기는 작별을 고하세요. 전자는 그냥 휙휙 날아가는 것이 아니라 점프할 것입니다. 전선이나 셀의 용량에 과부하가 걸릴 수도 있습니다. 펑, 지글지글, 쾅.

다른 기술도 마찬가지입니다. 아, 하지만 다는 그렇지 않을 거예요. 전자 기기가 금속 케이스에 들어 있는 경우 EMP는 내부에 영향을 주지 않고 금속 케이스에 있는 전자만 밀고 다닐 거예요. 전자 장치가 견고하게 제작되어 일시적인 과부하를 견딜 수 있다면 그 전자

장치도 괜찮을 것입니다. 하지만 다행히도 아직 이러한 조치를 테스트할 기회는 없었습니다. 하지만 언젠가는 그런 기회가 올 거예요.

우주에서는 상황이 더 악화되지요. 언제나 그렇듯이 우주에서는 모든 것이 항상 더 나쁩니다. 보호 대기가 없으면 전자 기기는 EMP 공격의 영향을 고스란히 받습니다. 메모리 칩이 뒤죽박죽되고 태양 전지판이 타 버립니다. 우리는 그런 공격으로 탐사선을 잃었습니다. 불쌍한 작은 금속 영혼들. 그들은 (EMP 공격이) 다가오는 것도 보지 못했습니다. 그들에게 빛과 온기를 주었던 태양이 그들을 분노로 불태워 버렸죠.

우주 기관들은 태양 근처에 위치한 탐사선을 통해 상황을 지속적으로 모니터링하고 있습니다.[8] 플레어, 홍염, 물질 분출과 같은 익숙한 징후를 발견하는 즉시 태양계의 나머지 지역에 경고를 보냅니다. 위성과 우주선은 최대 절전 모드로 몸을 웅크리고, 전원이 공급되지 않는 동안에는 섬세한 전자 장치를 안전하게 보호합니다. 폭풍이 지나가면 다시 깨어나 내부에 멍이 들었는지 확인합니다. 그리고 다시 정상으로 돌아와 다음 폭풍을 기다립니다.

———

지금까지 태양을 예로 들었습니다. 태양은 가장 잘 연구되고 잘 모니터링되는 별이며, 우리는 태양의 기분 변화를 감지하고 기질을 파악하는 데 꽤 능숙합니다. 이를 위해 우주선과 지상 관측소를 통해 태양 날씨의 징후를 지속적으로 모니터링하고 있습니다.

최악의 폭풍은 11년 주기의 흑점 주기가 절정에 달할 때 발생하는 경향이 있지만, 태양이 보여 주는 활동의 최솟값에 속지 마세요. 흑점 폭발과 질량 방출은 침체기에도 놀랍게도 발생할 수 있기 때문입니다. 폭풍이 커지는 징후는 흑점 클러스터에서 시작되며, 이는 해당 지역의 자기장이 위험한 한계점에 도달하고 있다는 분명한 신호입니다. 태양 표면 위로 둥근 아치를 만드는 홍염은 문제가 발생하고 있다는 확실한 신호입니다. 운이 좋다면 이 거대한 플라스마 아치는 원래 있던 불타는 표면으로 다시 내려갈 것입니다. 운이 나쁘면 이 아치는 끊어져 태양 플레어를 방출하고 얼마 지나지 않아 코로나 질량 분출이 일어날 수도 있습니다.

분출이 감지되면 시스템 전체에 경보가 울립니다. 현재 우주를 산책하려 우주로 나가 있는 모든 우주 비행사나 우주여행자는 안전한 우주선 안으로 복귀하라는 명령을 받습니다. 위성과 탐사선은 저전력 모드로 전환하여 EMP로 인해 작은 전자 두뇌가 손상되지 않도록 해야 합니다.

일반적인 CME는 초당 수백 킬로미터의 속도를 가지고 있지만, 내부의 암석 행성을 쉽게 집어삼킬 수 있을 정도로 거대합니다. 다행히도 폭발하는 플레어에서 CME가 오는 것을 볼 수 있어서 태양계 모든 행성이 몇 시간에서 며칠 동안 대비할 수 있는 시간이 주어집니다. 하지만 그건 오랜 기간 테스트를 거쳐 운영되고 있는 우주 기상 경보 네트워크를 갖추고 있는 태양계의 경우에 한한 이야기죠. 다른 행성계에는 이러한 인프라가 없기 때문에, 여러분은 큰 어려움을 겪을 수 있습니다.

다른 별들도 태양만큼이나 복잡합니다. 일부 별은 특히 젊은 시절에 더 활동적일 수 있습니다. 또는 노년기에 더 활동적일 수도 있고, 또는 중년에 더 활동적일 수도 있습니다. 또는 크기가 다른 경우. 또는 별의 구성이 다른 경우도 있겠죠.

놀랍게도 적색 왜성이 세상에서 가장 끔찍한 생명체 중 하나이기도 해요. 하지만 그럴 거 같지 않죠. 어쨌든 적색 왜성은 태양 질량의 절반도 되지 않을 정도로 작으니까요. 크기가 작다는 것은 중력의 무게가 크지 않다는 것을 의미하며, 이는 핵융합 반응이 더 낮은 온도에서 핵에서 작동한다는 것을 의미합니다. 그리고 핵 온도가 낮다는 것은 표면 온도가 낮다는 것을 의미하며, 따라서 붉은색인 거죠.

에너지가 더 낮고 온도가 더 낮으니 **그렇게** 나쁠 수는 없겠죠? 네, 가능합니다. 실제로 그렇습니다. 우리 우주의 적색 왜성(여러분이 여행 중에 만날 수 있는 가장 흔한 종류의 별)의 문제점은 핵과 표면 사이의 거리가 그리 멀지 않다는 점입니다. 우리 태양처럼 큰 별의 경우, 핵의 적나라한 에너지는 마침내 우주의 자유로 빠져나가기 전에 중앙 용광로에서 뿜어져 나오는 방사선에 의해 지배되는 두꺼운 플라스마 외피로 둘러싸여 있고, 그 층은 대류 세포로 이루어진 거대한 가마솥으로 둘러싸여 있죠.

그러나 적색 왜성에는 핵에서 나오는 모든 것을 흡수하는 복사층이 없습니다. 중심부와 가장 바깥층은 대류 순환으로 직접 연결되어 있고, 같은 대류층이 별의 자기장에 전력을 공급하는 데 가장 큰 역할을 합니다. 그리고 앞서 살펴본 것처럼 자기장은 지구의 경우처럼 우호적일 수도 있고, 다른 모든 행성의 경우처럼 불쾌할 수도 있습니다.

표면에 더 가까운 코어. 강한 자기장. 이는 불안정성의 원인이 됩니다. 적색 왜성은 몇 시간 만에 갑자기 밝기가 30퍼센트나 급증할 수 있습니다. 그리고 며칠 후에는 거대한 (태양의 흑점과 같은) 별점에 얼굴의 절반을 숨길 수 있습니다. 그리고 다시 폭발하기도 하는데, 천문학자들은 태양에서 본 것보다 10,000배나 더 밝은 단일 폭발을 기록하기도 했습니다.

우리의 가장 가까운 이웃인 프록시마 센타우리도 갑작스럽고 예상치 못한 (그리고 솔직히 무례한) 폭발 사건 범죄를 저질렀죠. 요즘은 우주에서 그냥 **아무 데나** 갈 수가 없단 말이죠.[9]

적색 왜성에 비해 우리 태양은 상대적으로 온화하며, 우리 지구는 단열이 잘 되고, 또한 멀리 떨어져 있습니다. 지구는 태양으로부터 약 1억 5,000만 킬로미터 떨어져 있어서 플라스마에 기반한 성난 성질이 우리에게 영향을 미치려면 상당한 거리를 이동해야 한다는 이야기예요. 하지만 (적색 왜성의 경우) 거주할 수 있는 행성은 적색 왜성과 아주 가까운 궤도를 돌아야 하는데, 액체 상태의 물을 얻기 위해서는 적색 왜성에서 너무 멀면 안 돼요. 즉 외계 행성인 프록시마 b, 지구에서 가장 가까운 이웃 별을 공전하고 있는 외계 행성에게 주기엔 너무 재미없는 이름이지만, 여기로 휴가를 떠나고 싶다면 자외선 차단제를 챙기는 것이 좋습니다.

다른 쪽 끝에 있는 우주에서 가장 거대한 별은요? 글쎄요, 그들은 큽니다. 우리가 알 수 있는 한, 적색 왜성만큼 자주 또는 격렬하게 폭발하지는 않지만……, 그래도 큽니다. 그리고 잔인하고 강력합니다. 거대한 별에서 발생하는 비교적 온화한 태양 활동은 가장 강력한 방어 체계도 쉽게 압도할 수 있습니다.

그냥 그때그때 알아서 대응하셔야 할 거 같네요. 수십 년 동안 상세하게 관측하지 않고서는 특정한 별 하나가 특정한 날에 어떻게 행동할지 알기 어렵습니다. 모든 별은 고유한 활동 주기를 가지고 있는 것으로 보이며, 모든 별은 차갑게 유지되거나 비이성적으로 변하는 고유한 경향도 있어 보여요. 젊은 별일수록 변동성이 크다고 알려져 있습니다. 우리 태양도 꽤 격렬한 젊은 시절을 보냈지만 그 이상의 추세와 일반적인 가이드를 찾기는 어렵습니다. 다만 별의 흑점 활동 증가와 같은 경고 신호에 주의를 기울이세요. 가능하다면 별과 가까운 곳에, 다가오는 폭발을 경고할 수 있는 모니터링 스테이션을 설치하세요. 의심이 된다면 두꺼운 대기나 바위가 몇 겹 있는 곳을 찾아서 버티세요. 이동 중이라면 충분한 경고만 있어도 큰 입자 폭발을 쉽게 피할 수 있을 거예요. 하지만 치명적인 방사선은 피할 수 없습니다. 방사선을 발견했을 때는 이미 핵폭탄을 맞은 후일 테니까요.

이 우주는 여러분에게 많은 시련을 던져대지만, 가끔은 그저 버티고 견뎌야 할 때가 있습니다.

피할 수 없는 우주선

4

치열한 싸움
작은 칼이 움직이면
닳아 스러지는 내 뼈
재킷을 챙겼더라면 좋았을걸
- 고대 천문학자의 시

작은 것들이 여러분을 꼼짝 못 하게 잡을 것입니다. 네, 물론 큰 것들도 여러분을 꼼짝 못 하게 할 거예요. 대자연은 상상할 수 없을 정도로 다양한 죽음의 덫을 고안해 내거든요. 하지만 여기서 주의를 기울여야 할 것은 저 우주 밖에는 작은 것들이 무한히 있어, 작은 크기에도 불구하고 큰 덩어리들과 마찬가지로 쉽게 여러분을 찢어 놓고, 지치게 하고, 장기를 녹여 버릴 수 있습니다.

예를 들어 우주선(cosmic ray)을 생각해 보세요. 여러분은 우주의 모험을 하면서 아주 불편할 정도로 자주 이들을 만나게 될 건데요. 나중에 꼭 다시 언급하겠지만, 지금은 그것들이 어떤 것들인지 먼저 파헤쳐 볼 때입니다. 이런 것들이 여러분과 여러분의 소중한 내부 장기를 얼마나 가볍게 생각하는지 알게 되었으면 좋겠어요.

'우주선'이라는 이름을 가졌으니 우주에 존재하는 것이겠죠. 이들이 '(광)선'이라고 부르는 이유는 애초에 이름을 붙인 지구 과학자들이 이들을 감마선이나 엑스선과 같은 빛의 일종이라고 생각했기 때문인데요. 가오리(stingray)나 쥐가오리(mantaray)와는 관련이 없어요.* 그들이 틀렸어요. 하지만 누구나 틀릴 수 있지요. 여러분은 그 느낌 잘 알지 않을까요? 예를 들어 여러분이 우주에서 살아남을 수 있다고 생각하는 게 틀린 것일 수도 있잖아요. 하지만 안타깝게도 모든 사람이 그 명칭이 얼마나 잘못되었는지 알아차렸을 때는 이미 그 이름이 고착화되고 난 후였습니다. 그렇게 이제 우리는 광선으로 만들어지지도 않은 우주(광)선이라는 이름을 붙여 주게 된 거죠.

익숙해질 거예요.[1] 하지만 그들이 방사선이긴 해요. 여전히 암을 유발할 수 있는 그런 광선 말이에요. 이에 대해서는 잠시 후에 적절하게 자세히 설명하겠습니다. 대신, 이 나쁜 녀석들은 대부분 수소, 약간의 헬륨, 약간의 리튬, 약간의 무거운 원소 등 우주의 다른 모든 물질과 같은 종류의 쓰레기로 만들어집니다. 거기에 반 컵의 전자를 추가해 보세요. 저어 주고 뚜껑을 덮은 후 100만 도에 다다른 오븐에 넣어 보자고요. 완성되기 10,000년 전에 뚜껑을 열고 반양성자와 양전자를 뿌려 줍니다. 크러스트가 노릇노릇하게 익으면 오븐에서 꺼내시고 그 안의 입자들이 상대론적이 된 것을 확인하실 수 있을 거예요. 따뜻할 때 상을 차려야지요.

---

* 가오리 또는 쥐가오리를 뜻하는 영어 단어에 'ray'가 들어가기 때문에 특유의 유머로 이렇게 말했어요.

앞서 소개한 레시피에서 '상대적'이라는 말은 빛의 속도에 가깝게 움직인다는 뜻입니다. 우주선은 충분히 가벼워서 어려움 없이 빛의 속도에 가까운 속도로 움직일 수 있어요. 가벼운 조깅을 하며 땀을 흘리는 우리 인간과는 참 다르죠. 움직임이 상대론적이라는 것은 우주선이 꽤 큰 에너지를 가질 수 있다는 이야기예요. 가장 에너지가 높은 우주선은 약 50줄(J)에 달하는 강력한 파워를 자랑합니다. 아, 50줄에서 줄이 뭐냐고요? 과학 소설 작가 줄 베른(Jules Verne, 또는 '쥘 베른'으로 표기)이 아닙니다. **줄**은 에너지의 단위입니다. 1초당 1줄은 1와트고요. 구식 백열전구 아시죠? 백열전구는 매초마다 약 50줄의 에너지를 전달합니다. 따라서 가장 높은 에너지의 우주선은 구식 전구를 1초간 켤 수 있는 충분한 에너지를 가지고 있다는 뜻이죠. 별것 아닌 것 같지만, 놀랍게도 지금까지 인간이 만든 어떤 입자 충돌기 실험보다 더 강력하다는 것은 확실합니다. 50줄이라는 양의 에너지는…… 실력 있는 야구 투수가 던지는 빠른 공의 총 에너지와 비슷합니다.

에? **아직도** 감흥이 없으세요? 이 물건이 얼마나 강력한 펀치를 날릴 수 있는지 이해하려면, 그 에너지가 아주 작은 덩어리에 집중되어 있다는 점을 기억하세요. 그 에너지는 속도와 크기가 결합된 것입니다. 야구공 속구에 얼굴을 맞았다면 아마 그다지 좋지 않겠죠? 공의 크기가 그보다 좀 더 작아지면, 총 에너지를 동일하게 유지하기 위해서는 더 빨리 던져야겠죠. 총알처럼 말이에요. 총알로 얼굴을 강타당하면 누가 좋아하겠어요.

이제 총알보다 더 작게 만들어서 더 빨리 움직이게 하세요. 더욱 더 작게, 그래서 더욱더 빠르게. 계속 작게 만들어서 기본 입자만큼 작아지면, 거의 빛의 속도에 가깝게 빨라질 거예요. 이런 입자 단 하나가 여러분의 얼굴을 지나간다면 얼굴에 맞았다는 사실을 잘 모를 수도 있지만, 여러분 얼굴에 있는 세포들, 그리고 DNA들은 알아차릴 거예요. 이건 정말 작은 입자에 엄청난 양의 에너지가 담겨 있는 거예요. 맞으면 아플 거고요.

물론 대부분의 우주선 입자들이 다 50줄의 에너지를 갖는 건 아닙니다. 극히 일부만 그런 극도의 상태에 도달하죠. 대부분의 입자들은 훨씬 더 약하지만, 약한 것조차도 충분히 여러분을 산산조각 낼 수 있을 만큼 강하죠. 알아요, 알아요, 여전히 그렇게 대단한 것처럼 들리지 않는다는 거죠? 이건 어떨까요? 아주 약한 우주선조차도 지구의 가장 강력한 입자 가속기보다 더 많은 에너지를 가지고 있습니다. 물리학자들이 자연의 근본을 연구하는 데 사용하는 그것 말이에요. 자연이 우리가 자랑스러워하는 기술인 입자 가속기를 사용하여 자연의 근본을 연구하려고 하는 노력을 볼 때 아마도 이런 생각이 들 거예요. 아이가 막대기가 엉켜 있는 것처럼 보이는 그림을 그리고 공룡이라며 보여 줄 때 부모가 느끼는 것과 같은 그런 느낌이요. 자연은 우리 인간의 가장 위대한 노력을 지긋이 내려다보고 있겠네요.

어떻게 그렇게 빨라질 수 있냐고요? 좋은 질문이에요. 그러잖아도 지금 그 이야기를 하려고 했거든요. '1차 페르미 가속'을 기억하시나요? 저도 사실 기억이 나지 않아요. 다시 한번 알려 드리자면, 하전 입자는 충격파에서 다른 충격파로 튕겨 다니면서 매번 속도를 높일 수 있습니다. 이것이 바로 태양과 같은 것들이 질량 분출을 폭발시킬 수 있는 방법입니다.

이것이 **1차**였으니 이제 **2차**에 대해 이야기해 볼게요. 비슷한 개념인데 이번엔 충격파 대신 같은 방향으로 움직이는 가스 구름(가스 무리? 뭐라고 부를까요?)이 있다는 것만이 달라요. 예를 들어 초신성 폭발이 근처 성운을 밀어내는 경우죠. 만약 그 구름이 자성을 띠고 있다면 모든 우주선도 그 구름에 튕겨 나가곤 하겠지만, 1차 가속의 경우처럼 앞뒤로 튕기는 것이 아니라 지그재그 핀볼 효과에 가깝다고 할 수 있겠어요. 이는 1차 가속 방식만큼 효율적이지 않기 때문에 2차로 분류되는 거고요.[2]

그러나 결과는 동일합니다. 움직이는 가스 구름의 자기장은 입자를 필요한 속도까지 가속할 수 있습니다. 필요한 속도가 어느 정도냐고요? 우리은하를 가로질러 여러분이 있는 우주선까지 직통할 수 있을 만큼 빠른 속도입니다.

물론 천체물리학의 대부분의 놀라운 일들이 그렇듯이, 이 이론이 실제로 일어나는지는 정확히 알 수 없습니다. 물리적으로 맞는 이야기인 것은 **맞지만**, 이 과정이 우주선 가속의 대부분을 설명하는지는 알 수 없습니다. 상상할 수 있듯이, 우리가 알고 있는 우주에서 가장 강력한 과정, 즉 우리가 실험실에서 재현할 수 있는 모든 것을 능가하는 과정에 관해서는 정확히 알아내기가 쉽지는 않죠. 어쨌든 말이죠, 우주선은 여기에 있고 앞으로도 계속 존재할 거예요. 제가 여기저기서 전문 용어들을 좀 썼는데 데이트나 파티에서 한번 사용해 보세요. 하지만 2차 페르미 가속은 뒷주머니에 넣어 두고 꺼내지 말아야 할 것 같아요. 사람들이 여러분이 천체물리학자라고 생각하길 원하지 않으시겠죠?

———

　그러나 이 우주선들은 양성자, 중성자, 전자로 이루어진 한, 행복한 가족과 같은 수소, 헬륨 등의 원자만이 아닙니다. 이 높은 에너지에 도달하면 원자는 다 파괴되고 전자는 모두 떠나 버리는데, 질투와 분노에 휩싸여 어느 날 밤 폭풍우를 일으키며 떠나고 핵은 이로부터 스스로를 지키며 남겨졌죠. 이 우주선 입자는 **전하**를 띠고 있으며 여러분 림프절에 꼭 맞도록 전하를 충전하고 있습니다.

　그리고 여러분이 묻기 전에 이야기해 드릴게요. 우리는 그것들이 모두 어디에서 왔는지 정확히 알지 못합니다. 아, 그래요. 우리 여행이 계속되는 동안 초신성, 코로나 질량 분출, 퀘이사와 같은 온갖 종류의 고에너지 현상들을 탐사할 건데요, 이 모든 것이 다 우주선의 잠재적 원천일 수 있어요. 아, 물론 우주에는 다른 가능성들도 워낙 많아서 이 우주선을 누가 다 만들어 내는 건지는* 잘 모릅니다. 맞아요, 또 다른 우주 말장난이죠. 이 책에서 우주 말장난을 모두 찾아내면 선물을 받으실 수 있습니다. 그 선물은 바로……, 우주에 가지 않고 건강하고 유익한 삶을 오래 살 수 있다는 거랍니다.

　이런 우주선들은 은하와 은하 사이의 엄청나게 먼 거리에서도

———

* 저자는 '누구 담당인지(in charge)'라고 표현했습니다. 이 책에서는 이런 우주 말장난이
제법 나옵니다.

모든 곳에 나타나는 것으로 보입니다. 그걸 어떻게 아냐고요? 우리가 볼 수 있는 모든 방향에서 이들 우주선을 볼 수 있거든요. 만약 우주광선이 우리은하에서만 만들어진 것이라면 우리은하 원반 내부를 볼 때만 볼 수 있어야 할 것입니다. 우리은하 원반에서만 관측되는 게 아니기에 우리은하 내부에서만 만들어지는 게 아니라는 거죠.

그 대신에, 모든 은하는 우주선을 만들어 내는 공장인 셈이죠. 저 멀리 하늘에 희미한 작은 은하가 보이시나요? 그 아름다운 빛의 바로 뒤에는 우주선들이 같이 동행하고 있지요. 그 은하 내부에서 일어나는 모든 강력한 현상들은 치명적인 우주선을 연이어 방출하기에 충분하답니다.

거대한 별의 죽음이나 물질이 블랙홀로 빨려 들어가는 혼돈의 소용돌이 등과 같은 천체물리 현상들은 우주의 반을 가로지를 수 있는 강력한 입자를 발사할 수 있습니다. 우주의 폭죽들은 뻥뻥 터지고, 지글지글 끓으며 길을 막고 있는 것이면 무엇이든 강타하는 치명적인 방사선을 방출하는데 그것은 빛의 형태인 방사선도 있고 입자의 형태를 지닌 방사선도 있습니다. 운이 너무 나빠서 가까이 다가갔다가는 죽을 수도 있지만, 멀리 떨어져 있더라도 (그리고 우주의 다른 물질과 우리 사이의 거리가 엄청나게 멀다는 점을 기억하시고) 우주선은 그 길고 치명적인 팔로 여전히 우리를 감싸 안을 수 있다는 거죠.

상황을 더 악화시키는 사실은 우주선이 돌아다니는 동안 사라질 수도 있다는 것인데요. 이는 은하 사이를 떠돌아다니는 가스 구름과 같은 물질에 가끔씩 부딪히기도 하고, 때로는 우주를 떠돌아다니는 길 잃은 광자나 빛이 조금 모여 있는 지역과 부딪히기도 하면서 생길 수 있는 일이죠. 추정하기로는 우주선이 우리은하 원반에 들어오면, 그 우주선의 원천이 어디든지 간에, 약 300만 년 동안만 지속되다가 여기저기로 튕겨 나가 사라지는 것 같아요.

왜 이러한 사실이 더 나쁜 상황이냐고요? 그것은 우주선이 **보충**된다는 것을 의미하기 때문입니다.[3] 우주가 광란의 경련으로 한 번에 모든 우주선을 만든 것이 아니에요. 만약 그랬다면 모든 우주선은 오래전에 사라졌을 것입니다. 아니, 계속해서 경련을 일으키고 있겠죠. 우주는 300만 년보다 훨씬 오래되었기 때문에 우주선이 한정판 에디션에 불과했다면 지금쯤이면 이미 다 없어졌어야 합니다. 하지만 성난 말벌들처럼 떼 지어 몰려다니고 있으니 우주선 파티는 멈추지 않았다는 거네요.

우주선에 관해 또 다른 관점에서 이야기를 더 해 볼까요. 한 은하의 모든 에너지원을 합쳐 보면 그 에너지원과 관련된 핵심 요소들이 몇 가지 있는데요. 은하의 자기장, 별빛에서 나오는 복사, 우주선 등이 그 핵심 요소들이에요. 이들은 에너지 측정기에서 거의 비슷하게 측정되는데요. 데이트 상대에게 처음 들어 보는 단어로 깊은 인상을 남기고 싶다면, 이 모든 광원이 **균등 분배**되어 있어 일반적인 은하의 에너지 예산에 똑같이 기여한다고 한번 말해 보세요.

균등 분배. 멋진 단어네요. 맞춤법 검사기에서도 인식하지 못할 정도로 **멋지네요**. 한번 사용해 보세요. 이 말을 하면 더 똑똑해진 것 같지 않나요? 그런데 안타깝게도, 광원이 균등 분배된다는 말인즉슨, 평균적으로 우리가 태양으로부터 충분히 멀리 떨어져 있으면서 햇빛으로부터 흡수하는 에너지만큼 우주선에서도 같은 양의 에너지를 흡수한다는 겁니다. 다음에 해변에 누워 덥다고 느낄 때 이 점을 생각해 보세요. 어우, 끔찍하죠?

———

이야기가 나왔으니 말인데요. 태양계에서 가장 눈에 띄는 우주선의 원천은 다름 아닌 바로 우리가 태양이라고 부르는 따뜻한 솜뭉치 같은 저 거대한 빛나는 공입니다.

물론 전통적인 천문학적 방식에 따르면 이러한 종류의 우주선은 방출되는 과정이 다르기 때문에 다른 이름을 가져야 하죠. 우리는 이미 우주선의 또 다른 형태인 격렬한 태양 폭발의 선봉장, 태양 에너지 입자(SEP)에 대해 이야기했어요. 이들은 또 다른 형태의 우주선들이죠. 하지만 태양은 여기서 그치지 않고 또 다른 종류의 우주선을 만들어 냅니다. 이 경우 우리는 그것을 **태양풍**이라고 부르는데, 가볍고 바람이 막히지 않고 솔솔 부는 그런 상쾌하고 전혀 위협적이지 않은 것처럼 들립니다. 그러나 태양에서 방출되어 빠른 속도로 가속되는 하전 입자는 더 먼 곳에서 들어오는 입자들과 사촌이고 결국 그들은 공통적인 사실이 있지요. 빠른 속도로 이동하는 하전 입자는 우주 주변을 빠른 속도로 이동하는 하전 입자라는 점이죠.

태양이 입자들을 방출하는 것은 죽어 가는 별의 거대한 폭발이 아니기 때문에 우리 별이 뱉어 낼 수 있는 입자는 우주 전체에서 들어오는 그 어떤 입자보다 훨씬 낮은 에너지이지만 여전히 걱정할 만큼은 됩니다.

그리고 대부분의 천문학적 현상과 마찬가지로 우리는 태양풍을 생성하는 것이 무엇인지 정확히 알지 못합니다. 정말이지 무슨 일이 일어나고 있는지 전혀 알 수 없어요.

물론 몇 가지 알고 있는 게 있기는 하죠. 하지만 활활 타오르는 절대 온도 5,500도의 뜨거운 표면 온도를 가까이서 직접 보는 것을 누가 좋아할 것이며 그렇기 때문에 태양에 대해 연구하기가 쉽지는 않죠. 과학을 하기엔 모르는 것이 여전히 너무 많아 재미가 없는 곳이겠네요.

우리가 또 알고 있는 것은 태양풍을 구성하는 입자는 태양의 표면이 아니라 코로나로 알려진 영역을 바로 지나자마자인 곳에서 만들어지는데요. 앞에서 봤듯이, 코로나는 말하자면 태양의 대기인 셈이고 그 온도는 100만 도가 넘습니다. 무척 뜨거운 거예요. 또한 크기도 무척 크죠. 개기 일식 동안 달이 태양을 가릴 때 태양 코로나를 몇 분간 잘 볼 수 있는데요. 만약 볼 수 있다면 태양의 반지름의 몇 배가 되는 거리까지 코로나가 확장되어 있는 것을 확인할 수 있을 거예요.

또 코로나가 워낙 뜨겁기 때문에 코로나를 이루고 있는 입자도 뜨겁고(뜨겁다는 말의 정의가 바로 이런 온도지요.) 그 높아진 온도가 바로 이 입자 일부를 태양풍으로 바꾸는 데 많은 영향을 미칩니다. 기본적으로 그리고 아주 미세한 기준에서 이야기할 때 기체가 더 뜨거울수록 기체의 작은 입자가 더 빨리 흔들립니다. 이는 우리가 호흡하는 공기나 코로나에 똑같이 적용됩니다. 그러나 모든 입자가 정확히 같은 속도로 움직이는 것은 아닙니다. 주어진 온도에서 어떤 입자는 평균보다 느리고 어떤 입자는 더 빠릅니다. 그리고 일부 극소수의 입자는 평균보다 **훨씬** 더 빠를 것입니다.

코로나의 경우 태양의 탈출 속도를 돌파할 정도로 빠르기 때문에 어느 날 갑자기 짐을 싸서 집(태양계)을 떠나기로 결심하면 그냥 떠날 수 있는 거예요. 태양풍이 불어오는 거죠.[4] 이런 식으로 생각해 보면 태양풍의 상당 부분을 설명할 수 있지만, 천문학자들은 ⓐ 엄청 난 양, ⓑ 가장 빠른 속도, ⓒ 태양풍의 일부가 중력이 약한 코로나의 가장자리에서 멀리 떨어진 곳이 아니라 거의 표면 자체에서 오는 것처럼 보이는 이유를 설명하는 데에는 여전히 어려움을 겪고 있습니다. 그러나 태양풍은 하전 입자로 구성되어 있기 때문에 자기장이 어떤 식으로든 관련되어 있을 것입니다.

아, 자기장이군요. 천체물리학자가 설명할 수 없는 현상에 맞닥뜨릴 때 언제나 자기장을 생각하면 현상의 실마리를 찾을 수 있죠. 자기장은 가장 찾기 쉬운 용의자예요. 태양 안팎의 강한 자기장이 코로나 입자를 붙잡아 깊은 우주로 뱉어 낼 수 있습니다. 물론 그 자세한 과정은 이보다 조금은 더 복잡하지만 기본적인 아이디어는 그렇습니다. 플레어와 질량 분출이 발사되는 방식과 유사하지만 입자에 따라 그 과정의 상세 내용이 다른 거죠. 태양풍은 어쩌다 한 번씩만 발생하는 것이 아니라 (장마철) 비가 끊임없이 내리듯 계속되는 현상으로, 고에너지 입자로 이루어진 이슬비가 멈추지 않고 계속 내리는 것이라 생각하시면 되겠습니다. 수십억 년 동안 계속해서 말이죠.

이 태양풍은 태양계를 완전히 포화시켜 초당 수백 킬로미터의 속도로 하전 입자를 흘려보내는데 그 범위가 태양계의 모든 행성과 (명왕성을 이제 행성으로 간주하지 않으니) 심지어 명왕성도 훨씬 넘어서까지 확장되지요.

그러나 결국 태양풍은 별들 사이를 정처 없이 떠다니는 원자와 분자, 먼지의 무작위 조각인 성간 매체와 섞이고 또 섞이기 시작합니다. 태양풍이 성간 매질과 만나는 지점을 **태양권계면**(heliopause)*이라고 하는데, 우주여행의 전문가라고 생각하는 사람들 중 대부분은 이 태양권계면이 우리 태양계의 진정한 경계라고 생각합니다.

물론 태양으로부터 지구보다 100배 이상 멀리 떨어져 있는 태양권계면의 거리에서는 여전히 태양 중력의 영향을 느끼기는 하지만, 여러분이 태양계로부터의 탈출 궤도에 있다면 어떤 지점에서든지 태양의 중력을 사실은 무시할 수 있어요. 물리적으로든 은유적으로든 태양계에 붙어 있지 않으니까요. 여러분은 가까이에 있는 주변 환경이 어떤 느낌인지에 더 관심이 있죠. 즉 지구 밖의 공기가 어떤지 궁금한 것이죠?

하지만 일단 이 태양권계면을 넘어가면 주변 우주의 느낌이 조금 달라집니다. 더 이상 집처럼 **느껴지지** 않을 거예요.[5] 지구는 지구라는 행성의 거대한 힘 장, 즉 자기장 덕분에 태양풍의 끊임없는 공격으로부터 대부분 보호받고 있습니다. 자기장이 없어도 입자들은 지구의 두꺼운 대기에 의해 대부분 흡수되거나 차단되지만, 자기장이라는 방패가 항상 존재한다고 해서 나쁠 것은 없죠.

일부 입자는 자기장에서 튕겨 나와 임의의 궤도를 따라 우주로

• 이것은 태양으로부터 약 121AU 떨어진 지점입니다. 태양풍 입자들이 성간 매질 때문에 멈출 수밖에 없는 이론적 경계선이기도 하죠.

다시 날아갑니다. 잘 가! 반면 다른 입자들은 너무 에너지가 넘쳐서 결국 대기 중으로 들어가서 대혼란을 일으키는데요. 이 입자들은 에너지가 넘쳐 참 좋겠어요.

가장 느리고 에너지가 가장 낮은 태양풍 입자의 운명이 사실 가장 흥미롭다고 할 수 있는데요. 이 입자들은 전자와 양성자, 때로는 조금 더 무거운 것의 일반적인 혼합물일 뿐이라는 말씀 꼭 드립니다. 이 낮은 에너지의 태양풍 입자들이 지구 자기장에 도달하기 시작하면 그 힘에 반응하는데, 하전 입자들은 마치 와인병의 코르크 마개를 열 때처럼 자기장선 주위에 나선의 경로를 그리는 것을 정말 좋아합니다. 그리고 실제로 그렇게 자기장을 따라 그 주위로 나선의 경로를 따르죠. 전하에 따라, 자기장을 따라 북쪽 또는 남쪽으로 이동하며 어디를 가든 자기장을 따라갑니다.

그리고 지구 자기장은 지구를 감싸고 있으며, 지리적 극 근처의 대기권에 구멍을 뚫고 있습니다. 바로 이 지점에서 하전 입자들이 놀라운 속도로 대기권 안으로 날아들어 오는 거죠. 그리고 이동하면서 대기 상층부에 있는 분자에서 전자를 빼앗아 갑니다. 결국 그 빼앗긴 전자들은 원자 옆 본연의 자리로 돌아가는데, 이때 전자는 빛의 형태로 약간의 에너지를 방출합니다. 최종 결과, 이 모든 하전 입자가 대기로 유입되면서 우리를 위해 작은 빛의 쇼를 펼치곤 하죠.

우리는 이것을 '오로라'라고 부릅니다. 너무 아름다운 현상이에요. 다음에 지구에서 오로라를 보게 되면 그것은 지구가 모든 방어 시스템이 완전히 작동하고 있음을 우리에게 알려 주는 것이라 생각하시면 되겠어요.

그러나 일부 입자는 자기장에 갇혀 지구 주위를 무기력하게 돌면서 밴앨런대(밴앨런 벨트)라고 하는 전하 벨트를 형성합니다. 일반적인 우주선은 밴앨런대를 아무런 어려움 없이 통과할 수 있을 정도로 충분히 보호되어 있습니다. 이들은 우주에서 만날 수 있는 최악의 대상은 아니지만, 그곳에서 많은 시간을 보내지는 마시라고 꼭 말씀드려야겠어요. 그 벨트 아래에 있다면 그 보호 껍질 안에 있는 것이고, 벨트 위에 있다면 평범한 배경 복사 안에 있는 정도라 할 수 있겠어요. 하지만 그 벨트 안으로 간다면? 어리석게도 그곳에서 어물쩍거렸다면 제발 특수 방사선 좀 쐬어 달라고 애원하는 격인 셈입니다.

말이 나왔으니 말인데, 목성계 전체가 존재하지 않는다고 가정해 보는 건 어떨까요? 목성에 가서 목성의 대적점을 가까이서 직접 보고, 신비한 얼음 위성을 방문하거나, 폭풍 구름이 지나가는 모습을 보고 싶으실 수도 있겠죠.

그런데 그러지 마세요. 목성은 태양계에서 가장 센 자기장을 가지고 있어요. 태양보다 더 강한 자기장이에요. 이는 말 그대로 태양계 전체에서 볼 수 있는 그런 오로라를 만들어 냅니다. 목성 주변 환경은 이러한 고에너지 하전 입자로 매우 두껍게 덮여 있기 때문에 지구에서 가장 튼튼한 우주선도 몇 궤도 이상을 돌지 못하고 기계적 손상을 입게 됩니다. 정말 지독한 곳이죠.[6]

———

태양풍은 그에 적절한 에너지를 가진 우주선과 같은데 그 에너지가 상당히 약하고 지구와 같은 행성들도 툴툴 털어 버릴 수 있는 그런 상대적으로 쉬운 녀석들이죠. 하지만 우주 깊은 곳에서 날아오는 외계 악당들은 어떨까요? 이 끔찍한 입자 무리의 맹공격에 맞설 만큼 용감한 세력이 있을까요? 어떤 용감한 힘이 우리를 파멸에서 구할 수 있을까요?

에, 그럴 수도 있겠죠 뭐. 우주선은 혼합에 따라 양전하 또는 음전하를 띠는데 중요한 건 전하를 가지고 있다는 점이죠. 따라서, 우주선은 자기장에 반응하게 됩니다. 이것이 바로 행성에서 오로라라는 현상이 일어나는 이유이며 **페르미 가속**의 모든 원리입니다. 자기장선은 하전 입자를 위한 고속도로와 같은 역할을 합니다. 작은 우주선이 자기장선에 가까워지면 그 자기장의 진입로를 따라 자기장선이 그려 주는 길을 따라갈 수밖에 없습니다. 대부분의 경우, 경로는 우주선의 에너지(에너지가 많아서 속도가 너무 빠르면 그냥 통과하기도 하죠.)와 자기장의 강도와 배열에 따라 달라집니다.

우리은하의 자기장은 약하고 엉켜 있지만 있긴 있어요. 그리고 그것은 깊은 은하들 사이의 공간에서 들어오는 적은 에너지를 가진 우주선의 일부를 막기에 충분합니다. 은하 원반 주위를 떠다니는 가스와 먼지는 우주선을 흡수하는 좋은 점도 있습니다. 안타깝게도 원반의 물질은 너무 많은 토스트에 버터를 너무 적게 바른 것처럼 넓은 영역에 얇게 퍼져 있기 때문에 그다지 대단하지는 않지만, 그래도 없는 것보다는 나아요.[7]

별에 가까워질수록 더 좋아집니다. 그리고 더 나빠지기도 하죠. 더 좋기도 하고 더 나쁘기도 하네요. 더 좋은 이유는 별 자체의 자기장과 태양풍이라는 하전 입자 흐름이 약 1광년 거리에서 태양권계면이라는 거품과 같은 막을 형성하기 때문이죠. 항성 간 공간에서 들어오는 모든 우주선은 먼저 이 장벽을 통과해야 하는데 대부분은 통과하지 못합니다. 최대 90퍼센트가 항성계의 외부 관문인 태양권계면에서 멈춥니다.

아, 이제 왜 더 나쁜 상황인지에 대해 이야기해야죠. 상황이 더 나빠진다는 것은 태양풍이 즉 태양권계면을 가능하게 하고 우주에서 날아오는 그 나쁜 녀석들을 꽤나 차단해 주는 것도 그다지 재밌는 일만은 아니라는 뜻일 수 있겠네요.

전반적으로 태양의 바람이나 다른 별의 바람이 제공하는 보호막 안에 머무는 것이 가장 좋습니다. 깊은 성간 공간, 특히 은하들 사이 공간에서는 우주선은 끊임없이, 쉴 새 없이 쏟아지거든요. 태양풍에 흠뻑 젖는 것도 그다지 유쾌하지는 않지만, 우주선에 젖는 것보다는 좀 더 나을 거예요. 꼭 별이나 태양만이 아닌 다른 곳에 생긴 자기장도 도움이 될 거예요. 지구에도 자기장이 있고요. 놀랍게도 꽤 강한 자기장이에요. 태양풍과 마찬가지로 우주선을 잡아당겨 어떤 경로를 유도할 수 있습니다.

하지만 항성계 내부에 이미 진입했을 때 견고하고 신뢰할 수 있는 자기장을 찾을 수 없는데 우주선으로부터 보호받고 싶다면 수십 킬로미터 쌓인 암석이나 그보다 더 많은 부피의 가스가 필요합니다. 어떤 보호 담요를 선택하든 튼튼하고 두꺼운지 꼭 확인하시고요.

지구의 대기는 지구의 연약한 생명체를 보호하는 데 꽤 좋은 역할을 합니다. 화성은 그렇지 않습니다. 금성은, 와우, 그 걸쭉한 대기를 **무엇을 사용하든** 잘 뚫어 보시길 바랄게요. 그러니 우주선이 **정말 정말** 싫지만 납이 녹을 정도의 온도와 압력을 참아낼 수 있다면 금성이 우주선으로부터 생명체를 보호하는 데 딱 맞는 곳일 거예요.

지구 대기는 이러한 우주선을 감지하고 때때로 오존과 충돌하여 우주선들을 잘게 흩어 버리죠. 오존은 유해한 자외선을 흡수하는 데 매우 뛰어나기 때문에, 어찌 보면 약간은 멜로드라마와 같은 일이 벌어져요. 오존이 고에너지 하전 입자를 흡수하여 지표면에 있는 것들을 우주선으로부터 보호하는 대신 자신을 희생하는 것이죠. 이는 곧 오존이 애초에 보호하려고 했던 지표면상의 그 모든 것이 고에너지 빛에 더 취약해져 버리게 만드는 것입니다. 또 하나 가능한 것은 우주선이 뇌우를 통해 지상으로 이동하는 과정에서 전자들을 분리시켜 떨어뜨릴 때 초기 스파크를 제공하는 번개의 궁극적인 원인일 수도 있다는 거죠.[8]

이러한 모든 현상, 즉 은하에 존재하는 자기장, 태양권계면, 지구 방사선 벨트, 대기 등 이 모든 방패막에도 불구하고 우주선은 여전히 지구 표면까지 도달합니다. 1제곱미터의 공간(예를 들어 여러분이 지금 앉아 있는 안락의자만 한 공간이죠.)에 대해 매일 매초마다 약 **1만 개**의 가장 낮은 에너지의 우주선이 도달합니다. 밤에도 그렇고 1년 내내 그렇습니다. 우리가 알 수 있는 한, 우주선으로 만들어진 비는 거의 일정하게 내린답니다. 짧은 천둥 번개 대신 끝없이 내리는 가벼운 이슬비처럼 말이죠.

하지만 유독한 이슬비입니다. 산성비처럼요. 우주선의 강도를 측정할 때 가장 선호되는 척도는 **전자볼트**라고 합니다. 전자볼트는 매우 기술적이고 모호한 단위로, 일반인들을 위한 단위가 아닌 전문 물리학자들만 사용하는 단위이지만, 적어도 무슨 말인지 아는 척이라도 할 수 있도록 한번 같이 이야기해 보죠. 1전자볼트(eV)는 하나의 전자를 1볼트의 전기로 가속할 때 그 전자가 가질 수 있는 에너지의 양을 말합니다. 이 용어는 고에너지 입자 충돌기에서 사용하기 위해 발명되었으므로, 왜 우주선에 이 단위가 쓰이는지 아실 수 있죠. 우주선은 자연 자체의 원자 충돌 실험의 결과라 할 수 있으니까요.

어쨌든 현재 1초당 수천 번 여러분과 부딪히고 있는 가장 낮은 에너지의 우주선은 약 10억 전자볼트의 에너지를 가지고 있습니다. 1,000배나 더 에너지가 넘치는 우주선은 1초당 한 번씩 여러분을 강타하고 있고요. 이보다 1,000배나 **더** 에너지가 높은 우주선이 1년에 한 번 정도 여러분을 찾아옵니다. 이보다 1,000배나 **더** 에너지가 높은 우주광은 평생 동안 단 한 번 여러분을 강타할 건데요. 이는 물론 여러분이 지구 대기권 아래에서 평생 안전하게 지낸다고 가정할 때 가능한 거죠. 그러나 그 정도의 에너지를 가졌다면 지구 대기는 별로 유용하지는 않지만 말이에요.

우주선으로 된 방사선은, 지구에 사는 일반인이 일생 동안 경험하는 방사선 총량의 약 13퍼센트를 차지합니다.[9] 다른 방사선으로는 땅에서 무작위로 나오는 라돈도 있고요, 의료 영상을 찍을 때도 방사선이 나옵니다. 그리고 바나나에서도요. 바나나에서 방사선이 나온다는 건 농담이 아니에요. 하지만 이 책이 《주방여행자를 위한 생존법》이 아니니 바나나 이야기는 여기까지만 하겠습니다.

자, 어떠세요? 지구와 같은 행성의 보호막 안에서 평생을 살더라도 몇 년에 한 번씩 엑스선 검사를 받는 것과 같은 양의 우주선 방사선을 추가로 받게 됩니다. 일반적으로 우리가 엑스선 검사를 받을 때는 엑스선 때문에 암에 걸릴 확률이 약간 커질 수 있는 위험을 감수하면서도 지금 당장 내 몸 안에 어떤 문제가 있는지 알아내요. 그렇게 위험과 검사 결과의 균형을 맞추는 거죠. 그러나 우주선은 누가 요청하지도 않았고 필요하지도 않은 엑스선 검사인 셈이지요. 해가 거듭될수록 우주 반대편에서 죽어 가는 별 때문에 지구에서 암에 걸릴 확률이 더 커질 수 있다는 거예요.

———

천문학자들은 흥미로운 수수께끼를 좋아하고, 자연에는 그런 수수께끼가 많습니다. 그리고 우주선에 대해 우리가 좀 생각해 봐야 할 몇 가지 수수께끼가 있습니다.

일반적으로 말해서 우주에는 에너지가 낮은 우주선이 많고 중간 에너지 우주선은 상대적으로 적으며, 에너지가 매우 높은 우주선은 당연히 우주에서 그 수가 상당히 적다는 사실을 이해하실 수 있을 것입니다. 물리학자들은 이러한 분포를 설명하기 위해 멱 법칙˙이라는 것을 사용하며, 일반적으로 우주선의 에너지와 그 에너지를 갖는 우주선의 분포 사이에는 매우 예측 가능한 관계가 있습니다.

아, 물론 그렇지 못한 경우도 있지요. 관계에 몇 가지 생각해 봐

˙ 어떤 수가 다른 수의 거듭제곱으로 나타나는 두 수의 함수적 관계

야 할 사항들이 있으며, 그 사항들은 이론과 실제가 딱 맞아떨어지지 않는 그런 상황들입니다. 가능한 한 광범위하게 일반적으로 설명하자면, 중간 에너지를 가진 우주선들은 우리가 막연히 예상하는 것보다 약간 더 많으며(우리는 정말 막연히 생각하는 거니 조금만 여유를 주세요.) 초고에너지의 총알이 예상한 거보다 더 많습니다.

물론 일부 천문학자가 풀기 어려운 수수께끼를 보는 곳에서 다른 천문학자는 기회를 봅니다. 그들은 우주선 에너지와 그 에너지의 빈도 사이에서 보이는 이러한 다른 점들을 약간은 의아하기도 하고 우스꽝스럽게도 그래프 상에서 '무릎'이나 '발목'이라고 부르는데, 이러한 특이한 분포가 우주선의 궁극적인 기원에 대한 단서를 제공한다고 생각합니다.

저에너지 우주선은 우리 태양계 내부에서 나오는 것으로 생각되며, 아마도 코로나 질량 방출과 태양 폭발(네, 이것은 일반적인 이슬비처럼 내리는 태양풍 이외의 방출입니다.)의 뒷면에서 발사된 것으로 추정됩니다. 중간 에너지 우주선은 우리은하에서 오는 것으로 보입니다. 초신성은 몇 년에 한 번씩 우리은하 어딘가에서 폭발하며, 우리는 우주선이 우리를 강타하는 속도를 측정하여 초신성이 얼마나 흔한지 알아내기도 하죠. 근사하죠.[10]

하지만 극도로 높은 에너지의 우주선은 어디서 오는 걸까요? 우와, 그 우주선들은 뭔가 좀 많이 다른 녀석들이에요. 우리 인간은 우리가 제일 특별한 존재라고 생각하죠. 우리는 거대하고 대단한 입자 충돌기를 가지고 있고, 여기저기서 원자를 부수며 아원자 세계의 가장 미세한 세상을 밝혀내고 있으니까요. 우리는 엄청나게 높은 에너지에 도달할 수 있고 우리가 많은 것을 알아냈다고 스스로 확신하죠. 우주선이 지구 대기에 미치는 영향은 가장 강력한 입자 가속기보다 약 1조 배 더 높습니다. 대자연은 꾸준히 우리에게 누가 진짜 보스인지를 보여 주려는 것 같습니다.

약간 장황한 이야기지만, 이것이 바로 미세한 블랙홀에 대해 걱정할 필요가 없는 이유입니다. 가끔 한 번씩, 입자 가속기와 실험으로 인해 지구를 집어삼킬 작은 블랙홀이 생겨나지 않을까 하는 막연한 우려로 숨죽여 중얼거리는 소리를 듣곤 하는데요. 첫째, 미세 블랙홀은 순식간에 증발하는 경향이 있기 때문에 걱정할 필요가 없으며(애초에 존재한다고 가정할 때) 1피코초(10^{-12}초) 이상 살아남는다고 해도 걱정할 만한 크기로 성장하는 데는 수십억 년이 걸린다는 계산이 나옵니다. 둘째, 고에너지 입자 충돌에서 미세한 블랙홀이 생성된다면, 지구의 대기가 그동안 계속 블랙홀 공장 역할을 해 왔다는 뜻인데, 얼마나 오래됐겠어요. 대기가 존재하는 한, 즉 약 40억 년이 지났고 지금도 계속되고 있는데 말입니다. 자연이 미세한 블랙홀을 만들 수 있다면 블랙홀이 지구 중앙에 이미 존재해야 해야 하지 않을까요. 자연은 아무 이유 없이 세상을 망쳐 놓으려 하지는 않을 거예요. 어쨌든 가장 강력한 우주선은 말도 안 될 정도로 높은, 10^{20}전자볼트 이상의 에너지를 가지고 있습니다. 이것이 어느 정도냐면, 이 에너지를 가진 양성자는 광속의 99.9999999999999999999999퍼센트 이상으로 움직일 수 있다는 뜻이에요. 물론 물리학자들은 초고에너지 우주선(ultrahigh-energy cosmic rays)을 줄여서 '유헤커스(UHECRs)'라는 투박한 이름을 생각해 냈습니다.(그 느낌 그대로 '유헤커스(you-heckers)'라고 부를게요.) 최초의 유헤커스는 1991년 실험에서 발견되었으며,[11] 오 마이 갓(Oh My God)에서 이름을 따와 'OMG 입자'라고 부를 정도로 매우 강력했습니다.('신의 입자'라는 형편없는 이름의 힉스 보손 입자와 혼 동하지 마시고요. 이건 그냥 정말 강력한 우주선일 뿐입니다.)

유헤커스는 그 수가 워낙 많아 그 강도가 너무 세기 때문에 정 확히 어디서 만들어져 오는지 파악하는 데 어려움을 겪고 있습니다. 그 어려움 중 하나는 유헤커스가 매우 드물다는 것인데요. 인간이 가 진 가장 민감하고 큰 탐지기로도 몇 년에 한 번 정도만 발견할 수 있 습니다. 통계의 수치가 높지 않기 때문에 우주에서 그 원인을 찾기가 어려운 거죠. 우리가 발견한 소수의 유헤커스는 어떤 특정 은하계나 하늘의 특정 장소와 상관없습니다. 그들은 그냥 나타나는 거죠. 우리 는 적어도 우리은하 밖에서 왔다는 것을 알고 있는데 그것은 유헤커 스가 우리가 관측할 수 있는 하늘의 모든 방향에서 날아오기 때문이 죠. 만약 그것들이 우리은하 내에서 어떻게든 생겨났다면, 은하수가 있는 곳에서만 보이겠죠. 하지만 은하수 쪽에서만 보이지 않아요.

그것 말고는 유헤커스에 대해 아는 게 별로 없어요. 이들을 이해 하기 어려운 이유 중 하나는 저 광대한 우주에서 들어오는 우주선이, 약하기는 해도 여전히 존재하는 우리은하의 자기장과 엉켜야 한다 는 것입니다. 그러나 우리은하 자기장은 강도가 약한 만큼 넓게 분포 하고 있어요. 말 그대로 우리은하 크기와 맞먹을 정도로 거대합니다. 따라서 우주선, 심지어 매우 에너지가 넘치는 유헤커스조차 우리은 하 자기장의 미묘한 편향에 의해 은하 간 빈 공간에서 들어오는 순간 궤도가 바뀌고 지구에 닿을 때쯤이면 그 진정한 기원을 전혀 알 수 없게 되기도 해요.

하지만 솔직히 말하면 유헤커스들이 지구에 도달해서는 안 돼요. 단 하나도요. 이렇게 가장 강력한 우주선의 경우, 그 출처에 대한 옵션은 매우 제한적입니다. 초신성은 정말 대단한 폭발이며 나중에 자세히 설명하겠지만, 초신성조차도 이러한 종류의 에너지를 생성할 만큼 강하지는 않습니다.

실제로 우주에서 이 작은 입자들을 빛의 속도에 가깝게 가속할 수 있는 충분한 에너지를 안정적으로 제공할 수 있는 것은 활성 은하핵으로 알려진 거대한 블랙홀 주변 지역뿐입니다.

이제 활성 은하핵('퀘이사' 또는 '블레이자'라고도 하며, 이들은 이 책의 다른 장에서 자세히 설명하겠습니다.)은 확실히 일반적으로 피해야 할 장소입니다. 하지만 나중에 우리 같이 탐험하겠지만, 다행히도 여러 가지 우주적인 이유 때문에 이 은하들은 모두 지구에서 엄청나게 멀리 떨어져 있습니다. 너무 멀어요. 보세요, 유헤커스조차 우주를 통과하는 데 어려움을 겪고 있다는 이야기예요. 문제는 우주 마이크로파 배경, 즉 우주 역사의 더 흥미로운 초기 시절에 남은 차가운 방사선이 있다는 거죠. 이 광자들은 절대 온도 0도를 간신히 넘나드는 온도로 우주를 흠뻑 적시고 있어요. 하지만 그 안에서 빛의 속도에 가까운 속도로 이동한다면, 온도가 그렇게 낮아도 조금 더 에너지가 있는 성격을 띠게 됩니다.

마치 수영장과 같은 거죠. 천천히 효율적으로 수영하면 수영장을 쉽게 건너갈 수 있습니다. 하지만 너무 빨리 가면 물이 마치 콘크리트처럼 딱딱하게 느껴질 겁니다. 수영장 밖에서 물 안으로 몸을 쫙

펴고 뛰어들어 배가 새빨갛게 된 경험이 있다면 무슨 말인지 정확히 아실 거예요.

결론은 우주 마이크로파의 존재 자체가 유헤커스의 이동 가능 거리에 한계를 정한다는 이야기입니다. 유헤커스가 가진 그 많은 에너지가 소모되기 전에 말이죠. 약 1억 5,000만 광년 후에는 그들은 에너지를 서서히 잃어 더 이상 유헤커스가 아닌 일반 우주선으로 변합니다.* 그러나 거의 모든 활성 은하핵은 이보다 훨씬 더 멀리 떨어져 있습니다. 따라서 우주에서 유헤커스를 생성할 수 있을 만큼 강력한 에너지원은 너무 멀리 떨어져 있어 유헤커스를 생성할 수 없는 것으로 보입니다.

이게 대체 어떻게 된 거예요, 그럼? 솔직히 아직 밝혀지지 않은 미스터리입니다. 아마도 가끔씩 그만큼 양의 에너지를 생성할 수 있는 일종의 특이한 초신성이 있을지도 모르죠. 어쩌면 인간의 관측으로는 포착할 수 없을 정도로 너무 빨리, 일시적으로 활동하는 은하가 근처에 있을지도 모르고요. 어쩌면 더 신비로운 무언가가 있는 것일지도 모르겠네요. 유헤커스가 어디에서 오는 것이든, 멀리 떨어져 있는 것이 좋겠습니다.

───

• 마이크로파 배경 복사 때문에 유헤커스가 에너지를 잃게 되고 그 에너지가 보통의 우주선으로 되는 데 약 1억 5,000만 광년이 걸린다는 이야기죠.

샤워에 대해 이야기해 봅시다. 이제 우리가 서로에 대한 스타일을 어느 정도 알고 있으니, 하루 일과를 마치고 물로 하는 샤워 이야기가 아님은 아실 거예요. 아주 좋아요, 서로에 대해 배우고 있어요. 물줄기가 아닌 입자가 쏟아지는 그런 샤워에 대해 이야기하고 있습니다.

행성의 대기는 대부분의 우주선을 막는 데 효과적일 수 있지만, '우주선을 멈추게 하는 것'이라 말할 수는 없습니다. 이 우주선은 에너지가 높기 때문에 작은 입자가 충분히 높은 에너지에 도달하면 이상한 일이 일어날 수 있습니다. 에너지가 충분히 높아지면 다른 입자로 변할 수도 있다는 거죠.

네, 제 말 잘 들으신 거 맞아요. 한순간 양성자였던 입자가 눈을 깜빡이는 순간 그 양성자는 사라지고 그 자리에 뮤온, 중성 미자, 감마선이 쏟아져 나옵니다. 아니요, 제가 그냥 지어낸 이름들이 아니에요. 그것들은 실제 입자들 맞아요. 집 밖 정원에서 볼 수 있는 입자는 아닐지 몰라도 실제로 존재하는 입자들입니다.

대부분의 우주선은 양성자이지만, '양성자' 자체는 단일의 입자가 아닙니다. 양성자는 다른 입자, 즉 **쿼크** 입자들이 **글루온**에 의해 붙어 만들어진 입자입니다. 그것은 공 같은 거예요. 복잡한 녀석들이 뭉쳐 있는 덩어리입니다. 양성자를 단일 개체로 생각하지 말고 생물학적 세포와 비슷하다고 생각하세요. 사람이 세포로 만들어지는 것처럼 물질들이 양성자로 만들어질 수 있지만, 그게 다가 아니죠. 세포는 다른 물질로 만들어져 있고 마찬가지로 양성자도 다른 물질로 만들어져 있다는 겁니다.

"이게 전부인가요? 쿼크와 글루온도 다른 물질로 만들어졌나요? 이 토끼 굴*은 얼마나 깊숙이 이어지는 걸까요?" 위험한 존재가 아니니 굳이 설명할 필요는 없지만, 우리가 알 수 있는 한 쿼크는 가장 기본적인 입자입니다.

다시 하던 이야기로 돌아가죠. 지금 걱정해야 할 더 중요한 것들이 있어요. 우주선 양성자는 예를 들어 대기 중에 있는 분자들에 부딪힐 때까지 우주를 빠르게 통과할 수 있습니다. 충분한 에너지가 있다면(그리고 실제로 에너지 충분히 있고요.) 입자 충돌기에서 일어나는 일과 똑같은 일이 일어납니다. 쾅! 양성자는 그 구성 쿼크로 쪼개지고, 이 쿼크들은 재결합을 하는데, 이 과정을 흥미롭고 예술적으로 표현할 수 있습니다.

특정 규칙을 따라야 합니다. 그냥 아무렇게나 규칙 없이 입자들이 떠돌 수 있는 게 아니에요. 예를 들어 양성자의 쿼크 재결합 전후의 총 전하량은 동일하게 유지되어야 하며 다른 몇 가지 사항도 지켜야 합니다. 하지만 이러한 제한이 있더라도 사실 일어날 수 있는 일은 여러 가지가 있습니다. 양성자는 매우 불안정한 파이온들로 될 수 있으며, 이들은 쏟아져 내리는 뮤온, 중성 미자 및 고에너지 감마선으로 빠르게 분해될 수 있습니다. 감마선 자체는 양전자와 전자쌍으로 분리될 수 있으며, 이 모든 고에너지 생성물은 대기 중에 존재하는 분자들에 계속 부딪혀 더 많은 새로운 입자와 방사선이 되지요. 입자가 쏟아지는 소나기입니다. 결국 이 모든 생성물은 대기 중에 흩어지

• 《이상한 나라의 앨리스》에 나오는 토끼 굴을 뜻합니다. 신비로운 세계로 가는 길이죠.

거나 지상으로 떨어지게 되는 거지요.

초신성의 잔해에서 일어나는 일과 똑같은 과정이 행복하고 운이 좋은 행성의 대기에서 일어날 수도 있고요. 또는 여러분이 타고 있는 우주비행선의 금속으로 된 벽에서 일어나거나, 어쩌면 여러분의 뇌 안에서 일어날 수도 있겠네요.

재미있는 사실이 하나 알려 드릴게요. 이 입자 소나기에 있는 입자 중 하나가 뮤온입니다. 뮤온의 수명은 수 마이크로초[**]로, 빛의 속도에 가까운 속도로 대기권 상층에서 지상에 닿을 만큼 그 수명이 길지 않습니다. 그러나 빛의 속도에 가까운 속도를 가진 뮤온은 상대성 이론의 시간 연장 효과 덕분에 입자의 내부 시계는 느려져서 작은 파괴의 힘으로도 이 세상을 가격할 수 있을 만큼의 충분한 시간을 갖게 됩니다.[12]

———

구름에 대해 이야기해 봅시다. 이번에는 친근한 종류의 구름을 말합니다. 약속할게요. 우주의 낯선 곳을 여행하고 있는데 갑자기 메스꺼움을 느끼기 시작했다고 가정해 봅시다. 우주선에 노출될까 걱정도 되고 값싼 기성품 탐지기는 몇 광년 전에 작동을 멈췄는데 어떻게 해야 할까요? 간단합니다. 다음과 같은 재료들이 필요합니다.

[**] 1마이크로초는 10^{-6}초.

- 작은 수족관

- 밝은 빛을 낼 수 있는 원천(조명)

- 얇은 금속판

- 충분한 양의 테이프

- 투명 실리콘 실란트

- 100퍼센트 순수 이소프로필 알코올

- 드라이아이스

- 펠트 안감

다 가지고 오셨죠? 어차피 우주여행에 필수적인 물품이니 어딘가에 잘 쟁여 두셔야 해요. 펠트를 수족관 바닥에 붙이고 알코올에 담급니다. 금속판을 드라이아이스 위에 놓고 수족관을 뒤집어 금속판 위에 올려놓습니다. 수족관 한쪽에 조명을 비춥니다.

15분 정도 기다려 보세요. 새로 만든 **구름 체임버**(상자)의 바닥은 드라이아이스 때문에 매우 차갑습니다. 상단은 실온에 있기 때문에 (이 작업은 실내에서 수행하셔야 해요.) 알코올이 펠트에서 나와 안개구름이 되어 바닥에 가라앉게 되죠.

기다리다 보면 결국 무언가 상자를 가로질러 지나가며 만든 하얀 길을 볼 수 있습니다. 마치 유성우처럼 보이지만 불이 아닌 구름으로 만들어진 선로이죠. 우주선이나 우주선에 의해 생겨난 뮤온 중 하나가 구름을 통과할 때 알코올 분자 중 하나에 부딪혀 그 분자로부터 전자를 떼어 내며 분자를 이온화시킵니다. 이제 전하를 띠게 된 분자는 친구를 찾기 시작하고, 그렇게 구름의 일부가 증기에서 액체로 응축되게 됩니다. 전하를 띤 분자는 우주선으로부터 에너지를 얻었기 때문에 수증기를 빠르게 통과합니다.

강력한 자석을 아래에 놓으면 지구 자기장에 의해 우주광선의 경로가 바뀌는 것처럼 경로가 휘어집니다. 충분한 관찰을 통해 여러분이 어느 정도의 위험에 처했는지 알아내야 해요.

물론 우주선을 감지하는 다른 방법도 있습니다. 충분히 강한 자기장과 우주선이 부딪힐 수 있는 물체(여러분 머리가 아닌 다른 물체로요.)를 가져가면 원하는 만큼 많은 우주선을 가둘 수 있습니다.

또한 우주선은 매우 빨라서 대기권을 통과할 때 공기 중의 빛의 속도보다 더 빠르게 진행됩니다. 여기에서 각별히 주의하세요. 우주선은 진공 상태에서의 빛의 속도인 최대 한계를 넘어서는 것은 아니지만, 공기 중의 빛보다 더 빠르게 가고 있다는 것은 과학적으로 충분히 가능한 이야기죠. 이렇게 되면 체렌코프 복사라는 유령 같은 빛을 방출합니다.

체렌코프 방사선의 물리학을 가장 쉽게 설명해 볼게요. 무언가가 음속보다 빠르게 공기를 통과할 때 발생하는 충격파와 비슷한 현상이 빛에 적용된 경우가 바로 체렌코프 방사선의 원리입니다. 공기가 주위에 많이 있다면 이 특징적인 신호를 찾아볼 수 있지요.

아니면 지구 천문학자들이 하는 것처럼 순수한 물로 찬 거대한 통을 만들어 그 안에서 반짝거리는 것을 찾아볼 수도 있습니다. 일부 천문학자들은 한 걸음 더 나아가서 인간이 찾을 수 있는 가장 많은 양의 순수한 물, 즉 남극에 있는 얼음층으로 탐지기를 만들었습니다. 지금 이 순간에도 남극에서는 $1km^3$의 얼음 속에 파묻혀 있는 탐지기

가 우주선이 지나가는 광경을 열심히 찾고 있습니다.[13]

———

보통 사람들은 '방사선'이라는 단어만 들어도 겁을 먹습니다. 하지만 여러분은 방사선에는 다양한 종류가 있다는 것을 잘 알고 계시죠. 일부 방사선은 다른 물질을 '이온화'시키지요. 즉 원자에서 전자를 떼어 내 심각한 손상을 입히는 거죠. 그러나 다른 방사선은 '비이온화'로서 일반적으로 사람에게 파동을 일으킬 뿐입니다. 예를 들어 마이크로파는 비이온화 방사선이에요. 하지만 여전히 위험할 수는 있어요. 전자레인지가 돌아갈 때 그 앞에 너무 오래 서 있지 마세요. 여러분의 몸 안에 있는 물분자들이 끓기 시작할 거거든요. 하지만 DNA를 파괴시킬 수는 없으니 다행이지요.

문제가 되는 것은 이온화 방사선입니다. 이온화 방사선은 고에너지 빛 또는 고에너지 입자일 수 있습니다. 우주선은 그럼 어떤 종류의 방사선일까요? 딩동댕, 맞혔어요. 바로 이온화 방사선입니다.

보통의 분자들은 화학적 결합 내에서 살살 춤을 추는 것만으로도 행복해하지만, 이온화 방사선이 들어오면 분자 중 하나에서 전자를 떼어 내어 분자를 구름 체임버에서처럼 양전하를 띠게 만듭니다. 양전하를 띤 분자는 마치 도자기 가게의 황소*나 설탕을 너무 많이 먹은 어린아이처럼 광폭한 상태가 됩니다. 상상이 가시죠? 양전하를 띤

• 아주 부주의하게 날뛰는 상태를 말해요.

분자는 새로운 화학 결합을 만들거나 끊고, 서로 결합해서는 안 되는 것을 결합시키고, 서로 붙어 있어야 할 것을 끊어 버리기도 합니다.

DNA를 잘라 내면 다음에 세포가 스스로를 복제할 때 오류가 발생하지요. 그리고 그로 인해 또 다른 오류가 발생하고 또 다른 오류가 발생합니다. 때때로 이러한 오류는 점차 줄어들어 결국엔 사라지고 세포는 비참한 죽음을 맞이합니다. 때때로 이러한 오류로 인해 세포가 엉망이 되기도 하는데, 이렇게 엉망이 돼 버린 세포를 암세포라고 합니다.

DNA를 잘라 내지 않더라도 우주선은 여전히 위험할 수 있습니다. 우리가 호흡하는데 사용하는 산소는 이미 반응성이 매우 높고 화학적으로 흥미로운 물질로, 잘 조절하면 매우 유용한 생물학적 과정을 만들어 냅니다. 그러나 우주선에 의해 찢어진 일부 산소는 반응성이 더욱 강해져 세포벽과 같이 발견할 수 있는 모든 것에 결합하여 세포를 파열시킬 수도 있습니다. 세포가 충분히 파괴되면 그게 바로 조직과 장기가 손상된 상태인 것이겠죠.

우주선은 전자 기기 프로세서에도 해를 끼칩니다. 컴퓨터 내부에서 일어나는 모든 일은 전하를 띤 입자, 즉 전기의 흐름에 기반합니다. 전하가 아주 많은 경우는 이진수 1, 전하가 없는 경우는 이진수 0이지요. 나머지 모든 기능들은 여기에 기반을 둔 것입니다. 여기에 우주선을 추가하면 1이어야 할 것이 0이 되고, 0이어야 할 것이 1이 되기도 합니다. 이런, 어쩌죠?

일반적인 가정용 컴퓨터는 우주선 충돌로 인해 매달 몇 가지 오류를 실제로 경험합니다. 우주에서는 더 심각하겠죠. 보이저 2호 탐사선이 오작동을 일으킨 적이 있는데, 가장 유력한 원인으로 그저 날아다니던 우주선 충돌로 인해 비트 하나가 뒤집힌 것을 꼽습니다.

물론 지금은 인간이 더 똑똑해져서 이런 종류의 오류에 대비해 오류 검사 루틴을 넣었습니다. 하지만 이러한 루틴도 모든 오류를 잡아내지는 못합니다. 인간의 DNA가 항상 모든 문제를 해결할 수 없는 것처럼 말입니다. 컴퓨터 암(computer cancer). 그런 게 있나요? 뭐 있을 수도 있죠.[14]

———

우주선의 가장 끔찍한 부분은—이미 끔찍한 부분이 많다는 것을 인정하시겠지만—아주 서서히, 그리고 우리가 눈치채지 못하는 사이에 해를 가한다는 사실입니다. 직접적이고 치명적인 폭발이 일어나지 않는 한 아무것도 느끼지 못합니다. 손가락이 따끔거리지도 않고, 피부가 지글지글하지도 않으며, 눈앞에 불빛도 보이지도 않습니다. 그냥 어떤 행성이나 점령한 우주의 어떤 공간에 앉아 있거나 우주를 탐험하는 등 일상적인 생활을 계속할 수 있습니다. 그러나 조금씩 우주선이 부딪히고 또 부딪히면서 DNA가 고장 나기 시작할 거예요. 대부분의 경우 그게 별로 문제가 되지는 않습니다. 세포는 그냥 죽어버릴 테니까요. 그러나 눈에 보이지 않는 타격이 많아질수록 잭팟을 터뜨릴 확률이 커집니다. 암 잭팟 말이에요.

제가 '암'이라는 단어를 너무 많이 사용하고 있나요? 아니요, 그렇지 않습니다. 이것은 심각하고 치명적인 문제이며 우주여행의 현실입니다.

지구상의 일반적인 인간은 연간 약 3밀리시버트의 방사선을 경험합니다. 밀리 뭐요? 밀리라는 부분이 중요한 게 아니에요. 이 밀리시버트라는 단위는 방사선 노출량을 나타내는 단위입니다. 기준선이 필요하다면 여기 있습니다. 3밀리시버트는 일상생활에서 흔히 볼 수 있는 수준이며, 실제로 문제를 일으키지 않습니다.

항공사 조종사, 승무원 및 승객은 특히 지구 자기장이 우주선을 통과시키는 극지방 상공을 비행하는 경우 지상에 있는 사람보다 약 2배 더 많은 방사선에 노출됩니다. 일반적으로는 그렇지 않지만 건강 문제를 일으킬 수 있으며, 승무원들은 이 끔찍한 물질 때문에 백내장에 걸릴 위험이 높아지기도 합니다. 그러니 다음번 열대 휴양지로 떠날 때, 눈에 보이지 않을 정도로 작은 우주선이 여러분 몸을 관통하는 것을 상상해 보세요. 씽!

대기와 자기장의 보호층에서 떨어진 우주 공간에서 차폐막으로 보호되지 않은 사람은 단 며칠 만에 약 1,000밀리시버트를 받게 됩니다. 차폐막을 사용하면 방사선량이 100밀리시버트에 도달하기까지 최대 6개월 정도 걸릴 거예요. 차폐막을 쓰고도 지구에서 화성까지 180일이라는 짧은 행성 간 이동에 의해 500밀리시버트를 받을 수 있습니다. 자기장 없이 얇은 대기만 있는 화성 표면에서 1년을 더 지내면 1,000밀리시버트를 넘게 되는데, 이 수치는 '심각한 문제' 범위에 속하는 수치입니다.

우주선은 다양한 에너지로 존재하며, 앞서 살펴본 바와 같이 느린 우주선이 훨씬 더 많아요. 이는 실제로 **좋은** 점입니다. 왜냐하면

이 약한 우주선은 DNA를 한 번에 가격하여 암을 유발하는 대신 같은 세포의 여러 부분을 공격하여 세포를 그냥 죽일 가능성이 더 높기 때문입니다. 정밀하게 암을 유발하는 장본인은 바로 강한 고속 우주선들입니다.

지구에서 화성으로 가는 여행객이 적절한 보호막을 갖추지 않으면 여행 중에 느린 우주선에 의해 세포의 약 5퍼센트가 손실될 것으로 추정됩니다. 이 5퍼센트에는 피부 세포, 심장 세포, 소중한 뇌 세포가 포함됩니다.

여러분이 행성 사이에 있을 때 행여 태양이 코로나 질량 방출이라도 한다면 이야기는 금방 마무리됩니다. 암 발생 위험을 서서히 높이는 대신 **급성** 방사선 중독을 일으키고 며칠 또는 몇 시간 내에 내부 장기는 간단히 파괴되고 말 거거든요.

먼저 메스꺼움과 구토가 시작되겠죠. 그리고 설사를 할 거고요. 단순한 장염일 수도 있겠죠? 하지만 그다음에는 심한 두통과 열이 생길 거예요. 끔찍하지만 아직 견딜 수 있어 보여요, 그렇죠? 그리고 중추 신경계가 정지하면서 떨림, 발작 및 무기력증이 나타납니다. 그리고 사망에 이르게 됩니다.

다행히도 이는 최악의 경우입니다. 경고 시스템을 제대로 설정했다면 대량 방출을 피하거나 두꺼운 차폐막으로 가려진 환경에서 몸을 웅크리고 있을 수 있습니다.

차폐에 대해 말하자면 좋은 소식도 있고 나쁜 소식도 있습니다. 좋은 소식은 얇은 금속판만으로도 대부분의 우주선, 그리고 비슷한 문제를 일으킬 수 있는 감마선과 엑스선도 함께 차단할 수 있다는 것입니다. 얇은 시트만 있으면 되니 보호 갑옷을 우주로 더 쉽게 가져 갈 수 있기 때문에 정말 편리하겠죠. 나쁜 소식은 얇은 금속 시트가 광선을 차단하는 데 효과적이라는 것입니다. 대기가 우주선을 막으면 어떻게 될까요? 그것은 방사능과 에너지 입자가 쏟아져 내리게 할 것입니다. 벌 한 마리가 아니라 벌떼가 한꺼번에 몰려들고, 차폐 금속이 너무 얇으면 그 방사선 줄기들이 선체를 뚫고 심장으로 바로 들어갑니다.

이를 막기 위해 몇 가지 방법을 시도해 볼 수 있습니다. 가장 간단한 방법은 우주선과 소나기처럼 쏟아지는 입자를 막을 수 있을 만큼 두꺼운 벽을 만드는 것이지만, 비용이 많이 들고 무거우며 우주로 운반하는 것이 불가능하기 때문에 현실적으로 불가능합니다. 기체처럼 가벼운 물질로 두꺼운 층을 만들어 그 입자 소나기를 흡수해 보는 것은 어떨까요. 무게가 많이 나가지 않지만 (기체 분자들을) 제어하기가 어렵겠죠. 마지막으로, 행성처럼 우주선을 강한 자기장으로 감싸서 우주선을 굴절시켜 볼 수도 있겠네요. 하지만 이는 모두 실험적인 아이디어일 뿐이네요. 지금 제가 권장할 수 있는 전략은 안타깝게도 '조용히 받아들이기'입니다.

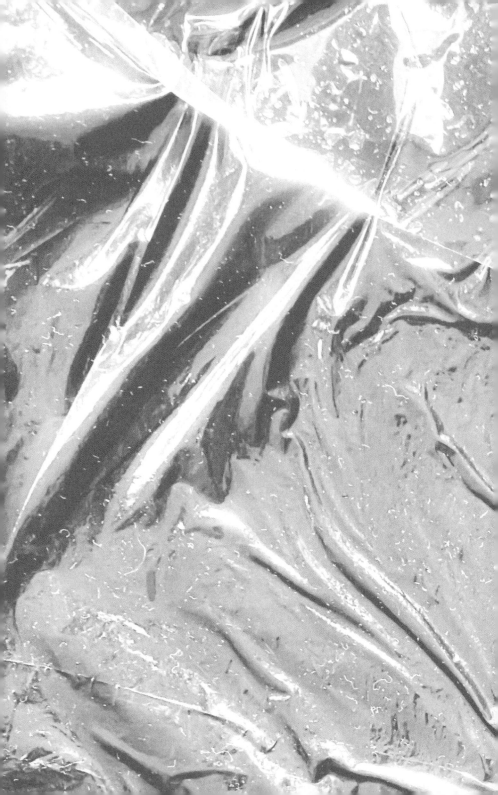

태양계 너머

HOW TO
DIE
IN
SPACE

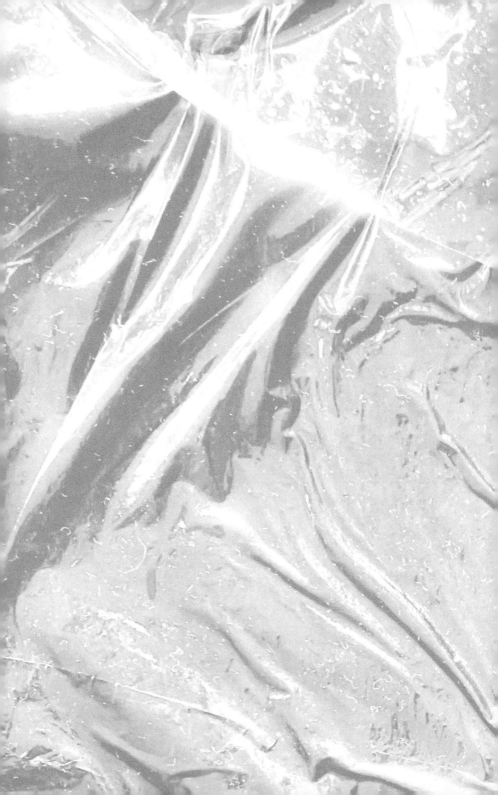

별이 태어나는 곳　　　　　　　　　　　　　<u>5</u>

새로운 삶, 새로운 빛
그러나 젊음과 폭력
좋은 와인과 치즈처럼
숙성이 최고의 별을 만드네

- 고대 천문학자의 시

　　출산은 정신없고 부산해요. 물론 아름답죠. 자연스러운 삶의 과정에서 일어나는 멋진 일임은 틀림없어요. 횃불을 짊어지고 앞으로 나아갈 새로운 세대가 탄생하는 것이니까요. 하지만 정말 정신을 쏙 빼놓을 만큼 어렵고 대단한 일이기도 하죠. 아주, 아주 말입니다.

　　별들도 마찬가지입니다. 어떤 사람들은 그 특별한 순간에 그 자리를 함께하고 싶어 합니다. 분만실에 들어가 아파하는 소리를 듣고, 같이 그 감격의 순간을 느끼고, 탯줄을 자르고 싶어 하죠. 반면에 어떤 사람들은 그냥 밖에서 기다렸다가 아기를 잘 닦아 주고 살펴보는 것으로 만족하기도 합니다. 특히 탄생이 빛을 가리는 검은 먼지 구름에 가려져 있기 때문에 더욱 그렇습니다. 아, 이건 이제 별에 대한 이야기를 하는 거예요. 새로운 별의 탄생을 목격하는 것은 실제로 매우 어려운 일이며, 탐험가 여행자들은 항상 직접 목격하기를 열망하는 중대한 사건이기도 하지요.

새로운 별! 상상이 되시나요? 이미 3,000억 개의 친척들이 은하수를 떠돌아다니고 있을지도 모르지만, 하나하나가 모두 소중합니다. 우주를 가득 채운 영원한 어둠에 맞서 빛을 발하는 열과 빛의 등대입니다. 따뜻함의 원천이자 행성들의 잠재적 고향이며 생명을 위한 것이죠.

그 검은 먼지 구름 고치 안에서 어떤 별이 나올까요? 수백억 년 동안 약하지만 꾸준히 타오르는 작은 적색 왜성일까요? 초신성으로 향하는 길목에 놓여 있는 거대한 괴물 별일까요? 넓은 거주 가능 영역을 가진 태양과 같은 별, 액체 상태의 바다가 있는 암석 행성을 맞이할 준비가 되어 있는 그런 별일까요? 쌍성계? 아니면 다섯 쌍성계?

약간의 전율이 느껴지는 설레는 순간이에요. 하지만 무슨 일이 있어도 목격하고, 기록하고, 기억하고, 축하해야 하는 순간입니다. 그렇지만 위험천만이네요. 굳이 가까이 안 가시는 게 좋겠어요.

———

모든 일이 그렇지만 마찬가지로 별은 별이 아닌 곳에서 시작됩니다. 진공. 허공. 텅텅 빈 허공 말이에요. 아무것도 없는 곳. 빛을 가져오기 위해서는 먼저 어둠 속에서 시작해야죠. 선사 시대 신화에나 나올 법한 이야기지만, 이 경우엔 물리와 화학만 있으면 되는 일이에요. 그리고 시간이죠. 아주 많은 시간이요.

우리은하를 비롯한 대부분의 은하는 무작위 원자로 이루어진 뜨겁고 묽은 수프에 불과합니다. 대부분이 수소죠. 우주의 대부분이 수소니까요. 그다음으로 천문학의 모든 문제에서 영원한 은메달 수상자인 헬륨*이 상당 부분을 차지하고, 솔직히 누가 리튬을 신경 쓰겠느냐는 이유로 언급조차 많이 하지 않는 리튬, 그리고 그 외의 것들 말이죠. '그 외의 것'은 원소 주기율표에 있는 원소 전체를 의미합니다.

참고로 천문학자들은 앞에서 살펴본 것처럼 명명법에 있어서는 재미있는 사람들이에요. 결국 별을 만들기 위해 스스로 뭉쳐지는 물질의 경우, 천문학자들은 우주 전체를 세 가지, 딱 세 가지 원소로만 분류합니다. 수소, 헬륨, 그리고 '금속'으로요. 말하자면, 여러분이 원소라고 가정할 때, 여러분 이름이 수소나 헬륨이 아니라면 여러분은 우주에 존재하는 모든 원소의 약 1퍼센트도 채 안 되기 때문에 여러분이 참여할 수 있는 이 모든 흥미로운 화학 반응이 아니었다면 그저 여러분은 귀찮은 반올림 오류에 불과한 것으로 간주될 것입니다.

어쨌든 수소와 헬륨은 빅뱅 자체의 가장 초기 순간에서 왔으며, 그 시대가 무척 격렬했던 만큼 우리의 과거에 안전하게 존재하므로 현대 여행자에게 위험을 초래하지 않습니다.(우주끈과 같은 특이한 화석 잔재를 제외하고 말이죠. 이건 나중에 다시 이야기할게요.)[1] 따라서 저 깊은 성간 공간에서 임의로 아무 원자나 집어든다면, 아마도 그 원자는 수소의 원소 기호인 문자 H로 시작할 확률이 참 크네요.

수소와 헬륨으로부터 시작해서, 탄소와 산소부터 철과 칼륨에

• 헬륨은 항상 2등이지요. 수소가 1등이고요.

이르기까지 모든 무거운 물질로 소위 성간 매질을 오염시키거나 풍부하게 만드는 것은 죽어 가는 별인데요. 그건 여러분의 분석에서 '금속'을 얼마나 신경 쓰느냐에 따라 오염시키는 것이 될 수도 있고 더욱 풍부하게 만드는 것일 수도 있지요. 별이 어떻게 이런 과정을 거치는지 곧 설명해 드리겠지만, 지금은 빅뱅 이후 남은 원시 원소와 이전 세대의 친척들이 쏟아 낸 내장들이 혼합되어 별이 만들어졌다는 것만 알아 두세요.

표현이 좀 역겹지만, 이것이 바로 별 생명의 순환입니다. 때때로 특히 난잡한 탄소와 같은 작은 원자들이 서로 달라붙기 시작합니다. 아주 천천히 (우주는 대부분 비어 있으면서 차갑기 때문에) 미세한 먼지 알갱이가 형성됩니다. 자, 이 먼지 알갱이들은 당장 해롭지는 않지만 우리 이야기에서 중요한 역할을 하므로 이제 제대로 소개할게요.

우주 밖에는 자유롭게 떠다니는 쓰레기 조각이 아주 많은데요. 게으른 우리은하가 마음만 먹었다면 약 50억 개의 새로운 별을 만들어 낼 수 있을 만큼이나 말이죠. 안타깝게도 우리은하는 별을 만드는 전성기가 오래전에 끝났습니다. 오늘날 우리는 매년 몇 개의 별을 간신히 만들어 내고 있습니다. 사람으로 치면 기본적으로 은퇴했지만 여전히 습관적으로 사무실에 나타나고 있는 것처럼 말입니다.

별을 만들기에는 많은 양의 물질이지만, 그 많은 물질들이 은하수 너비 15만 광년 전체에 걸쳐 꽤나 넓은 공간에 퍼져 있습니다. 이것이 여러분이 알고 있는 한 가장 옅은 밀도의 구름에 해당할 텐데요. 그 밀도는 해수면 공기 밀도의 10억 분의 10억 분의 10만 분의 1에 불과한 낮은 수준부터 해수면 공기 밀도의 10억 분의 1만에 달하는 높은 수준까지 매우 다양합니다.

성간 매질은 밀도가 가장 높을 때에도 최고의 실험실에서 만든 진공의 10,000배 이상 더 진공 상태에 가깝습니다.[2] 상상할 수 있듯이 별이 형성되는 것은 매우 드문 일입니다. 만약 여러분이 어리석게도 별의 탄생을 목격하고자 한다면 큰 실수를 하시는 거고 현명하게 피하려고 한다면 잘 생각하셨습니다.

별이 만들어지려면 은하계 곳곳에 떠다니는 가스와 먼지가 매우 빠르게 움직여 매우 조밀해져야 합니다. 또한 매우 차가워져야 하고요. 제가 온도에 대해 언급했나요? 보통 절대 온도 수천 도 정도입니다. 성간 가스는 너무 얇아서 성간 물질 안을 헤엄쳐 가려면 재킷이 필요하지만, 이 성간 가스는 여전히 뜨겁고 뜨거운 물질들은 작은 공간에 서로 뭉치는 것을 좋아하지 않습니다.

성간 여행에서 여러분은 대부분 아무것도 없는 무(無)를 만나게 되겠지만(이 이야기는 이미 나누었죠.) 가끔씩은 평균보다 약간 밀도가 높은 가스와 먼지 덩어리인 성운을 통과하게 될 것입니다. 성운은 뿌옇고 흐릿한 물체로, 그리스어로 '뿌옇고 흐릿한 것'이라는 뜻에서 그 이름이 유래되었습니다. 일부 성운들은 별이 죽으면서 안에 있는 것들을 쏟아 내어 생기는데요. 우리 태양과 같은 별의 죽음으로 인해 생긴 행성상 성운, 초신성의 분출물, 킬로노바 충돌의 잔해 등이 그 예이지요.(조금 뒤 자세히 설명드릴게요.) 이 너덜너덜한 잔해들은 결국 흩어져 일반 은하 배경 물질들과 섞여 다양한 모양과 크기의 성운을 형성합니다. 별의 죽음은 찬란하고 감동적이지만, 장기적으로는 성간 수로를 무거운 원소로 오염시키는 역할을 할 뿐입니다.

하지만 별의 탄생을 추적하기 위해 우리는 가장 밀도가 높고 가장 차가운 거대한 분자 구름을 한번 보도록 하죠. **거대 분자운**(giant molecular cloud, GMC)이라고 해요. 단어 하나씩 분석해 보죠.

거대: 크다는 뜻입니다. 우주에서 가장 큰 것은 아니지만 땅콩이나 행성과 비교하면 꽤 큰 것입니다. 가로가 수백 광년이고, 태양을 100만 개 정도 만들 수 있을 정도의 크기입니다. 그 정도면 꽤나 큰 거죠.

분자: 분자로 이루어져 있습니다. 바로 여기서 뭔가 흥미로운 일이 일어나고 있다는 단서를 얻을 수 있을 것입니다. 우주 안에서 분자는, 사실 꽤 드문 존재입니다. 우리가 분자로 만들어졌고 분자로 된 공기로 숨을 쉬고 분자로 된 음식을 먹고 분자로 된 물속에서 헤엄치기 때문에 분자가 흔하다고 생각할 수도 있습니다. 하지만 그렇지 않아요. 우주에 존재하는 대부분의 물질은 고온의 플라스마로, 원자로부터 전자가 떨어져 나간 뜨거운 수프 같은 것입니다. 태양계에서 대부분의 물질은 어디에 있을까요? 태양에 있죠. 태양은 그럼 무엇으로 만들어졌을까요? 플라스마예요. 왜 플라스마인가요? 뜨겁기 때문이죠.

다시 단어의 정의로 돌아가 볼까요. 거대한 분자 구름은 충분히 차가워져서 전자가 다시 원자로 돌아가고 원자들이 서로 결합합니다. 모든 것의 대부분이 수소이지만 일산화탄소, 암모니아, 먼지 알갱이 및 다른 기타 등등도 일부 포함되어 있습니다.

운(구름): 구름은 큰 덩어리입니다. '거대한 분자 덩어리'는 과학적인 표현이 아니므로 '구름'이라고 부릅니다.

거대한 분자 구름. 멋지게 부르고 싶다면 '거대 분자운' 또는 'GMC'라고 하세요.

은하계에서 밀도가 아주 높은 곳입니다. 성간 매체의 밀도보다 높고 우리은하 전체의 평균보다 밀도가 높지만, 우리 머리보다는 밀도가 낮습니다. 큰 의미가 있는 사실이지요. 이 분자 구름은 온도가 꽤 낮아요. 절대 온도 0도˚에 가까울 정도로 매우 춥고, 굳이 뭔가 해내려고 하는 미세한 움직임도 별로 없으며, 그다지 많은 일을 하려고 하지도 않습니다. 아무도 건드리지 않고 가만히 내버려둔다면 꽤 오랫동안 아무일 없이 그렇게 그대로 가만히, 움직임 없이 있을 수 있어요. 하지만 이곳은 은하이기에, 그 어떤 것도 오래도록 혼자서 가만히 있을 수는 없죠.

별이 태어나는 것을 포착할 수 있는 가장 좋은 기회는 바로 여기, 거대한 분자 구름에서입니다. 물론 (별의 탄생을 볼 수 있는) 또 다른 곳들도 있죠. 예를 들어 재미있는 이름을 가진 복 구상체(Bok Globules)는 차갑고 어두운 성운인데, 여기서도 별이 만들어지는 것을 포착할 수 있지요.[3] 어쨌든 별의 탄생을 목격할 수 있는 곳이라니, 흥미로운 걸로 따지면 일등은 아니더라도 순위에는 들 거예요. 이들을 '작은 분자 구름'이라고도 하지만 그렇게 부르면 별로 재미가 없잖아요. 기껏

˚ 섭씨 -273도

해야 수십 개의 태양을 만들 만한 정도의 물질만이 있고, 일반적으로 1광년보다 넓지 않으므로(은하에서 그 정도의 크기는 아예 존재하지 않는 것이나 다름없죠.) 별이 탄생하는 순간을 목격하고 싶다면, 물론 그러시라고 추천해 드리지는 않지만, 가장 좋은 방법은 이 작은 구름들은 그냥 지나치고 거대한 구름으로 향하는 것입니다.

이런 종류의 어두운 성운은 꽤 쉽게 발견할 수 있습니다. 주위를 둘러보세요. 예쁘고 반짝이는 별들이 보이시나요? 눈에 띄는 검은색 못생긴 부분도 보이시나요? 그 방향에 짙고 어두운 구름이 있어서 그 구름 뒤에 있는 별들의 빛을 막고 있을 가능성이 높습니다. 이 구름이 보인다면 실제로 그 속에 숨어 있는 별은 볼 수 없습니다. 실루엣만 보일 뿐입니다. 그 어둠 속을 헤쳐 나가다 보면 어느새 구름 속 깊은 곳에서 별이 탄생하고 있는 것을 목격하게 될 거예요.

우리은하 원반의 중앙면에서 너무 멀리 갈 수 없습니다. 대부분의 분자 구름은 원반 주위로 500광년 두께의 띠에서 발견되거든요. 우리은하에서 (은하 전체에 비하면) 면도날처럼 좁은 가장자리 정도에서만 별이 만들어진다고 할 수 있지요.

별이 보이지 않는 곳을 살펴보는 것 말고도 성운을 찾는 방법이 있습니다. 성운은 자체적으로 빛을 발산하는데요. 이것은 대부분 수소와 수소가 결합하며 방출되는 적외선입니다. 따라서 고출력 야간 투시경을 착용하면 성운을 충분히 볼 수 있을 것입니다. 또한 가지고 있는 라디오의 주파수를 맞춰 내부에 흩어져 있는 먼지가 방출하는 약한 전파를 잡을 수도 있습니다. 이들이 어떤 음악을 연주하고 있는지는 모르지만 확실히 백색 소음은 아닐 거예요.

전체적으로 어두운 성운은 발견하기가 매우 어려워요. 그래도 우리는 그동안 별이 형성되는 지역으로 알려진 곳들을 꽤 많이 모았습니다. 가장 가까운 곳으로는 태양계에서 400광년이 조금 넘는 거리에 있는 로 오피우치 성운(Rho Ophiuchi cloud)과 황소자리 분자 성운이 있습니다. 또한 오리온성운도 있죠. 이 성운은 지구에서 육안으로 볼 때 "잠깐만요, 별이라고 하기에는 너무 흐릿하게 보이는데요?"라고 말할 수 있는 정도로, 인류 역사상 두루두루 유명한 성운입니다. 이 성운은 2,000개 이상의 태양을 만들 수 있으며 태양에서 1,300광년 이상 떨어져 있습니다.

천문학자들과 탐지자들은 어두운 성운과 별을 형성하는 복합체를 새로 발견할 때마다 은하 지도를 지속적으로 업데이트하고 있습니다. 특히 은하계 중앙면을 탐험할 때는 여러분이 가지고 있는 은하 지도가 최신으로 업데이트되어 있는지 확인하여 안전한 경로를 계획할 수 있도록 하세요.

———

별이 형성되는 과정 중 가장 위험한 단계는 구름이 처음 붕괴되고 조각나기 시작할 때라고 말하고 싶지만, 사실은 그렇지 않아요. 그건 두 번째로 위험한 단계입니다.

임의의 성운은 거의 영원히 그저 성운으로 남아 있을 수 있는데요. 그것은 성운을 끌어당기려는 자체 중력과 자체로 가진 열을 확산시키려는 압력 사이의 우아한 평형 상태, 즉 **정수압 평형 상태**

(hydrostatic equilibrium)에 있기 때문입니다. 이 '수압(Hydro)'은 이 평형 상태가 유체와 관련이 있다는 뜻이고요. '정적(Static)'이라고 하는 것은 변하지 않는다는 뜻이죠. 그리고 평형 상태(a state of equilibrium)라는 표현은 정말 시적이네요! 모든 힘이 균형을 이룬 성운은 그 이상도 이하도 아닌 그저 성운일 뿐입니다. 하지만 그러다가 어떤 일이 일어나지요.

무슨 일이 일어나냐고요? 몇 가지가 있을 수 있죠. 때로는 성운이 마구잡이로 너무 많은 질량을 획득하여(예를 들면 성간 매질이 우연히 성운에 쏟아지는 경우에 말이죠.) 그 자체의 무게가 자체 내부에서 바깥으로 향하는 압력에 의해 설치된 지지대를 압도할 수 있습니다. 이것은 진스 불안정성(Jeans Instability)이라고 부르는데, 수학으로써 이 불안정성을 처음으로 설명한 지구 과학자의 이름을 따서 명명했지요. 이러한 평형의 불안정은 여기서 말하는 별이 탄생하는 경우 말고도, 별의 수명이 다할 때 별의 중심부를 향하는 중력이 별의 바깥쪽으로 뻗어 나가는 열에 의한 압력을 이기고 궁극적인 승자가 되면서 다시 한번 펼쳐지게 되지요. 격렬하지만 그럼에도 불구하고 탄생에 대한 이야기입니다.[4]

또는 외부 요인에 의해 붕괴가 촉발될 수도 있습니다. 예를 들어 근처에서 터진 초신성의 충격파라든지 다른 구름 가까이를 지나가는 경우, 암흑 물질 덩어리(암흑 뭐라고요? 나중에 설명하겠습니다.)가 지나쳐 간다든지 하는 경우들이 있죠. 그리고 구름은 이들 중 어떤 방해꾼이 훼방을 놓아도 전혀 신경 쓰지 않으며 여전히 평형 상태를 유지합니다.

때때로 한 구름에서 별이 형성되면 대규모 물질이 유출되고 충격파가 방출되어 근처에 있는 이웃 구름에서 별 생성을 촉발할 수 있습니다. 그러면 그 이웃은 또 다른 이웃의 별 생성을 촉발하는 등 도미노처럼 꼬리에 꼬리를 물고 퍼져 나가게 되죠.

 처음에는 아주 천천히, 아주 천천히 구름이 수축하기 시작합니다. 이 과정은 최대 수억 년이 걸릴 수 있으며, 한때 수억 광년에 걸쳐 뻗어 있던 이 거대한 복합체가 (중력으로 인해) 겹쳐지기 시작하면서 그 밀도는 점점 더 높아집니다. 이러한 현상이 오래 지속되는 이유는 거대한 가스 구름을 압축하는 것이 정말 정말 어렵기 때문입니다. 구름이 점점 더 작아지려면 많은 열을 진공의 우주로 내보내야 하는데 (차가운 가스는 밀도가 높기 때문이죠. 이는 지구의 날씨에서처럼 은하계의 형태가 없는 미약한 구조물에도 마찬가지로 적용되는 이야기입니다.) 이를 위한 유일한 방법은 복사를 방출하는 것입니다.(우주로 내보내진 여러분처럼요.) 그러나 수축은 마찰을 통해 사물을 가열하는 경향이 있으며, 이러한 가열에 의해 방사선이 방출되는데, 그 과정에 시간이 걸리고, 그러는 동안 이는 또 다른 수축을 허용하는 등 오랜 세월 동안 잠들지 않고 수축과 가열의 과정을 반복하지요. 그러면서 거대 구름으로 시작한 이 성운은 내부에서 작은 조각들로 부수어지기 시작합니다.

 이러한 반복 과정은 불안정한 소용돌이에서 일어나는데, 이러한 소용돌이(난기류)는 어디에나 존재하지만 전혀 평범하지 않은 놀라운 자연 현상 중 하나입니다. 시간의 본질처럼 말이죠. 시간과 난기류, 이 두 가지를 모두 이해할 수 있다면 우주의 궁극적인 비밀을 풀었다고도 할 수 있겠네요. 행운을 빌게요.

아, 다시 난기류 이야기로 돌아가죠. 상황이 조금씩 더 안 좋아지기 시작하면 거대한 분자 구름 속에 있지 말라고만 말해도 충분히 상황 설명이 될 거예요. 유체(여기서는 해변에서 부서지는 파도부터 거대한 성운까지 모든 것을 유체로 간주합니다.)는 원자와 분자가 서로 달라붙어 있는 것을 좋아하기 때문에 자연적으로 약간 끈적끈적한 성질을 가지고 있다고 할 수 있지요. 이러한 자연적인 끈적임을 '점도'라고 하며, 유체마다 점도가 다른 이유는 여러 가지가 있습니다.

하지만 유체에는 미시적인 흔들림부터 거시적인 천둥 같은 흐름에까지 이르는 운동 에너지가 있죠. 운동 에너지가 너무 높아지면 자연스러운 끈적임의 점성을 압도하게 되어 유체는 말 그대로 부서져 버립니다.

난기류는 ① 혼돈 상태이기에 어떤 상황에서 어떻게 흔들릴지 정확히 예측하는 것이 불가능하고, ② 비행기를 타고 지구 대기권에서 난기류를 만났을 때 경험해 보셨겠지만 엄청나게 격렬합니다. 유체가 난기류가 되면 과도한 에너지는 큰 스케일에서 작은 스케일로 흘러가는 경향이 있으며, 특정 지점에서 에너지가 충분히 낮아져 점도가 다시 조절대를 잡고 질서를 유지할 수 있는 지점에 도달할 때까지 에너지는 계속 흘러갑니다.

갑자기 무너져 내리는 카타스트로피 붕괴를 겪고 있는 거대한 분자 구름의 경우, 난기류가 시작되면 구름이 파편화되어 한때 균일했던 거대한 성운이 이제 조각조각 떨어져 나와 다른 모든 것과 단절된 채 독자적인 북소리에 맞춰 행진을 하게 되죠. 아이를 낳고 친구들 모임에서 사실상 사라져 버리는 친구처럼, 이 조각들은 그들만의 우주에 남아 있을 수도 있겠네요. 덩어리, 덩굴손, 시트. 이러한 것들이 기체 구름이 보여 주는 매우 복잡하고 풍부한 구조들입니다.

이 작은 덩어리들 안에서 분자 밀크셰이크처럼 두껍고 진한 고치가 형성되기 시작합니다. 배아도 계속 냉각되지만 절대 온도 170도 정도에 도달하면 구름은 더 이상 압축할 수 없습니다. 적외선을 방출하는 것이 과도한 열을 모두 밖으로 배출해 버리는 핵심이었지만, 이제 핵이 너무 두꺼워져 어떤 형태의 빛도 빠져나가지 못하고 꽉 막혀 버립니다. 핵은 압력과 온도가 중심을 향하는 중력과 균형을 이루는 행복한 정수압 평형 상태를 다시 한번 실현하게 됩니다.

그러나 핵의 외부 층에 있는 물질들은 계속해서 중심을 향해 떨어집니다. 열은 원하는 만큼 방출할 수 있습니다. 이들이 밀도가 높은 핵에 충돌하면서 충격파가 전체에 파문을 일으키고 핵의 온도가 계속 상승합니다. 결국 온도는 엄청나게 높고 위험한 임곗값인 절대 온도 2,000도에 도달하게 되지요. 이 온도에서는 한때 분자였던 수소가 자유로운 원자로 분해되어 핵 내부의 가스가 잠시 투명해지면서 복사가 빠져나가게 되고 핵은 다시 냉각-압축-열-냉각-압축-열의 까다로운 순환으로 돌아가게 됩니다.

그렇게 점점 더 작아집니다. 밀도는 계속 높아지고요. 열이 빠져나갈 수 있기에 핵이 압축될 수 있고, 밀도가 높아짐으로 인해 핵의 중심부는 이전에는 상상할 수 없었던 온도에 도달하여 다시 정수압 평형을 이룰 수 있지만 이번에는 절대 온도 20,000도의 엄청난 온도에 도달할 수 있습니다. 이렇게 원시별이 탄생합니다.

이게 핵심인 거죠. 가스는 계속 붕괴하여 중앙에 밀도가 높은 구체를 형성합니다. 이 덩어리는 빛을 발할 만큼 뜨거워지기 시작하고 새로운 이름인 **원시별**(protostar)이라고 불리게 됩니다.[5] 원시별은 아직 중심부에서 수소를 태우지는 않으며 성숙하려면 몇백만 년이 더 필요하지만 엄청나게 뜨겁고 밝아집니다. 중력에 의해 구체 중심으로 떨어지는 모든 가스는 어떻게든 에너지를 방출해야 하니까요.

신생별이 가장 광란의 시기를 맞는 것은 바로 이때는 아직 별이 아닌 어린 시기 직후입니다. 극도로 활동적이고 난폭하며, 항상 울고 떼를 쓰며, 원하는 것이 무엇인지 스스로는 알지만 어떻게 물어야 하는지 모르는 신생아처럼 말이죠. 이 어린 별들에 공감할 수 있으시죠. 뜨겁고 밀도가 높지만 잘 조절된 핵융합을 할 수 있을 만큼 그 온도와 밀도가 아직 충분히 높지는 않습니다. 새로운 가스 덩어리와 흐름이 계속해서 원시별의 핵으로 떨어지고 있습니다. 빠르게 회전하고 있고요. 내부의 일부 가스는 이온화되어 플라스마로 변하고 있으며, 이는 하전 입자가 움직이고 있다는 것을 의미하며, 이는 자기장까지 힘을 보태어 불길한 기운을 더하고 있음을 의미합니다.

그리고 원시별은 배가 고픈 거 같아요. 주변의 가스는 빠르게 붕괴되어 얇은 원반을 형성하고, 이 원반은 새로운 물질을 원시별 안으로 끌어들입니다. 이제 면도날처럼 얇은 성운을 빨아들이며 원시별은 계속 성장합니다. 그러나 그 배고픔과 함께 격렬한 울음소리가 터져 나옵니다. 물질이 안쪽으로 소용돌이치면서 강한 전기장과 자기장을 발생시켜 가스를 구불구불한 경로로 뒤틀고 휘어지게 합니다.

그 가스 중 일부는 여전히 성장 중인 원시별에 도달합니다. 그러나 일부는 자기장선에 갇혀 별을 감싸고, 원시별의 극으로부터 바깥쪽으로 뿜어져 나와 빛의 속도에 견줄 만큼 빠르게 위아래로 날아다니게 되지요.

물리학의 아름다운 측면 중 하나는, 물리학 법칙이 보편적이라는 점입니다. 우주 전반에 걸쳐 물리학 법칙은 말 그대로 법칙입니다. 물리적 상황이 올바르게 설정되어 있다면 동일한 결과를 얻을 수 있다는 뜻이지요. 곧 우리가 만나게 될 퀘이사는 은하 중심에 있는 초대질량 블랙홀에 의해 구동되는 현상이며, 이 퀘이사는 성간 원반에서 들어오는 가스를 길고 얇은 제트의 형태로 발사하게 될 것입니다. 이를 가능하게 하는 물리는 다름 아닌 중력, 자기장, 그리고 약간의 스핀이지요.

그리고 여기(원시별)에도 중력, 자기장, 그리고 약간의 스핀이 있습니다. 퀘이사보다 작은 규모지만 (휴, 그렇지 않으면 우리은하는 단순히 갈기갈기 찢어질지도 몰라요. 이 부분은 나중에 상세히 설명하겠습니다.) 같은 맥락입니다.

중심으로 흘러들어 가지 못한 가스의 흐름은 주변 성운 환경에 부딪혀 음울한 더미로 부서져 허빅-아로 천체(Herbig-Haro objects)라는 신기한 이름의 기이한 구조물을 만들어 냅니다.[6] 이 허빅-아로 천체를 경고 신호로 받아들이세요. 광란. 폭발. 경련. 거대한 가스 구름에 구멍을 뚫을 수 있는 에너지. 물론 여러분은 원시별이 먼지 구름의 고치에서 본격적인 핵융합이 일어나는 원천으로 나오는 순간을 목격하고 싶겠지만, 이 초기 시대의 혼돈은 그 모든 모험을 할 만한 가치가 없습니다.

이 모든 활동은 새로운 원시별을 둘러싼 안락함을 주는 투명 망토가 오래 지속되지 않을 것임을 의미합니다. 거의 별이 되어 가는 원시별에서는 강력한 바람, 제트, 그리고 우리에게 익숙한 평범한 열이 유출되고 방출될 거예요. 이 모든 것은 원반의 주변 가스가 몇백만 년 안에 천천히 끓어오른다는 것을 의미하는데, 이는 이온화되어 은은하게 빛나는 플라스마로 변하거나 완전히 증기로 변해 성운계를 빠져나가 버린다는 것을 의미합니다.

드디어 새로운 원시별이 데뷔했습니다. 가스 구름의 중심부가 지속적인 핵융합을 일으킬 수 있을 만큼 충분히 압축되면 이를 별이라고 부릅니다. 우리는 아직 거기에 도달하지 못했습니다. 그리고 별은 진화하면서 주계열(main sequence)이라는 특정 수명 주기를 따릅니다. 아직 거기도 도달하지 못했고요. 하지만 이제 원시별이 출현했고 새로운 이름인 주계열성 전단계(pre-main sequence, PMS) 별이 생겼습니다. 수십억 년 동안 열과 빛의 등불이 될 이 천체에 가장 낭만적인 이름은 아니지만, 뭐 이름은 그냥 이름이에요. 만약 PMS 별이, 잠시만요, 잠시 멈춰야겠네요.* 분명히 말씀드리죠. PMS = 프리 메인 시퀀스(Pre-Main Sequence, 주계열성 전단계)입니다. 감사합니다.

PMS 별이 상대적으로 낮은 질량(예: 태양 질량의 두 배가 넘지 않음.)

---

* PMS가 생리전증후군의 준말이기도 합니다. 미국에서는 일상생활에서 많이 쓰는 단어이므로 저자가 명확히 하려는 것입니다.

이 될 거라면, 사전 수명 주기의 이 단계를 **티 타우리**(T Tauri)라고 합니다. 이런 종류의 이름 처음 보시죠?[7]

태양 흑점에 대해 알고 계시겠지만, 이 어린 시기의 항성의 흑점은 그 천체의 전체 표면의 거의 절반에 걸쳐 늘어져 생길 수 있습니다. 큰 흑점은 큰 자기장을 의미하는데, 이는 곧 강한 항성풍을 의미합니다. 이 항성풍은 태양계 크기의 뜨거운 거품을 일으킵니다. 또한 짧은 시간 동안 강렬한 방사선도 방출되는데, 대부분이 엑스선입니다. 이것은 일반적인 성숙한 태양계에서 흔히 볼 수 있는 것들인데, 단지 그 강도가 11까지 증가했을 뿐입니다.[**] 사실 그 강도는 최대 1,000까지도 올라갑니다. 가장 강력한 폭발은 말 그대로 태양에서 발생하는 플레어에서 방출되는 강도보다 1,000배나 더 강하거든요.

이 모든 에너지는 PMS 별의 지속적인 중력에 의한 수축에서 나옵니다. 아직 핵융합을 이룰 만큼 충분히 뜨겁지는 않지만, 수축과 압박이 계속되면서 중심부의 온도가 점점 더 높아집니다. 조여지면서 표면은 엉망이 되어 가고 이제 베일이 벗겨져 맑고 밝게 타오릅니다.

거의 별이 다 되어 가는 이 단계의 원시별은 지독한 폭발로 질량의 절반가량을 잃을 수 있습니다. 너무 가까이 다가가면 그 폭발에서 나오는 것들을 얼굴에 다 맞을 거예요.

질량이 더 큰 별들도 마찬가지로 격렬합니다. 화는 또 얼마나 잘 내는지, 우리는 그들을 다른 이름으로 부르죠. 천문학자들은 사물을

** 주로 강도를 1에서 10까지의 스케일로 나타내고 11이라 함은 측정할 수 있는 강도를 넘어서는 만큼의 강도라는 이야기입니다.

분류하고 세분화하는 것을 참 좋아하거든요. 어쨌든 이때가 별의 진화에서 가장 극단적이고 까다로운 시기입니다. 어떤 면에서 별의 탄생은 별의 죽음만큼이나 부산스럽고 격정적이라고 할 수 있겠어요.

그러고 나서 한 1,000만 년 동안의 격렬함과 폭발로 인한 질량 유출, 바람과 난기류, 혼돈이 계속된 끝에 핵의 가장 안쪽 부분의 온도와 밀도는 특정한 임계점에 도달합니다. 그런데 그 밀도는 그 원시별이 태어난 성간 매질의 밀도보다 10^{24}배가 높습니다. 그리고 온도는요? 자그마치 지옥과 같은 절대 온도 250만 도입니다. 이러한 온도와 밀도의 조건이라면 어떤 물질도 너무 조밀하고 뜨거워서 그 자체로 존재할 수 없으며, 양성자와 양성자 사이의 전기 장벽은 더 이상 양성자들이 서로를 멀리하게 하기엔 역부족이 되고 핵융합이 일어나 양성자들이 합쳐지게 되는 것이지요. 수소들끼리 결합하여 헬륨을 형성합니다. 약간의 에너지가 나오고요. 지옥과 같은 핵에서 이 과정이 무수히 반복됩니다.

별이 탄생했습니다. 겉으로 보기에는 크게 달라진 것이 없어 보입니다. 에너지원인 핵융합이 내부에서 안정적이고 지속적인 에너지를 제공하기 때문에 표면은 조금 더 차분해집니다. 주변 원반에서 나오는 가스의 흐름은 미미한 물방울이 떨어지듯 줄어들었다가 아예 없어집니다.

중심에서 태어난 별의 주위를 맴도는 원반 잔해는 이전에 겪었던 격렬한 폭발로 가스가 제거되어 저절로 합쳐지기도 하고 조각나기도 하는데, 이 부분은 잠시 후에 설명하겠습니다.

——

　이 갓 태어난 별에는 형제자매가 있습니다. 우리는 수백 광년 너비의 거대한 가스 구름에서 시작하여 100만 개 이상의 태양을 형성할 수 있는 충분한 물질을 가지고 있습니다. 한 번에 한 조각만 떨어져 나가 별을 만들지는 않겠죠? 이 동일한 파괴와 붕괴의 과정은 가능한 모든 곳에서 일어납니다. 충격파가 거대한 구름 전체를 통과하면 수십 개, 수백 개, 심지어 수천 개의 별이 탄생할 수 있습니다.

　상당수의 별들은 태양만 하거나 그보다 더 작을 것입니다. 어떤 별들은 쌍성계 또는 그 이상의 쌍성계를 형성하기도 합니다. 그리고 붕괴하는 가스 구름의 특정 패치가 충분히 크고 조건이 맞으면 괴물과 같이 큰 녀석이 탄생할 것입니다.[8] 가장 큰 별이 얼마나 클 수 있는지는 확실하지 않습니다. 태양보다 100배나 더 큰 별을 쉽게 볼 수 있지만, 그 정도의 질량을 가지고 태어났는지 아니면 수백만 년 동안 꾸준히 주변 가스 분자들을 삼키며 살을 찌운 것인지는 확실하지 않습니다. 하지만 무엇이든 간에, 가장 큰 별이 태어날 때 방출되는 그 강력한 빛 때문에 보호 장막이 날아가 버리거나 더 큰 모체 구름의 가스를 다 몰아내기도 합니다.

　근처에 작은 원시별이 형성될 때쯤이면, 그 작은 원시별의 가스 껍질은 이웃에서 생성되는 더 큰 별의 강력한 방사선에 의해 파괴되지 않을 만큼 충분히 두꺼워집니다. 그러나 그 사이에 있는 가스 물질들은. 마치 물이 파헤치는 모래성처럼 침식되어 사라지게 됩니다. 이것이 바로 별을 형성하는 구름의 모양들이 가지각색인 이유입니다. 밝고 뜨거운 젊은 별들이 이미 노출되어 먼지 속에 그 이름을 새기고, 원시별 주변의 빽빽한 가스 덩어리로 보호되는 기둥이 여러 개의 기둥 열을 형성하게 되는 것이죠.

기둥 사이를 항해하고 복잡한 성운의 기체 사이를 헤쳐 나갈 수 있는 건 별 탄생 지역의 큰 매력입니다. 하지만 구름을 아름답게 비추는 이 크고 밝은 별들은 엑스선, 감마선, 우주선을 끊임없이 방출하고 있어요. 은하계에서 주로 조용하고 성숙한 지역보다 훨씬 더 심하게 말이죠.

특히 거대한 별은 언제든 폭발하기 쉽기 때문에 이 지역에서는 아름다움이 치명적일 수 있습니다. 가장 무거운 별의 경우 별이 형성되는 데 걸리는 시간은 수백만 년으로, 그 시간은 별이 되어 수소를 연소하는 별의 수명과 거의 같습니다. 따라서 여러분이 우주를 항해하다가 분자 구름 안으로 들어갈 때쯤이면 분자 구름을 비추는 밝은 별 중 일부는 이미 폭발할 준비가 되어 있을 거예요. 이러한 특정한 위험에 대해 설명할 때 다시 한번 강조하겠지만, 초신성 근처에는 절대로 가서는 안 된다고 말씀드리고 싶네요.

설상가상으로, 가장 거대한 별들은 거의 같은 시기에 형성되는 경향이 있기 때문에 비슷한 시기에 같이 폭발하겠죠. 한 별이 폭발하면 다른 별도 근처에서 폭발할 가능성이 높습니다. 이 초신성 그룹은 방사선과 우주광선의 폭발로 은하 원반에서 가스 거품을 뿜어내 원반에 있는 가스들을 모두 쓸어내 버릴 만큼 강력합니다. 마치 코르크 마개를 열었을 때 샴페인이 터져 나오듯 말입니다. 샴페인을 터뜨리는 것처럼 재미있지는 않을 테니 절대 그 안에 가지 마세요.

결국 분자 구름 전체가 증발하거나 날아가 버릴 것이고, 작은 별을 포함한 모든 별이 알에서 부화하게 됩니다. 이제 수백 또는 수천 개의 별들로 이루어진 성단이 은하계로 흩어져 커뮤니티의 일원이 될 준비가 된 것입니다.

이 모든 현상의 첫 번째 효과는 새로 태어난 별이 임의의 방향으로 큰 속도를 낼 수 있다는 것입니다. 함께 태어난 별들의 성단은 일반적으로 수억 년 동안 태어난 곳 근처에 머물다가 서서히 흩어집니다. 그러나 일부는 다른 별과의 우연한 상호 작용에 의해 더 일찍 밀려나거나 초신성에 의해 날아가 버립니다. 이러한 '날아가 버린' 별은 은하계를 평균보다 최대 5배나 빠르게 이동합니다. 이 별들은 조용한 동네를 휩쓸고 지나가거나, 예상치 못한 곳에서 초신성으로 폭발하는 등 자연스럽게 혼란을 일으키게 될 것이고요.[9]

거대한 분자 구름은 은하계에 존재하는 무질서한 아이들과 같습니다. 열정적이고, 뭐든지 서툴면서 성질이 급한 그런 꼬마들 말이에요. 같이 놀기에는 재미있고 보기에는 귀여울지 몰라도 말도 못하게 정신없지요. 사소한 일에도 서로 물고 긁고 때리기도 하죠. 별이란 참으로 일생 동안 위험한 존재이며, 정신없는 꼬마들을 연상시킵니다. 격렬한 출생을 거치고 사춘기를 겪기 때문에 더욱 그렇습니다.

충분히 거리를 유지하세요. 멀리서 관찰하시고요. 그저 멀리서 바라보면, 별이 형성되면서 우주의 그 어느 곳에서도 볼 수 없었던 색과 모양으로 아름답게 태어난 분자 구름을 비출 겁니다. 하지만 가까이서 보면 그저 방사능과 난기류로 가득 찬 뜨거운 상자에 불과하며, 그 방사능과 난기류는 모두 생성하려고 했던 바로 그 별들에 의해 미쳐 날뛰고 있을 겁니다.

———

계속되는 별의 형성은 우주에서 가장 아름다운 구조인 은하의 나선형 팔을 만들어 냅니다. 나선형 팔은 우주 전체에서 볼 수 있을 정도로 반짝이는 매혹적인 것처럼 보이지만, 은하계에서 가장 위험한 곳 중 하나이기도 하지요.(은하 중심부를 제외하면 가장 위험한 곳이고요. 무슨 이유가 됐던 절대로 **은하 중심부**에는 가지 마세요. 자세한 내용은 나중에 설명하겠습니다.) 나선팔은 보이는 것과는 달리, 평균적으로 다른 곳보다 별이 더 많지 않습니다. 측정하기는 조금 어렵지만, 나선팔 선상의 밀도가 나선팔 사이 간격의 밀도보다 대략 10퍼센트 정도만 높을 뿐입니다. 하지만 너무 밝고 빛이 나잖아요! 어떻게 된 걸까요?

자세한 내용은 다음과 같습니다. 은하에는 밀도 파동이 있습니다. 밀도 파동은 연못 표면의 파도 물결처럼 지역 환경이 평균보다 조금 더 꽉 찬 곳에서 일어나는 미세한 파동입니다. 이러한 파동이 생기는 이유는 많습니다. 예를 들어 공전하는 구상 성단(거의 무해하므로 우리에게 큰 문제가 되지 않음.), 초신성 폭발 등에 의해 생겨나지요.

이러한 파동은 굳이 원형이 아니에요. 대신 타원형인 경향이 있죠. 중력은 실제로 원을 만드는 것보다 타원을 만드는 것을 더 좋아하거든요.(예를 들어 태양계의 행성 궤도를 보세요.) 이 타원형 물결은 그 자체로 은하 중심을 공전하고 있고, 타원형이기 때문에 스스로 쌓이는 경향이 있으며, 쌓인 물결이 나선형 형태를 띠고 있는 것입니다.

하지만 여전히 이것은 밀도가 아주 조금 더 높아진 것뿐이에요. 도로에 차량이 몇 대 늘었다고 교통 체증이 바로 일어나지는 않잖아요.

하지만 이러한 밀도 파동이 회전하는 은하의 표면을 가로지르며 파문을 일으키면서 거대한 분자 구름이 은하 안팎으로 통과하여 은하 내의 질서를 뒤흔들고 불안정하게 만들어 새로운 세대의 별 탄생을 부추기지요. 가장 먼저 보이게 되는 별은 가장 거대한 별이며, 뜨겁고 밝은 젊은 별은 우주의 반대편에서 가장 쉽게 볼 수 있습니다. 각 은하마다 한 폭의 그림과도 같습니다.

그러나 그렇게 밝고 뜨거운 별들은 빠르게 불태우다가 젊은 나이에 죽어 우리가 제대로 알아볼 기회도 얻기 전에 스스로를 다 태워 버립니다. 그 뒤에는 편안한 중년과 은퇴를 맞이하는 중소형 별들이 남고요. 형제자매들이 은하계로 흩어져 그들만의 가정을 꾸릴 때쯤이면 그들은 밀도파를 지나서 나선팔의 사이 공간에 자리를 잡게 되는 것이죠. 하지만 여기로 온 녀석들은 크기가 작고 희미하기 때문에 나선팔에 있는 별들만큼 그 수가 많음에도 불구하고 눈에 잘 띄지 않습니다. 그런데 고속도로를 달리던 차량이 교통 체증 구역에 다다르자 전조등을 켠다고 상상해 보세요. 그 차량이 교통 체증으로 막혀 있는 차들을 힘겹게 통과하여 다시 뻥 뚫린 도로에 나오자마자 전조등을 끕니다. 밤에 이 광경을 멀리서 본다고 생각해 보면 교통 체증인 곳만 밝게 보이고 나머지 차량이 많은 도로는 보이지 않겠죠. 나선팔이 더 잘 보이는 이유와 비슷한 이야기입니다.

나선팔은 별 형성을 촉발하지만, 많은 별들이 존재하는 것은 아닙니다. 단지 크고 밝은 별의 개체수가 더 많을 뿐입니다. 그러나 속지 마세요. 나선팔의 비위를 함부로 건드리면 안 돼요. 여기에 초신성이 가장 많이 있고, 가장 강렬한 방사선 폭발도 있으며, 또 여기에서 가장 많은 파편들이 생겨날 수 있으니까요. 그 모든 게 혼돈이죠. 꼬이고 비틀리고 굴러다니는 거대한 분자 구름의 난기류. 초신성이 되기 위한 1세대 거대 별의 폭발. 어린 별들이 그들을 싸고 있던 고치를 날려 버릴 때의 유출과 폭발. 끔찍한 장소이며, 그 끔찍함의 메아리는 수십억 년 동안 느껴질 겁니다.[10]

———

수십억 년에 대해 더 말해 보면, 우리은하는 현재와 같은 속도로 수십억, 수백억 년 동안 계속해서 새로운 별을 만들어 내고, 대부분 나선형 팔에서 새로운 별들을 부화시킬 수 있습니다. 하지만 이 모든 것은 수십억 년 안에 격렬하고 빠르게 끝날 것입니다. 왜냐하면 우리는 현재 가장 가까운 이웃 은하인 안드로메다 은하를 향해 충돌 코스 위를 달려가고 있거든요. 네, 두 은하는 합쳐질 것입니다. 하지만 큰 소리와 함께 에어백이 펼쳐지고 서로에게 과실이 있다는 비난이 쏟아지는 자동차 충돌과는 완전 다르죠. 별들 사이에는 많은 공간이 있기 때문입니다. 대부분의 별들은 서로를 완전히 무해하게 스쳐 지나갈 것입니다. 하지만 가스 구름이 있습니다. 그리고 중력이 있지요.

우리은하와 안드로메다 은하가 합쳐지면 아주 격렬한 별 형성을 촉발할 것입니다. 이는 수십억 년 전 두 은하가 각각 처음 형성된 이래로 볼 수 없었던 정도의 격렬한 일일 것입니다. 수억 년이라는 짧은 시간 안에 새로 합쳐진 거대 은하는 충돌로 인해 가스의 공급을 모두 소진하며 온갖 종류의 새로운 별을 터뜨릴 것입니다. 물론, 재밌어 **보일 수도** 있어요. 하지만 밤새도록 술을 마시면 다음 날 오후에 심각한 숙취를 겪으며 깨어나듯, 흥미로워 보이는 것 이후에는 치러야 할 대가가 있을 거예요.[11]

그리고 새로운 별을 만들 더 이상의 가스도 이젠 없네요. 뜨겁고 밝은 별들이 모두 타 버리고 나면 은하계 전체가 점점 더 어두워지고 붉어져서 전성기 시절처럼 별을 만들 수가 없습니다. 그런 은하의 마지막 모습은 그저 안타까운 생각이 들지는 몰라도 적어도 상대적으로 안전하기는 합니다. 하지만 은하들이 한창 합병 중일 때는 어떨까요? 그때는 가능하기만 하다면 저 멀리 우주의 정반대편에 있는 게 좋을 거예요. 앞으로 적어도 몇십억 년은 준비할 수 있는 시간이 있으니 너무 걱정 마세요.

———

하지만 이렇게 격동적인 별의 탄생이 제가 여러분께 말씀드릴 험난함의 끝이 아닙니다. 아, 이런…… 여기서부터 길이 더 험난해(rockier)지기만 할 거예요. 10분 정도 지나면 말장난을 더 잘 이해하게 될 것입니다.*

———

* 영어 단어 rocky의 뜻이 '돌'이라는 것과 '길이 고르지 않음'을 모두 나타낼 수 있는 것을 이용한 농담입니다.

울고 트림하고 똥을 싸는 갓난아기를 싸고 있는 포대기처럼 갓 태어난 원시별을 둘러싸고 있던 가스와 먼지 구름을 기억하시나요? 원시별이 제법 모양을 갖추고 압축된 직후, 주변의 가스는 모호하고 뭉툭한 구름으로 시작하여 날카롭고 얇은 원반으로 납작해졌죠. 물론 이곳은 난기류, 회전, 자기장, 항성 폭발 등과 같은 온갖 물리 현상으로 인해 무서울 정도로 복잡하고 위험천만합니다.

이렇게 구름이 원반의 형태로 붕괴하는 일은 자주 있어요. 자연적으로 원반이 가능한 한 얇아지는 것을 선호하기 때문입니다. 그러니 어떻게 얇은 원반으로 붕괴하는지 한번 살펴볼 필요가 있지요.(우주는 넓고 다양하니까 이런저런 다양한 모양이 많을 것 같죠? 알고 보면 세 가지 모양만 존재해요. 울퉁불퉁하거나, 둥글거나 아니면 평평하거나 말이에요.) 이렇게 진행됩니다.

- 가스 구름이 원시별 주위를 회전하고 있습니다. 회전하는 물체는 구심 가속도(원심력이든 구심력이든)가 있기 때문에 기체는 위아래 방향이 아닌 왼쪽이나 오른쪽으로, 중심으로부터는 바깥쪽으로 이동하려고 합니다. 마치 회전목마를 탈 때 하늘을 향한 위의 방향으로 올라가는 느낌 없이 옆으로만 기울어지는 것처럼 말입니다. 이 시스템을 정면에서 바라본다면(그리고 결국에는 그렇게 될 것입니다.) 원심력(또는 구심 가속도, 용어는 원하시는 대로 선택하시면 되겠습니다.)은 가스를 옆으로 향하게 하려고 합니다.

- 원시별은 주변에서 가장 밀도가 높기 때문에 중력이 매우 큽니다.

중력은 모든 방향에서 작용하지요. 옆으로, 위아래로 모든 방향에서 중심인 **안쪽**으로 끌어당깁니다.

· 측면에서는 안쪽으로 당기고자 하는 중력과 바깥쪽으로 밀어내고자 하는 원심력이 균형을 이루지요. 결과적으로 측면 방향으로는 힘이 균형을 이루어 움직임이 없습니다.

· 위아래 방향으로는 끌어당기려는 중력에 대항할 수 있는 원심력이 없기 때문에 구름은 위아래 방향으로 붕괴하게 돼요.

· 최종 결과: 원반은 원시별을 꼭 끌어안고 싶지만, 안타깝게도 자체 회전으로 인한 원심력으로 인해 원하는 만큼 가까이 다가가지 못합니다. 실제로 중심에 있는 원시별로 가까이 가기는 하지만 원반의 형태만이 가능한 거죠.

그리고 원반이 압축되어 작아지면서 점점 더 빠르게 회전하게 됩니다. 이제 좋은 예로 주위에서 회전 오피스 의자를 찾아보세요. 회전 의자에 앉아서 팔을 뻗은 채 의자를 빙글빙글 돌린 다음 돌아가는 도중 팔을 안으로 당겨 보세요. 팔을 안으로 당길 때 의자는 더 빨리 회전할 것입니다. 물리학에서는 이를 각운동량 보존이라고 부릅니다. 저는 그냥 재밌는 놀이라고 부르지만요.[12]

원시별이(질량 범위가 적당한 경우) 티 타우리 별로서 은하라는 무대에 막 들어서려고 준비할 때, 그 주위의 원반이 회전하고 가열되어 매우 흥미로워집니다. 또한 **원시 행성 원반**(protoplanetary disk)이라는 새로운 이름도 얻게 되지요. '원시'라는 접두사가 갑자기 등장한 것을 보면 뭔가 흥미로운 일이 곧 일어날 것 같지 않나요? 아마도 행성 형성으로 이어질 수 있는 그런 일 말입니다. 그냥 추측해 보는 거예요. 하지만 어떤 시스템이 어떤 과정을 통해 '원시 행성'에서 '일반 행성'이 될 수 있을까요?

아마도 먼지에서 시작되겠죠. 어떤 표면에 정전기가 일면 먼지가 달라붙어 떼어 내기 어렵죠? 특히 이러한 성간 거주자들에게는 그런 먼지들이 놀라울 정도로 들러붙죠. 무해한 작은 알갱이들이 빙글빙글 돌고 있는 소용돌이 속에서 서로를 발견하고, 비교할 수 없는 여러 힘의 환경 속에서 살아남으려 서로를 단단히 붙잡습니다. 그렇게 먼지들은 다른 먼지 덩어리들과 뭉쳐지고 합류하게 되지요.

평생 동안 우주의 솜털처럼 무시당하던 작은 먼지 조각이 행성으로 성장하는 여정을 시작합니다. 이 새로운 시스템을 탄생시킨 최초의 분자 구름은 물, 암모니아, 이산화탄소 등으로 된 많은 얼음을 담을 수 있을 만큼 차가웠습니다. 어떤 원소든 아마 그 원소의 얼음도 최초의 분자 구름에 포함되어 있었을 거예요. 이 얼음들은 그 조각들이 붕괴되고 얇고 평평한 원반으로 다 같이 돌아가게 되고요. 그러나 아직 별이 아닌 원시별 근처는 얼음으로 생존하기에는 너무나도 뜨거웠습니다. 무척 빨리, 그리고 아마도 주기적으로 일어나는 격렬한 폭발 동안 어린 별에 가장 가까운 얼음은 증발해 버립니다.

그러나 원시 행성계의 바깥쪽은 충분히 온도가 낮아서 얼음으로서 번성하여 다른 먼지 형제들과 합쳐져 더 큰 덩어리를 만들게 됩니다. 모든 항성계에는 모별의 크기와 강도에 따라 얼음이 살아남을 수 있는 경계선이 있는데요. 이를 서리선(frost line)이라고 합니다. 우리 태양계에서는 이 서리선이 소행성대 거리 정도에 있습니다. 이 선을 지나면 결국 행성으로 변할 덩어리들은 중심에 있는 별을 너무 사랑하는 나머지 서리선 안쪽 중력 우물과 더 가까이 자리 잡은 동료들보다 훨씬 더 크고 훨씬 더 거대합니다.

최초의 큰 천체는 미행성(planetesimal)이라고 부릅니다. 이 천체들은 가로가 몇 킬로미터에 불과하며 그 수는 셀 수 없을 정도로 많습니다. 그리고 먼지와 얼음이 서로 달라붙어 행성을 형성한 것처럼, 미행성들은 수백만 년 동안 수없이 재상봉하기를 반복하지요. 그러면서 점점 더 커지기도 하고 충돌하여 부서지기도 하고, 회전하며 모별에 가까이 다가왔다가 또다시 멀어지기도 합니다. 혼란스럽고 격렬하고 불안정한 곳이지만, 새롭고 다른 무언가가 형성될 때만 느낄 수 있는 흥분과 에너지가 가득한 곳이기도 합니다.

천천히, 꾸준히, 미행성들은 크기가 커집니다. 모별을 향해 안쪽으로 갈수록 커질 수 있는 크기에 한계가 있는데, 이는 별에 가까운 곳의 고열을 견디고 존재할 수 있는 물질이 이 우주에 한정적으로만 존재하고 있기 때문이지요. 원반의 안쪽 부분에 있는 물질들은 서서히 태어나는 별 주위를 돌며 자신들보다는 더 크지만 미처 행성의 크기에는 미치지 못하는 크기의 암석으로 빠르게 자라납니다.

행성계 바깥쪽에서는 모든 것이 빠르게 커집니다. 특히 초기에는 수많은 양의 원시 수소와 헬륨 가스가 여전히 소용돌이치고 있기 때문인데요. 얼음과 암석이 섞여 있는 핵은 중력에 매우 굶주려 있으며, 마치 중심 원시별이 성장하는 과정을 작은 규모로 만들어 놓은 듯 주변에 있는 가스를 먹고 또 먹히기도 하면서 밀도가 높은 핵을 두꺼운 가스 외피로 겹겹이 감싸게 되는 것이죠.

그렇게 그들은 거대 구조물이 됩니다. 그러나 성장하는 별의 격렬함으로 인해 그 거대 구조물의 최대 크기에는 한계가 생기죠. 갑작스러운 폭발이 일어날 때마다 점점 더 많은 양의 가벼운 수소와 헬륨이 주변으로부터 밀려나 둥근 구름이나 성간 매체 자체로 다시 되돌아가게 되고요.

이러한 이유로 모별로부터 먼 곳에 자리 잡게 되는 거대 구조들은 풍부한 가스를 거의 공급받지 못한 채 얼음만 먹고 자라 그 발육이 부진한 반면, 모별에서 가까운 곳에서 자라나는 거대 구조물들은 수소와 헬륨으로 가득한 뷔페를 먹으며 자라게 되는 것입니다. 따라서 재주가 좋은 천문학자들이 이들을 두 가지 유형의 거인으로 구별했는데요. 오랫동안 잊혀진 신화에 나오는 환상적인 생명체처럼 가스 거인, 얼음 거인이라는 이름을 붙였네요.

이 거인들이 거대한 비율로 성장함에 따라 항성계의 바깥쪽에서 절반은 그림자에 가려지고, 항성계 안쪽의 암석 배아들은 충돌하고 다시 충돌하면서 뒤흔들리는 상호 작용을 통해 꾸준히 점점 더 커집니다.

별이 중심부에서 수소를 태우기 시작할 준비가 되었을 때쯤이면 행성들은 이미 그 모습을 드러냅니다. 가장 안쪽의 세계는 상대적으로 작고 바위로 이루어져 있으며, 때로는 얇고 연약한 대기를 형성하기도 합니다. 서리선 너머로는 거인들의 땅이 되는 것이고요.

그리고 그 뒤에는 행성으로 미처 자라지 못한 작은 얼음 조각들이 남아 있습니다. 버려진 것들. 슬픈 덩어리들이고 절망적인 존재들입니다. 이들은 별이 빛나기도 전에 교활한 음모를 꾸미기 시작하고, 태양계 내부로 다시 돌아와 발판을 마련한 지표면 생명체들을 파괴할 기회를 노립니다. 이 혜성들은 행성계의 모든 것과 같은 태초의 물질에서 태어났지만, 이들에게 모별은 그저 광활한 우주에서 수백만 개의 다른 별들과 대비되는 유난히 날카롭고 차가운 하나의 빛의 점일 뿐이지요.

—

행성들이 안정되어 서로 부딪히지 않게 되기까지는 시간이 걸리며, 이런 격렬한 충돌의 역사적 증거는 도처에 있습니다. 예를 들어 금성에 어떤 치명적인 일이 있었던 듯합니다. 그 치명타는 금성의 자전 속도를 아주 느리게 만들었고, 그래서 여러분이 잘 걷기만 한다면 태양이 영원히 한곳(똑같은 곳, 예를 들면 머리 위)에 머물 수 있게 할 정도로 느리게 자전합니다. 천왕성에는 분명 재앙적인 일이 일어나서 천왕성이 넘어진 것 같습니다. 천왕성 고리와 위성들이 태양계의 나머지 천체들과 거의 완벽한 수직을 이루거든요.[13]

그리고 지구. 불쌍한 지구예요. 언급할 만한 가치가 있는 크기의 위성이 있는 유일한 내부 세계로, 달은 화성 크기의 원시 행성이 여전히 녹아 있는 상태의 지구와 충돌한 후 그 일부가 떨어져 나가 형성되었을 가능성이 높다고 보는 것이 현재 이론입니다. 이 (이론상의)

무례한 침입자에게 테이아(Theia)라는 이름을 따로 붙여 줄 정도로 중요한 사건이죠.

그 사건은 아마도 볼만했을 거예요. 그 거대한 원시 행성이 어린 지구를 향해 돌진하여 지구의 일부를 바로 떼어 냈다, 말 그대로 심장을 뜯어냈다고 상상해 보세요. 결합된 행성은 순식간에 증발했고, 이후 수백 년 동안 뜨거운 이온화된 금속과 암석의 고리에 불과한 상태로 지내게 됩니다. 그러다가 다시 스스로를 되찾고 행성으로 자리잡게 되었지만, 이제는 달이라는 새로운 동반자를 얻게 된 거죠. 그리고 그 달은 이제 원래 그 궤도에서 형성되었던 것보다 훨씬 더 크고 밀도가 높은 행성의 궤도를 돌고 있는 겁니다.

모별의 수소가 점화되기 직전, 모든 것이 진정되어야 할 때에도 원시 행성 원반은 여전히 거친 곳으로, 서리선 너머에서 혜성이 쏟아져 들어와 내부 세계를 함께 괴롭혔죠. (하지만 이는 궁극적으로는 좋은 일이었던 것으로 밝혀졌는데요. 바로 혜성들이 과거에 녹아 없어졌던 귀중한 물을 다시 공급해 주었기 때문입니다. 다음에 술잔을 들고 건배할 기회가 있다면 혜성의 이 폭격을 위해 건배해 주세요.)

그리고 행성의 대이동입니다. 와, 철새들만 대이동하는 줄 알았는데 **행성**이 이동하는 것을 본 적이 있나요? 시뮬레이션(타임머신이 없기 때문에 우리가 할 수 있는 것은 시뮬레이션뿐입니다.)에 따르면 태양계 초기에는 현재보다 훨씬 더 많은 행성이 존재했으며, 해왕성과 천왕성이라는 두 개의 거대 행성이 실제로 바깥쪽으로 이동하기 전에 더 가까이에서 형성되었고, 심지어는 이웃에서 완전히 튕겨 나와 떠돌이 행성으로 홀로 은하계 심연을 떠돌아야 할 운명에 처한 또 다른

거대 행성이 있었을 수도 있습니다.[14]

다른 태양계의 상황은 훨씬 더 심각합니다. 때때로 거대한 행성은 별 주위의 제거되지 않은 가스의 소용돌이에 휩쓸릴 수 있습니다. 원반 자체가 행성의 추진력을 빼앗아 원반의 물질로 행성의 크기를 키우는 동시에 행성을 안쪽으로 밀어 넣는 복잡한 움직임이 이어집니다. 때때로 거대한 행성은 모별 자체로 떨어지기도 하는데, 이는 비교적 끔찍하지만 시간적으로는 빠른 종말로 이어지게 되지요.

때때로 이 거대한 세계는 수성이 도는 태양 궤도보다 더 가까운 궤도에 갇힐 수 있습니다. 열로 인해 대기가 층층이 끓어오르는 지옥 같은 환경에서 오래 살아남을 수는 없죠. 소위 '뜨거운 목성'은 초기 행성을 좇는 사람들에게는 놀라움이었죠.

우리 태양계를 아무리 파헤쳐 봐도 이런 일이 일어날 수 있다는 암시조차 없었습니다. 하지만 살아남기에는 불가능한 궤도에 갇혀 죽어 가는 행성들이 계속해서 발견되면서 우리는 행성 형성에 대한 이해를 완전히 다시 생각해야 한다는 것을 깨달은 거죠. 또다시 말이에요.

행성은 이동하고, 충돌하고, 트라우마에 이어 또 다른 트라우마를 겪습니다. 앞서 말했듯이 탄생은 복잡한 일이거든요. 이는 별뿐만 아니라 행성도 마찬가지입니다. 전반적으로 태양계가 정리되는 데는 약 1억 년이 걸리며, 이는 중심에 있는 모별인 태양이 마침내 수소를 융합하여 에너지를 얻고 태양 주위에 살아남아 이제는 오랫동안 태양계에 행성들이 존재하게 되는 과정에 필요한 시간이지요.

많은 성장통을 겪었어요. 행성의 가족을 만들기 위해 많은 피와 희생이 필요했죠. 여행자 여러분, 여러분이 만나는 모든 세계를 소중히 여기세요. 여러분이 상상할 수 있는 것보다 훨씬 더 험난한 삶을 살아왔거든요. 지나가는 길에 꼭 경의를 표하기 바랍니다. 그리고 무엇을 하든 태양계가 가끔씩 찾아오는 방문객을 맞이할 수 있을 만큼 충분히 성숙한 경우에만 방문하세요.

미지의 블랙홀 6

블랙홀?
블랙 하트!
네 뼈를 먼저 먹어 치우고
영혼은 나중을 위해 남겨두겠지

- 고대 천문학자의 시

이전 이야기를 읽지 않고 바로 여기로 건너뛰셨나요? 괜찮아요, 그러셔도 돼요. 하지만 블랙홀은 부주의한 여행자는 극복할 수 없는 위험이거든요. 또 블랙홀은 우리에게 잘 알려진 물리학의 한계를 뛰어넘는다는 점에서 여러분이 마주하게 될 가장 큰 골칫거리 중 하나가 될 것입니다. 과거에는 상당한 논쟁의 대상이었지만 지금은 블랙홀이 존재한다는 것을 알고 있고, 블랙홀이 위험하다는 것도 알고 있습니다. 우리는 블랙홀 밖에서 일어나는 물리학은 어느 정도 구체적으로 이해하고 있지만(이번 이야기는 정말 재미있을 거예요.) 블랙홀 안으로 들어가면 근본적인 역설과 수수께끼가 너무 많아서 이해해 보려고 하면 끝이 보이지 않는 영원한 어둠에 휩싸여 버리지요.

블랙홀. 뭐든 먹어 치우는 존재예요. 은하계 깊숙한 곳에 숨어 다음 희생자를 끝도 없는 인내심으로 기다리는 멈추지 않는 그런 탐욕스러운 짐승과 같은 존재이지요. 일부는 가까이에 있는 별이나 떠돌아다니는 가스 구름을 맹렬히 먹어 치움으로써 자신의 존재를 드러내기도 하는데요. 대부분은 침묵하는 악당 같으며, 조용하고 은밀하게 위협적인 존재입니다. 많은 용감한 탐험가들이 이들 중 하나의 손아귀에 들어간 후 끔찍하고 역겨운 최후를 맞이해야 했습니다. 이 끔찍한 구덩이로 말이죠. 그들의 삶과 영혼은 영원히 우주 속으로 사라져 버린 거예요.

그들의 실수로부터 배우셔야 합니다. 제발요. 우주에 있는 모든 존재는 중력을 이용해 우리를 끌어당기려고 하지만(극단적인 경우를 제외하면 중력이 할 줄 아는 일은 그것뿐입니다.) 블랙홀을 제외한 모든 물체는 우리가 충분히 노력한다면 우리를 그 중력장으로부터 빠져나갈 수 있어요.

더 크고 거대한 물체는 중력의 포위에서 벗어나기 위해 더 빠른 속도가 필요합니다. '탈출 속도'라는 편리한 이름을 가진 이 물리량은 물체의 질량과 중심으로부터의 거리에 따라 달라집니다. 질량이 클수록 탈출하기 더 어렵습니다. 중심에 가까울수록 탈출하기 더 어렵고요. 이는 탈출 속도의 정의가 에너지를 기반으로 한다는 것을 알면 충분히 이해가 가는 부분이에요. 특정 속도로 물체의 표면으로부터 뛰어오르려 할 때, 그 물체의 중력이 여러분의 속도를 늦추려고 할 것입니다. 여전히 여러분은 그 물체로부터 멀리 떠나갑니다. 그건 그 물체의 중력이 나를 잡아당기는 것을 멈추는 게 아니라 거리가 멀어질수록 잡아당기는 세기가 약해지기 때문에 이동 속도가 느려질 뿐,

여전히 멀리 날아갈 수 있습니다. 특정한 크기의 중력을 이길 수 있는 탈출 속도로 정확히 자신을 발사하여 전진하다가 여러분의 속도가 0으로 떨어진다면 그것은 중력을 일으키던 그 물체로부터 무한히 멀리 떨어진 곳에 도달했다는 뜻입니다.

좀 이상하게 들리죠? 그래도 어쩔 수 없네요. 물리학자들은 뭐든 만들어 내는 걸 좋아해요. 즉 탈출 속도는 속도와 관련된 운동 에너지와 현재 위치의 위치 에너지(거리와 관련된 위치 에너지)가 같아지도록 필요한 속도입니다.

예를 들어 지구와 같은 지상 행성의 표면에서는 탈출 속도가 상당히 빨라 중력을 극복하기 위해 방향성 발사체(일명 '로켓')가 필요합니다. 하지만 이미 궤도에 진입한 상태라면 바깥쪽으로 계속 이동하는 것은 비교적 쉽습니다. 소행성이나 혜성처럼 작은 물체는 충분히 힘차게 밀어만 주면 멀리 날아갈 수 있습니다. 뭐 그런 이야기죠.

블랙홀을 검게 만드는 것은 블랙홀의 표면에서의 탈출 속도가 빛의 속도보다 빠르기 때문입니다.(나중에 '표면'의 의미에 대해 설명하겠습니다.) '블랙홀을 탈출하려면 빛의 속도보다 더 빨리 가면 되겠네.'라고 생각할 수 있지만 그것은 불가능합니다. 반론의 여지가 없죠. 우리 우주에서 빛보다 빠르게 이동하는 것은 아무것도 없으니까요.

시도조차 해 볼 필요가 없는 거지요. 빠른 속도의 빛조차도 블랙홀을 빠져나갈 수 없기 때문에, 블랙홀은 본질적으로 아무것도 방출하지 않습니다. 그래서 모든 것이 캄캄하지요. 또한 탈출 속도는 질량과 거리에 따라 달라지기에, 블랙홀은 엄청나게 무거우면서도 질량에 비해 그 크기가 매우 작고, (그렇게 높아진 밀도로) 특유의 검은색을 띠게 됩니다. 예를 들어 태양 질량의 몇 배에 달하는 블랙홀은 가로 길이가 수 킬로미터에 불과합니다.

탈출 속도가 빛의 속도와 정확히 같은 곳인 표면을 **사건의 지평선**(event horizon)이라고 하는데요. 지평선이라는 단어가 이름에 들어간 이유는 지평선이 가장자리, 어떤 경계를 나타내기 때문입니다. 행성 위에 서 있을 때 표면에서 볼 수 있는 것의 한계가 바로 지평선이죠. 그 너머에는 완전히 미지의 세계인 새로운 세상이 펼쳐져 있을 것이고요. 따라서 블랙홀의 지평선은 미지의 새로운 세계, 잠재적으로 알 수 없을 수밖에 없는 세계로 진입하는 지점이기도 합니다.

'사건'이라는 단어는 왜 붙였을까요? 글쎄요, 그건 그곳이 재미있는 일이 일어나는 곳이기 때문이겠죠. 파티 같은 이벤트 말이에요. 파티지만 여러분이 죽을 수 있는 곳입니다.

앞서 말했듯이 사건의 지평선을 넘으면 어떤 일이 벌어지는지에 대해서는 이론이기는 하지만 나중에 다른 이야기에서 자세히 설명하겠습니다. 이미 풀어야 할 위험 요소가 여기 너무나도 많은데 더 많은 이야기를 해서 여러분을 괴롭히고 싶지는 않거든요. 지금은 '이 선은 넘지 말아야 할 경계선'의 줄임말이라고 생각하시면 됩니다.

사건의 지평선을 처음 발견한 사람은 카를 슈바르츠실트(Karl Schwarzschild)였습니다. 그는 아인슈타인의 일반 상대성 방정식 안에 숨어 있는 괴물을 처음 발견했습니다.[1] 그리고 오랫동안 우리는 괴물이 존재한다는 것을 믿지도 않았습니다.

일반 상대성 이론을 통해 중력을 이해하는 방식은 쉽게 요약할 수 있습니다. 실제로는 매우 복잡한 수학이지만 말로 표현하면 그렇게 나쁘지 않습니다. 일반 상대성 이론(General relativity, GR)은 우주를 무용수와 무대라는 두 가지의 진영으로 나눕니다. 여기서 말하는 무용수란 행성, 사람, 입자 등 모든 **존재**들을 일컫는 것입니다. 무엇이든 질량, 운동량, 에너지를 가졌다면 무용수입니다. 무용수들이 춤을 추는 무대는 바로 시공간을 일컫습니다. 시공간이라는 단어가 하나의 단어임을 주목해 주세요. '공간과 시간'이 아닙니다. '시공간'입니다. 이제부터는 이 단어만 사용해야 합니다.[2]

어쨌든 시공간 무대는 좀 이상해요. 구부러지기도 하고 펼쳐지기도 하며 휘기도 하네요. 바닥에 서 있는 무용수는 (그 휠 수 있는 무대에) 작은 흠집을 만들 것입니다. 질량이 더 큰 무용수는 더 큰 흠집을 만들겠죠. 질량이 큰 무용수 근처에서 왈츠를 추다가 너무 가까이 다가가면 그 무용수가 만든 보조개와 땀에 흠뻑 젖은 무용수의 팔에 부딪힐 수밖에 없을 겁니다. 이렇듯 무용수들이 무대 바닥에서 움직이면 보조개와 물결이 생기고, 그 보조개와 물결이 무용수들의 움직임에 영향을 미치게 되지요. 이것이 제가 설명할 수 있는 가장 짧은 방법으로 일반 상대성 이론의 마법입니다. 우리가 중력이라고 부르는 것은 시공간 기하학이 만들어 낸 결과물입니다.

그래요, 다 좋은데 블랙홀과 사건의 지평선이 일반 상대성 이론과 무슨 상관이 있나요? 잘 물어보셨어요. 일반 상대성 이론의 수학은 하나의 기계, 즉 도구입니다. 우주 자체에 대해 알려 주지는 않지만, 특정한 중력 문제를 해결하는 방법을 알려 줍니다. 평생 아인슈타인에게만 의지할 수 없잖아요? 우리 스스로 이해하려고 조금씩 노력해야 합니다. 일반 상대성 이론의 경우, 우리가 이해하고자 하는 상황을 입력해야만 아인슈타인은 중력이 어떻게 작용해야 하는지 알려줄 거예요.

1915년 아인슈타인이 일반 상대성 이론을 발표하자마자[3] 전 세계의 물리학자들은 이 이론을 상상할 수 있는 모든 상황에 적용하기 시작했습니다. 그리고 누구나 생각할 수 있었던 가장 간단한 첫 번째 해결책은 바로 '하나의 구형 물질의 공 주위의 중력은 어떨까'였습니다. 그리고 슈바르츠실트는 이 완전히 무해하고 무심하고 평범한 일상적인 시나리오에 대해 사랑하는 아인슈타인 삼촌의 의견을 탐구하기 위해 펜을 든 첫 번째 사람이었던 것입니다.

짜잔! 블랙홀입니다. 물론 당시에는 무엇인지 분명하지 않았습니다. 아인슈타인의 방정식은 단순한 구형의 물체의 중력을 설명하는 데는 완벽했거든요. 만약 아인슈타인이 그때 설명하지 못했다면 다시 칠판으로 돌아가 결국은 알아내고야 말았을 거니까요. 예를 들어 슈바르츠실트는 아인슈타인의 방정식들을 말 그대로 큰 구형 물체인 태양의 중력에 완벽하게 적용하여 행성들이 궤도에서 어떻게 행동하는지를 이해하는 데 사용할 수 있었습니다.

하지만 큰 물질 덩어리로 인한 중력에 대한 슈바르츠실트의 해법에는 흥미로운 것이 있었는데……, 흥미롭다는 표현밖에는 딱히 떠오르지 않네요. 방정식을 푼 해법에 도대체가 말이 되지 않는 곳이 있었던 거지요. 이 지점은 큰 구형 물체의 중심에서 특정 반지름에 있었고, 구형 물체의 크기에 따라 그 위치가 달라지는 것을 발견했습니다.

솔직히 그저 말이 안 된다고만 생각했어요. 지금은 이 지점을 '좌표 특이점'이라고 적절히 부르지만, 이 전문 용어는 현상을 이해하는 데 별로 도움이 되지는 않아요. 그러니 전문 용어는 이렇게 언급만 해 두고 우리의 탐험을 계속하겠습니다.

이 특정 거리, 즉 이 반지름은 곧 슈바르츠실트 반지름이라는 새로운 이름을 얻었습니다. 이 반지름은 아인슈타인의 수학이 말이 되지 않는 부분이었습니다. 이 반지름은 매우 작았습니다. 태양의 경우 이 반지름은 겨우 몇 킬로미터에 불과할 정도였으니까요. 그리고 이 반지름 **밖**에서는 수학이 완벽히 일관되게 적용됐기 때문에 모두들 대수롭지 않게 이것이 그저 아인슈타인 방정식의 이상하고 특이한 점이라고 생각했습니다.

네, 슈바르츠실트 반지름이 좀처럼 이해가 가지 않았지만 그다지 별 상관없었던 것 같아요. 그쵸? 그런데 어떤 똑똑한 사람으로부터 이런 질문이 즉각 나왔던 거죠. 물질의 공을 슈바르츠실트 반지름보다 작게 뭉개면 과연 어떻게 될까. 괜찮을까요? 재미있는 일이 일어날까요?

이럴 경우 어떻게 되는지는 일반 상대성 이론의 수학은 그곳에서 일어날 붕괴 즉 완벽하고, 완전하고, 돌이킬 수도, 이해할 수도 없는, 그렇다고 어떤 비난도 받을 수 없고, 이해할 수 없는 그런 말도 안 되는 붕괴가 어떻게 일어날지 정확히 알려 줍니다. 어떻게든 물질 덩어리를 슈바르츠실트 반지름 아래로 뭉개 버리면, 단순히 중력이 **이길** 것이고, 중력을 막을 수 있는 것은 아무것도 남지 않은 채 모든 것이 중심을 향해 붕괴하고, 그 주변(한때 **좌표 특이점**이라고 불렸지만 곧 **사건의 지평선**이라는 새로운 이름을 얻게 된 슈바르츠실트 반지름 안쪽으로의

모든 지역)의 중력이 압도적이 되어 어떠한 물질로, 심지어는 빛조차
도 빠져나갈 수 없게 됩니다.

블랙홀이 생겼습니다.

—

기술적으로 말하자면 어디에서든 또 무엇으로부터든지 블랙홀
을 만들 수 있습니다. 충분히 작은 공간에 충분한 물질을 집어넣고
탈출 속도가 광속보다 빨라지면(즉 물체가 자신의 슈바르츠실트 반지름
아래로 쪼그라들면) 짜잔, 블랙홀이 되는 거니까요. "사건의 지평선 **안**
에서는 무슨 일이 일어나나요?" 라고 질문하실 수도 있어요. 아, 그
런데 아직은 그 이야기를 할 때가 아니네요. 솔직히 벌써 사건의 지
평선 내부에 대해 직접 배울 수 있는 상황에 처하게 된다면…… 그
냥…… 그냥…… 그냥…… "만나서 반가웠어요."라고 인사드리며 떠나
야겠네요. 슈바르츠실트는 평생 블랙홀을 직접 경험하지 않았음에
도, 수학이라는 안정성 있는 도구를 바탕으로 이 모든 것을 알아냈다
는 점에 주목해야 합니다.

태양을 가져다가 태양 질량의 슈바르츠실트 반지름에 해당하는
5킬로미터 지름의 크기로 축소시키면 블랙홀이 됩니다. 지구를 가져
다가 땅콩만 한 크기로 압축하면 블랙홀이 되는 거예요. 땅콩 알레르
기가 있는 경우라도 걱정 마세요. 방금 블랙홀을 만들었고 지금 당장
걱정해야 할 알레르기보다 더 중요한 문제가 있기 때문에 상관없습
니다.

심지어 여러분 자신도 말하자면 원자핵 크기의 블랙홀로 만들 수 있습니다. 어렵다는 건 알지만, 이 시도에 평생을 바친 신비주의자 학파의 이야기도 있습니다. 참 신기한 우주군요.

네, 꽤 이상하죠. 그리고 오랫동안 사람들은 이것이 일반 상대성 이론의 이상하기만 한 무작위적 특성일 뿐, 실제 물리적으로 설명되는 게 아니라고 생각했습니다. 생각해 보면 아인슈타인도 특이한 점이 있는 사람이었기 때문에 그의 머리에서 나온 아이디어에 몇 가지 특이한 점이 있다는 것은 그렇게 놀랄 일은 아닐 거예요.

그래요. 이러한 '블랙홀'은 인공물처럼 보이지만, 자연이 정말 **만들어 낸 것**은 아니죠. 그렇죠? 하지만 중력은 일반적으로 빨아들이는 데 능숙하고, 솔직히 모두가 거대한 은하계 집단에 옹기종기 모여 있는 것을 훨씬 선호한다는 점을 고려하면, 우리가 해야 할 질문은 "블랙홀이 형성될 수 있을까?"가 아니라 "블랙홀이 7월의 모기만큼 흔하지 않은 이유는 무엇일까?"인 게 더 맞습니다.

여러분은 거울에 스스로를 비춰 보며 생각하는 것만큼 그렇게 질량이 크지 않고 그 질량에 해당하는 중력도 약하기 때문에 블랙홀이 아닙니다. (사실 중력은 힘 중에서 가장 약한 힘입니다. 중력이 지금보다 10억 배의 10억 배 또 10억 배 더 강해도 **여전히** 가장 약한 힘일 것입니다. 왜 그렇게 약한가요? 좋은 질문입니다. 그러나 답은 아무도 모릅니다.[4])

여러분이 블랙홀이 아닌 또 다른 이유는 뼈에 있습니다. 뼈가 있잖아요. 골격이죠. 골격은 몸이 스스로 무너지는 것을 막아 주거든요. 지구는 암석으로 만들어져 있고 암석은 강하기 때문에 블랙홀이 아닙니다. 여기서 중요한 것은 중력보다 더 강하다는 것입니다. 원자의 전자가 이웃 원자의 전자를 밀어내는 전자기력은 모든 것을 끌어당기는 중력의 경향보다 훨씬 더 강합니다. 이 힘은 의자에서 떨어지는 것을 방지하고 지구가 스스로 무너지는 것을 방지합니다. 그러니 자연의 다른 기본 힘이 중력의 일반적인 힘을 쉽게 압도할 수 있고 그렇기 때문에 여러분의 몸과 지구는 조만간 블랙홀이 될 위험이 없습니다. 그러니 안심하셔도 돼요.

하지만 별은 어떨까요? 태양은 어떨까요? 태양은 암석으로 만들어지지는 않았지만 블랙홀도 아닙니다. 그 이유는 태양이 지속적인 폭발 상태에 있기 때문이죠. 핵의 용광로는 엄청난 양의 에너지와 압력을 발생시켜 태양의 외층을 가열하고 중력이 승리하지 못하도록 막습니다. 또한 태양은 자기 조절 능력이 뛰어나지요. 질량을 조금만 추가하면 핵융합 반응이 가열되어 추가 출력을 제공합니다. 핵반응이 조금만 줄어들면 태양은 이에 대응하여 핵이 조금씩 붕괴되고 따라서 핵의 온도와 압력이 다시 높아져 균형을 되찾게 되는 것이죠.

그런데 결국 태양과 밤하늘의 모든 별, 보이는 별과 보이지 않는 별 모두 연료가 고갈될 것입니다. 모든 별은 죽게 되죠. 중력에 대항할 수 있는 뼈도, 바위도 없는 우리 우주의 저 밝고 찬란한 별들이 죽어서 끔찍한 괴물로 변할 수 있을까요?

짧게 대답부터 하자면, 네.

길게 답하자면 다음과 같습니다. 태양은 죽어도 거대한 붕괴를 일으키기에는 충분히 크지 않습니다. 나중에 자세히 설명하겠지만, 지금은 전자나 중성자로 태양 안을 꽉꽉 채워 넣어서 엄청난 힘이 없으면 그들을 움직일 수 없다고 가정해 보겠습니다. 다행히도 핵융합이 멈춘 후에도 태양 크기 별의 죽은 잔해를 지탱하고 완전한 붕괴와 암흑의 삶을 막을 수 있는 충분한 다른 힘들이 있습니다.

그게 말입니다, 블랙홀을 형성할 수 있을 만큼 있는 대로 작게 물질을 쑤셔 넣거나, 그 무엇도 막을 수 없을 만큼의 자기 중력을 만들고, 마침내 자신의 슈바르츠실트 반지름보다 작은 거리의 안쪽으로 포개질 수 있게 하려면 엄청나게 **많은** 물질로 시작해야 합니다. 태양보다 적어도 8~10배는 더 많은 물질로 말이죠. 그래야만 다른 모든 힘을 압도하고 블랙홀을 만들기에 충분한 중력이 생깁니다. 또 설사 그렇게 된다 해도 블랙홀을 만드는 것이 쉽지 않은 건 마찬가지예요. 가장 큰 별은 죽을 때 격렬하게 폭발하는 경향이 있으며(나중에 즐겁게 탐험할 수 있도록) 대부분의 질량은 깊은 우주로 날아가 버리거든요. 따라서 폭발 후 중력이 작용하여 블랙홀을 만들기에 충분한 물질이 남아 있을 **정말 정말** 큰 별이 필요합니다.

———

또 다른 블랙홀이 어디에 숨어 있을지 알 수 없습니다. 사실 블랙홀은 너무 잘 숨겨져 있어서 슈바르츠실트의 혁신적인 계산에 의한 예측 이후 수십 년 동안 우리는 그게 **무엇이** 되었든지 간에 무언가가 궁극적 붕괴(Ultimate Collapse)를 막을 수 있을 것이라고 생각했습니다. 우리는 별이 죽을 수 있다는 것을 알아냈고, 이 과정에서 **극단적인** 중력 시나리오를 초래할 수 있다는 것을 알아냈습니다. 그렇다 해도 블랙홀이요? 그러니까 지금, 정말 자연이 **말 그대로 중력**으로 물체를 만든다는 걸 믿으라고요? 네, 맞아요.

이론가들은 어떤가요? 학계는 점점 이에 대한 논란으로 뜨거워지기 시작했습니다. 어떤 사람들은 가장 거대한 별이 블랙홀로 변하는 것을 막을 수 있는 무언가가 있다고 절대적으로 확신하고 있었습니다. 즉 이 모든 말도 안 되는 현상들을 막을 수 있는 우리가 아직 발견하지 못한, 이해하지 못한 과정이나 새로운 물리학이 있다고 믿는 거죠. 하지만 또 다른 사람들도 블랙홀의 존재를 **배제할** 수 있는 그 어떤 증거도 보이지 않기에 블랙홀이 존재한다고 확신하는 거고요. 자연이 무언가를 명확히 금지하지 않는다면 블랙홀은 **반드시** 존재할 것입니다.

그렇다면 블랙홀을 어떻게 찾을 수 있을까요? 잠이 확 깨게 하는 슈바르츠실트의 악몽을 어떻게 테스트할 수 있을까요? 그렇게 어둡고 위협적인데 어떻게 찾을 수 있을까요? 블랙홀이 작기는 얼마나 작은지도 말씀드렸죠? 아, 제가 그 이야기를 아직 안 했나요? 이런, 이야기한 것과 안 한 것 다 기억하기가 쉽지 않네요. 일반적인 블랙홀은 태양보다 몇 배 더 거대하며, 슈바르츠실트 반지름은 수 킬로미터에 불과합니다. 우주의 다른 모든 것과 비교하면 그 크기는 아주 작은 것이죠. 물론 훨씬 더 커질 수도 있지만, 그런 경우는 훨씬 더 드물기 때문에 때가 되면 걱정하기로 하죠. 아직은 간단한 블랙홀부터 이해하려고 노력중인 단계이니까요.

그리고 블랙홀은…… 검은 편이지요. 우주의 공허함 앞에 있는 작은 블랙홀은 검은색 위에 검은색을 놓는 격입니다. 그다지 대조되지 않지요. 그런데 어떻게 지구의 땅 표면에 사는 천문학자나 운이 좋은 탐험가가 심해에서 그들을 찾을 수 있을까요? 여러분도 도전해 보시기 바랍니다.

우주를 여행하다 흔히 볼 수 있는 쌍성계를 발견했다고 가정해 봅시다. 이 두 별은 함께 태어났지만, 즉 핵 쌍둥이라고 하지만 똑같지는 않죠. 별의 일생은 질량에 따라 결정되는데, 별이 클수록 중력이 강하고 핵반응이 더 격렬하며 연료를 더 빨리 소진하여 수명이 짧아집니다. 따라서 두 개의 별이 함께 태어났지만 형제 중 하나는 양쪽 끝에서 촛불을 다 태워 이미 죽어 사라진 상태일 수 있습니다. 죽어서 무엇이 될까요? 블랙홀이 되나요? 중성자별? 다른 건요? 아니면 아무것도 아닌 것으로 다 없어져 버릴까요?

남은 별이 형제의 운명을 밝힐 것입니다. 보이지 않는 중력의 사슬로 죽어 가는 쌍둥이 형제에게 묶인 채, 이 별은 섬뜩한 춤이 펼쳐지는 것을 지켜볼 수밖에 없습니다. 하지만 곧 그 역시 수명이 다해 부풀어 오르며 거의 죽어 가는 별, 거대한 붉은 괴물이 될 것입니다.

하지만 이 늙어 가는 붉은 거성은 어떤 형태로든 오래전에 죽은 쌍둥이 형제 별을 따라 그 주위의 궤도를 돌고 있습니다. 붉은 거성의 가장 바깥층이 부풀어 오르고 얇아지면, 그 대기의 일부가 쌍둥이 형제 동반성 위로 쏟아지고, 가스가 소용돌이치며 회전하면서 별의 잔해이든 어두운 공포이든 오래전 죽은 동반성으로 끌려갈 것입니다. 멀리서 보면 블랙홀은 다른 가능한 현상과 거의 구별할 수 없습니다. 가스 원반에 싸여 있기 때문에 그 실체는 숨겨져 있죠. 그러나 가스가 동반성으로 흡입되면서 중력과 마찰로 인해 가열되고 이는 신비한 동반성의 표면으로 밀려 내려오면서 가스 자체가 강렬한 방사선으로 타오릅니다.

자, 여러분은 조심스럽고 신중한 여행자로서 이 쌍성계에서 잠재적인 위협의 위험성을 평가해 보려 합니다. 달리 증명할 방법이 없다면 항상 블랙홀을 마주하고 있다고 가정하는 것이 좋습니다. 기억하세요. (블랙홀 말고도) 중성자별과 기타 잔해들도 극심한 중력과 방사선의 원천일 수 있지만, 적어도 모든 물리 현상이 끝나면 그 별에서 떠날 수는 있다는 점을요.

블랙홀을 다루고 있는지 확인하는 가장 좋은 방법은 블랙홀의 질량과 크기를 알아내는 것입니다. 질량과 크기로부터 탈출 속도를 계산할 수 있거든요. 그렇게 계산한 탈출 속도가 빛의 속도보다 작으면 말 그대로 쭉 직진하게 됩니다. 블랙홀로 말이죠. 질량 계산은 간단합니다. 쌍성 중 더 큰 적색 거성의 공전 주기를 측정하고 케플러의 법칙을 사용하여 질량을 계산하기만 하면 됩니다. 계산기 가져오셨죠?

크기를 알아내는 건 그보다는 조금 더 까다롭습니다. 블랙홀 주변이 극적인 신비로움을 자아내는 가스로 덮여 있기 때문이지요. 하지만 **가능한 최대** 크기는 알아낼 수 있습니다. 가스 구름의 중앙을 들여다보세요. 뭐가 보이세요? 아무것도 보이지 않는다면 더 중앙 쪽을 향해 살펴보세요. 조금 더 중앙 쪽으로 계속 보세요. 중앙의 물체(블랙홀이든 다른 것이든)는 그보다 작아야 합니다. 그렇지 않다면 지금쯤이면 이미 보였을 테니까요.

지구의 천문학자들은 수천 광년 떨어진 곳에서도 이 작업을 수행할 수 있으며, 그렇게 어렵지 않습니다. 그리고 지금 이 시점이 바로 우리가 우려했던 것처럼 대자연이 미쳐 버린 것 같다고 말씀드리지 않을 수 없는 시점이네요. 지구에 기반을 둔 천문학자들은 이와 같은 시스템을 관측하여 성운인 처녀자리에서 최초의 블랙홀 후보를 발견했습니다. 그들은 밝은 엑스선 광원(깊은 하늘에서 최초이자 가장 밝은 엑스선 광원이었기 때문에 백조자리 X-1(Cygnus X-1)이라고 불렀습니다.[5])을 발견했고, 상당한 노력 끝에 그 성운 한가운데에 있는 물체의 질량과 크기를 알아낼 수 있었습니다. 중앙 물체의 크기는 너무 작고 질량은 너무 커서 블랙홀이 아닌 다른 것으로는 설명할 수가 없었죠.

백조자리 X-1 시스템 안에서 무슨 일이 일어나고 있든 블랙홀처럼 보이고 행동합니다. 그리고 그 블랙홀은 혼자가 아니었어요. 이 방법은 운이 좋은 쌍성계에만 적용되는데 이는 이웃의 궤도를 이용하여 숨겨진 동반성의 질량과 크기를 편리하게 계산하여 그 본질을 드러내기 때문입니다. 혼자 있는 외로운 블랙홀은 어떨까요? 블랙홀은 원래의 시스템에서 쫓겨나서(아마도 간식을 다 먹어 버려서) 은하계를 자유롭게 돌아다니고 있을까요?

떠돌아다니는 백색 왜성이나 중성자별(또는 행성이나 갈색 왜성)은 적어도 어떤 대역이든 일부 방사선 대역에서 빛을 발하는 경향이 있기 때문에 가지고 있는 모든 종류의 관측 기기들의 적합한 조합을 이용하면 관측하고 이해할 수 있습니다.

하지만 앞서 말했듯이, 그리고 지금쯤이면 충분히 이해하셨겠지만 블랙홀은 단순히 약간 검은색이 아니라 말 그대로 암흑의 **정의**입니다. 빛이 완전히 전혀 없는 상태이죠. 다행히도 떠돌아다니는 격렬한 블랙홀을 발견할 수는 있지만, 매우 고요한 방법으로는 블랙홀 자체가 어디에 있는지를 찾는 것이 **아니라** 블랙홀이 없는 곳을 찾아야 한다는 겁니다. 이 방법을 우리 아인슈타인이 우리에게 가르쳐 주려 했던 것을 기억하셔야 합니다. 즉 거대한 물체는 시공간을 휘어지게 하고, 그렇게 휘어진 시공간은 모든 사물이 어떻게 움직여야 하는지를 알려 준다는 사실이죠.

모든 것. 빛도 포함해서 말입니다. 좋아요, 잠깐만요. 여러분의 생존이 위태로울 수도 있네요. 중력은 빛의 경로를 구부립니다. "하지만 빛은 무게가 없고, 중력은 질량이 있는 물체만 끌어당기는 줄 알았는데요." 잘못 생각하셨군요. 이런 말을 어디서 읽으셨나요? 중력은 자신이 끌어당기는 것이 무엇인지 상관하지 않아요. 심지어 여러분과 여러분의 머릿속에 든 생각도 끌어당길 수 있습니다. 중력은 질량, 운동량 또는 에너지를 가진 모든 것에 작용하지요. 빛도 운동량이 있고 그러니 중력이 끌어당길 수 있습니다.

자, 어디까지 이야기했죠? 아, 중력은 빛의 경로를 구부리고, 블랙홀과 같은 무거운 물체는 렌즈처럼 작용할 수 있어요. 이 말은 블랙홀 표면에 스쳐 지나갔을 빛줄기가 구부러져 새로운 방향으로 돌아설 수 있다는 뜻이에요. 별이 많은 곳을 주의 깊게 살펴보면, 가끔씩 무작위로 블랙홀이 시야를 가로질러 그 별에서 나오는 빛이 순간적으로 뒤틀리고, 왜곡되고, 구부러지고, 반짝이고, 비틀어지고, 심지어는 흔들릴 수도 있다는 이야기입니다.

이렇듯, 흔하지 않은 반짝임을 발견하면(행성 대기 위에 올라가면 별은 작고 고통스러운 빛의 하나의 점으로 정착해야 한다는 것을 기억하세요.

별이 번쩍하는 게 보인다면 뭔가 잘못되었다는 뜻입니다.) 일반 상대성 이론의 힘을 이용해 먼 우주의 배경에 있는 별에서 나오는 빛의 왜곡 정도를 통해 그 앞에 있는 문제가 되는 물체, 즉 블랙홀의 질량과 크기를 알아낼 수 있습니다.[6]

물론 이러한 배경에 있는 별빛에 영향을 줄 수 있는 다른 요소는 수천 가지도 더 있을 수 있습니다. 때때로 별들은 저마다 가까이에서 서로 엮여 있다는 이유로 인해 폭발하고 급증하며 변화하기도 합니다. 때로는 공전하는 한 쌍의 별들이 이상하게 행동하는 하나의 천체로 혼동되어 관측될 수도 있고요. 실제 블랙홀 탐지나 검색을 실행하려면 정교한 컴퓨터 알고리즘과 작업을 완료할 수 있는 강력한 하드웨어가 필요합니다. 우주에 늙은 멍청이를 보내지 않는 데는 이유가 있는 거죠.

———

지금까지는 태양보다 그저 몇 배만 더 큰, 비교적 작은 블랙홀에 대해서만 이야기했습니다. 이것은 가장 큰 별들의 잔해입니다. 물론 이보다 훨씬 더 큰 블랙홀도 존재하며, 조만간 그 거대 블랙홀에 대해 다루게 될 것입니다. 그럼 이보다 더 작은 블랙홀도 있나요? 있을 수도 있겠죠.

사실 우주선과 그 미세한 입자들이 일으킬 수 있는 일들에 대해 이야기할 때 아주 작은 블랙홀에 대해 잠깐 언급했습니다. 전반적으로 미세 블랙홀은 무해하며(아니면 적어도 빠르게 움직이는 다른 아원자 물체보다 더 무해하지는 않습니다.) 기본 입자와 힘에 대한 다양한 종류의 이론적 모델에서 때때로 특이한 상호 작용이 블랙홀을 만들 수도 있습니다. 이렇게 만들어진 블랙홀은 아주아주 작은 녀석이에요. 아주 미세한 스케일의, 사실 다른 어떤 외계 입자보다도 더 크지 않은 그런 아주 작은 크기의 블랙홀이죠. 일단 생성되고 스스로 돌아가게 놔두면 그 블랙홀은 아무도 괴롭히지 않지만 우연히 길 잃은 전자나 중성 미자를 갉아먹을 수도 있습니다. 블랙홀은 성장하면서 중력의 힘을 증가시킵니다. 조금씩, 조금씩, 조금씩 먹어 치우다 보면 블랙홀은 심각할 만큼 거대해질 수 있게 되지요. 단 블랙홀이 증발해 버릴 수 있다는 것만 빼고요.

휴, 제가 블랙홀의 절대적으로 순수한 암흑을 묘사하기 위해 시적 언어를 동원했던 거 기억하시죠? 맞아요. 그게 말이죠. 블랙홀은 100퍼센트 완전하고 완벽히 검은색이 아니라는 것이 밝혀졌습니다.

제 말을 조금만 더 들어 봐 주세요. 강한 중력 환경에서의 양자 역학은 현재 우리가 이해하는 대로라면, 사실 '대략적인' 설명이라고밖에 못하겠지만, 블랙홀은 증발할 수 있다고 알려 줍니다. 이 과정을 '호킹 복사'라고 하는데, 스티븐 호킹이 우연히 발견하여 그렇게 이름이 붙여졌습니다.[7]

양자 역학을 좋아하는 사람들(전 우주에 단 세 명밖에 없겠지만)조차 이해하기에 이는 전혀 간단한 과정이 아닙니다. 호킹 복사에 대한 표준적인 설명에 따르면, 언젠가 시공간의 진공 속에서 무작위로 아무 입자, 예를 들어 전자가 양자 역학적 에너지를 품고 **'짠'** 하고 나타납니다. 하지만 혼자 나타나는 게 아니에요. 여러 가지의 난해한 양자 역학적 규칙에 따라 전자는 순간적으로 반입자(전하가 반대지만 똑같은 성질을 가진 입자), 즉 양전자와 같이 있어야 아주 잠깐 동안 존재할 수 있습니다.

네, 입자는 충분히 짧은 시간 동안 무작위로 나타날 수 있습니다. 우주가 원래 그런 곳이니까요. 대부분의 경우, 아무것도 없는 것으로부터 새로 생성된 이 입자들은 서로를 발견하고 폭발하여 잠시 빌렸던(생성되기 위해 빌렸던) 양자 에너지를 시공간의 진공으로 되돌려 줍니다. 짧게 존재했던 입자들은 흔적도 남기지 않네요. 이 모든 것이 가능한 한 짧은 시간 안에 일어납니다. 해롭지도 않고, 규칙을 어기는 일도 없습니다.

하지만 블랙홀의 사건의 지평선 근처에서 이런 일이 발생하면 두 입자 중 하나는 운이 나빠서 블랙홀로 빨려 들어가지만 다른 하나는 무사히 빠져나올 수도 있겠지요.

블랙홀 표면에서 방출되는 입자가 있다고요? 제가 보기엔 빛 같은데요. 그렇다면 그 에너지는 어디서 얻을 수 있을까요? 블랙홀 자체에서 얻은 거죠. 다른 선택의 여지가 없습니다. 진공에서 튀어나온 입자가 우주 안에서 살고 있는 것을 우주 자체가 발견했다면 **누군가**는 그 대가를 지불해야 하고, 그 청구서는 블랙홀의 우편함에 정확히 도착할 겁니다. 그 대가로 블랙홀은 약간의 질량을 잃는 방식으로 그 비용을 지불하는 것이죠.

신뢰할 수 있는 여행 가이드인 저는 호킹 복사 이론을 설명하는 이러한 접근 방식에 완전히 익숙하지 않습니다. 그 설명 자체가 완전히 **틀린** 것은 아니지만, 호킹의 원래 논문의 수학과는 상당히 거리가 멉니다. 제가 수학을 얼마나 좋아하는지 아시잖아요.

하지만 호킹의 수학을 간단히 요약하면 그다지 명확하지도 않습니다. 호킹의 수학은 입자가 진공에서 튀어나왔다가 다시 진공으로 되돌아오는 것에 관한 것(실제로 일어나는 일 맞고요.)이 아니라 근본적인 시공간 그 자체의 양자장에 관한 것입니다. **시공간** 기억하시죠?

진공 상태에서도 항상 윙윙거리며 진동하는 수많은 양자장이 존재합니다. 각자의 일을 하고 있는 거죠. 그러다 갑자기 별이 죽고 블랙홀이 형성됩니다! 이러한 양자장 중 일부는 진동 중간에 갇히게 되고 사건의 지평선 근처에서 오랜 시간 동안 머물러 있을 것입니다. 그러나 결국에는 풀려나겠죠.(사건의 지평선 **내부**에서 형성된 것은 영원히 갇혀 있지만, 그 일방통행의 경계 근처에 있는 것은 단지 고통스럽게 오랫동안 갇혀 있을 뿐입니다.)

처음 형성된 후 수백만 년 또는 수십억 년이 지나고 나서야 그 블랙홀을 관찰하고 있는 우리의 입장에서는 마치 양자장의 진동이 블랙홀을 빠져나가는 것으로 보이며, 생각했던 것만큼 블랙홀의 질량이 크지 않다는 것을 알게 됩니다.

호킹의 수학에서 복사 과정은 사건의 지평선 안에 갇히는 입자에 대한 것이라기보다는, 블랙홀이 탄생하는 사건과 우리 우주를 적시는 양자장 사이의 복잡하게 얽혀 있는 조화된 움직임에 대한 것이라 할 수 있습니다. 이는 블랙홀을 실제보다 크게 보이게 하고 유한한 수명을 부여하는 것이죠. 그리고 그 과정에서 블랙홀이 빛을 발하게 되는 것이고요.

그러나 결론은 블랙홀을 어떻게 파헤쳐 들여다보아도, 항상 배

고프고 더 커지려는 끝없는 욕구를 가지고 있음에도, 순수한 중력의 존재인 블랙홀을 온전히 혼자 내버려두면 실제로 그 질량이 줄어들 것입니다.

이 과정은 너무 느려서 거의 계산되지도 않습니다. 태양 질량의 약 수 배밖에 되지 않는 일반적인 블랙홀의 경우(이 추정치가 적당히 계산된 것이긴 합니다. 우리은하에는 1,000만 개에서 10억 개 사이의 블랙홀이 있습니다. 앞서 말했듯이 대략적인 수치입니다.) (우리은하 내의 모든 블랙홀에서 나오는) 호킹 복사의 총 에너지량은 1년에 광자 하나의 에너지에 불과합니다.

그건…… 느리죠. 블랙홀이 마침내 증발하는 데는 10^{100}년이 훨씬 넘게 걸릴 거예요. 인간의 시간 척도로는 전혀 걱정할 필요가 없는 일이죠. 그러나 블랙홀이 작을수록 이 과정은 더 빨리 진행됩니다. 따라서 아주 작은 블랙홀은 성장할 기회를 갖기도 전에 사라집니다. 그리고 블랙홀이 충분히 오래 **살아남았다고** 해도 너무 작게 시작하기 때문에 성장하는 데 **정말** 오랜 시간이 걸릴 것이고요. 전자가 미세 블랙홀에 부딪힐 확률은 야구공으로 수천 킬로미터 떨어진 곳에 있는 다른 야구공을 맞추는 것과 같습니다. 따라서 여기저기서 미세한 블랙홀이 마구 떠돌아다니고 있을 수 있지만, 너무 작고 중요하지 않기 때문에 우리는 그 존재조차 인지하지 못할 것입니다.

블랙홀을 만드는 다른 방법이 있나요? 현재까지 알려진 유일한 블랙홀 형성 과정은 거대한 별의 죽음뿐입니다. 일부 이론가들은 아주 초기, 아주 어리고 거칠고 혼란스러웠던 우주가 직접 블랙홀을 생성할 수 있었는지 궁금해했지만(예를 들어 시공간 조각이 자발적으로, 그저 그리고 싶어서 블랙홀을 형성했다고 상상해 보세요.) 초기 우주에 대한 관측은 그것을 증명하지 못했습니다. 별과 은하가 처음 생겨났던 우주 존재의 첫 수억 년 동안에는 별이 되는 첫 단계를 거치지 않고도 블랙홀을 형성하기에 충분한 물질이 붕괴되었을 수도 있겠지요. 이것이 우주에 존재하는 거대한 블랙홀의 원인일 수 있는데, 그 과정에 대해 더 자세히 알게 되기 전까지는 크게 논의하지 않기로 하죠.

———

블랙홀이 얼마나 위험한지 아직 제대로 표현하지 못한 것 같네요. 굵은 글씨로 쓸 테니 제가 고래고래 소리 지르며 이렇게 이야기한다고 생각하세요. **"무슨 일이 있어도 블랙홀을 피하셔야 합니다."** 네, 사건의 지평선은 영원한 잊혀짐으로 가는 편도 티켓이라는 것은 분명합니다. 용의 꼬리를 쫓아가지도 말고 가까이 가지도 마세요.

블랙홀의 국소 영역을 조사하고 싶다는 놀랍도록 어리석은 아이디어를 떠올렸다고 가정해 봅시다. 중력을 좀 더 재미있게 근본적으로 공부하고 싶을 수도 있습니다. 이웃에 있는 별에서 가스가 빨려 들어오는 극한 플라스마 물리학을 연구하고 싶을 수도 있습니다. 아니면 좀 삐딱한 죽음에 대한 기대가 있는 것인지도 모르겠네요.

블랙홀 가까이로 모험을 떠나면 어떤 일이 벌어지는지 보여 드리기 위해 두 명의 탐험가를 소개해 드릴게요. 앨리스와 밥입니다. 앨리스는 블랙홀 가까이로 여행을 시도했다가 놀랍도록 기막힌 죽음을 맞이할 거예요. 밥은 똑똑해서 멀리서 관찰할 거예요. 걱정하지 마세요. 밥은 다음 이야기에서 자신만의 독특한 죽음을 맞이하게 될 텐데요. 적어도 지금은 안전합니다.

충분히 먼 거리에서 보면 블랙홀은 적어도 중력적으로는 특별한 것이 없습니다. 블랙홀은 여전히 우주의 위협적이고 불길한 구멍입니다. 하지만 다른 천체의 경우와 마찬가지로 그 주위의 궤도를 돌 수 있습니다. 중력이라는 것은 그렇게 멋진 것이네요. 충분히 멀리 떨어져 있는 두 물체가 마치 모든 질량이 한 지점에 있는 것처럼 상호작용을 할 수 있게 하니까요. 중력의 효과를 계산할 때 울퉁불퉁 하다거나 적도 부분이 부풀어 있다는 등 물체의 모양은 신경 쓸 필요가 없습니다. 총 질량과 거리만 있으면 됩니다.

태양 두 개 질량의 블랙홀 궤도를 도는 것은 태양 두 개 질량의 별 궤도를 도는 것과 똑같습니다. 열이나 빛, 따뜻함, 햇빛 등 생명체가 살아갈 만한 요소야 전혀 없지만, 그 주위 궤도를 돌 수는 있어요.

탐험가 앨리스와 밥은 블랙홀에서 멀리 떨어져 있으면 완벽하게 안전하게 지낼 수 있습니다. 얼마나 멀리 있어야 하냐고요? 정확한 질량에 따라 다르지만, '충분히 먼 거리는 없다.'는 게 제가 드릴 수 있는 적절한 조언일 거예요. 기술적으로 말하자면, 일반적으로 블랙홀의 슈바르츠실트 반지름의 10배 이상이면 충분할 것입니다.

앨리스가 작은 모험을 떠나기로 결심하고 나서야 상황이 흥미로워집니다. 물체에서 느끼는 중력의 세기는 물체에서 얼마나 멀리 떨어져 있는지에 따라 달라집니다. 어떤 물체에 정말 가까워졌나요? 중력이 강하게 당기는 게 느껴지실 거예요. 아니면 아주 멀리 떨어져 있다면요? 그렇다면 중력이 약하겠죠. 실제로 중력은 거리의 **제곱**으로 작용하므로 물체와의 거리가 두 배가 되면 중력은 이전 강도의 4분의 1로 줄어듭니다.

지구에서 이 글을 읽고 계신다면 지구의 강한 인력이 느껴지겠지만, 목성의 인력은 느끼지 못하는 것과 마찬가지입니다. 목성은 지구보다 훨씬 더 질량이 높지만, 지구에서 아주 멀리 떨어져 있으니까요. 이것은 발이 머리보다 약간 무겁다는 것을 의미합니다. 뇌가 없어서가 아닙니다. 발이 머리보다 지구에 조금 더 가깝기 때문입니다. 발과 머리 사이의 거리의 차이는 많지 않은 1~2미터 정도이지만 0은 아니니까요. 발이 지면에 더 가깝기 때문에 중력이 약간 더 강하게 당겨져 무게가 증가합니다.

따라서 몸 전체가 지구에 의해 당겨지는 동안 발은 머리보다 약간 더 강하게 당겨지는 것이죠. 반대 방향으로도 작용합니다. 머리는 지구에서 조금 더 멀리 떨어져 있기 때문에 실제로는 몸에서 약간 더 떠 있는 상태입니다. 발은 더 당겨지고 머리는 더 들어 올려지는 두 가지 힘이 같으면서도 반대 방향으로 작용합니다.

중력은 물체의 중심에만 영향을 미친다는 말을 기억하시나요? 네, 제가 틀리게 말했던 거죠. **엄밀히 말하면** 아주 틀린 말은 아니지만요. 제가 했던 말은 두 물체 사이의 거리가 충분히 멀 때는 온전히 맞는 말이에요. 하지만 이제 (우리가 말하는 거리는) 좀 더 가깝지요.

이것을 **조수 효과**라고 하는데, 조수 효과는…… 바로…… 조수의 원인입니다. 지구의 한쪽은 다른 쪽보다 달에 약간 더 가깝기 때문에 달에 도달하기 위해 헛되이 들어 올려지는 바다가 추가로 당겨지면서 지구의 표면에 조수가 생깁니다. 이와 동시에 달을 향하지 않은

반대편에 있는 바다는 혼자 남은 거 같아 떠오르려고 하는데, 그렇게 그곳에도 조수가 나타나게 됩니다.[8]

지구 반대편에서 이 조수를 생각하는 또 다른 방법은 너무 멀리 떨어져 있는 바다를 **제외하고** 지구 전체가 달 쪽으로 약간 당겨지고 있다고 생각하시면 됩니다. 바다가 외롭겠네요. (달뿐만이 아니라) 태양도 지구의 바다에 같은 작용을 하기 때문에 지구의 조수를 정확히 파악하기는 조금 어렵습니다. 그래서 서핑하는 사람들의 삶이 복잡하죠. 그러나 이러한 조수 효과는 실제로 신체에 영향을 미치지 않습니다. 적어도 저는 그렇지 않기를 바랍니다. 지구 중심까지의 거리인 수백만 미터에 비해 머리와 발 사이의 차이는 1~2미터로 매우 작기 때문입니다. 따라서 여러분이 경험할 수 있는 전체적인 조수 간만의 차이는 매우 작을 것입니다. 바다에서의 조수 간만의 차도 마찬가지입니다. 비교적 작은 조수 간만의 차를 야기하는 데에만 달 전체에 해당하는 양의 물질이 필요한 것이니까요.

그런데 여러분은 블랙홀 근처에 있지 않고 앨리스는 이제 블랙홀에 접근하고 있습니다. 블랙홀은 태양 질량을 웃도는 그런 엄청난 질량을 작은 공간에 압축하고 있기 때문에 앨리스가 블랙홀에 가까워질수록 조수 효과는 점점 더 커집니다. 즉 지구에서는 거의 눈에 띄지 않는 수준의 발~머리 사이의 중력의 세기의 차이가 블랙홀의 근처로 갈수록 약간 짜증 나는 수준으로, 더 나아가 공황 상태를 유발하는 수준으로까지 커지게 되는 것이죠.

앨리스의 몸 전체가 블랙홀로 떨어집니다. 앨리스는 제트팩(개인용 비행 장치)도 가져오지 않아 떨어지는 동안 아무것도 할 수가 없습니다. 아마도 중력은 조절되지 않을 정도의 붕괴를 좋아하기 때문일 것입니다. 이 조석력 때문에 발은 조금 더 빨리 떨어지고 머리는 조금 더 느리게 떨어집니다. 마치 양손으로 양쪽 끝을 잡아당기고 잡아당기고 잡아당기는 것과 같습니다.

하지만 잠깐만요, 더 있습니다! '중력'이라고 하면 일반적으로 '아래로'를 떠올리기 마련입니다. 지구에 사는 사람들에게는 이 정도면 충분합니다. 하지만 중력은 **중심**을 향하고, 지구의 정확한 기하학적 중심은 100퍼센트 아래가 아니라 아주 약간 **중심**을 향하고 있다는 사실을 기억하세요. 허리에 화살 두 개를 매달고 있다고 상상해 보세요. 그 두 개의 화살은 **거의** 완벽하게 아래를 향하지만 완전히 아래쪽만은 아니에요. 머리카락 굵기만큼 아주 미세한 정도로 지구의 중심 쪽을 가리키고 있을 것입니다.

지구에서는 문제가 될 만큼 큰 차이는 아니지만 앨리스는 지구에 있지 않기 때문에 이제 약간 속이 안 좋아지기 시작할 건데요. 이는 점심 먹은 것 때문이 아니에요. 주먹을 쥐고 허리에 올려놔 보세요. 비행기에서 이 글을 읽으시든 상관없으니 해 보세요. 여러분 허리의 한 지점은 **아래**로 향한 중력만 느끼는 게 아니라 **아래를 향하지만 지구 중심 쪽으로 약간 편향된** 중력을 느끼는 거예요. 블랙홀 근처에 있는 앨리스는 이러한 중력의 극단적인 버전을 느끼게 됩니다. 조수 효과로 인해 몸이 늘어나는 동시에, 이 중력의 방향이 말 그대로 치약 튜브처럼 그녀의 중간 부분을 압박하고 있습니다.

당김과 압박이라는 두 가지 효과를 합치면 앨리스는 오래 버티지 못할 것입니다. 놀랍게도 중력은 (앞에 설명했듯) 그런 중력이고 블랙홀의 크기가 그만하기 때문에, 만약 여러분이 이 괴물 중 하나를 향해 자유낙하를 하고 있다면('자유롭게 떨어진다.'는 것은 정확히 말 그대로 어떤 방향으로 가려고 싸우지 않는다는 뜻입니다.) 중력 효과는 블랙홀에 닿기 약 1/10초 전에 거의 모든 원자 결합이 찢어질 만큼 극단적으로 커질 것입니다.

이 효과를 발견한 최초의 지구 기반 과학자들은 그저 가볍운 마음으로 이 효과에 대한 명칭을 '스파게티화'라고 했는데요. (생각해 보면) 너무 적절하고 100퍼센트 과학 전문 용어예요.[9] 이 단어는 친근한 동네 천체물리학 저널에서 찾을 수 있습니다. **스파게티화. 파스타처럼!** 이탈리아 사람들이 잘 관측하겠네요.

———

하지만 잠깐만요, 더 좋은 소식이 있습니다. 앨리스에게 끔찍한 소식이지만요. 앨리스의 무엇이 남았나요. 그녀를 잘 붙들어 주고 있던 모든 결합력들을 중력이 압도하여 그녀를 원자로 만들어 버렸는걸요. 이제 그녀는 얇은 분자의 흐름, 그러다 결국에는 원자들에 불과한, 그리고 결국에는 아원자 입자에 불과합니다.

방금 말씀드린 조석 효과는 모두 '보통의' 중력입니다. (우리에게 익숙한) 뉴턴의 방정식이 아주 극단적인 환경에 적용됐을 뿐입니다. 하지만 블랙홀에 더 가까워지면 뉴턴의 방정식으로는 충분하지 않게 됩니다. 아인슈타인의 일반 상대성 이론으로 알려진 초-뉴턴(뉴턴의 방정식을 능가하는)으로 전환해야 하는데, 이 이론은 현재 중력이 어떻게 작동하는지에 대한 최선의 추측 이야기입니다. 그리고 이 얼마나 멋진 이야기인가요.

블랙홀은 일반적으로 회전하고 있죠. 이는 블랙홀이 별에서 태어나고 별은 회전하기 때문입니다. 별이 붕괴하여 블랙홀을 형성할때, 그 회전은 무서운 속도로 오로지 증가만 합니다. 그러면서 질량을 더 얻고 있다면? 오, 이런. 떨어지는 가스는 궤도를 돌고 있기 때문에 블랙홀의 배고픈 입에 가스가 들어가면 마치 회전목마를 밀듯이 블랙홀의 회전을 살짝 더 밀어 주게 되죠.

그래요, 회전하는 블랙홀. 그게 무슨 큰일인가요? 일반 상대성 이론에 따르면 거대하고 회전하는 물체는 시공간을 끌어당길 수 있다고 합니다. 알아요, 이상하게 보이죠. 제가 설명해 드릴게요.

앞서 무대에서 춤을 추는 무용수들에 대한 비유를 기억하시나요? 이제 회전하는 무용수가 발끝으로 계속 밀며 최대한 빠른 속도로 회전한다고 상상해 보세요. 충분히 무겁고 빠르면 그 밑의 유연한 바닥을 잡아당기기 시작할 것입니다. 바닥 자체가 무용수들의 발 주위로 감기기 시작하겠죠. 즉 회전하는 무용수가 바닥을 함께 끌어당긴다는 이야기예요.

회전하는 블랙홀은 시공간을 끌어당길 수 있습니다. 이제 상상하실 수 있겠죠? 사건의 지평선 근처에서 앨리스의 발에 남아 있던 원자들은 회전하는 블랙홀을 둘러싼 공간인 **에르고 영역**(ergosphere)에 갇히게 되고, 이 에르고 영역은 댄스 플로어가 뒤틀리는 곳입니다. 앨리스의 발에 있던 원자들은 블랙홀 주위를 빙글빙글 돌다가 에르고 영역에 갇혀 비틀림에 저항하지 못하고 마침내 사건의 지평선에서 최종적으로 방출됩니다. 포크 끝에 감겨 있는 스파게티 가닥들. 정말 '**파스타처럼**'이란 말 맞네요.

———

이제 앨리스의 원자가 사건의 지평선을 통과한 후 어떻게 되는지에 대해서는 이야기하지 않을게요. 여러분이 그곳에 가서 확인할 수 있는 것도 아니니까요. 블랙홀 내부에 대한 이야기는 다음 장으로 미루고, 특이점에 대한 진실을 말씀드리겠습니다.

밥은 이제 스파게티가 된 앨리스와 마지막 작별 인사를 나눈 후 은하계의 다른, 어쩌면 더 안전한 지역으로 향합니다. 그도 여러분과 마찬가지로 이제 무엇을 조심해야 하는지 알고 있습니다. 행성에 묶인 천문학자들이 **항성 질량의** 블랙홀이라고 부르는 작은 블랙홀들은 일반적으로 은하계 곳곳에 흩어져 있으며, 일부는 이원계로 묶여 있고 대부분은 자유롭게 떠다니며 깊은 곳을 떠돌고 있습니다.

거대한 별의 죽음으로 형성되기 때문에 젊은 항성계에서 이들을 만날 위험이 높습니다. 여기서 첫 번째 세대의 별들은 이미 중성자별이 되어 불꽃을 튀기거나 사건의 지평선 뒤에 감싸여 사라졌습니다. 물론 때때로 블랙홀이 원래의 시스템에서 쫓겨날 수 있죠. 그렇게 되면 중력의 법칙을 제외하고는 어떤 법칙에도 얽매이지 않는, 외로운 늑대처럼 자유롭게 돌아다니는 것이죠. 여행 중에 언제 이런 블랙홀을 만날지 아무도 모릅니다.[10]

블랙홀은 매우 작기 때문에 무엇을 조심해야 하는지를 안다면 비교적 쉽게 피할 수 있습니다. 쌍성계를 발견했는데 동반성이 조밀한 항성 잔해인지 블랙홀인지 확실하지 않다면, 일단 블랙홀이라고 가정하고 다른 곳으로 피하세요. 지금 당장 파스타가 되고 싶지 않다면 그게 블랙홀인지 아닌지 알아보려고 할 가치가 없습니다.

그러나 홀로 남겨진 블랙홀조차도 여전히 주변을 갉아먹고 있을 수도 있고 호스트 시스템의 잔해를 빨아들이고 있을 수도 있습니다. 블랙홀이라는 파멸의 길로 향하고 있는 주변 가스는 가열되어 엑스선과 감마선까지 방출한 후 사건의 지평선 뒤로 사라집니다. 방사능 수치가 매우 높은 소형 광원이 보이면 일단 물러서셔야 합니다.

가장 위험한 것은 조용한 녀석들입니다. 더 이상 먹을 것이 없는 이들은 호킹 복사선에 의해 죽기 전에 한 끼라도 더 먹으려 드는 야위고 굶주린 상태입니다. 조용하다는 것은 또한 눈에 띄는 흔적이 없다는 것을 의미합니다. 가지고 있는 탐지기를 주의 깊게 관찰하면서 숨어 있는 괴물들의 미묘한 반짝이는 빛을 잘 찾아보셔야 합니다. 앞으로 영원히 이 두 가지를 함께 기억하세요.

"블랙홀"

"관심조차 두지 마세요."

행성상 성운

7

멋진 쇼였어
네온사인처럼 즐거웠지
하지만 진실은 암울해
녹슬어 빠르게 잊히겠지
- 고대 천문학자의 시

　은하계를 여행하는 과정에서 흥미로운 지점에 도달했습니다. 우리는 악당 같은 소행성을 피해서, 모든 전기회로도 파괴해 버릴 수 있는 태양의 코로나 질량 분출도 피하고, 우리의 연약한 피부에 끊임없이 쏟아지는 작은 우주선의 홍수를 받아들인 끝에 고향인 태양계를 벗어났습니다.

　별들 사이의 공간에 도달한 후, 우리는 격렬한 난기류 구름에서 태어나는 별들을 보았고, 우리가 우주라고 부르는 이 영원한 밤의 진정한 특이 생명체, 즉 블랙홀을 처음 만났습니다.

　그 블랙홀들은 무덤이지요. (모든 게 사라지고 난 후) 남아 있는 자국일 뿐입니다. 과거에 대한 기억. 거의 잊혀진 과거의 잔재. 우리은하의 블랙홀은 한때 열과 빛, 따뜻함으로 빛나는 별이었잖아요. 지금

7　행성상 성운　　　223

은 죽어서 사라졌죠, 그것도 수 세대 전에요. 핵융합이 끝나고 수소가 고갈되고 그 별의 영혼이 시들어 버렸죠.

우리 우주의 별들은 하나씩 죽어 갈 것입니다. 그리고 그 죽음은 매우 끔찍하지요. 앞으로 살펴보고 설명할 많은 위험은 별이 그 생을 마감하는 다양한 방법에서 비롯되는 것들이며, 훨씬 덜 유쾌한 다른 무엇인가로 변할 수 있습니다.

굳이 말할 필요도 없이 그 과정은 예쁘지 않을 것입니다. 별이라면 누구나 화려하게 퇴장하고 싶어 할 거예요. 화려한 이야깃거리를 만들고 싶은 거죠. 안타깝게도 모든 별이 초신성처럼 밝고, 강렬하고, 격렬하게 빛날 수 있는 것은 아닙니다. 열성적인 탐험가 여러분, 초신성과 같은 강력한 폭발도 곧 만나게 될 테니 걱정하지 마세요. 그보다 약한 폭발과 그에 따른 결과로 작게 시작하여 큰 폭발로 나아가는 것이 가장 좋습니다. 너무 앞서 나가고 싶지 않아요.

우리 지구의 모별인 태양도 언젠가 죽을 것입니다. 지금 그 사실을 받아들이고, 그에 대처하고, 내면화하는 것이 최선입니다. 그 순간이 오면 달걀은 반쯤 삶겨 있고 구운 치즈 샌드위치는 한쪽만 구워져 있다 해도 방심할 틈이 없을 거예요. 태양의 최후를 교훈으로 삼아 익숙하지 않은 곳(또 다른 태양계 같은 곳)을 만났을 때 당황하지 않도록, 그래서 1,000년 후에 거성이 될 별을 집이라고 고르는 실수를 범하지 않도록 말입니다.

모든 별은 죽습니다. 가장 큰 별 중 일부는 엄청난 에너지의 섬광을 내뿜으며 안에 있는 것을 다 끄집어내며 우주를 밝히며 죽습니다. 가장 작은 별들은 서서히 그 빛을 잃고, 불꽃도 튀지 않고, 아무런 소리도 내지 않으며, 약한 섬광을 내며 1조 년을 보내며 죽어 가고요.

태양과 같은 중간 크기의 별은 가장 비참한 운명을 맞이합니다. 마침내 죽기 전에 그 빛이 붉어지고 부풀어 오르며 속에 있는 것들을 주변으로 토해 냅니다. 그러한 경련이 계속되면 서서히 자신을 잃고 희미하게 죽어 가며 그 중심에 있는 심장만 남게 되지요. 그들이 가장 위험한 시기는 말년으로, 그 압도적인 격렬함으로 불행한 항성계 내부에 있는 행성들을 잿더미로 만드는 시기입니다.

매년 오래된 별은 사라지고 새로운 별이 빛을 발합니다. 은하계에서 일어나는 끊임없는 순환이지요. 정말 아름답고 시적인 순간이기도 하지만 이 별들이 사라질 때 그 영향권 안에 사는 불행한 이들에게는 대혼란과 파괴를 초래할 거예요. 천천히, 서서히 시작됩니다.

—

조금씩, 하루하루 태양이 밝아집니다. (물론 밝아지는 과정은 매우 느려서) 몇 달, 몇 년, 심지어 몇 세기가 지나도 눈치채지 못할 수도 있습니다. 하지만 시간은 똑딱거리며 흘러가고 있습니다. 태양 깊은 곳에 있는 원자로는 중심핵에 있는 새로운 수소 공급으로 계속 불을 지피고 있습니다. 수소가 연소하면서 새로 생성된 헬륨을 남깁니다. 원자들이 하나씩 가장 깊은 곳으로 가라앉습니다. 융합에 충분한 압력이 가해지지 않으면 헬륨은 불활성 상태, 즉 생명력이 없는 상태로 잠재력을 발휘하지 못하지요.

(수소가 타고 남긴) 헬륨 재는 타지 않은 채로 축적되며 수소를 밀

어내고, 그 작은 양성자들(수소)이 서로를 찾아 핵융합하는 것을 이제 어렵게 만듭니다. 그러나 태양 자체의 질량으로 인한 압도적인 무게와 중력은 언제나처럼 가차 없고 무자비하게 작용하고 있지요.

핵융합은 열심히 중력을 따라잡고 중력과 싸워야 하며, 중심핵에 쓸모없는 헬륨이 느리고 꾸준히 축적됨에도 불구하고 어떤 상황에서도 균형을 유지해야 합니다.

중력과 계속 싸우기 위해 핵은 더 뜨거워집니다. 수소는 혼돈 속에서 기적적으로 형제를 찾아내어 융합하고 그 어떠한 재앙을 막기 위해 필요한 에너지를 방출하려고 노력하면서 핵의 온도를 계속 더 높입니다. 그리고 핵이 더 뜨거워질수록 태양의 나머지 부분도 그에 대응하여 더 커지고 밝아집니다. 이 말인즉슨 아주 오래전의 태양은 지금보다 더 어둡고, 더 작고, 더 차가웠다는 이야기지요. 또한 지금부터 수억 년 후의 태양은 지금보다 훨씬 더 밝고, 더 크고, 더 뜨거워질 것이고요.

공룡이 알고 있던 태양은 우리가 아는 것보다 작고 희미한 별이었어요. 수십억 년 전 바다를 헤엄쳐 다니던 최초의 생명체는 하늘을 가로지르며 타오르는, 우리가 무심코 태양이라고 부르고 있는 저 괴물을 공포와 경이로움으로 바라보았을 것입니다.[1]

실제로 우리는 아주 운이 좋은 시대에 살고 있습니다. 즉 달이 태양보다 약 400배 작지만 태양은 약 400배 더 멀리 떨어져 있거든요. 달과 태양은 균형을 이루며 똑같은 크기로 하늘을 가리고 있고 그로 인해 몇 년에 한 번씩 지구인들에게 경이로운 개기 일식을 선사합니다. 머지않아 태양은 일식이 일어나기에는 너무 크고 너무 밝은 상태가 될 것입니다. 수백만 년이 걸리는 이 과정 동안 태양은 지구와 태양계 내부의 모든 생명체를 익혀 버릴 거예요. 그 무엇도 이를 막을 수 없습니다. 지구 생명체는 거의 40억 년 동안 액체 상태의 물과 거의 모든 우주선을 걸러내 주는 두꺼운 대기가 있는 평화로운 조건 속에서 번성해 왔습니다. 하지만 우주에서 말하는 눈 깜짝할 사이, 불과 수억 년 안에 그 종말이 올 것입니다.

태양이 마침내 소멸하기까지 40억~70억 년이 더 남았다는 이야기를 들어 보셨을 겁니다. 맞아요, 잠시 후에 설명해 드리겠지만요. 지금 중요한 것은 그게 아닙니다. 중요한 것은 행성이 보호막 없이 무방비 상태로 생명체를 지탱할 수 있느냐는 거지요. 생명 가능 지대, 즉 항성 주위로 생명체가 살기에 적합한 조건을 가진 고리 지역, 즉 물이 얼 만큼 너무 춥지도 않고, 물이 끓을 만큼 너무 뜨겁지도 않은 그런 지역이 계속해서 태양계 바깥쪽으로 이동하고 있습니다.

모든 별은 같은 운명을 공유합니다. 한때는 가장 사랑을 받던 행성이 다음 날에는 폐허가 될 수 있습니다. 외곽에 있는 잊혀진 얼음 황무지에 언젠가는 강이 흐르고 거대한 바다가 될 수도 있습니다.

금성은 이미 자신의 유독한 대기와 배신자 태양 탓에 질식하며 암울한 운명을 겪었습니다. 수억 년 후 그다음 차례는 지구입니다. 지구 온난화가 지금 가장 나쁘다고 생각하시나요? 그렇다면 지구 전체가 소각될 수 있다면 어떨까요? 금성을 질식시킨 것과 같은 과정이 수억 년 안에 금성의 자매에게도 일어날 것입니다.[2] 태양이 노화되고 가열됨에 따라 거주 가능 영역의 안쪽 가장자리가 점점 더 지구에 가까워지게 됩니다. 처음에는 대기 중에 수증기가 조금 더 많아질 뿐

별 문제가 되지 않지요. 그러나 그 수증기는 더 많은 열을 가두어 바다에서 더 많은 귀중한 액체를 끌어낼 것이고, 그로 인해 더 많은 열을 가두는 치명적인 춤을 추게 될 것입니다. 그렇게 서서히 물이 다 말라 버리고 나면 모든 것이 건조해지고 수십억 년 동안 지구 표면을 재구성하고 재편성해 온 대륙의 거대한 소용돌이가 중단될 것입니다. 토양에 갇혀 있던 이산화탄소가 배출되어 대기에 쌓일 것이고요.

생명체가 균열이나 틈새에서 빈약하게나마 존재할 수 있다 해도 오래가지 못하겠지요. 머지않아, 지구 생명체의 마지막 날에 인간이 생겨난 것처럼, 너무나도 곧 우리의 지구는 태양계의 다른 행성에서 볼 때 밝게 빛나는 새로운 금성이 될 것이고 다시는 생명의 피난처가 될 수 없을 겁니다.

원래의 금성은요? 수성만큼이나 불모지가 되는 거죠. 생명이 없고 지옥 같은 지구에서 태양은 지겠지만, 이제 화성은 영광의 시절을 재현할 기회를 얻게 될지도 모르겠네요. 한때 액체 상태의 물이 존재했던 화성은 수억 년 후 다시 한번 청정한 모습을 되찾을 수 있을지도 모릅니다. 행성에 영구적으로 정착하기로 결정했다면 그 행성의 모별의 나이를 충분히 고려해야 합니다. 수십억 년 동안 편안하게 살 수 있는 행성일까요, 아니면 몇천 년 동안만 살 수 있는 행성일까요? 새로운 행성에 정착한 문명은 소중한 것입니다. 현명하게 선택해 주세요.

다행히도 천문학자들은 별을 보는 것만으로도 별의 나이를 대략적으로 추정할 수 있습니다. 이 작업을 최초로 수행한 사람은 아이나르 헤르츠스프룽(Ejnar Hertzsprung)과 헨리 노리스 러셀(Henry

Norris Russell)로, **헤르츠스프룽-러셀 다이어그램**을 만들었는데 줄여서 H-R 다이어그램이라고 부르죠. '헤르츠스프룽-러셀'은 계속 사용하기엔 그 이름이 너무 기니까요. 연구진은 별이 나이가 드는 과정이 매우 특정한 경로를 따르며, 시간이 지남에 따라 항상 더 밝고 뜨거워진다는 사실을 발견했습니다. 그리고 질량이 큰 별이 작은 별보다 훨씬 더 빠르게 진화하고요.(질량이 크면 중력이 더 크기 때문에 핵융합 속도가 그만큼 빨라지고 전체 게임이 '빨리 감기'로 진행되기 때문입니다.) 따라서 별을 보고 질량을 측정하면 별이 진화 과정의 어느 지점에 있는지 정확히 파악할 수 있고, 얼마나 오래되었는지, 더 악화될 때까지 남은 시간이 얼마나 되는지 알 수 있습니다.

재앙을 피할 수 있는 방법들이 있습니다. 물론 모든 방법에 엄청난 비용이 들고 실패할 가능성이 높아 파멸이 더욱 확실해질 수도 있지만, 지구가 구할 가치가 있을 만큼 소중하다고 생각한다면 시도해 볼 만한 가치는 있습니다.

태양의 성장은 수억 년에서 수십억 년이 걸릴 만큼 매우 느리고 서서히 진행되기 때문에(참고로 우리 태양은 탄생 당시보다 약 30퍼센트 밝아졌으며, 결국에는 엉망이 되기 전 현재 밝기의 두 배가 조금 안 되는 수준에 도달할 겁니다.) 여러분에게는 시간이 있습니다. 거주 가능 영역이 바뀌는 대로 여러분의 거주 행성을 함께 옮기는 거죠.

예를 들어 외계 행성에서 속도를 훔쳐서 지구에 전달하면 되겠네요. (어떻게 가능하냐고요?) 큰 소행성이나 작은 달이 좋겠어요. 잘 정렬하여 줄을 맞춰서 살짝만 밀어 주면 돼요. 목성을 조준하세요. 크고 가까우니 조준하기 어렵지 않을 거예요. 소행성이 가스 거성(목성) 주위를 감싸고 돌게 합니다. 소행성이 궤도를 돌면서 중력을 잠시 교환하여 목성의 속도를 낮추고 태양에 조금(1인치) 더 가까이 다가서고 그 대가로 소행성의 속도를 높일 것입니다. 이러한 종류의 '슬링샷(새총)' 기동은 실제 우리 우주선이 가장 필요할 때 속도를 높이기 위해 사용하는 방법과 같은 거예요.

그러나 성간 여행의 모험을 위해, 태양계에서 멀어지는 슬링샷 궤적을 택하지 말고 소행성을 지구 쪽으로 돌려 보내고 반대 방향으로 궤도를 돌면, 소행성은 느려지고 지구가 빨라지는, 그래서 지구가 태양에서 살짝 더 멀어질 수 있는 궤도를 택할 수 있습니다.

목성의 속도를 지구의 속도로 바꾸는 이 작업을 계속해서 반복하세요. 물론 이때 한 번에 속도 변화가 크지 않아요. 매번 비행할 때마다 약간의 차이만이 생기죠. 하지만 빨리하기 위해 어떤 과격한 행동을 할 필요는 없습니다. 느리고 꾸준히 해야 이 경주에서 승리할 수 있습니다.

조심스럽게 시작된 이 과정은 기본적으로 자동 조종 장치에 맡길 수 있습니다. 태양이 오랜 세월에 걸쳐 따뜻해짐에 따라 지구는 점점 태양에서 멀어지며 더 뜨거워지는 지옥으로부터 스스로를 식히고 거주 가능 영역의 범위 내에 머물러 있게 되는 거죠.

물론, 잘못하면 소행성이 깊은 우주로 떠돌아다니거나(최상의 시나리오) 지구에 충돌하는(최악의 시나리오) 상황이 발생할 수 있습니다. 계산이 맞게 됐는지 꼭 다시 확인해 보셔야 해요.

———

이렇듯 신중한 계획과 약간의 운만 있다면 태양의 밝기 증가로 인한 파멸로부터 지구를 구할 수 있습니다. 한 단계 더 밝아진 태양과 한 단계 더 멀리 떨어진 궤도를 맞추는 이 게임을 수십억 년 동안 계속할 수 있다면, 다가오는 위협에도 불구하고 인류는 지구상에 계속 거주할 수 있습니다.

하지만 이 방법도 적용 가능한 시간의 한계가 있습니다.(여기서 '시간'이란 수십억 년을 의미할 수도 있지만, 전체 우주의 수명에 비하면 여전히 유한하고 다소 짧습니다. 기왕 우주여행 하는 거 사실 오랜 시간 동안 탐험하여 투자한 돈의 가치를 얻고 싶으시잖아요?) 별이 수소를 태우면서 주계열성으로 알려진 진화 단계에서는 모든 것이 매우 안정적이고 예측 가능합니다. 물론 시간이 지남에 따라 더 뜨거워지고 커지긴 하지만, 그것은 우리 우주에서 일어나는 일로서는 안정적이고 예측 가능한 일입니다.

안타깝게도 결국 가스는 고갈되고 맙니다. 아이러니한 점은 우리 태양과 같은 별에 있는 대부분의 수소는 융합되지 않는다는 것입니다. 핵융합을 통해 헬륨으로 변하려면 수소는 온도가 충분히 뜨겁고 압력이 강한 중심부 깊숙한 곳에 묻혀 있어야 합니다. 상층부에서는 핵융합이 일어나기에는 너무 얇고 너무 차갑습니다. 태양 표면의 온도가 절대 온도 몇천 도에 불과하다고 생각해 보세요! 그런 조건에서 양성자가 서로 뭉칠 수 있을까요? (태양에서 추운 것으로 치면) 우리에게 겨울철 시베리아가 얼마나 추운지와 비슷할 거예요.

따라서 우리 태양과 같은 별의 수명은 총 수소의 양이 아니라 핵중심으로 들어갈 수 있는 수소의 양에 의해 제한된다는 뜻입니다. 자동차에 연료가 많이 실려 있더라도 **실제로 연료 탱크에 들어 있지 않으면** 도로를 달릴 수 없는 것과 마찬가지죠.

이것이 작은 붉은 난쟁이 별들이 그토록 고통스럽게 오래 살 수 있는 이유 중 하나입니다. 상대적으로 작은 크기 덕분에 중심핵 내부의 중압이 약해 핵융합 속도가 다소 느려지지만, 내부에 있는 물질들은 위아래로 대류하면서 전체 대기를 휘젓고 다니며 맨 위 가장자리에 있는 수소를 중앙 원자로로 계속 끌어당깁니다.[3] 정말로 장기적인 은퇴한 사람들을 모아 커뮤니티를 만들어 오랫동안 평안히 궤도를 돌 수 있는 별을 찾고 싶다면 태양의 절반 크기 정도의 별을 찾는 것이 가장 좋습니다. 태양과 같은 별이 수십억 년 동안 내비치는 빛에 비해 차갑고 붉은빛에 익숙해지기만 하면 수조 년 동안 그 빛을 즐길 수 있을 것입니다.

태양보다 큰 별들은 어떨까요? 네, 그것도 따로 다시 이야기할 테니 걱정하지 마세요. 어쨌든 지금 우리는 태양과 같은 별에 초점을 맞춰 보도록 해요. 태양과 같은 별들을 존중해 주셔야 해요. 수소를 태우고 수십억 년 동안 스스로 핵융합 반응을 조절할 수 있으니까요. 이보다 큰 별들에 대해서는 나중에 다뤄야 할 때 이야기하지요.

앞에서 이야기한 대로 그 지저분한 미연소 헬륨 재는 핵 중심에 계속 쌓이고 있습니다. 이것이 지금도, 그리고 앞으로 수십억 년 동안은 그렇게 큰 문제는 아닙니다.

하지만 약 40억~50억 년 후에는 큰 문제가 될 것입니다. 바로 그 때가 바로 **활동**이 시작되는 시기일 테니까요.[4] 결국 핵 중심에 헬륨이 너무 많이 쌓여 수소 융합이 완전히 불가능해집니다. 그래서 수소에 의한 핵융합이 거기서 멈추게 되지요. 수십억 년 동안 핵 중심에서 꾸준히 수소가 연소된 후, 그냥······ 그렇게 끝나 버리는 거예요. 끝입니다. 태양은 '그저 어쩌겠어, 할 수 없지.'라는 태도로 죽어 가기 시작할 것입니다.

이제 어둠의 춤이 시작됩니다. 별의 나머지 부분은 여전히 중력의 힘으로 핵을 누르고 있습니다. 하지만 핵융합 동력이 차단된 상태에서 그 중력에 대항할 수 있는 방법이 없습니다. 그래서 헬륨 핵은 압축되고 압축되고 또 압축됩니다. 헬륨이 스스로를 압박하면서 온도가 수백만 도까지 올라갑니다. 헬륨 핵에서 나오는 열의 강도는 헬륨 자체에는 (아직은) 아무런 영향을 미치지 못하지만, 헬륨을 둘러싼 층의 수소를 가열하게 되지요.

그렇게 거기서 수소가 다시 점화됩니다. 다시 핵융합입니다. 불이 다시 켜졌습니다. 하지만 이번엔 뭔가 좀 달라요, 이상하게요. 수십억 년 동안 성공적으로 핵에서 수소를 융합해 온 우리 태양이 더 이상 핵에서 수소 핵융합이 일어나지 않고 뜨거운 헬륨 핵 주위의 얇은 껍질에서 수소를 융합이 일어나고 있는 거예요. 태양의 중심 동력원이 이제 껍질에 있기 때문에 나머지 모든 층을 밖으로 밀어내며 태양의 표면을 늘려갑니다. 그리고 강렬한 핵에서 더 멀리 떨어져 있는 외층들은 식어 가기 시작합니다.

안팎으로 밀고 당기고, 수축과 가열, 팽창과 냉각을 반복하는 것이 조금 까다롭다는 것을 알고 있습니다. 모든 상황에서 태양을 스스로 찌그러뜨릴 중력과 태양을 폭발시키려는 복사 압력의 힘 사이의 균형을 유지해야 한다는 주요 목표를 달성해야 합니다. 이 단계에서는 이 모든 것이 그대로 유지되지만(그렇지 않으면 태양은 블랙홀이나 폭발로 빠르게 끝나 버릴 거예요.) 태양의 핵과 나머지 대기는 어느 정도 독립적으로 작동합니다. 바깥쪽 껍질층들은 오로지 점점 더 뜨거워지고 더 커지는 핵 연소 영역, 즉 끊임없이 까치발로 딛고 있어야만 하는 뜨거운 바닥만이 보입니다. 그리고 핵은 머리 위에 쌓여 핵을 부숴버리려고만 하는 듯한 무거운 책 더미만이 보일 뿐이죠.

별에서는 모든 것이 균형을 이루어야 하는데, 수소가 중심부에서 연소하지 않고 껍질로 이동하면 태양과 같은 별이 붉은 거성이 되는 것입니다.

거성이라는 이름은 보통보다 크기 때문에 붙인 것이고, 붉다는 수식어는…… 빨간색이기 때문에 붙은 이름이지요. 실제로는 짙은 주황색에 가깝지만 대기권 밖으로 나와야만 그 색깔의 차이를 알아볼 수 있습니다. 적어도 이번에는 지구의 옛 천문학자들이 우주에 있는 무언가에 대해 합리적이고 정확한 전문 용어를 선택했으니, 이 이름은 그냥 받아들이는 것으로 해요.

사실 '붉은 색깔이 더 차갑다.'는 색깔과 온도 관계는 대부분의 사람들이 (쉽게) 받아들일 수 있는 것은 아닙니다. 이젠 바뀌어야 합니다. 우리가 사용하는 단어를 보세요. '빨갛고 뜨겁다.', '얼굴이 붉어지다.' 우리에게 빨간색은 열을 의미합니다. 하지만 **더 뜨거운** 것은 사실 파란색입니다. 따라서 '얼굴이 빨갛다.'가 아니라 '얼굴이 파랗다.'로 바뀌어야 할지도 모릅니다. 물론 실제로 얼굴이 파랗게 빛날 정도로 뜨거우면 주변 사람들을 모두 태워 버릴 수도 있겠지만, 그건 그렇게 중요하지 않은, 그리고 별로 관심 없는 내용일 뿐입니다.

자, 그 이유는 이렇습니다. 바로 우리 몸이 수많은 원자와 분자로 구성되어 있다는 것이죠. 사실 여러분은 미처 깨닫지 못했을 수도 있지만 우리 주변의 거의 모든 것이 원자와 분자로 이루어져 있습니다. 말도 안 되는 소리같이 들릴지 모르지만 그렇습니다. 모든 원자와 분자는 아주 격렬하게 꿈틀거리고 있습니다. 흔들리고, 흔들리고, 흔들리면서 그렇게 빛을 뿜어냅니다.

온도가 올라가면 원자가 더 빨리 흔들려요. 그리고 이게 바로 '뜨거움'의 정의이기도 해요. 그리고 원자가 더 빨리 흔들리면 더 높은 주파수로 빛을 방출합니다. 원자가 더 차가우면 더 느리게 움직이고 더 낮은 주파수의 빛을 방출합니다.

우리 몸의 온도는 섭씨 36.5도 정도로, 여러분의 모든 작은 원자와 분자는 적외선을 방출합니다. 적외선 카메라가 사람을 잘 볼 수 있는 이유도 바로 이 때문입니다. 우리가 이러한 종류의 빛으로 빛나고 있다는 거예요. 사람을 수백 도까지 가열하면 빛이 적외선에서 일반 적색으로 바뀔 거예요. 더 뜨거워지면 파란색으로 변할 거고요. **더 뜨거워지면** 자외선, 엑스선, 심지어 감마선까지 변하게 되겠죠. 으악.

이를 **흑체 복사**라고 하는데, 아마도 모든 과학에서 가장 혼란스럽게 명명된 현상 중 하나일 것입니다. 앞서 있었던 경우처럼, '흑체'라는 단어는 옛날에 이 현상을 연구하기 위해 처음 사용된 실험 장치에서 유래되었다가 그냥 고착화되어 버린 것인데요. 천문학 전문 용어의 거대한 업보의 수레바퀴가 돌고 돌아 '붉은 거성'이라는 적절한 이름도 있는 반면 '흑체 복사'라는 말도 안 되는 단어가 탄생했네요.

어쨌든 적색 거성 표면은 강도 높은 중심핵으로부터 멀리 떨어져 있기 때문에 일반 주계열성보다 훨씬 차가워 모든 것이 붉습니다.(마찬가지로 적왜성 역시 표면 온도가 낮기 때문에 붉습니다.)

하지만 적색 거성은 매우 거대하기 때문에 표면적이 매우 넓습니다. 일반 별보다 표면적이 훨씬 넓고 빛을 허공으로 방출할 기회가 훨씬 더 많기 때문에 더 차갑지만 실제로는 **더 밝은** 것이죠. 이것은 여러분에게 좋은 소식이에요! 발견하기 쉽고 또 피하기 쉽다는 이야기니까요.

———

이 새로운 괴물의 핵심은 뒤틀리고 혼란스러워집니다. 수십억 년 동안 별을 행복하고 만족스럽게 유지해 주었던 중력의 파괴와 폭발적인 에너지 방출 사이의 끊임없는 상호 작용이라는 세밀한 균형이 뒤틀린 것은 모두 헬륨 핵의 잘못입니다.

일단 핵이 특정 질량에 도달하면(태양과 같은 것의 경우 그 임곗값은 목성 질량 100~200개 정도입니다.) 핵은 뭔가 다른 일을 합니다. 핵은 핵융합이 아니라 훨씬 더 낯설고, 훨씬 더 이상하고, 훨씬 더 양자 역학적인 과정을 통해 스스로를 지탱하고 지속적인 팽창에 저항할 수 있게 됩니다. 우주의 기묘하고 사악한 것을 제대로 이해하기엔 우리가 너무 순진하기 때문에 여기서 자세히 설명하지는 않겠습니다. 하지만 이 현상을 **축퇴 압력**이라고 부른다고 말씀드리고, 엄청나게 밀도가 높은 물체가 특정 에너지원 없이 스스로를 지탱할 수 있는 능력으로, 나중에 큰 골칫거리(이해와 위험 모두)가 될 것이라는 말씀만 우선 드리겠습니다.

지금 우리가 알아야 할 것은 헬륨 핵이 압축을 멈춘다는 사실뿐입니다. 헬륨이 더 뜨거워지면 주변에서 연소하는 수소 껍질이 더 뜨거워지고, 이는 다시 핵을 더 뜨겁게 만들고, 핵융합 속도를 높이는 잔인한 피드백 루프가 반복됩니다.

다시 말해, 태양은 통제 불능 상태가 되는 것이죠. 핵에 축퇴 압력이 나타난 지 불과 수천억 년 만에 태양은 밝기가 부풀어 오르고 현재보다 2,000배 이상 밝아집니다. 핵에서 뿜어져 나오는 에너지의 폭주를 견디지 못한 태양의 외층은 상상할 수 없는 비율로 부풀어 오르게 됩니다. 헬륨이 처음 핵으로 파고들어 주변 껍질에서 수소 핵융합을 강제로 일으켰을 때가 붉은 거성이라고 생각했었나요?

자, 우리 작은 우주여행자 여러분, 이제 태양이 **거성**의 진정한 의미를 보여 줄 것입니다. 만약 여러분이 항성계 내부 행성에 살고 있다면, 별이 이 단계에 도달할 때쯤이면 말 그대로 여러분은 거의 다 익어 버릴 것입니다. 핵에서 수소 융합이 중단된 후에도 외부 껍질에서 수소 융합이 계속 일어나며 모든 것이 다 녹아 버리는 단계가 시작되기까지 10억 년이 훨씬 넘는 시간이 걸려요. 탈출 계획이 없다면 그냥 앉아서 질식하게 될 것이고 이는 그리 놀랄 만한 일이 아니죠.

그러나 내부 행성들은 죽어 가는 별의 분노와 화를 온전히 겪게 될 것입니다. 먼저 대기가 빠져나갑니다. 공기는 매우 미약한 존재이며, 너무 많은 에너지를 얻으면 가벼운 원자와 분자는 모행성의 탈출 속도보다 빠른 속도를 쉽게 얻을 수 있으며, 깊은 우주로 스스로 항해를 떠날 수 있으니까요.

그다음은 바다입니다. 양동이에 있는 물을 데우면 얼마 지나지 않아 양동이에 물이 남아 있지 않죠. 행성 표면의 물을 데우면 똑같은 현상이 일어날 거예요. 공기도 없고, 물도 없고, 생명도 없습니다. 따뜻함을 주는 친근한 태양은 붉은 성난 괴물이 되어 증오의 시선으로 하늘을 가득 채울 것입니다.

어찌 보면 가장 안쪽에 있는 행성들은 정말 운이 좋은 거예요. 스스로가 별이 될 수 있는 것이니까요. 개별 별이라기보다는 소각된 잔해 행성 먼지가 되어 별이 완전히 삼켜 버려 별의 일부가 된다는 이야기죠. 이렇든 저렇든 그것도 별이 되는 것은 별이 되는 거 맞으니까요.

새로운 태양의 표면은 격렬한 급류가 됩니다. 수많은 작은 대류 세포가 아닌 내부의 격렬함에 의해 표면으로 끓어오르는 몇 개의 거대한 대류 세포만 있습니다. 그리고 이 세포들은 **깊숙이** 들어가 내부 영역의 가장 깊은 곳까지 물질을 파헤칩니다.[5] (이 거대한 대류 세포에 떠밀려 표면으로 드러난) 수소는 100억 년 동안이나 열린 공간을 보지 못하다가 그렇게 차가운 진공에 노출됩니다. 방금 전까지 핵융합이 진행 중이던 플라스마가 표면으로 쏟아져 나와 우주선과 강력한 엑스선 방사선을 뿜어내고 이는 행성 거주자들에게는 이전보다 훨씬 더 위험하지요. 그리고 보호해 주는 대기가 없으면 남은 행성 거주자들은 두 배로 노출되게 되지요.

우리 태양은 기괴한 비율로 팽창하여 수성과 금성을 단숨에 삼켜 버리고 지구도 삼킬 가능성이 높습니다. 하지만 그것 또한 우리 지구가 운이 좋다면 말이지요. 실제로 지구가 (먹히지 않고) 살아남는다 해도 남는 건 별로 없을 거예요. 대기뿐만 아니라 지각과 맨틀도 끓어올라 증발해 버릴 거예요. 한때 생명체로 가득했던 자랑스러운 행성은 오로지 철로 된 핵만 남아, 한때 태양이라고 불렸던 붉은 괴물 주위의 궤도만을 돌고 있을 것입니다.

이 시나리오의 (그나마) 긍정적인 면은 태양계 외부 행성들이 녹을 것이라는 거죠. 믿을 수 없을 정도로 밝은 붉은 태양이 외계의 얼음을 액체로 바꾸어 얼어붙었던 행성과 위성에 새로운 생명과 활력을 불어넣을 것입니다. 지구는 파괴될지 모르지만 가니메데나 유로파와 같은 위성들은 새로운 생명체가 살 수 있는 터전으로 다시 태어날 수도 있습니다. 그럴 수도 있다는 거죠. 적색 거성 단계의 좋은 점은 10억 년간 지속된다는 것입니다. 나쁜 점은 훨씬 더 악화되기까지 10억 년밖에 남지 않았다는 것이에요.

─

그동안 태양 대기의 외층이 팽창하여 붉게 변하고 행성들을 잡아먹는 동안 내부 핵은 수축하고 더 뜨겁고 밀도가 높아지면서 축퇴 압력이라는 기묘한 양자 역학적 효과를 통해 스스로를 지탱해 왔습니다. 그것은 그 위에 부풀고 있는 거대하고 기괴한 별의 무게에 맞서 스스로를 지탱하지만 오래가지 못합니다.

결국, 균형이 깨지지요. 압력이 너무 강하고 열이 너무 높습니다. 이 경고를 읽는데 걸리는 시간보다 짧은 몇 분의 순간에 헬륨 핵이 비활성 상태에서 활성 상태로 바뀌면서 핵폭발로 스스로를 강타합니다.

이때 방출되는 섬광은 특히 열광적입니다. 일반적으로 별의 중심부에서 일어나는 핵융합은 놀랍도록 스스로를 조절하는데요. 온도가 충분히 높아져 핵융합이 **강렬해지면** 핵에 있는 가스가 가열되고 그 부피가 팽창하며 압력이 완화됩니다. 방출 밸브처럼 온도와 밀도 사이의 관계는 핵융합 속도를 안정적으로 유지합니다. 하지만 이 헬륨 핵에서는 그 긴밀한 관계가 깨지고, 이는 모두 이상한 양자 역학적 축퇴 압력의 잘못입니다.(나중에 다시 돌아와 꼭 설명하겠습니다.) 핵은 자체 에너지 방출로 지탱되지 않기 때문에 헬륨이 탄소로 핵융합하는 것은 단순히 일어납니다. 핵융합은 (평소와 같이) 에너지를 방출하지만 핵은 그에 따라 팽창하지 않고 (평소와 같이) 더 뜨거워질 뿐입니다. 이렇게 높아진 온도 (숫자를 기억하는 분들을 위해 절대 온도 약 1억 도)는 핵융합이 정신없이 일어나게 하고, 모든 것이 통제 불능 상태가 되어 매초마다 지구 전체에 해당하는 양의 헬륨을 융합시킵니다. 짧고 잔인하기 짝이 없는 과정으로 별의 핵이 폭발하고 빠르게 붕괴되어 맹공격이 시작되기도 전에 끝납니다. 별의 체르노빌인 셈이네요.[6]

그러나 별 밖의 우리는 놀랍게도 거의 알아차리지 못합니다. 위와 같은 순간에는 우리은하의 모든 별을 합친 것보다 (핵융합하는 헬륨 핵이)더 밝게 빛납니다. 그러나 다 헛된 것입니다. 적어도 처음에는 말이죠. 방출된 엄청난 양의 에너지는 모두 핵을 팽창시키고(마침내!) 증발시키는 데 사용됩니다.

별것 아닌 것 같지만 100개의 목성을 합친 무게에 해당하는 물질들을 다 증발시켜 본 적이 있나요? 그럴 리가 없죠. 별의 중심부는 거대한 충격 흡수 장치처럼 작용하여 태양계가 경험하게 될 가장 큰 핵폭탄인 헬륨 섬광의 충격을 흡수하는 동시에 별의 나머지 대기를 보호합니다.

그러나 그 순간 격렬한 헬륨 융합의 섬광, 우리 태양과 같은 별의 심장이 마지막 심장마비를 일으킵니다. 수백만 년 동안 계속되겠지만, 이 순간을 진정한 종말의 시작이라고 할 수 있습니다. 심장이 폭발한 별은 죽었지만 나머지 몸체는 아직 그것을 깨닫지 못했을 뿐입니다.

핵이 증발하고 파괴되어 핵융합이 순식간에 차단되면 남은 물질은 다시 붕괴합니다. 이때 태양의 나머지 부분은 부풀어 오르고 붉은 거인이 되어 일어나고 있는 과정을 순순히 따르기만 합니다. 불과 만 년 만에 별은 계속 축소하여 핵의 압력과 온도가 다시 임곗값에 도달하여 껍질에서는 수소 핵융합이 재점화되고 그 밑에서는 헬륨 핵융합이 다시 일어납니다.

태양계에서의 삶은 모든 것이 정상으로 보입니다. 정상이 아니라면 적어도 한때 정상이라고 여겨 왔던 것들에 비해 꽤나 가까운 모습입니다. 헬륨 섬광 후 태양은 약 10배 더 넓고, 40배 더 밝으며, 완전한 주황색으로 타오를 것입니다. 그러나 핵융합이 다시 시작되었기 때문에 추가 폭발이나 특별한 폭발은 없습니다.

네, 행성 몇 개를 잃긴 했어요. 하지만 그 외에는 우리가 어렸을 때와 모든 것이 똑같아 보이네요.

태양의 중심부에서 헬륨이 연소하고 주변 껍질에서 수소가 연소하는 태양의 새로운 단계는 매우 평화로운 모습입니다. 그 수명이 1억 년 정도밖에 되지 않는다는 것이 안타깝습니다. 멋진 무언가가 될 수도 있었을 텐데 말이죠.

태양은 핵에서 수소가 아닌 헬륨을 태우고 있기 때문에 오래 지속될 수 없습니다. 헬륨이 탄소와 산소로 융합될 때 방출되는 에너지가 많지 않기 때문에 태양의 나머지 부분의 중력과 균형을 맞추려면 필요한 만큼을 채우기 위해 더 빠른 속도로 연소해야 합니다.

어느새 핵융합을 진행하기에 충분한 자유로이 지내는 헬륨이 핵에 충분히 남아 있지 않네요. 이전과 같은 이야기지만, 수소가 융합하여 쓸모없는 헬륨 덩어리를 남기는 대신, 이번에는 헬륨이 융합하여 쓸모없는 탄소와 산소 덩어리를 뒤에 잔해로 남깁니다. 기발하지만 형용사가 부족했던 나머지 천문학자들은 이 별을 '준거성(subgiant)'이라고 불렀네요.

그리고 거성이 등장합니다. 네, 다시 거성이 나왔습니다. 핵에서 핵융합이 불꽃 튀는 동안, 주변의 껍질에서는 일부 헬륨이 계속 연소됩니다. 그 주위에 남아 있는 수소도 여전히 핵융합을 일으킬 수 있죠. 이 불타는 껍질은 외부 대기를 팽창시킵니다. 또다시 말이죠. 대기가 팽창하고 냉각되어 붉은색으로 변합니다. 또다시. 하지만 10억 년이라는 시간이 걸리는 대신 이번에는 10배나 더 빨리 돌아옵니다. 그렇게 너무나도 빨리 태양은 두 번째 죽음을 맞이합니다. 잠시 재생된 태양에서 태어난 새로운 붉은 거성이 복수를 위해 돌아온 거죠.[7]

이번에는 진짜 제대로 일이 벌어질 거예요. 복잡한 내부 핵은 이제 믿을 수 없을 정도로 불안정해졌습니다. 별의 중심은 대부분 탄소와 산소가 되었고 뜨겁지만 탄소나 산소가 융합할 만큼의 높은 온도는 아닙니다. 태양과 같은 별에는 탄소와 산소를 충분히 가깝게 만들기에 충분한 무게가 없기 때문이죠. 그러나 때때로 바깥 껍질에서 일어나는 수소 융합이 엄청난 양의 헬륨을 중심핵 쪽으로 떨어뜨리죠. 충분한 양의 헬륨이 쌓이면 다시 융합하며 반짝 빛을 내지만, 이것은 그저 잠시입니다.

헬륨 핵융합은 수소 핵융합보다 더 빠르고 격렬하게 일어나기 때문에, 타고 있지 않은 탄소 핵 주위로 양파 껍질과 같이 헬륨 핵융합이 일어나는 층, 그리고 그것을 또 둘러싸고 있는 수소 핵융합이 일어나는 층 등의 구조를 이루게 됩니다. 그리고 양파 껍질과 같은 이러한 구조는 놀랍도록 불안정하지요. 헬륨 껍질은 팽창하여 수소층을 뚫고 나옵니다. 그러나 태양 대기권 위쪽에는 핵융합을 계속하기에 헬륨이 충분하지 않아서 핵융합이 일어나지 못하게 됩니다. 핵이 (또다시 그렇게) 붕괴합니다.

그러나 수소 융합은 또 다른 임계 질량의 헬륨을 축적하여 새로운 활동으로 이어집니다. 새로운 주기가 시작될 때마다 태양은 중심핵에 핵융합의 새로운 원천을 쌓으며 수축했다가 다시 핵연료가 고갈되면 팽창합니다. 태양계의 중심에서 거대한 심장처럼 그 맥박이 뛰며 평범한 백색 별에서 격렬한 붉은 거성으로 여러 번 그 모습을 바꾸는 등 태양 모습의 변화는 10만 년마다 반복됩니다.

이 새로운 적색 거성의 시기는 태양이 현재 목성 궤도 반경까지 부풀어 올랐다가 다시 수소를 태우던 평온한 주계열기 시절의 작은 크기만큼 거의 줄어드는 극단적인 현상으로 정의됩니다. 이제는 격렬함의 안개 속에서 사라진 아득한 기억이 돼 버린 날들이네요.

빠른 수축, 빠른 팽창. 중심핵에서 불꽃 튀며 헐떡이는 핵융합. 표면의 경련. 태양의 지진. 거대한 태양 폭풍으로 물질이 분출됩니다. 태양이 (현재와 같은) 평범한 모습일 때 코로나 질량 방출이 너무 많다고 생각될 수 있지만, 이 적색 거성의 단계에서 일어나는 코로나 질량 방출은 가벼운 이슬비가 아닌 우박 폭풍과 비슷합니다. 외부 행성에서도 극심한 자기장과 우주선 폭풍으로 고통을 겪게 될 것입니다. 이 시기는 생명체와 탐험가에게 특히 어려운 시기가 되겠지요.

이 단계의 별은 특히 위험합니다. '미라변성'이라는 별은 최초로 발견된 미라별의 이름을 딴 것인데요. 며칠 만에 그 밝기가 10배나 변할 수 있습니다.[8] 수 주 안에 미라변성은 10배 밝아졌다가 10배 어두워지기도 합니다. 부풀어 오르고, 팽창하고, 수축하고, 수축합니다. 정말 싫증 날 만큼 반복되는 과정입니다. 맥동과 소용돌이를 반복하며 시스템을 완전히 혼란에 빠뜨리게 되죠.

'미라'라는 이름 자체가 '놀라운 것'이라는 뜻으로, 수백 년 전 천문학자들은 하늘에서 가장 밝은 별 중 하나가 단 1년 만에 보이지 않을 정도로 희미해지는 것을 지켜보며 그 이름을 지었습니다. 미라별은 여전히 존재하며 강력한 망원경으로 관측할 수 있고 여러분이 많이 어리석다면 직접 찾아갈 수도 있겠지만, (그저 밤하늘만 바라볼 수 있었던) 고대 천문학자들에게 이 별은 익숙한 빛이 어느 날 갑자기 사라져 버린 거죠.

정말 놀랍습니다. 미라는 혼자가 아닙니다. R 히드래(R Hydrae), S 카리나에(S Carinae), U 오리오니스(U Orionis). 수백 개를 더 발견했고 그 정확한 위치를 알고 있으며, 우리은하라는 광활한 밤에는 수백만 개의 미지의 천체들이 폭발하고 숨을 헐떡이고 있습니다.

별이 스스로의 빠른 변화로 그 자아를 잃어 가는 동안 탄소와 산소로 이루어진 핵은 형성되고 성장합니다. 침묵하며 기다립니다. 태양의 마지막 잔재가 그 모습을 드러내고 있습니다. 지금은 난기류의 불안정한 베일 뒤에 숨어 있는 거지요. 일단은요.

―

태양은 죽음을 맞이하기 전에 마지막으로 한바탕 토해 내요. 표현이 지저분하지만 꽤 정확합니다. 이러한 심장 박동과 같은 과정을 여러 번 거친 후, 태양은 특히 엄청난 에너지의 분출로 이미 질량의 상당 부분을 잃었습니다. 하지만 아직 갈 길이 많이 남았습니다. 결국 플레어 하나가 너무 멀리 갑니다. 즉 너무 많은 물질이 한꺼번에 쏟아져 나와 발화되고 너무 빨리 연소되어 태양의 나머지 대기를 우주로 날려 버리죠. 핵연료로 구동되는 탱탱볼처럼요.

처음에 방출된 플라스마는 태양 근처를 맴돌며 핵과 재결합할지, 아니면 완전히 벗어나 버릴지 결정하지 못하고 있습니다. 두 가지 요소가 결정을 내릴 거예요. 그중 하나의 요소는 극단적인 형태의 항성풍(일반적으로 태양이 뱉어 내는 작은 입자의 꾸준한 흐름)이 그 물질 층을 밖으로 밀어내고 밖으로 밀어내는 것이지요.

다른 하나는 강렬한 방사선이 핵을 빠져나와 부풀어 오르고 괴사해 버린 대기 외층을 통과하기 시작하는 것입니다. 가장 바깥층이 우주로 빠져나가면서 핵에서 분리되기 시작하고, 원자를 형성할 수 있을 만큼 차가워지면서 수십억 년 만에 처음으로 물질의 상태를 경험하게 됩니다. 이 원자 상태에서 가스는 그 안에서 쏟아져 나오는 방사선에 의해 두꺼워집니다. 기체는 방사선을 흡수하여 가열되고 바깥쪽으로 팽창합니다. 이 과정에서 다시 플라스마로 분해되어 팽창을 일시적으로 멈추게 됩니다.

그러나 거친 숨을 헐떡이며 태양은 스스로를 뒤집어 거의 절반의 물질들을 이전의 내부 행성을 넘어 소행성대에 남아 있는 것들을 지나 태양계의 가장 먼 곳까지 도달시킬 수 있습니다.[9]

태양이 이 롤러코스터와 같은 다이어트 단계를 거치는 동안 행성들이 이를 무시하고 가만히 앉아 있을 리가 없죠. 매번 태양이 박동을 일으키거나 붉은 거성으로 부풀어 오르거나 또 다른 수소 기둥을 내뿜을 때마다 행성의 궤도는 조금씩 조정됩니다. 여기서 몇 번 조금 바뀌고, 저기서 몇 번 조금 바뀌면서, 그리고 그 과정이 끝나면 예전과 같은 것은 없습니다. 물론 일부 행성은 살아남을 수 있을 거예요. 우리는 인근 행성계에서 그러한 행성의 증거를 볼 수 있습니다. 그러나 한때 장엄한 가스와 얼음으로 이루어졌던 거대한 행성들은 빽빽한 암석 덩어리일 뿐이며, 중력의 끈에 힘없이 갇혀 모별이 죽어가는 것을 지켜보며 폐허와 비참한 모습으로 변해가게 될 거예요.

하지만 이 모든 혼란과 피비린내 속에서도 죽어 가는 태양은 마지막 공연을 펼칩니다. 영원히 은퇴하기 전 마지막 공연입니다. 우리 은하와 마지막 작별 인사를 나누며 별이 얼마나 아름다운 존재인지 모두에게 상기시켜 주면서 말입니다.

수십억 년 동안의 만족스러운 수소 융합, 10억 년 동안의 폭주, 헬륨 플레어 형태의 격렬한 섬광, 1억 년 동안의 꼼짝없이 처할 수밖에 없었던 절망, 그리고 자신의 몸의 조각조각을 격렬하게 내뿜는 마지막 급락 끝에 태양은 **행성상 성운**이 됩니다. 즉 태양과 같은 별이 속에 있던 내장을 한때 태양계이었던 공간에 쏟아 놓는 현상이지요. 원래 별의 질량의 최대 절반까지를 토해 낸다고요. **절반**이나 말이죠. 태양은 당연히 태양계에서 가장 거대한 천체이며, 생애의 마지막 단계인 마지막 대폭발에는 그 절반을 다시는 고향으로 돌아오지 못하도록 깊은 우주로 보낼 수 있는 충분한 에너지가 있습니다.

네, 이름이 좀 이상하다는 건 인정합니다. 사실 행성과는 아무 관련이 없거든요. 망원경이 충분히 커지면서 지구 천문학자들이 처음 발견한 것으로, 그들이 보았던 것은 동그랗고 흐릿한 부분이었죠. 적어도 당시의 형편없는 망원경으로는 그렇게 보였습니다. 성운을 처음 발견한 천문학자들은 성운이 행성이 아니라는 것을 알아차릴 만큼 똑똑했지만, 성운이 행성처럼 보였기 때문에 어린 별 주위에 행성들이 모여 항성계를 형성되는 모습을 포착하고 있는 게 아닐까 했던 거죠. 그리고 **성운**(nebula)은 라틴어로 '구름'을 의미하기 때문에 적합해 보였습니다.

우리는 선조들보다 훨씬 더 똑똑하고 현명하지요. 그래서 그들이 완전히 거꾸로 생각했다는 것을 알고 있습니다. 별의 시작이 아니라 끝이라는 것을요. 하지만 옛날 이름을 고수하고 있을 뿐입니다.

어쨌든 태양계를 떠다니는 가스, 심지어 한때 태양의 일부였던 가스만으로는 장관을 연출하기에 충분하지 않습니다. 카메라와 액선만으로 정말 멋진 쇼를 만들 수 없는 것처럼 말이에요. **조명**이 필요합니다.

빛은 별의 중심핵에서 나옵니다. 남은 것들, 찌꺼기들, 우리 잠시 잊고 있었던 탄소와 산소의 껍질들이죠. 태양의 나머지 물질들을 우주로 반복적으로 (간헐적으로) 내보낸 태양은 이제 벌거벗은 채로 홀로 남겨져 있습니다. (벌거벗겨져 핵이 바깥으로 드러난 격이니) 무척 **뜨겁겠죠.** 새로운 핵융합을 시작하기에는 충분히 뜨겁지 않지만(이 악몽에 대해서는 또 이야기하겠습니다.) 정말 뜨겁고 밝습니다. 오늘날 태양보다 4,000배나 더 밝으며, 태양 원래 질량의 거의 절반을 포함하고 있어요. 이는 거의 순수한 탄소와 산소로 변환된 것이고 그 양은 원래 지구의 크기와 부피만큼이나 되지요.[•]

이것은 수십억 년, 심지어 수조 년 동안 지속될 태양의 남은 뼈, **백색 왜성**의 시작입니다. 혹시라도 어리석게도 백색 왜성을 만나게 된다면 그때 더 자세히 설명해 드리겠지만, 지금은 백색 왜성의 뜨거운 열이 가장 중요한 문제입니다. 불과 수만 년 동안 남은 핵은 치명적인 엑스선을 뱉어 낼 만큼 뜨겁고, 뱉어 낸 내장은 그 치명적인 빛의 영광에 흠뻑 젖게 됩니다.

고에너지 방사선을 원자나 분자에 쏘이면 몇 가지 일이 일어날 수 있습니다. 여기저기로 채이고 다닐 수 있죠. 전자를 몇 개 잃을 수도 있습니다. 또는 빛을 발할 수도 있고요. 원자는 빛을 흡수하여 그

• 원래 지구 크기라고 한 것은, 태양이 4,000배나 밝아지고 나면 태양이 지금의 지구를 이미 집어삼키고 난 이후이기 때문이에요.

에너지에 흠뻑 젖은 후 삼켰던 빛을 다른 주파수로 다시 뱉어 낼 수 있습니다. 여기서의 다른 주파수는 빛의 색깔이 다름을 의미합니다. 이러한 방식으로 네온사인이 작동합니다. 기체 튜브에 전기를 흘려보내 에너지로 채우고 난 후 분자를 빛나게 하는 것이죠. 원소의 구성 성분과 주입하는 에너지의 양에 따라 원소마다 고유한 색이 달라집니다. 수소는 빨간색, 헬륨은 노란색, 수은은 파란색, 익숙한 네온은 주황색입니다.

라스베이거스와 타임스퀘어를 밝히는 것과 동일한 물리학이 죽은 태양계의 남은 찌꺼기를 밝히는 겁니다. 여러 차례에 걸쳐 분출된 태양의 물질이 서로 엉키고, 달아나는 (솟구쳐 오르는) 자기장에 뒤틀리면서 한순간의 영광을 누리게 됩니다. 이전 태양계의 한쪽 끝에서 다른 쪽 끝까지 불이 켜졌습니다. 뒤엉킨 격자 구조이죠. 수백만 킬로미터 길이의 가스 기류. 푹신한 달걀 모양의 돌출부. 모래시계 모양. 겹겹이 쌓인 솜사탕. 미량 기체가 고유한 방식으로 방사선을 흡수하고 재방출하여 눈부신 색상을 만들어 냅니다.

밤을 밝히는 보석이에요. 예술 작품이자 마지막 표현입니다. 10,000년쯤, 조금 더 길 수도 있고 짧을 수도 있지만 계속됩니다. 하지만 그게 전부예요. 얼마 지나지 않아 백색 왜성은 식어 더 이상 필요한 고에너지 방사선을 방출하지 않고 성운은 다시 어둠 속으로 사라지고 영광의 순간은 그렇게 영원히 사라져 갑니다.

———

그들의 아름다움은 탐험가들을 그들의 품으로 유혹합니다. 아주 치명적인 독을 가진 품이지요. 거대한 성운을 밝히는 데 필요한 방사선은 무방비 상태의 여행자를 사망에 이르게 할 수 있을 정도입니다. 엑스선. 감마선. 아주 센 방사선들로 말이죠. 이 방사선은 단순히 태닝을 하는데 그치지 않고 피부층을 벗겨 내고 산 채로 태워 버릴 수 있습니다.

성운의 생성 역시 볼 때는 매혹적이지만, 또 다른 해를 끼칩니다. 가스의 팽창을 유도하고 아름답고 복잡한 형태로 형성하는 별의 항성풍은 마치 스테로이드 주사를 맞은 우주선과 같은 것입니다. 이 작은 입자들은 태양의 절반에 해당하는 물질들을 태양계의 가장자리로 밀어낼 수 있는 충분한 힘을 가지고 있습니다. 여러분은 어떻게 될까요? 아니면 여러분이 타고 온 우주선은 또 어떻고요? 그것은 깡통처럼 기꺼이 밀고 다닐 것입니다.

행성상 성운이 생성되기 직전과 생성 도중의 그 죽음의 고투에는, 별은 마치 정신분열과 같은 고통을 겪으며 단 며칠 만에 안정에서 재앙으로 가는 혼돈을 겪게 되고 우주선과 방사선은 태양계 전체를 폭파시킵니다. 의심하지 않는 탐험가와 탐사선이 미처 깨닫지 못합니다. 항성풍은 초속 8킬로미터(초속 5마일)의 산들바람에서 며칠 만에 초속 1,600킬로미터(초속 1,000마일)의 허리케인으로 변할 수 있습니다.

(반면) 성운 자체는 수소와 몇 가지 다른 물질로 이루어진 구름일 뿐이라 오히려 안전합니다. 일단 방출되면 속도가 느려지고 안전하고 꽤 견딜만한 수준으로 빠르게 냉각됩니다. 너무 나쁘지 않다고 말

씀드리고 싶네요. 그러나 그것은 남은 별입니다. 네온사인처럼 성운을 밝히는 순간부터 식을 때까지의 짧은 순간은 무서운 순간입니다. 여러분의 뒤를 조심하면서 시간을 잘 보고 계세요. 성운 내부의 아름답고 황홀한 경치를 즐기고 있다가 다음 폭발로 인해 순간 잿더미가 될 수 있기 때문입니다.

행성상 성운은 정말 사랑스럽습니다. 그 이유는 성운의 일시적인 특성 때문인데, 성운은 약 10,000년 동안만 지속됩니다. 하지만 거의 모든 별이 행성상 성운이 될 거니까 크리스마스트리의 장식품처럼 은하계에서 흔히 볼 수 있을 거예요. 하지만 장식품과 마찬가지로, 멀리서만 즐기세요.[10] 예쁘긴 하지만 끔찍하기도 하니까요. 게다가, 행성상 성운 하나에 도착했을 때는 이미 사라진 후일 수도 있겠네요.

백색 왜성과 신성

8

꿈에서 깨어나
포근한 이불을 벗어 던지면
한 줄기의 섬광, 한순간, 광채가 정의되고
다시 잠에 빠져들 거야

- 고대 천문학자의 시

저는 **축퇴 압력**이라는 이상한 단어를 여러 번 말했습니다. 과학적으로 말하자면(전문 용어를 사용해야겠지만) 축퇴 압력은 축퇴된 물질 상태*가 가하는 압력입니다.

와, 이제 깨달음을 얻은 것 같지 않나요? 좋아요, 이번 한 번만 더 깊이 파헤쳐 볼게요. 아주 깊게 파헤칠 거예요. 저는 여러분에게 성간 모험의 위험성뿐만 아니라 그 위험들이 **어떻게** 다가오는지도 알려드리려고 합니다. 하지만 단순히 "축퇴 압력이란 죽은 별이 중력의 붕괴에 맞서 스스로를 지탱할 수 있는 방법"이라고 스스로에게 말하고 그냥 만족하고 살아가실 수 있다면, 저는 방해하지 않겠습니다. 이

---

* 물리학에서 두 가지 이상의 물질의 상태가 같은 에너지를 갖는 경우

몇 단락을 건너뛰고 다음 섹션으로 넘어가면 여러분이 기대하고 있고 익숙한 그런 위험한 물리를 만날 수 있습니다.

하지만 진정으로 용감한 사람, 즉 대부분의 사람들이 두려워서 접근조차 하지 못하는 미지의 영역으로 기꺼이 들어가 지식의 문을 열고자 하는 여러분이라면 계속 읽어 보세요. 여러분의 용기는 반드시 보상을 받을 것입니다.

축퇴 압력. 자, 이제 이야기 시작해 볼까요. 중요합니다.[1] 먼저, 우리 우주가 두 개의 서로 다른 입자 부족으로 나뉘어져 있다는 사실을 인정해야 합니다. 그 두 부족 중 하나가 전자, 쿼크, 중성 미자 같은 입자가 포함되는 **페르미온** 또는 **스핀-½(스핀이 정수가 아닌 ½인 입자들)**이라고 합니다. 이러한 입자들은 우리 주변의 친숙한 세계의 구성 요소들이죠. 우리 몸의 세포를 아주 자세히 들여다보면 핵 주위를 돌고 있는 전자가 많은 원자들로 되어 있죠. 원자의 핵은 양성자와 중성자로 구성되어 있으며, 양성자와 중성자는 쿼크들로 만들어진 작은 공입니다.

쿼크는 무엇으로 만들어졌나요? 글쎄요. ① 쿼크는 그 입자를 만드는 더 작은 요소가 있는 거 같지 않고, ② 우리가 상관할 문제가 아닙니다. 또한 중성 미자는 특별한 경우를 제외하고는 중요한 일을 하지 않지만, 나중에 가장 큰 별이 어떻게 죽는지 살펴볼 때 알게 될 것입니다.

다른 종류의 입자 부족은 **보손** 또는 **스핀-1(스핀이 정수)** 입자라고 합니다. 여기에는 광자, 글루온, W보손 등이 포함됩니다. 여러분은 이 입자들이 기본 힘의 운반자라는 것을 알 수도 있고 모를 수도 있는데, 그중 가장 잘 알려진 입자는 물론 여름날 피부에 느껴지는 따스함부터 감마선에 의한 급성 방사능 중독에까지 이르는 모든 것을 담당하는 광자라고 할 수 있죠.

페르미온은 엔리코 페르미(Enrico Fermi)의 이름을 따서, 보손은 사티엔드라 나트 보스(Satyendra Nath Bose)의 이름을 따서 명명되었습니다. 좋아요.[2]

스핀-½ 이나 스핀-1의 차이는 어떤가요? 아니요, 설명하지 않겠습니다. 더 물어보지 않으시니 감사해요. 여러분 **정말** 궁금하시다면 이제 즐겨 찾는 검색 엔진에 무엇을 입력해야 하는지 알 수 있을 것입니다.

우주는 왜 이렇게 생겼을까요? 왜 페르미온과 보손으로 나뉘어져 있을까요? 글쎄요, 그건 제가 해야 할 일이 아니네요. 제가 해야 할 일은 왜 여러분이 여기에 관심을 가져야 하는지 설명하는 것입니다.

페르미온 한 봉지를 들고 있다고 가정해 봅시다. 전자를 예로 들어 보겠습니다. 전자는 우리 주변에 충분히 흔하니 이해하기 어렵지 않을 것입니다. 꼭 전자일 필요는 없으며, 광자나 다른 보손 중 하나만 아니라면 양성자나 쿼크 등 무엇이든 상관없습니다. 페르미온과 보손은 서로 다른 규칙에 따라 움직이며, 우리가 지금 이야기할 것은 페르미온에서만 일어납니다.

이 페르미온이 담긴 봉지는 작은 호텔과 같습니다. 전자가 체크인하여 방에 들어가게 됩니다. 물리학자들은 이 호텔의 방을 설명하는 매우 구체적인 단어를 가지고 있는데, 바로 **상태**입니다. 상태라는 것은 전자의 에너지 준위, 스핀 등 전자를 방으로 분류해 넣을 때 신경 써야 할 모든 것을 포함하는 각 전자의 상태를 완벽히 묘사한 것입니다.

자연적으로 우주의 다양하고 다소 신비한 규칙을 따르는 전자와 그 페르미온 형제들은 방을 공유하는 것을 싫어합니다. 그들은 자기만의 침대를 좋아하고, 자기만의 샤워 시설을 가지고 싶어 하고, 소문에 의하면 톱 쿼크는 전기톱처럼 코를 곤다고도 합니다. 방 하나당 전자 하나, 그것이 최대입니다. 하나의 상태당 최대 하나의 페르미온, 최대입니다. (이와는 완전히 대조적으로 보손은 한 방에 최대한 많이 쌓아 두는 것을 좋아합니다. 많으면 많을수록 좋습니다. 그들은 파티를 좋아합니다. 알아요, 이상하긴 하지만 보손에 대해서는 더 이야기하지 않겠습니다.)

따라서 전자는 작은 호텔에 체크인할 때 1층에 있는 첫 번째 방부터 시작하여 다음 옆방으로 이동하는 식으로 1층의 모든 방이 채워질 때까지 이동합니다. 그런 다음 전자를 1층 방 안에 모두 넣은 후 2층으로, 그리고 위로, 위로, 위로 올라갑니다.

호텔의 크기와 각 방의 수는 정확한 물리적 상황에 따라 달라집니다. 예를 들어 원자에 있는 전자의 경우 1층에는 2개의 방이 있고 그다음 층에는 8개의 방이 있으며 위로 올라갈수록 더 많은 방이 있습니다. 즉 원자핵에 가장 가까운 곳에는 2개의 전자만 살 수 있고, 그 위에는 더 높은 에너지 상태의 전자가 8개 있습니다. 원자 호텔의 방 수에 대한 이러한 제한은 원자가 전자를 공유하며 다른 원자와 결합하여 어떻게 분자를 형성하느냐에 대한 규칙을 정하게 되죠. 다 잘 아시는 화학이죠.

이것은 또한 우주에 있는 물질들이 공간을 차지하는 이유도 설명해 줍니다. '나는 왜 부피가 있을까?'와 같은 어리석은 질문을 생각해 본 적이 있나요?(아니요. 감자칩이라 해도 도움은 안 되겠지만 감자칩도 아닌데 말이죠.)

전자가 방을 공유하기 싫어하는 이러한 규칙이 없다면, 원자의 음전하를 띤 전자는 상호 전기 인력으로 인해 양전하를 띤 원자핵에 즉시 충돌할 것입니다. 그 대신, 전자는 자기의 지정된 방 안에 머물러야 하며, 그 방은 핵에서 멀리 떨어져 있습니다. 다시 말해 전자는 호텔 1층의 첫 번째 방에만 들어갈 수 있기 때문에 핵에 더 가까이 갈 수 없으며, 이 1층의 첫 번째 방은 전자에게 허용되는 최소한의 최저 에너지 상태입니다. 그렇게 원자는 부피를 가지게 되며, 원자로 이루어진 모든 것(여러분을 포함하죠.)도 부피를 갖게 되는 것입니다.[3]

(다시 봉지에 들어가 있는 페르미온의 이야기로 돌아오지요.) 봉지에 넣는 전자의 경우, 전자가 모두 바닥에 내려앉지 않고 공간을 차지한다는 것을 알 수 있습니다. 원자의 전자와 달리 봉지의 전자가 공간을 차지하는 데에는 몇 가지 이유가 있습니다. 그중 한 가지는 모든 전자가 음전하를 띠기 때문입니다.(**전자**라는 정의의 일부이기도 합니다.) 따라서 자연스럽게 전자는 전기적 반발력으로 인해 서로를 견딜 수 없습니다. 하지만 이는 전자가 서로 아주 가깝게 붙어 있을 때만 문제가 되며, 그렇지 않은 경우에는 전기장이 너무 약해서 큰 역할을 하지 못합니다.

봉지 속 전자가 공간을 차지하는 또 다른 이유는 온도 때문입니다. 차가운 것은 잘 움직이지 않고 뜨거운 것은 많이 움직이지요. 따라서 봉지를 가열하면 전자가 여기저기서 윙윙거리며 봉지 안쪽에서 튀어나오고 서로 부딪히는 것을 상상할 수 있습니다. 이렇게 많은 에너지 때문에 부피가 엄청나게 커질 수밖에 없는 것이죠.

하지만 여기에서 전자에 대해 이야기할 게 있지요. 전자가 한 방을 공유하는 것을 극도로 싫어하는 것은 절대 온도 0도에서도 마찬가지예요. 절대 온도 0도는 도달할 수 없는 온도라는 것을 여러분도 잘 알고 계시겠지만, 이 상황을 같이 이해해 보도록 하자고요.

전자가 든 봉지의 온도가 높으면, 호텔 1층의 객실(비유가 지겹다면 **상태**라 하시죠.)은 꽉 차지도 않을 거예요. 모든 전자는 높은 에너지를 가지고 주차장만 보이는 1층 방보다는 펜트하우스 스위트룸으로 날아다니는 것을 즐길 것입니다. 전자는 그 에너지를 가지고도 여전히 방을 공유하지 않는다는 양자 역학의 규칙의 적용을 받지만 단지 높은 곳에서 어울리고 있다는 것일 뿐이죠.

봉지를 식히면 전자는 가장 높은 층에 도달할 수 없게 되고 호텔의 더 낮은 아래층을 채우기 시작합니다. 심지어 어떤 전자들은 강제로 제일 바닥에 자리를 잡아야 할 수도 있습니다. 하층민들이 되는 거지요.

어쨌든, 진짜로, 사실로, 정말 절대로 절대 온도 0도에서는 전자도 아무 에너지를 갖지 않습니다. 전자는 우리가 이 지루한 비유를 시작했던 방식, 즉 1층의 첫 번째 방에서 시작해 위로 올라가는 방식으로 방을 채울 것입니다. 봉지에 마지막으로 들어가는 전자는 다른 모든 전자 위에 앉게 되겠죠.

바로 여기서 축퇴 압력의 마법이 시작됩니다. 전자로 만들어진 거대한 공을 꽉 쥐어 압축하려 한다고 상상해 보세요. 전자의 온도가 조금이라도 있다면* 전자는 최대한 세게 여러분의 피부에 부딪히면서 저항할 것이고, 이는 여러분이 가하는 압축을 견딜 수 있는 압력의 원천을 제공하게 되는 거죠. 온도와 관련이 있기 때문에 이를 '열 압력'이라고 합니다.

더 꽉 쥐면 자연적인 전기적 반발력도 여러분과의 싸움에 가세하려고 할 것입니다. 이를 정전기 압력이라고 하며, 앞서 말했듯이 앞으로 살펴볼 시스템에서 그다지 중요한 역할을 하지는 않지만 (전자에 의한 압력에 대한) 이야기의 완성도를 높이기 위해 언급하고 싶었습니다.

전자는 여러분과 싸우며 전자를 더 짜내려는 여러분의 시도에 저항하고 있습니다. 하지만 여러분은 영리합니다. 전자의 온도를 완전히 0으로 떨어뜨렸습니다.(기술적으로는 불가능하다는 것을 알지만, 여기서는 설명의 목적으로 마법의 환상의 나라에 와 있는 걸로 하죠.) 계속 쥐어짜면 전자는 점점 더 적은 저항과 적은 압력을 받게 됩니다. 하지만 방은 1층부터 하나씩 하나씩 채워집니다. 영하의 온도에서는 전자가 더도 말고 덜도 말고 최대한 많은 호텔 방을 차지하게 됩니다.

좀 더 밀어 보세요. 어떻게 되나요? 그대로예요. 아무 일도 일어나지 않습니다. 전자를 누르면 **말 그대로 더 이상 갈 곳이 없습니다.** 그들은 그냥 방(또는 상태)을 공유하는 것을 싫어할 뿐만 아니라 물리적으로도 거의 불가능합니다. 전자들을 더 조밀하게 압축되기를 바라며 전자를 누르게 되고, 전자는 여러분을 그저 바라보며 아무리 그

---

* 절대 온도 0도가 아니라면

래 봐야 소용없다는 것을 언제나 알게 될까 하며 혼자서 의아해할 뿐입니다.

자연이 이야기하는 양자 역학적 개념에서만 보면 이러한 압축에 대응할 수 있는 저항은 전자들이 제공하는 것이지요. 바로 압력입니다. 축퇴 압력. **축퇴**라는 단어가 조금 이상하게 느껴지지만, 이 단어를 정의하거나 이 문맥에서 왜 축퇴라는 단어가 나타나는지는 아직 설명할 생각도 못했었는데요. 자, 이제 한번 들어 보시죠. 양자 역학의 기묘하고 놀라운 세계에서는 때때로 하나의 에너지 준위가 여러 상태를 가질 수 있습니다. 예를 들어 원자에 있는 두 전자는 같은 에너지(이 경우에는 핵으로부터의 거리가 같아요.)를 가질 수 있지만, 하나는 스핀이 위를 향하고 다른 하나는 스핀이 아래를 향하는 두 가지 상태 중 하나를 가질 수 있다는 거죠.

스핀이란 무엇인가요? 스핀에 대해 걱정하지 마세요. **스핀**에 대한 이야기를 하다 보면 책이 끝날 때까지 아무런 진전을 할 수 없을 테니까요. 요점은 하나의 에너지 준위(예: 호텔의 한 층)가 같은 층에 있는 다른 방처럼 두 가지 이상의 사용 가능한 상태 (마치 같은 층에 있는 다른 방들)를 갖는다는 것입니다. 그때 갖는 그 에너지 준위를 **축퇴**라고 하고, 그 상태의 전자도 **축퇴**라고 한다는 것입니다.

축퇴 상태. 축퇴 물질. 축퇴 압력. 축퇴 압력이 어떻게 작동하는지 잘 이해하지 못하셨을 경우를 대비해 다른 방식으로 설명해 드리겠습니다. 앞에서 사용한 비유와는 완전히 다른 언어와 논리를 사용하지만, 수학은 수학이고 물리학에서는 종종 같은 현상을 다른 각도에서 자유롭게 설명할 수 있습니다.

그래서 다른 각도로 접근해 보겠습니다. **하이젠베르크 불확정성 원리**(Heisenberg uncertainty principle, HUP)[4]에 대해 들어 보셨나요? 이는 양자 세계의 기묘한 규칙 중 하나로, 우리는 양자적 존재가 아니기 때문에 거시적 존재인 우리에게는 이해가 되지 않으며, 우리 두뇌에 '세상의 이치대로'라는 다른 규칙에 따라 작동합니다. 하이젠베르크 불확정성 원리는 아원자 입자의 운동량과 위치 사이의 근본적인 관계입니다. 즉 입자의 위치에 대해 더 많이 알수록 운동량에 대해 더 정확히 **알 수 없으며**, 그 반대의 경우도 마찬가지라 이야기하죠.

다시 말해, 입자의 상태를 아는 데에는 근본적인 양자적 한계가 있다는 이야기입니다. 마음에 안 드시나요? 어쩔 수가 없어요. 안타깝지만 이것이 우리의 우주이고 우리는 그 규칙을 따라야 합니다.

전자를 서로 단단하고 조밀하게 뭉치면 전자의 위치에 대해 더 잘 알게 되죠.* 막연하게 "여기 어딘가에 있겠지, 아마도."라고 손짓으로 얼버무리지 않고, 정확하게 "바로 저기, 내가 놓은 곳에 전자가 있다."라고 단호하게 말할 수 있게 됩니다.

하지만 하이젠베르크 불확정성 원리에 따르면 상대의 위치에 대해 더 많이 알수록 그 운동량에 대해서는 더 많이 알 수 없다고 합니다. 구석으로 더 많이 몰아넣을수록 더 격렬하게 진동하고 흔들린다는 이야기예요. 마치 화난 벌을 작은 상자 안에 넣으려고 할 때 상자가 작을수록 벌은 더 화를 내는 것과 같은 이야기겠네요.

---

* 전자가 차지하는 공간이 물리적으로 작아지니까 위치의 범위가 줄어들기에 위치에 대한 오차도 작을 수밖에 없어요.

그 진동, 윙윙거리는 소리, 운동량의 불확실성은 여러분과 싸우는 무언가로 나타나게 되며, 우리는 그것을 압력으로 느끼고 인식합니다. 축퇴된 전자 덩어리를 더 꽉 누르려고 하면 더 강하게 저항할 것입니다. 다시 한번 양자 우주의 이상한 측면인 것이죠.

왜 우리는 축퇴 압력에 그토록 관심을 가질까요? 그 이유는 바로 이 축퇴 압력이 우리 우주의 백색 왜성, 중성자별, 그리고 다른 몇몇 괴상한 천체들이 스스로를 버티고 있게 하는 요인이기 때문입니다.

별의 정상적인 수명 동안 핵융합에서 방출되는 에너지는 별을 뜨겁게 유지하고 끝없는 중력의 압력을 견딜 수 있는 열을 공급하기에 충분합니다. 우리는 축퇴된 물질 덩어리가 나타나서 이 세밀한 균형을 깨뜨리면 별 내부에서 상황이 어떻게 엉망이 되기 시작하는지 보았습니다. 이 축퇴 물질 덩어리의 주요 문제이자 특징 중 하나는 질량을 더 추가하고 뜨거워지면 원래의 방식과 정반대로 행동한다는 것입니다.

일반적으로 어떤 사물에 무언가를 추가하면 그 크기가 더 커지죠. 산에 조약돌을 추가하면 산은 이제 더해진 조약돌의 크기만큼 커졌습니다. 배 속에 치즈 한 조각을 추가하면 이제 배 속이 치즈 한 조각만큼 커지는 거죠. 너무나도 당연한 이야기예요. 하지만 축퇴된 물질로 만들어진 별의 경우는, 더 많은 물질을 추가하면 실제로는 더 **작아집니다.**

이것이 가능한 이유는 바로 그 어떤 물질도 절대 온도 0도일 수 없기 때문인데요. 그러니 양자 호텔의 가장 낮은 층이 모두 채워져 있지 않은 거죠. 그 위에 더 많은 질량을 쌓으면 여분의 물질로 인해 중력이 더 커지고, 그렇게 커진 무게 때문에 더 많은 전자가 낮은 층으로 밀려 내려갑니다. 축퇴 압력은 여전히 별을 지탱할 수 있지만, 부피가 줄어들어 마치 놀이터의 시소 한쪽이 아래로 기울어져 결국 별이 더 작아지게 됩니다. 신기하죠.[5]

축퇴된 별의 또 다른 이상한 점은 더 뜨거워져도 더 커지지 않는 다는 것입니다. 알아요, 얼마나 짜증 나는지. 일반적으로 기체를 가열하면 모든 입자가 더 자유롭게 이동하면서 더 큰 부피를 차지해야 하는데 말이에요. 그러나 축퇴된 별에서도 중력은 여전히 중력이라 모든 것을 하나로 묶어 두기 때문에, 축퇴된 물질의 거대한 공을 가열하면 그저 더 뜨거운 축퇴 물질의 거대한 공이 되는 거죠.

우리 삶에서 너무나 익숙하고 별이 탄생하기 전부터 수백만 년, 수십억 년 동안 별의 삶을 지배하는 열역학의 모든 규칙은 (이쯤 되면) 모든 것을 포기하고 일반적으로 무질서하고 무모한 것으로 알려진 양자 역학에 열쇠를 넘겨주게 됩니다.

자, 혼란스러운 이야기는 여기까지만 하죠. 축퇴 압력에 대한 바로 전 섹션을 건너뛰신 분들 안녕하세요, 다시 오신 것을 환영합니다. 다시 만나서 반갑습니다. 만약 전 섹션을 건너뛰지 않고 남아 계셨던 분들도 축하합니다. 여러분은 이제 축퇴된 존재입니다. 이거 칭찬으로 들으셔야 해요.

본론으로 들어가서 특히 백색 왜성에 대한 이야기를 해 보겠습니다. '왜성''은 평균적인 별보다 작기 때문에 '난쟁이'이고, '백색'은 하얗기 때문입니다. 간단하죠.[6]

이들은 여러분이 은하계를 여행할 때 만날 수 있는 기이하고 희한한 양자 축퇴 물체의 첫 번째 종류입니다. 이 천체들이 어떻게 태어나는지 이미 말씀드렸지만, 우주에 존재하는 대부분의 것들과 마찬가지로 이 천체들의 탄생은 다른 것의 죽음으로 인한 결과입니다. 지구의 태양과 마찬가지로 일반적인 별은 많은 양의 수소와 헬륨을 모두 소진하여 목구멍 깊숙한 곳에 탄소와 산소가 섞인 불활성 덩어리를 형성합니다. 이를 소화할 수 없게 된 별은 폭발하여(폭발이라기보다는 **격렬한 경련**) 속에 있던 내장을 우주 깊숙이 흩뿌리고는 하얗고 뜨거운 핵만 남게 되었죠.

백색 왜성은 우리 태양과 같은 별에서 태어나는 반면, 블랙홀은 훨씬 더 무거운 것에서 태어나는데(곧 자세히 설명할 테니 걱정하지 마세요.) 우리 태양과 같은 별은 훨씬 더 무거운 별들보다는 우주에서 더 흔하기 때문에 검은색 형제들보다 훨씬 더 자주 보고 마주칠 수밖에 없습니다. 실제로 지구에서 가장 가까운 백색 왜성은 우리 지구 하늘에서 가장 밝은 별인 시리우스의 동반성으로, 10광년 거리도 채 되지 않습니다.

이 점을 마음에 담아 두세요. 블랙홀의 무시무시한 명성에도 불구하고, 성간 깊은 곳을 헤매야만 첫 번째 블랙홀을 찾을 수 있으며, 이는 의도적으로 찾아서 찾은 것이 아니라 (안 좋은) 운에 의한 것일

• 왜성도 dwarf, 난쟁이도 dwarf로 영어 단어가 같습니다.

뿐입니다. 하지만 희한한 양자 힘에 의해서만 유지되는 별의 죽은 핵인 백색 왜성은 어떨까요? 우리 태양계의 정문에서 나가기도 전에 백색 왜성에 걸려 넘어질 수 있는 정도로 흔합니다. 대략적인 추정에 따르면 우리은하에만 약 100억 개가 있다고 하네요.

그리고 네, 치명적입니다. 그 밀도에 대해 이야기해 봅시다. 20세기 초 지구 천문학자들이 처음 발견했을 때는 완전히 불가능하지는 않더라도 터무니없어 보였습니다. 단 하나의 천체가, 그것도 태양 질량만큼, 때로는 그보다 더 무거운 단일 천체가 천문학자들이 밟고 서 있던 행성(지구)보다 크지 않은 작은 공으로 압축되어 있었으니까요. 이는 그 평균 밀도가 물보다 약 100만 배나 크다는 것입니다. 도대체 무슨 일이 있었던 걸까요? 과학을 연구한다는 것은 자연이 속삭이는 비밀에 귀를 기울이는 일입니다. 대자연이 마침내 백색 왜성의 경이로움에 대해 이야기했을 때 우리의 첫 번째 반응은 "그만 조용히 해."였습니다.[7]

백색 왜성 표면의 중력은 매우 강해서, 만약 여러분이 백색 왜성에 고립된다면 광속의 2퍼센트 정도의 속력을 낼 수 있는 로켓이 있어야만 탈출할 수 있습니다.

이 말도 안 되고 경외감을 불러일으키는 밀도는 축퇴압력서 나오는 것이죠. 백색 왜성 내부의 모든 전자는 원자에서 찢겨져 한밤중에 아늑한 원자 호텔에서 쫓겨났습니다. 그들은 거리에서 자유롭게 방황하며 은신처를 찾아 헤맵니다. 새로운 환경에 처해 있지만, 여전히 기존의 규칙이 적용됩니다. 전자들은 침대를 같이 사용할 수 없습니다. 지하도 밑에서 골판지 상자를 찾으셨나요? 한두 개의 전자만 그곳에 숨을 수 있습니다. 버려진 집에서 쪼그리고 앉아 있는 전자들은요? 새로 온 전자 몇 개만 들어오세요.

백색 왜성의 전자는 게임의 규칙에 의해 더 이상 압축되지 않을 **정도로만** 압축될 수 있습니다. 그리고 그 정도면 별을 지탱하기에 충분합니다. 일반적으로 중력의 지속적인 압박에 저항하는 것은 핵융합의 폭발적인 에너지이지만, 지금은 단순히 구식 양자 역학입니다. 최고의 역학이죠.[8]

백색 왜성은 느슨한 탄소와 산소 핵의 집합체로 단단히 압축된 전자의 끝없는 바다에서 자유롭게 헤엄치고 있습니다. 뺨과 턱이 맞닿은 무더위와 꽉 찬 양자 진흙 구덩이. 전자의 축퇴 압력은 별이 더 이상 압축되지 않도록 지탱해 주며, 일반적인 별이 달성할 수 있는 것보다 훨씬 더 조밀한 구성을 유지하지요.

하지만 한계가 있습니다. 백색 왜성의 최대 질량을 이해하는 한 가지 방법은 하이젠베르크 불확정성 원리에 대한 내용을 기억하는 것입니다. 아, 지난 섹션을 건너뛰어서 기억이 안 나시나요? 안타깝지만, 우주에서 살아남을 확률을 절반이라도 높이려면 어쨌든 이 내용을 아셔야 합니다. 하이젠베르크 불확정성 원리는 축퇴된 물질의 공을 꽉 쥘수록 전자가 더 빨리 흔들려서 우리가 잘 알고 있는 압력이 발생한다고 말했습니다.

그런데 전자의 이동 속도에는 다른 모든 물질과 마찬가지로 빛의 속도라는 제한이 있지요. 결국, 여러분이 백색 왜성을 쥐어짜고 또 쥐어짜면 전자는 빛의 장벽을 깨야 계속 저항할 수 있겠죠. 하지만 전자는 그럴 수도 없고, 그래서 도망가지도 못한 채, 백색 왜성은 스스로의 무게에 의해 붕괴됩니다. 여태까지 구원자였던 양자 축퇴 압력도 끝까지 더 이상 어쩔 수 없는 상황이 된 거죠.

백색 왜성의 최대 질량을 최초로 추정한 사람은 수브라마니안 찬드라세카르(Subrahmanyan Chandrasekhar)였으며, 질량의 한계인 찬드라세카르 한계는 그의 이름을 따서 명명되었습니다. 찬드라세카르의 첫 번째 계산에 따르면 찬드라세카르 한계는 태양 질량의 1.44배인데, 자전 효과를 포함한 더 정교한 분석으로 약간 하향 조정되었지요. 하지만 이보다 더 큰 백색 왜성을 만들려고 하면 그 자체로 파국적으로 붕괴할 것이며, 그 결과는 나중에 설명할 경쾌하도록 폭발적인(그리고 무시무시하게 위험한) 결과를 가져올 것입니다.

지금은 백색 왜성 자체에 초점을 맞추겠습니다. 특히 그들의 열에 초점을 맞추겠습니다. 처음 모습을 드러냈을 때 백색 왜성은 매우 뜨겁습니다. 더 이상 자체적으로 열을 발생시키지는 않지만, 생각해 보세요, **별의 심장**이 노출되어 있는 거예요. 시작부터 열이 많이 나겠죠. 별이 마지막 죽음의 고통을 겪기 전에 완전히 뒤집혀서 끔찍한 아름다움을 드러내게 되고 심장은 이미 오래전에 박동을 멈췄습니다. 그러나 중력의 끊임없는 공격과 헬륨과 수소 쌍둥이 핵융합 껍질로 인해 엄청난 양의 뜨거운 열을 중심부에 계속 쏟아 내 (중심의 온도는) 숨 막히는 1,000만 도에 도달할 수 있었습니다.

가장 놀라운 점은 백색 왜성이 수소나 헬륨 원자를 하나도 융합하지 않고도 수십억 년, 심지어 수조 년 동안 그 온도를 유지할 수 있다는 것입니다. 열을 낼 수 있는 원천 없이 백색 왜성은 결국엔 냉각될 것이지만, 그렇게 할 수 있는 유일한 방법은 진공 상태의 우주 공간으로 빛을 방출하는 것이지요. 백색 왜성의 몸체는 비축퇴성(다시 말해, 전혀 양자적이지 않고 지루할 정도로 정상인) 수소와 헬륨으로 이루어진 희미하고 흐릿한 대기를 빠르게 축적합니다. 이 대기는 실제로 우주에 노출되어 백색 왜성을 식히는 역할을 하지만, 탄생하는 순간 표면은 핵과 같은 온도를 갖습니다.(즉 너무 뜨겁습니다.) 그러다가 결국에는 절대 온도 수천 도의 온화한 온도로 냉각됩니다.[9] (우리가 하고 있는 성간을 떠도는 이 우주여행을 고려하면 절대 온도 수천 도는 '온화한' 온도로 간주될 수 있는 거 아시죠?)

따라서 무더운 내부에도 불구하고 비교적 시원한 표면을 가지고 있으며, 덩치가 작기 때문에 완전히 식는 데는 고통스러울 정도로 오랜 시간이 걸립니다. 이렇게 하면 밝기가 서서히 감소하여 강렬한 청백색에서 시원하고 차분한 적색으로, 그리고 결국 적외선으로 색이 바뀝니다.

얼마나 걸리나요? 여기서 말하는 시간 척도에 대한 이해를 돕기 위해, 우리 우주의 나이에서 시작하죠. 우주는 138억 년이라는 매우 오래되고 지혜로운 나이를 가지고 있습니다. 최초의 별, 즉 최초의 백색 왜성은 우주가 탄생한 후 처음 수억 년 이내에 나타났습니다. 지금까지 알려진 가장 차가운 백색 왜성은 여전히 온도가 절대 온도 4,000도를 밑돌고 있고요. 이것은 우리 우주가 이보다 더 차가운 백색 왜성을 갖기엔 너무 젊다는 거죠.

따라서 현재 우주와 향후 약 1조 년 동안은 이것만은 명심하세요. 백색 왜성이 보이면 그건 **뜨겁다**는 것을요. 그 가까이에 사는 것이 어떤 경험일지는 설명하기도 어렵습니다. 하지만 한번 해 보죠. 태양이 지구 크기로 축소되어 비교적 작은 점에 불과하지만 지금보다 100배 더 밝게 빛난다고 상상해 보세요. '강렬하다'는 표현이 가장 잘 어울릴 것 같습니다. 네, **강렬**하죠. 이 단어를 마음을 다해 한번 말해 보세요.

처음 10,000년은 최악의 시기입니다. 이 시기는 항성 표면이 충분히 뜨거워 주변의 행성상 성운에 빛을 발하는데 필요한 엑스선을 방출할 수 있는 때입니다. 그 이후에는 전형적이고 평범한 별의 표면 온도로 냉각되어 오랫동안 그곳에 머물러 있을 거예요. 이 때문에 백색 왜성이 상대적으로 무해한 것처럼 보일 수 있지만(블랙홀은 본질적으로 영원히 존재하는 괴물이기 때문에 그에 비하면 백색 왜성은 위험한 것으로 치면 그 기간이 충분히 짧은 시간 같으니까요.) 은하계 전체에서 또 다른 백색 왜성이 항상 새로이 나타나고 있다는 것을 기억하세요. 호기심을 자극하는 주계열성을 떠난 후기 별을 향해 가고 있을지도 모르는데, 그곳에 도착했을 때는 얼굴이 고에너지 엑스선으로 가득 차 있을지도 모를 일입니다.

백색 왜성이 식으면서 내부의 탄소와 산소 원자가 자연스럽게 결정 격자로 배열되는데, 이는 탄소와 산소 원자가 차가울 때 가장 선호하는 배열이기 때문입니다. '결정 격자로 조직된 탄소'는 **다이아몬드**라는 더 친숙한 용어로 알아볼 수 있겠네요. 지구만 한 크기의 다이아몬드. 밸런타인데이 선물로 **아주 좋겠죠**. 단, 이 별이 손가락에 끼고 다닐 수 있을 만큼 차가워지려면 몇 년은 기다려야 합니다.[10] 여기서 '몇 년'이란 최소 10^{15}년을 의미합니다.

그러는 동안 우리가 견뎌 내야죠. 하나의 백색 왜성이 홀로 있는 것이라면 완전히 위험한 것은 아닙니다. 그저 백색의 뜨거운 치명적인 엑스선의 원천일 뿐이에요. 하지만 우리는 이미 강력한 엑스선 원천에 대해 다뤄왔기 때문에 여러분은 충분히 대처할 수 있을 것입니다. 그냥 근처로는 가지 마세요. 그럼 괜찮을 거예요.

한때 번성했던 별의 찌꺼기만 남은 백색 왜성은 죽은 것처럼 보일지 모르지만, 마지막 안식과는 거리가 멀죠. 고요한 표면 아래에서는 맥박이 뛰고 윙윙거리며 진동합니다. 그들은 **살아 있습니다.** 아니면 적어도 죽지 않았죠. 내부에서 이상한 힘이 밀고 당기고 밀고 찌릅니다. 아직 완전히 고체가 아니기 때문에 파동이 표면과 중심핵 깊숙한 곳까지 왔다 갔다 할 수 있습니다. 때때로 이러한 파도가 정점을 찍고 솟구치면서 내부에서 열을 끌어올려 표면으로 노출시키죠. 단 몇 분 또는 몇 초 만에 백색 왜성은 밝아집니다. 많이는 아니지만 그래도 4분의 1이나 3분의 1 정도로 말이죠. 하지만 이 정도면 여러분이 예상했던 것보다 더 강한 새로운 엑스선을 발사하기에 충분할 수 있습니다. 죽은 듯 조용해 보이는 별이 갑자기 빛을 내며 오랫동안 잊혀진 생명력을 마지막으로 움켜쥘 수 있습니다.

———

앞서 말씀드린 것처럼 고립되어 있는 백색 왜성은 그토록 기이한 양자힘이 그들을 지탱하고 있음에도 불구하고 그다지 위협적이지 않습니다. 하지만 이 생명체는 동반성, 즉 범죄의 파트너가 있을 때 특히 위험해집니다.

별 두 개를 가정해 봅시다. 그중 하나는 다른 것보다 약간 더 덩치가 큽니다. (덩치가 더 크다고 해서) 먼저 어떠할 거라 판단하지 마세요. 더 큰 별은 더 빠른 속도로 수소를 태우며 수명 주기를 거칩니다. 더 밝아지고, 적색 거성이 되고 질량 분출을 하며 백색 왜성으로 남게 되는 그런 과정이죠. 아시죠? 영겁의 세월이 흐르면서 서서히 어두워지는 편안한 은퇴를 맞이하고 있습니다. 밤하늘에서 빛을 발하며 빛나는 세월도 지냈고 이제는 새로운 세대에게 횃불을 넘겨줄 때가 되었습니다.

그러나 이 백색 왜성의 동반성은 이제 막 뜨거워지기 시작한 별이에요. 별의 일생주기는 같지만 질량이 적기 때문에 모든 과정이 더 느리게 진행됩니다. 여전히 핵에서 수소를 꾸준히 연소하면서 평생의 동반자가 붉게 변하고 백색 왜성을 남기고 떠나는 것을 지켜봅니다. 수십억 년 동안 조용한 백색 왜성의 잔해 주위 궤도를 돌던 동반성도 비슷한 큰 변화를 겪으며 붉은 거성으로 불타오릅니다.

우리 모두 경찰 파트너가 나오는 영화를 본 적이 있을 겁니다. 한 명은 은퇴를 앞둔 노쇠한 베테랑입니다. 그는 죽은 아내나 손자의 사진을 들고 다니지요. 다른 한 명은 거리로 뛰쳐나가고 싶지만 세상 물정을 잘 모르는 신참입니다. 유쾌하거나 우스꽝스러운 상황이 이어집니다.

동반성과 함께하고 있는 백색 왜성은 안정적입니다. 탄소와 산소로 이루어진 단단한 덩어리로, 사랑스러운 축퇴 압력에 의해 잘 유지되고 있지요. 선택의 여지가 있다면 수조 년 동안 그 상태로 머물면서 냉각이 느려지고 완전히 무미건조한 상태가 될 수도 있습니다.

덜 거대한 별인 이 젊고 뜨거운 동반성은 원래 크기의 몇 배로 부풀어 올랐습니다. 이 새로운 붉은 거성의 물질이 항성계 전체로 흘러나오고 있으며, 그중 일부는 백색 왜성의 중력에 이끌려 그 조용한 표면으로 흘러 들어갑니다.(이것은 앞서 블랙홀 주위를 도는 거대한 별의 경우와 똑같은 시나리오이므로 데자뷔가 느껴지더라도 놀라지 마세요.) 우주에서 움직이는 대부분의 천체와 마찬가지로, 이 (젊고 뜨거운) 동반성은 밝고 뜨거운 강착 원반*에서 백색 왜성 주위를 빙빙 돌다가 백색 왜성의 표면에 부딪히게 됩니다.

우주 여기저기 존재하는 이러한 원반 자체는 정말 격렬한 곳이에요. 그런 원반의 소용돌이에 갇혔다가는 그냥 기화되어 버리고 말 거예요. 하지만 백색 왜성의 경우 처음에는 별 문제가 아닙니다. 탄소와 산소로 이루어진 냉각 덩어리 위에 작은 수소 담요가 있는 게 뭐가 문제일까요? 그 담요가 질식시킬 듯 너무 누르지 않는 한 전혀 문제가 없습니다.

원자 단위로 조금씩 쌓이다 보면 결국 백색 왜성 주위에 충분히 물질이 쌓여 엄청난 압력을 가하고, 위로부터는 그 어느 때보다 강한 중력의 힘으로 눌리고, 숨 막혀 하고 짜증 난 백색 왜성에 의해 아래로부터 가열될 수 있습니다. 이 두꺼운 대기는 붉은 거성이 오래전에 죽은 동료에게 자신의 물질을 쏟아부으면서 며칠, 몇 년, 수십 년, 심지어 수 세기에 걸쳐 형성될 수 있습니다.

그리고 상태는 더 심각해지죠. 새로 형성된 백색 왜성의 수소 대

---

* 바깥의 물질이 중심의 천체로 흘러 들어가며 물질이 쌓이게 되는 원반.

기의 온도와 압력이 특정 임곗값에 도달하면 양성자들이 서로를 발견하고는 전기력에 의한 자연적인 반발을 극복하고 서로 부딪혀 헬륨을 형성하면서 양성자들의 춤이 시작됩니다.

주계열성 연소의 전성기 이후 백색 왜성에서는 볼 수 없었던 핵융합이 일어나게 되는 것이죠. 그러나 일반적으로 핵융합은 별의 **내부**에서만 일어나며, 이는 핵융합이라는 과정 자체가 일어나기 매우 어려운 과정이기 때문이죠. 별이라는 존재가 이와 같은 과정이 일어나게 할 수 있는 유일한 큰 존재이기 때문입니다. 하지만 백색 왜성은 밀도가 너무 높아서(지구만 한 크기의 공에 태양에 해당하는 물질을 가득 채우고 있다는 점을 기억하세요.) 그 표면조차도 충분한 중력이 있어, 표면에서도 핵융합이 일어날 수밖에 없는 거죠. 백색 왜성 표면에서 일어나는 핵융합 반응을 **탈출 핵융합 반응**이라고 하는 데, 바로 여러분들도 따라해야 할 반응(탈출)이죠.[11]

불운한 우연에 의해 임의의 위치에서 촉발된 초기 섬광은 백색 왜성의 표면에 불꽃처럼 퍼져 수소에 불을 붙이고 헬륨으로 융합하여 폭발적인 에너지와 방사선을 방출합니다. 이 에너지 폭발은 새로운 핵융합을 촉발하고, 순식간에 백색 왜성의 표면을 핵융합의 영광의 불꽃으로 완전히 뒤덮습니다.

신성(nova)입니다. 지구의 천문학자 튀코 브라헤가 자신의 하늘에서 **스텔라 노바**(stella nova, 새로운 별)의 출현과 사라짐을 자세히 기록한 데서 유래한 이름입니다.[12] 그는 자신의 관측 기술이 얼마나 뛰어난지 과시하기 위해 스텔라 노바에 대한 책 한 권을 쓸 정도로 상세하게 기록했습니다. 그는 이 신성의 원인을 알지 못했고, 수 세기 동안 천문학자들은 밤하늘에 갑자기 타오르는 아무 천체나 다 이 이름을 붙였습니다.

오늘날, 몇 세대에 걸친 통찰력의 덕택으로 우리는 브라헤가 우리가 흔히 말하는 신성이 아니라 나중에 이야기할 **초신성**을 보았다는 사실을 알게 되었습니다. 약간 혼란스럽겠지만 1900년대 초 천문학자들은 이 복잡한 전문 용어들을 정리해야 한다고 생각했고, 결국 더 큰 혼란을 야기했습니다. 요즘은 잘 알려진 건 (이름과 현상이 잘 안 맞는 것 같아도) 그냥 내버려두는 편이죠.

신성을 뜻하는 적절한 천문학 용어는 **격변성 변광성**(cataclysmic variable star)입니다. 바로 이 이름, '격변'이라는 단어가 여러분에게 작은 경종을 울릴 것입니다. 이런, 함부로 다루고 싶지 않은 단어입니다. 하지만 대부분의 사람들은 '격변하는 변광성'이 너무 길기 때문에 그냥 신성(novae 또는 novas)* 이라고 부릅니다.

하지만 '초'라는 단어가 안 붙었어도 신성은 꽤나 끔찍할 수 있습니다. 이 별들은 아주 예측하기가 어렵습니다. 신성이 생기려면 쌍성계가 필요하고, 쌍성계는 사실 은하 내에 매우 흔하지만 언제 어떻게 발생하는지는 알 수 없다는 말입니다. 백색 왜성과 붉은 거성이 짝을 이룬 예쁜 쌍성계는 여러분이 지금 막 눈 깜빡거리는 사이에, 아니 눈을 다시 뜨기도 전에 폭발할 수도 있습니다.

그리고 그것이 폭발하면 마치 수백, 수천 개의 열핵폭탄이 터지는 것과 같습니다. 지구 대기 전체를 무기로 만든다고 상상해 보세요.

• novae 또는 novas는 nova(신성)의 복수형이에요.

이제 이해가 되시겠죠? 이 신성은 수천 광년 떨어진 곳에서도 볼 수 있을 정도로 엄청난 열과 빛을 방출합니다. 몇 년에 한 번씩 지구 천문학자들은 육안으로 볼 수 있을 정도로 밝은 신성을 봅니다. 폭발로 인한 열과 강도는 한두 달 동안 지속되고, 막 융합된 헬륨의 잔해가 초당 수천 킬로미터의 속도로 태양계 전체로 퍼지면서 다시 식기도 전에 주변 지역에 다시 불을 밝힙니다.

그리고 백색 왜성은 여러분의 삶을 비참하게 만들기 위해 신성이 될 필요도 없습니다. 백색 왜성에 떨어지는 모든 물질은 강착 원반을 형성합니다. 강착 원반은 백색 왜성에 지속적으로 가스를 규칙적으로 조금씩 공급하는 일정한 공급 라인을 유지합니다. 그러나 때때로 강착 원반은 갑자기 태도를 바꾸어 백색 왜성으로 완전히 붕괴되기로 결정할 수 있습니다. 한꺼번에 엄청난 중력 에너지가 방출되는 것입니다. 핵폭발은 일어나지 않을지 몰라도 재미와 공포를 선사할 수 있는 멋진 장면을 연출할 수 있겠죠.

앞서 말했듯이, 특정 백색 왜성이 언제 폭발할지 정확히 알 수 없습니다. 심지어 그렇게 느껴진다면 두 번 이상 폭발할 수도 있습니다. 적색 거성과 중력에 갇혀 있는 전형적인 백색 왜성은 수천 년마다 대폭발을 일으킬 것입니다. 그러나 이 경우 백색 왜성 자체는 거의 손상되지 않기 때문에―모든 작용은 불운한 동반성으로부터 쌓인 여러 껍질의 수소에서 일어나기 때문에―일부는 수십 년마다 격렬한 폭발을 일으키는 것으로 알려져 있습니다. 우리은하와 같은 은하에서는 매년 수십 개의 신성이 발생하기도 하죠. 다행히도 신성이 터지려면 매우 특별한 요인들의 조합이 필요해요. 그렇지 않다면 은하계는 매우 위험한 곳이 되겠죠. 지금보다도 더 위험할 수 있다는 말이에요.

———

기왕 서로 궤도를 돌며 대혼란을 일으키는 경우에 대해 이야기 시작한 만큼, 서로 궤도를 돌며 대혼란을 일으키는 또 다른 경우에 대해 이야기해 보겠습니다.

또 다른 종류의 신성(바로 대격변 변광성)이 있는데, 바로 **발광 적색 신성**(Luminous red novae)입니다. 백색 왜성과는 아무런 관련이 없지만 여전히 신성이라고 부르는데, 앞서 언급한 우주에서 폭발하는 것들을 분류하기 위한 과거에서부터의 꾸준한 노력 때문입니다. 발광성 적색 신성(천문학 및 천체물리학의 모든 용어에 약어를 만드는 것을 좋아하니까 이젠 LRN이라고 부르자고요.)은 두 별이 서로 충돌할 때 발생합니다. 은하계에는 수천억 개의 별이 끊임없이 소용돌이치고 있기 때문에 매우 (두 별이 서로 충돌하는 것이) 흔한 현상이라고 생각할 수 있지만, 실제로는 극히 드문 경우입니다. 네, 맞아요. 우주에는 별들이 무수히 많지만, 그보다 빈 공간이 더 많으니까요. 원시적이고 텅 빈 공간. 두 별이 서로를 향해 나선의 궤도로 가까워지는 것은 말할 것도 없고, 심지어 몇 광년 이내에 접근하는 것조차 매우 어렵습니다.

이러한 종류의 충돌은 아마도 잘못된 종류의 쌍성계에 의해 생길 거예요. (그러한 쌍성계는 두 개의 별이) 서로 안전한 거리를 유지하여 분리된 채 지낼 수 있게 해 주는 각운동량을 모두 잃고 점점 더 가까워져 결국에는 치명적으로 서로가 서로를 끌어당기게 되는 그러한

불운한 별들이죠.[13]

 상상할 수 있듯이 이것은 꽤 끔찍한 사건입니다. 태양 질량의 별 두 개가 합쳐지면 일반적인 신성을 몇 배나 능가할 만큼의 에너지를 방출할 수 있습니다. 이 모든 에너지는 두 별이 합쳐지는 과정에서 나옵니다. 두 대의 자동차가 충돌하면 큰 소음을 내고, 금속으로 된 차가 변형되고, 깨진 유리와 도로 곳곳에 던져진 자동차 부품의 형태로 많은 에너지가 방출되지요. 두 개의 별이 서로 부딪히면 엄청난 빛의 섬광과 별 안에 있던 요소들이 그 쌍성계의 구석구석으로 방출돼 버립니다.

 하지만 별들만 서로 부딪힐 수 있는 것은 아닙니다. 백색 왜성도 마찬가지로 그런 불행한 운명에 처할 수 있지요. 쌍성계에서는 한 별이 다른 별보다 일생의 주기를 더 빨리 순환하는데, 이는 어쩌다 그 질량이 약간 더 커졌기 때문입니다. 그리고 종종 이는 (앞서 말씀드린 대로) 이제 익숙해진 대격변 변광성의 과정으로 이어집니다. 그러나 폭발하는 신성에 물질을 계속 퍼붓고 있는 붉은 거성은 별로서의 역할을 아직 끝내지 않았습니다. 그 역시 새로 밝혀진 백색 왜성(동반성 폭발에서 온전히 살아남는다는 가정하에 말이죠. 하지만 쉽지 않은 일입니다.)의 곁을 둘러싸고 있는 행성상 성운까지 발전할 수 있습니다.

 이제 이 쌍성계에는 두 개의 백색 왜성이 남아 있으며, 여러 가지 잘 이해되지 않은 이유로 인해 서로 더 가깝게 나선형을 그리며 결국에는 완전히 하나가 되며 서로를 소모해 버리게 됩니다. 이러한 합병은 여러 원소가 잘 섞여 있는 칵테일을 만든다고 생각하시면 이해가 쉽습니다. 특히 풍부한 방사성 변종 티타늄을 방출하는데, 이 원소는

(불안정하여) 빠르게 스칸듐으로 그리고 또다시 칼슘으로 붕괴되고, 칼슘은 꽤 안정된 원소라 더 이상의 붕괴 열차를 멈추고 한동안 존재를 유지할 수 있죠.

이 모든 혼란의 일부가 되지 마시라고 말할 필요조차 없겠죠? 거대한 백색 왜성 두 별의 충돌로 인한 광기를 그대로 겪어야 할 뿐만 아니라 핵 낙진과 여러 오염도 처리해야 합니다.

티타늄에서 스칸듐, 칼슘으로 이어지는 붕괴 과정에서도 많은 양의 양전자가 방출됩니다.[14] 잘 모르는 분들을 위해 설명하자면, 양전자는 반물질의 일종입니다. 양전자에 대해 아직 경각심을 느끼지 못하셨다면, 지금 바로 알아 두세요. 반물질은 하나의 일반 물질과 완전히 동일한 성질을 갖지만 단 한 가지 아주 중요한 차이점이 있습니다. 바로 반대인 전하를 띠고 있다는 것입니다. 따라서 양전자는 전자와 질량과 스핀이 정확히 같지만 양전하를 띠고 있습니다. 귀엽지 않나요?

그다지 귀엽지 않은 것은 물질과 반물질이 만나면 서로를 연성화하여 모든 질량을 순수한 에너지로 변환할 수 있다는 것입니다. 바로 방사선입니다. 이는 아인슈타인의 $E = mc^2$의 궁극의 방정식으로, 질량의 한 조각 한 조각에 얼마나 많은 에너지가 들어 있는지 알려줍니다. 물질과 반물질이 만나면 그 육즙이 가득한 질량, m의 100퍼센트가 날것의 끔찍한 에너지, E로 변환되는 것이죠. 이것이 얼마나 말도 안 되는 양의 에너지인지를 알려면 이렇게 생각해 보세요. 반물질 1킬로그램이 정상 물질 1킬로그램과 **접촉하기만 하면** 2차 세계대전 전체(핵폭탄 포함)에서 사용된 모든 무기와 같은 양의 에너지를 방출합니다. 10배도 넘게 말이죠.

그래요, 양전자. 양전자가 정상 물질(정확히 말하면 여러분)에 닿기 전에 양전자를 굴절시킬 수 있는 강력한 자기장이 없다면, 아니면 양전자가 넘쳐난다면 여러분은 끝장입니다. 그리고 두 개의 백색 왜성이 서로를 향해 돌진하며 죽음의 춤을 추는 것이 보이면 일단 뒤로 물러나세요. 아주 멀리 뒤로요. 폭발 자체에서 겨우 살아남았다고 해도, 그 후유증으로 인해 죽을 수도 있습니다.

가이거 카운터는 챙기셨죠?

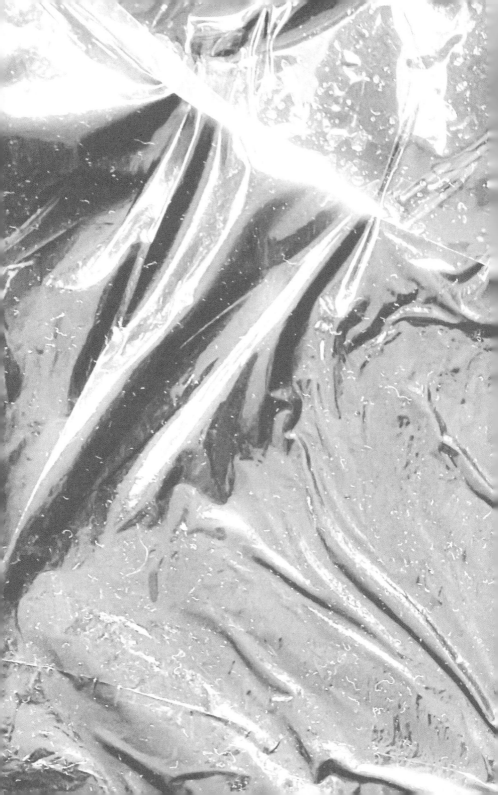

더 먼 곳으로의 항해

HOW TO
DIE
IN
SPACE

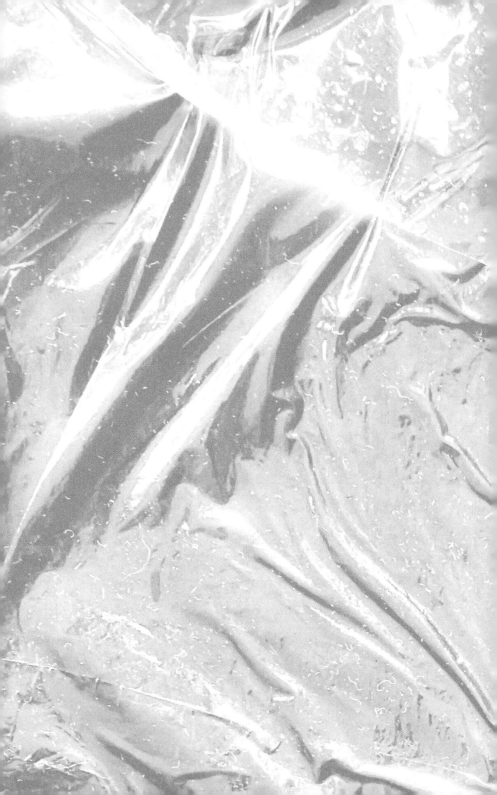

화려한 초신성

9

내 인생의 끝에서
내 하루가 끝날 무렵
한 번 더 폭발해
누가 왕인지 보여 줄 수 있겠지
- 고대 천문학자의 시

서기 1000년경, 미국 남서부 지역으로 가 볼까요. 물론 그때는 미합중국은 아니었지만 여기서 여러분이 이 지역 차코 부족(Chaco tribe)에서 최고로 꼽히는 천문학자라고 가정해 보죠. 또한 당시에는 차코 부족이라고 부르지 않았을 거예요. 이 이름은 아마도 고고학자들이 수백 년 후에야 붙여 준 이름일 듯하지만 편의상 그냥 차코 부족이라 부르겠습니다.

최고의 천문학자라는 직업이 딱 맞습니다. 차코 부족은 수렵과 채집을 하지 않았어요. 그들은 농사를 지어 식량을 확보하는 방법을 알아냈죠. 그리고 다른 농경 사회 사람들처럼 그들은 연중 농사에 필요한 시기들을 **정말** 중요하게 생각했어요. **아직 심을 때가 안 되었나요? 아직 심을 때가 안 되었나요? 아직 심을 때가 안 되었나요?** 그들은 매년 6개월마다 천문학자에게 물어보곤 했습니다.

그래서 여러분은 새벽녘에 일어나 모닥불 빛을 피해 좋아하는 천문대에 올라가 별을 보며 봄철의 파종 시기를 알려 주는 적절한 별자리를 기다릴 것입니다. 그렇게 여러분이 해야 할 일을 마치고 이제 다시 잠자리에 듭니다. **(아니, 아직 심을 때가 아니에요.)** 또 뭘 할 건가요? 여러분의 유일한 기술은 하늘을 읽는 것입니다. 말했듯이 편한 일이죠.

그러던 어느 날 여느 때처럼 하늘을 보러 나갔어요. 달? 초승달이에요. 금성? 보이네요. 낮에도 볼 수 있을 정도로 밝은 새로운 별은요? 있네요. 네? 잠깐만요. 낮에도 볼 수 있을 정도로 밝은 새로운 별이라니요? 그런 건 살펴볼 목록에 없었는데요?

그 시대의 대부분의 다른 문화와 마찬가지로, 혜성이나 새로운 별처럼 못 보던 것이 하늘에 나타나면 사람들은 큰일이 난 듯 난리가 났었죠. "이봐, 새로운 왕이 태어났나 봐!"처럼 좋은 의미로 흥분하기도 하고, "이봐, 종말이 왔어!"라는 나쁜 의미로 흥분하기도 합니다.

하늘에서 낯선 별을 발견한 후 어떤 식으로 난리를 쳤을지, 또는 문명에 어떤 영향을 미쳤는지는 알 수 없지만, 여러분은 그 사건을 기록할 가치가 있을 만큼 충분히 걱정했습니다. 여러분은 페인트를 들고 가장 가까운 절벽 돌출부에 손자국, 초승달, 새로운 별 등에 대해 기록을 남겼습니다.

그 페인트는 사막의 뜨거운 열기 속에서 점토 위에 스스로 구워져 수백 년이 지난 지금도 볼 수 있는 암벽화를 남겼습니다. 미래를 향한 여러분의 메시지가 들렸습니다. 무엇을 보았든, 그것이 무엇이라고 생각했든 그 새로운 별이 나타난 것은 놀라운 일이었습니다.

현재로 다시 돌아와서, 이 절벽에 남겨진 기록은 무명의 차코 천문학자가 무엇을 보고 있었는지 알려 줍니다. 현대 천문학의 도구와 천체의 움직임에 대한 정확한 지식을 통해 우리는 (관측의) 시계를 되돌릴 수 있습니다. 우리는 약 1,000년 전 차코 부족이 지금의 뉴멕시코주 지역에 살았다는 것을 알고 있습니다. 손자국의 정렬을 통해 방향을 알 수 있고 초승달의 위치를 통해 특정 날짜를 알 수 있습니다.

완벽하지는 않지만 고대 천문학자가 무엇을 보았는지 짐작할 수는 있습니다. 초승달을 기준으로 새로 생겨난 별의 위치를 파악하고 (관측)시계를 현재 시간으로 돌려 봅니다. 그리고 망원경으로 하늘의 그 방향을 바라보면 익숙한 광경, 즉 게성운을 볼 수 있습니다.[1]

중국 천문학자들도 1054년에 나타난 이 '새로운 별'을 발견한 것으로 보입니다.(튀코 브라헤는 신성을 발견한 최초의 사람이 아니라, 신성에 대해 최초로 풍부하게 글을 썼고, 그것이 무엇이든 대기 현상이 되기에는 너무 멀리 떨어져 있다는 것을 단적으로 증명한 최초의 사람일 뿐입니다.) 중국인들은 이미 수천 년 전부터 하늘의 변화를 기록하는 데에 익숙했기 때문에 1,000년 전 새로운 별이 나타났다고 해서 그렇게 큰 소란을 피우지는 않았습니다. 중국인들은 하늘에 '손님별'이 나타났다고 기록하고는 일상으로 돌아갔는데, 그들의 전통에 따르면 이런 새로운 별은 황제가 잘못 행동하고 있다는 신호이므로 누군가는 황제에게 보고하는 불행한 역할을 맡아야 했습니다.[2] 물론 전 세계의 다른 문화권에서도 이 별을 목격했겠지만, 유럽에서는 이 새로운 별에 대한 기록이 존재하지 않습니다. 유럽인들에게 그 해는 유난히 구름이 많고 어두웠던 해였다고 해 두죠.

하지만 지구 반대편에 있는 문화권에서는 이 별을 발견하고 그 목격 기록을 오늘날까지 이어오고 있습니다. 어느 날 예고도 없이, 아무도 묻지 않은 채 금성과 시리우스를 능가할 정도로 밝은 새로운 별이 하늘에 나타났습니다. 너무 밝아서 낮에도 볼 수 있었습니다.

생각해 보세요. **낮에도 보였다니요.** 낮에 볼 수 있는 별은 보통 한 개뿐입니다. 바로 태양이죠. 태양은 너무 밝아서 다른 모든 별들의 빛을 가려 버려요. 하지만 초신성, 즉 거대한 별의 폭발을 가릴 수는 없네요. 초신성은 지구 하늘의 밝기를 놓고 우리의 모별과 경쟁할 정도로 강력한 폭발이라는 이야기입니다.

오래 지속되지 않습니다. 수백 년에 한 번씩 어떤 별보다 훨씬 밝은 새로운 별이 나타나 몇 주 동안 육안으로도 볼 수 있도록 밝게 빛나다가 다시 원래 있던 허공으로 사라집니다. 때로는 하늘의 빈 공간에서 갑자기 나타나기도 합니다. 때로는 기존 별에서 탄생하기도 하며, 플레어 후에는 별 자체가 사라져 우리 시야에서 사라지기도 합니다. 이것은 우주에서 가장 강력한 단일 사건입니다. 이것은 거대한 별이 죽어 가는 마지막 외침입니다. 이것이 바로 초신성이지요. 지금이야말로 조상님들처럼 반란을 일으킬 적절한 시기입니다. 결국 그들은 여러분에게 경고하려고 했던 것이니까요.

———

지구 천문학자 프리츠 츠비키(Fritz Zwicky)가 이 이름을 붙였는데요. '**노바**(nova)'는 라틴어로 새롭다는 뜻이고, '**슈퍼**(super)'는 라틴어로 초(우월, 최고)라는 뜻입니다.[3] 정의가 명확해졌죠.

최고 중의 최고라는 이름을 붙일 만하죠. 이 폭발은 은하계 전체에 그 빛을 발하며, 그 빛은 우주 전체로 퍼져 나가지요. 태양이 일생 동안 소비하는 것보다 이들이 일주일 동안 소비하는 에너지가 더 많습니다. 충격파는 수 광년의 거리를 뻗어 나가며 방사능 폭발은 훨씬 더 멀리 퍼집니다. 다행히도 이 초신성들은 드물기는 하네요. 그렇지 않다면 모든 은하가 너무 많은 방사선으로 가득 차서 어떤 행성에서도 생명체가 살 수 없을 것입니다.

이 별들이 도대체 얼마나 밝은지 알아볼까요. 오리온자리의 어깨에 있는 붉은 거대 별인 베텔게우스를 보세요. 이 별은 조만간 초신성이 될 것입니다.(천문학에서 '조만간'이란 향후 수백만 년 정도를 뜻합니다.) 마침내 폭발하면 1,000년 전의 새로운 별이 그랬던 것처럼 대낮에도 하늘에서 밝게 빛날 것입니다. 그것은 강렬한 빛의 단일 점으로 나타나고 밤에는 보름달보다 더 밝을 것입니다.

베텔게우스가 죽으면 자정에 편안하게 책을 읽어 줄 수 있을 정도로 밝아질 것입니다. 그리고 한밤중에 서서 그 거대한 별의 마지막 격렬한 순간에서 방출되는 빛에 의해 드리워진 자신의 그림자를 볼 수 있을 것입니다. 과장이 아니에요. 못 믿으시겠어요? 이번 이야기 전체를 할애하여 그 뒤에 숨겨진 물리를 설명해 볼 테니, 마지막에 가면 얼마나 위험한지 믿으실 수 있을 겁니다.

그것은 또 다른 죽음입니다. 별들은 그저 장관을 이루며 죽음을 맞이하기를 고집부리죠. 과시욕이에요. 이 우주의 어떤 것도 볼거리를 만들지 않으면서 그냥 조용히 사라질 수는 없나요? 그럴 수 있죠. 적색 왜성이나 행성처럼 많은 것들이 그냥 사라지기도 하지만 특별히 위험하지는 않으니 걱정하지 않아도 됩니다.

이미 태양과 같은 별이 어떻게 죽어 가는지, 또 그것이 여러분의 죽음에 어떤 의미가 있는지 이야기했습니다. 적색 거성, 핵융합 조건이 만족되어 핵융합 반응의 시작, 행성상 성운, 행성들이 녹아 없어지는 것 등을 같이 다루었습니다. 하지만 사람과 마찬가지로 별이 죽는 방법에는 여러 가지가 있겠죠. 또한 사람과는 달리 별의 운명은 태어나는 순간에 거의 전적으로 결정됩니다. 작은 별이라면? 길고 단순한 삶을 살며 수조 년 동안 조용히 타오르다 흩어져 사라집니다. 중간 별이라면? 말년에 다다르면 붉고 격렬하게 성장한 후 뒤집어져 속에 있는 것을 다 뱉어 내죠. 백색 왜성이 되는 거예요. 거대 별이라면? 너무 뜨겁게 타죠. 곧 죽을 것이고 중성자별이나 블랙홀만 남을 것입니다. 그리고 그 거대한 별들이 사라질 때, 그들은 '쾅' 하고 사라집니다. 조심하세요.

초신성은 분명히 우리은하에서도 발생하지만, (감사하게도) 매우 드물기 때문에 위험하다고 생각할 만큼 여러 번 초신성을 마주치려면 은하 간 사이의 거리에 도달해야 합니다. 우리은하에서는 한 세기에 초신성이 몇 개씩 발생하지만, 낮에 볼 수 있을 정도가 되려면 무척 가까이 있어야 하며 그러한 경우는 500년 정도에 한 번씩만 발생합니다.

그러나 우주는 관측 가능한 은하계만 약 2조 개에 달하는 거대한 공간입니다. 따라서 결론적으로 보면 초신성은 우주 어딘가에서 쉬지 않고 계속 생기고 있습니다.[4] 가장 강력한 폭발은 은하 전체를 비출 수 있으며, 선택한 은하계의 모든 별을 지도에 표기하고 차트로 만드는 것은 거의 불가능하기 때문에 깜짝 놀랄 만한 일이 없는 은하를 발견할 확률은 그다지 크지 않습니다.

앞으로 살펴보겠지만, 별은 폭발하기 전에 매우 뚜렷한 경고 신호를 줍니다. 그러니 충분히 피할 수 있을 거예요. 최소한 가장 거대한 별은 그냥 피하는 것이 좋습니다. 이미 고통스러울 정도로 높은 수준의 엑스선 방사선을 내뿜고 있으며 일반적으로 다른 거센 에너지의 본거지이거든요. 이 모든 위험은 아마도 일어날 전체 별의 폭발 **없이도** 가능합니다.

———

농담은 그만하고 뭔가 날려 버려 볼까요. 별의 중심부에서 연소할 수소가 부족해지면 어떻게 되는지 이미 말씀드렸죠. 별의 중심부에는 커다란 헬륨 덩어리가 남게 되고, 그 주변 층에서 새로운 수소 융합이 진행됩니다. 결국 핵은 헬륨을 점화할 수 있을 만큼 충분히 쪼그라들어 중앙에는 헬륨의 핵융합으로 탄소와 산소로 이루어진 암석만 남게 되지요. 네, 이미 말씀드렸으니 반복하지 않을게요.

그 모든 일로 인해 우리의 태양과 같은 별은 사악한 버전의 산타처럼 뚱뚱하고 붉어지고 성나게 되지요. 하지만 별이 더 컸다면 어떨까요? 그 무게로 인한 압력이 여전히 탄소핵을 무너뜨리기에도 충분하다면 말이에요. 그에 대한 답은 비유하자면 계속되는 파티에서 음악만 바뀐다는 것입니다.

충분한 무게가 코어를 누르면 탄소는 네온과 몇 가지 친구로 융합될 수 있습니다. 태양이 수소를 연소하는 온도는 절대 온도 1,500만 도 정도입니다. 헬륨 핵융합으로 전환하려면 그 온도의 10배에 달해야 하고요. 탄소 점화를 위해서는요? **그것**의 10배, 즉 절대 온도 10억 도 이상이어야 합니다. 태양 질량의 8배가 훨씬 넘는 가장 거대한 별만이 이 환상적인 업적을 달성할 수 있습니다. 그렇지 않으면 탄소와 산소는 불활성 상태로 그대로 남아 퇴화되고 나머지 별은 산산조각이 나게 될 것입니다.[5]

그러나 절대 온도 10억 도에서 별은 가용 수소와 헬륨을 모두 연소시킨 후 심장 속의 탄소에서 약간의 에너지를 추출할 수 있어요. 이것은 오래가지 않을 것입니다. 헬륨의 연소 단계는 수소 핵융합의 주요 과정보다 훨씬 짧죠. 그 이유는 헬륨은 핵융합에 더 높은 온도가 필요하고 핵융합이 일어날 때마다 더 적은 에너지를 방출하게 됩니다. 이는 중력의 무게와 싸우기 위해 10배 더 열심히 일해야 하기 때문이지요. 마찬가지로 탄소 핵융합은 더 뜨겁게 연소하고 헬륨보다도 더 적은 에너지를 방출하며 더 짧은 시간 동안 지속됩니다.

거대한 별은 주계열을 따라 수백만 년 동안 지속될 수 있습니다.(태양과 같은 별보다 훨씬 짧은 시간이지만, 그 엄청난 무게의 힘으로 인해 지속되는 시간은 훨씬 짧습니다.) 네, 가장 긴 단계조차도 태양과 같은 별에 부여할 수 있는 수십억 년이라는 시간이 아니라 수천만 년에 불과합니다. 큰 별들은 양쪽 끝에서 불타고 있는 것과 같아요. 방향도 없이 솟구쳐 오르다가 너무 빨리 추락하죠. 조용한 인생보다 짧은 유명

세를 사는 게 낫다는 걸까요

헬륨을 태우고 수십만 년, 많게는 100만 년 동안 탄소를 생산할 것입니다. 1,000년도 채 되지 않아 탄소로 이루어진 중심핵을 먹어 치울 것입니다.

탄소 자체는 네온이라는 재를 남깁니다. 온도가 상승하고 네온의 핵융합이 일어나기 시작합니다. 네온을 산소로 융합할 때 발생되는 에너지가 너무 적기 때문에 몇 년만 지나면 네온은 핵에서 완전히 고갈됩니다.

절대 온도 20억 도에서 산소가 연소합니다. 산소 융합이 시작된 지 6개월이 지나면 산소는 사그라듭니다. 산소의 융합은 실리콘을 생성하며, 이 실리콘은 몇 달 안에 융합을 시작하고 끝냅니다.

거대한 별의 중심부에서 실리콘의 융합으로 생성되는 마지막 원소는 니켈입니다. 생성되는 니켈은 중성자와 양성자의 조합이 적절하지 않아 다소 불안정합니다. 형성되자마자 "앗, 이런, 미안해요. 난 여기 초대받지 않았네요."라고 말하며 철로 붕괴되어 버리죠.

며칠 만에 태양 한 개 분량의 철을 생산할 수 있습니다. 각 단계마다 파티는 조금씩 더 뜨거워지고 음악은 조금씩 빨라집니다. 핵은 점점 더 작아지고 있는데, 이는 융합할 물질이 점점 줄어들고 있기 때문이지만 전체 별이 여전히 핵을 지탱하고 있습니다. 동시에 매 단계가 바뀔 때마다 이전 단계에서보다 적은 에너지를 방출합니다. 네온 + 네온에서 산소로의 전환은 수소 + 수소에서 헬륨으로의 전환만큼의 영향력을 가지고 있지 않습니다. 결국 각 단계가 별의 붕괴를 막기 위해 필사적으로 노력하며 점점 더 열심히 일하지만, 결국은 패배하는 싸움이라는 이야기지요.

그리고 태양과 같은 별들과 그 별들의 탄소핵이 헬륨 융합의 껍질로 둘러싸여 있고 그 껍질은 수소 융합의 껍질로 둘러싸여 있는 것을 봤을 때와 마찬가지로, 이 거대한 별들은 불활성 철 중심핵을 자그마치 7개의 층으로 감싸고 있습니다. 실리콘 융합 껍질, 그 위로 산소 융합 껍질, 그 위로 네온 융합 껍질, 그 위로 탄소 융합 껍질, 헬륨 융합 껍질, 그리고 수소 융합 껍질로 둘러싸인 7개의 층을 만들어 내지요. 그 위로는 별의 대기가 둘러싸여 있습니다. 이 모든 층은 핵융합 반응이 시작되고 멈추고 자리를 바꾸면서 끊임없이 유동하고 혼란을 겪습니다.

마침내 철심이 융합되기 시작합니다. 하지만 이제는 융합이 소용 없네요. 여태까지의 모든 단계에서 융합 과정은 에너지를 방출했고, 이것이 결국 별을 계속 유지시켜 주어 왔죠. 하지만 새로운 단계로 넘어갈 때마다 우리는 점점 더 적은 에너지를 얻는 것을 봤습니다. 그리고 철은 에너지 생산자가 아니라 오히려 흡수하는 녀석이네요. 주변에 있는 별의 물질에 의한 압도적인 중력은 철을 더 무거운 원소로 융합시키지만 융합을 달성하기 위해 에너지를 오히려 **소비해야 하는 거죠**.

수백만 년 동안, 심지어 이 최후의 날에도 중력에 대항하는 무언가가 항상 존재했습니다. 항상 폭발적인 원자 에너지가 방출되어 별 자체의 무게로 인한 끝없는 공격에 저항하며 선의의 경쟁을 벌이고 있었죠.

하지만 더 이상은 아닙니다. 새로운 에너지원은 없습니다. 종말이 다가왔어요. 그래서 우리는 사자의 배 속에 있는 구덩이에서 불활성 철 덩어리를 발견했습니다. 처음에는 아무 일도 일어나지 않습니다. 음악은 멈췄지만 파티에 온 이들은 여전히 그곳에서 서로를 어색하게 쳐다보며 음악이 다시 시작되기를 기다리고 있었죠.

모든 것이 그렇듯이 이것도 영원히 지속될 수는 없습니다. 수백만 년 동안 꾸준하고 당당하게 타오르던 거대한 별의 생애 마지막 순간은 우주에서 볼 수 있는 가장 극단적인 힘의 총체적 난장판입니다.

처음에 이 철로 된 핵은 작은 별의 수명이 끝날 때 백색 왜성을 탄생시킨 것과 동일한 **축퇴 압력**에 의해 유지되어 안정적입니다. 점점 더 많은 철이 지옥 같은 실리콘 융합의 껍질에서부터 쏟아져 내리면서 계속 가열되고 수축합니다.

이 거대한 별은 잠시 동안은 어린 사촌들이 그랬던 것처럼, 피비린내 나는 죽음의 춤을 추며 자신의 몸을 뒤집어 치명적인 방식으로 삶을 마감할 것 같았습니다. 더 큰 버전의 행성상 성운이 곧 나타날까요? 그러나 거대한 별의 중심부에 철로 된 핵이 나타난 후 15분 이내에 모든 것이 격렬하게 끝날 것입니다.

축퇴 압력이 오래 버티지 못한다고 잠깐 언급했던 것을 기억하시나요? 네, 정말 희한하기만 한 양자 역학은 완전한 중력 재앙을 막을 수 있는 압력의 원천을 제공합니다. 그러나 심지어 양자 역학에도 한계가 있습니다. 철로 된 핵에 전자가 공급하는 압력이 균열을 일으킬 수도 있는 거죠. 결국 너무 많은 철이 핵에 침전되어 별을 잠시 지탱하고 있던 축퇴 압력을 압도하게 됩니다. 그러면 모든 것이 **순식간에** 엉망이 됩니다.

전자의 축퇴 압력으로 인한 지지가 실패하는 순간, 핵은 빛의 4분의 1 속도에 도달할 정도로 빠르게 붕괴되어 별의 나머지 부분과 완전히 분리됩니다. 마치 고층 빌딩에서 기둥이 쓰러진 것처럼, 별의 나머지 부분은 오랫동안 지탱해 왔던 별의 중심을 쫓아 맹목적으로 따라갑니다. 이를 막을 수 있는 힘은 아무것도 없습니다. 존재하는 힘이라고는 오로지 중력 뿐이며, 중력은 결국 중심부에서 생성된 에너지에 대항하여 승리합니다.

핵이 수축하고 접히면서 원자핵은 상상할 수 없는 밀도에 도달하며, 이는 백색 왜성의 극한을 훨씬 능가합니다. 너무 강렬해져서 떠돌아다니는 전자는 **말 그대로 원자핵 내부로** 들어가게 되는데, 원자핵 내부는 전자가 절대적으로 싫어하는 장소이지요. 그리고 그곳에 도착한 전자는 자신의 치명적인 적인 양성자 안에 갇히게 됩니다.

양성자가 전자와 함께 압착되면 두 가지 일이 일어납니다. 첫째, 양성자는 중성자가 됩니다. 둘째, 이 반응은 중성 미자를 생성합니다. 중성 미자. 이 작은 귀찮은 존재들 기억하시나요? 작은 입자, 거의 아무 질량도 가지고 있지 않은 덩어리가 지금 여러분을 통과하고 있지만 여러분은 전혀 눈치채지 못하죠. 가장 위협적이지 않은 입자라고 말씀드렸지만 제가 틀렸을 수도 있습니다. 직접적으로 여러분을 해치지는 않지만 피와 뼈를 녹일 수도 있거든요. 곧 알게 될 겁니다.

철 원자는 공격으로 인해 하나씩 녹아내리고 양성자는 전자를 삼켜 중성자로 변합니다. 그 결과 태양보다 더 무겁지만 도시 크기로 압축된 거대하고 무시무시한 중성자 핵이 난기류로 뒤덮인 항성 대기에 겹겹이 둘러싸게 되죠. 그리고 이 중심핵은 적어도 잠시 동안은 별의 지속적인 붕괴에 저항할 수 있습니다.

전자의 축퇴 압력을 생각하시면 되겠습니다. 파티에 모인 댄서들처럼 말이에요. 한 방에 많은 사람을 넣어도 춤을 출 수 있는 공간은 있습니다. 더 많은 사람을 추가하려고 하면 불평하고 쫓아내면서 중력에 대항하는 압력을 제공하려고 할 것입니다.

결국 춤출 수 있는 공간이 필요하거든요. 하지만 파티에서 쫓아낼 수 있는 인원보다 더 **많은 사람을** 문으로 밀어 넣는 데 성공하면 (이것이 전자 축퇴 압력을 잃어 철로 된 핵이 붕괴되는 것이죠.) 춤이 계속되지 못할 것이고 모두가 압착되기 시작하죠. 그러다 또 하나의 한계에 부딪히게 됩니다. 춤을 추든 안 추든 한 공간에 밀어 넣을 수 있는 사람의 명수는 제한되어 있다는 것이죠. 뺨과 턱을 맞대고, 바닥에서 천장까지, 그 방에 들어갈 수 있는 명수는 한정되어 있습니다.

별의 경우, 핵의 밀도가 원자핵의 밀도에 도달할 때 그 두 번째 한계에 다다르게 됩니다. 핵은 더 이상 철 원자의 빽빽한 덩어리가 **아니라 몇 킬로미터 너비의 단일 원자**, 즉 중성자들이 서로 최대한 가깝게 밀집된 거대한 공이 돼 버립니다.

중성자는 자연적으로 서로 반발합니다. 중성자는 결국 중성이기 때문에 전기적 반발이 아니라 강한 핵력의 변화무쌍한 힘과 자체적인 변형 압력의 조합을 통해 서로를 밀어냅니다. 중성자 역시 페르미온이므로, 중성자는 아주 꽉 눌려야만 그 이상의 압축을 거부할 수 있습니다. 그리고 중성자는 전자보다 훨씬 무겁기 때문에(거의 2천 배나 무겁습니다.) 훌륭한 양자 축퇴 효과가 시작되기 전에 훨씬 더 단단히 서로 밀착할 수 있습니다.

하지만 중성자로만 이루어진 도시 크기의 원자핵이 붕괴를 멈추고 중심핵으로 밀려드는 플라스마의 쓰나미를 바라보며 "오늘은 말고"라고 말합니다.

자, 이제 다 튕겨 나갑니다. 1초도 채 되지 않아 별이 다른 모습으로 보입니다. "별이 안정적으로 보이네요."였다가, "무슨 별? 별이 안 보이는데? 거대한 폭발이 바로 저쪽으로 향하고 있어."처럼요.

핵 주변의 모든 물질이 빛의 부분 속도만큼 빨리 중심으로 밀려들고 있습니다. 파티가 끝나면 파티는 끝났다고 했죠. 중력 만세! 하지만 이 모든 **물질**은 그 단단한 중성자 덩어리에 정면으로 부딪힙니다. 그리고 중성자는 절대로 꼼짝하지 않지요.

거대한 별을 만들었던 엄청난 양의 물질들. 빠르게 움직입니다. 뚫을 수 없는 벽에 부딪힙니다. 그 모든 중력 에너지와 억눌린 좌절감은 이제 한 방향, 즉 밖으로만 나갈 수 있습니다.

여기서부터 까다로워집니다. 우리는 초신성이 실제로 어떻게 생성되는지 **정확히** 알지 못합니다. 우리는 큰 폭발을 일으키기에 충분한 중력 잠재 에너지가 축적되어 있다는 것을 알고 있으며, 그 과정의 기본 개요도 알고 있습니다. 하지만 컴퓨터 시뮬레이션을 아무리 열심히 해 보아도 붕괴된 별이 폭발하도록 만들 수가 없습니다. 폭발하기 시작한 **직후에는** 관측 결과와 잘 맞아떨어져서 다 좋아요. 하지만 폭발하는 순간 자체는? 복잡합니다.

복잡하지만, 가장 기본적인 추측 방법은 다음과 같습니다. 초신성이 이런 식으로 진행된다면 큰 폭발이 일어나기 전에 초신성을 감지할 수 있는 몇 가지 잠재적인 방법이 있다는 것을 의미하기 때문에 초신성 폭발에 대해 아는 것이 중요합니다.

어디까지 이야기했죠? 맞아요, 물질들이 튀어 오른다고 했죠. 수 톤, 더 정확하게는 **태양의 수 톤에 달하는** 물질이 핵에서 튕겨 나와 충격파를 일으키며 바깥으로 퍼져 나갑니다. 별의 소닉 붐인 거죠.

그러나 그러다가…… 멈춰요. 빠르게 팽창하던 분노의 충격파는 금세 사그라듭니다. 그렇게 되면 우리는 약간 애매한 위치에 놓이게 되는데요. 밀도가 높은 핵과 그 주위를 둘러싼 거대한 별의 무게에 해당하는 물질, 그리고 대기 한가운데서 빠르게 열기를 잃게 하는 미세한 폭발만 남습니다.

중성 미자, 우리의 해결사예요![6] 기억하실지 모르겠지만, 핵이 비참하게 붕괴되는 동안에는 뜨거운 엉망진창의 상태이죠. 그리고 그 뜨거운 혼란 속에서 핵반응은 엄청나게 빠른 속도로 일어나 빠른 속도로 양성자를 중성자로 변환합니다. 이러한 각 반응은 부산물로 중성 미자를 생성합니다. 중성 미자는 모든 핵반응의 결과로 생기니까 별의 수명 동안 계속 생성되고 있었지만, 이 단계에서는 심각한 정도로 만들어지고 있는 거죠.

초신성 폭발이 일어나는 동안 방출되는 에너지의 99퍼센트 이상은 1초도 채 되지 않는 엄청난 폭발로 거대한 핵 중성 미자 공장으로 들어가기 때문에 눈에 보이지도 않고 관측할 수도 없습니다. 거의 모든 중성 미자는 별에서 빠져나가기만 할 뿐 정상 물질과 거의 그 어떤 소통도 하지 않기 때문에 한번 사라지면 그걸로 끝이에요.

그러나 그중 극히 일부, 어쩌면 1퍼센트에 불과한 일부가 때때로 탈출하기 전에 별의 무언가에 부딪힙니다. 별의 외곽에서 느려지는 충격 폭발파는 아주 작은 충격을 받습니다. 그리고 또 하나의 충격, 또 하나의 충격, 그리고 또, 그리고 수조 번 더.

그러고 나서는 떠나 버리는 거죠. 중성 미자 폭발로 활력을 되찾은 충격파는 별 밖으로 가속하여 점점 더 많은 물질을 운반합니다. 아니면 아닐 수도 있고요.

제가 말했듯이 세부 사항은 사실 아직 잘 모릅니다. 이 중대한 사건에 대한 우리의 멋진 컴퓨터 시뮬레이션에서 중성 미자의 힘을 빌려도 충격파는 여전히 다시 멈추거든요. 형편없죠, 알아요. 우리는 거대한 별의 생애 마지막 순간에 일어나는 사건의 정확한 순서를 재구성하는 데 어려움을 겪고 있지만, 엄청난 양의 휘저음이 발생하여 별의 내장이 말도 안 되는 공명 패턴으로 앞뒤로 움직이며, 결국 탈출에 필요한 에너지를 모으는 것처럼 보입니다.[7]

그러나 그 충격파가 마침내 별의 외부 표면과 우주로 도달하면…… 펑! 태양보다 훨씬 더 거대한 별 전체가 1초도 안 되는 짧은 시간에 우주의 한 작은 공간에서 폭발합니다.

———

초신성이 폭발할 때 가까이 가고 싶지 않은 이유가 있습니다. 굳이 설명해 드려야 할까요? 여러분은 꽤 똑똑하니까 안 해도 되겠죠. 하지만 저는 이 모든 것에 대해 이야기하는 것을 정말 좋아하기 때문에, 어쨌든 설명할 것입니다.

사실 거대한 별이 망가지기 전에는 그 근처에도 가고 싶지 않을 것입니다. 진화의 가장 마지막 단계에서, 그들의 핵이 지저분한 양파 껍질과 같은 층을 형성할 시기에는 표면이 부풀어 오르고 팽창하며 가열됩니다. 결국 몸속에서 최소 7가지 종류의 핵융합이 일어나고 있다면 약간 정신없을 수 있겠죠. 진화와 노화가 계속되면서 표면 온도는 절대 온도 수만 도를 쉽게 넘나들고 때로는 6자리 숫자까지 치솟는 뜨거운 온도에 도달합니다. 너무 뜨거워서 선탠, 일광 화상, 암을 유발하는 우리에게 익숙한 그 자외선이 주변 가스의 분자 구성을 엉망으로 만들어 수십 년 동안 천문학자들이 수수께끼로 여기는 복잡한 스펙트럼선을 만들어 냅니다.

18세기 중반의 발견자들을 기리기 위해 '볼프-레예 별(기본적으로 스펙트럼에 뭔가 이상한 일이 일어나고 있다는 점에 주목한 별)'로 알려진 이 종류의 별은 태양 너비의 20배가 넘는 거대하고 부풀어 오른 괴물로, 밝기는 우리 태양의 수백만 배를 훨씬 초과합니다.[8] 그 강렬한 방사선과 그에 맞는 엄청난 항성풍이 대기의 한 층을 밀어내어 곧 죽게 될 괴물 주위에 성운을 만드는데, 이는 앞으로 일어날 일에 대한 예고입니다. 그리고 이것은 모두 큰 폭발이 일어나기 **전**의 일입니다.

중심핵 붕괴 초신성의 충격파가 표면에 도달하는 순간, 강렬한 방사선 폭발은 초신성을 포함하는 쌍성계 전체에 퍼져 나가게 됩니다. 실제로 이 섬광은 초신성이 속한 국소적인 지역만이 아닌 전 우주에 걸쳐 번쩍입니다. "은하 전체를 비춘다."는 표현은 학문적인 맥락에서 보면 매우 시적으로 들립니다. 하지만 초신성의 1광년 이내에 있는 여러분이 있을 경우에는 그렇게 시적으로 아름답게만 들리지는 않을 거예요.

지구의 태양열을 생각해 보세요. 뜨거운 여름날, 내리쬐는 태양 광선을 생각해 보세요. 그늘이 있어도 쉴 틈이 없습니다. 그 자리에 서서 이마에는 땀이 흐르고 목 뒤쪽 피부는 햇볕에 타기 시작하여 따끔거립니다.

80억 년 동안 거기 서 있다고 생각해 보세요. 태양의 일생 내내요. 움직이지 않고 태양 복사를 최대한 흡수한다고요. 모든 광자. 아주 작은 열 조각까지 모두. 매일, 영겁의 세월 동안.

초신성의 경우, 수년에 걸쳐 축적된 모든 에너지, 모든 연소, 모든 강도를 며칠 만에 방출합니다. 이것이 바로 제가 말하는 방사선입니다. 그리고 그건 폭발에서 나오는 빛, 즉 광자에 불과합니다. 그런 다음 폭발파 자체, 즉 방사선 입자의 쓰나미가, 광속의 10퍼센트에 달하는 초음속 폭발파가 우주를 찢고 지나가면서 닿는 모든 것을 가열하는 거죠.

이 충격파는 중성자와 양성자로 이루어진 벽으로, 이미 방출된 별의 잔해와 서로 부딪칩니다. 이 입자들은 너무 빠르게 이동하기 때문에 철보다 무거운 원소를 융합하기에 충분한 에너지가 있습니다. 이 과정은 에너지를 소모하기 때문에 가장 큰 별 내부에서도 쉽게 일어날 수 없는 일이었지만, 일단 별이 폭발하면 무슨 상관이겠어요! 우주에서 보내는 마지막 날인 것처럼 에너지를 써 버리자고요. 그럴 수 있는 마지막 날이 맞을 테니까요.

크세논, 금, 납, 칼륨 등의 새로운 원소가 있습니다. 모두 초신성 폭발의 엄청난 불협화음 속에서 만들어졌네요. 우주에서 성분과 온도가 (이 원소들이 생겨나도록) 적절하게 조합된 몇 안 되는 장소 중 하

나인 거죠. 이 과정을 **핵합성**이라고 합니다.[9]

원자로 안에 서 있다고 상상해 보세요. 원자로가 시속 수만 킬로 미터의 속도로 폭발합니다. 여러분의 몸, 우주선, 여러분이 알고 있는 모든 것이 약간의 방사능이 있는 우주 먼지 구름으로 변할 것입니다. 일부 물질은 충격파에 휩쓸리고 갇혀 이리저리 흔들리다가 빛에 가 까운 속도로 방출됩니다. 양성자와 무거운 핵이 섞인 이 물질은 이제 **우주선**이라고 불리며 우주를 유유히 떠돌아다니는 여행자들을 폭발 에서 나오는 독으로 적셔 버리고 맙니다.

방사능 폭발파는 계속 확장되어 수 광년 너머로 뻗어 나가면서 물질을 휩쓸고 지나갑니다. 그리고 별이 처음 폭발한 후 며칠이 지나 면 실제로 더 뜨거워집니다. 소용돌이 속에서 생성된 원소 중 일부는 방사능을 띠고 있으며, 빠르게 붕괴합니다. 이러한 붕괴는 더 많은 열 을 발생시켜 불에 기름을 쏟아붓는 격이 되고 방사능 출력을 증가시 켜 팽창하는 파편 껍질이 더욱 격렬하게 빛나게 합니다.

초기 치명적인 폭발이 일어난 지 약 1주일 후, 초신성 폭발이 절 정에 달하면 방출된 초신성 물질은 초기 충격보다 10배 더 밝아져요. 이건 태양보다 10억 배 정도 더 밝아요. 하지만 결국 이는 방사능으 로 붕괴하는 물질이 부족해져 전력을 잃고 냉각되어 바람에 먼지처 럼 흩어집니다. 그러나 반감기가 더 긴 방사능 원소가 잔해에서 계속 춤추기 때문에 위험 구역은 최대 100년 동안 지속됩니다.

1054년 경외감을 불러일으킨 초신성의 결과물인 게성운을 예로 들어 보겠습니다. 1,000년이 지난 후에도 이전 별의 배짱으로 10광 년에 걸친 공간에 퍼져 있으며, 여전히 절대 온도 15,000도의 뜨거운 온도를 유지하고 있으며, 풍부하고 강력한 방사능을 담고 있습니다. 성운의 자기장만으로도 입자를 빛의 절반 속도로 가속할 수 있을 정도로 강한 자기장을 여전히 띠고 있고요. 방사성 입자와 강렬한 엑스선으로 가득한 체르노빌과 같은 제외 구역. 제정신인 여행자라면 가지 말아야 할 곳입니다.

———

장관을 연출하는 다른 방법도 있습니다. 때로는 아무것도 하지 않던 평범한 별이 조명을 받으며 이름을 알릴 기회를 얻기도 합니다. 방금 말씀드린 죽음과 파괴의 이야기(일반인이라면 **핵붕괴**, 천문학 마니아라면 **II형 초신성**이라고 부릅니다.)는 고립된 거대 별의 일생을 기반으로 한 것으로, 별이 삶을 마감하는 방식이었죠. 하지만 별은 혼자인 경우가 거의 없습니다. 태양은 친구라고 부를 수 있는 행성이 몇 개 있고, 우주에 있는 모든 별들의 약 절반에 달하는 많은 별들이 이중, 삼중으로, 또는 그 이상으로 짝을 이루어 존재합니다.

그리고 친구가 있다면 인생에서 흥미로운 일이 일어날 수 있습니다. 지난 여행에서 우리는 모든 은하계에서 흔히 볼 수 있는 한 쌍의 별을 만났습니다. 한 별은 이미 죽음 이후 단계에 있는 백색 왜성으로, 다른 한 별은 죽음에 가까운 단계에 있는 붉은 거성으로 된 쌍성계이죠. 조건이 잘 맞으면 거성의 대기 중 일부를 백색 왜성 표면으로 빨아들여 두꺼운 수소로 덮인 대기를 만들 수 있습니다.

수소층에 문제가 생기면 환상적인 열핵 사건으로 수소를 태우며 눈부시고 경이로운 빛의 섬광인 신성으로 번쩍입니다. 하지만 상황은 더 나빠질 수 있습니다. 훨씬, 훨씬 더 나빠질 수 있지요. 붉은 거성에서 나오는 가스층이 달걀 껍데기처럼 백색 왜성을 깨뜨릴 때처럼 말입니다.

때때로 수소는 스스로 융합할 수 있는 정확한 조건을 갖추지 못한 채 쌓일 수 있습니다. 계속해서 두꺼워지는 것이죠. 그리고 그렇게 쌓여 점점 더 무거워집니다. 그 층 안에서 백색 왜성은 반응하기 시작합니다. 압력과 온도가 상승합니다. 백색 왜성이 안정성의 한계에 가까워지면서, 또 외부 층에 가스가 쌓이면서, 마치 태양 내부의 플라스마처럼, 또는 냄비에서 끓는 수프처럼 백색 왜성의 핵이 대류하기 시작합니다. 산소와 탄소로 된 수프는 그다지 맛있지는 않지만 원천적으로 강렬합니다.

태양만큼이나 무거운 행성 크기의 핵폭탄이 도화선이 터지기만을 기다리고 있는 상황은 안정적이지 않습니다. 백색 왜성의 어느 지점에서 두꺼운 수소 대기의 온도와 압력이 탄소 융합에 불을 붙일 만큼 충분히 높아집니다. 그 작은 불꽃, 그 작은 핵융합의 불은 약간의 에너지를 방출합니다. 방출된 에너지는 주변 영역에서 탄소 융합을 촉발하기에 충분하며, 다시 융합 반응을 더욱 확산시켜요.

아무런 예고도 없이 위기 지점에 도달합니다. 백색 왜성 내부에서 불꽃이 점화되어 잠시 융합의 불꽃이 번쩍입니다. 그리고 그것은 휘발유 웅덩이에 불꽃이 타듯 별 전체로 퍼져 어디를 가든 핵융합을 일으킵니다. 일반적인 일상적인 별에서는 이러한 과정이 중심핵에 국한되어 온도와 압력을 조절하여 통제 불능 상태가 되지 않도록 하죠. 그런 조절된 핵에서는 핵융합으로 인한 증가된 열이 별을 부풀려서 압력을 완화하고 반응 속도를 냉각시킵니다. 그러나 백색 왜성은 정상적인 별이 아니에요. 상승하는 온도와 점점 더 넓어지는 화염 전선의 균형을 맞출 수 있는 것이 없기 때문입니다.

폭주하는 사건의 연속입니다. 더 많은 융합은 더 많은 열을 의미하고, 더 많은 열은 더 많은 융합을 의미하고, 이는 또 더 많은 열을 의미하고, 그렇게 또 더 많은 융합을 일으키지요. 단 몇 초 만에 이 불꽃은 '차분하게 예쁜 별을 바라보던' 모습에서 '오, 별 전체가 폭발하는' 모습으로 변합니다.

일상생활에 비유할 수 있는 단어가 있어요. 바로 **'구속되지 않은 상태(unbind)'**입니다. 우리는 구속되어 있죠. 우리 몸을 구성하는 원자와 분자는 다양한 힘에 의해 서로 묶여 있으니까요. 수류탄과 같은 충분한 에너지만 있으면 몸의 분자를 분리하여 사방으로 날려 보낼 수 있습니다. 여러분은 더 이상 **구속되지 않을 것입니다.** 또한 죽게 됩니다. 이 과정은 많은 에너지가 필요하기 때문에 자주 일어나지 않으며 일반적으로 매우 격렬한 것으로 간주됩니다.

백색 왜성을 구속되지 않게 해 주려면[•] 엄청난 에너지가 필요합니다. 백색 왜성은 별을 만들기에 충분한 질량을 가지고 있지만, 암석으로 된 행성 정도의 크기에 그 많은 질량이 압축되어 있지요. 백색

• 백색 왜성은 조절되지 않는 엄청난 양의 융합이 일어나고 고열이 유지되기 때문에, 마치 폭주하듯 에너지가 생성됩니다. 그러한 폭주에서 백색 왜성을 구한다는 의미에서 저자는 '구속'이라고 표현했습니다. 구속에서 벗어난다는 것은 곧 백색 왜성이 모두 해체된다는 것을 의미합니다.

왜성에서 원자를 하나하나 뽑아내어 탈출 속도에 도달할 수 있도록 충분한 힘을 주려면 얼마나 많은 에너지가 필요할지 생각해 보세요. 엄청난 에너지가 필요하기 때문에 백색 왜성은 수조 년 동안 내부의 평정을 유지할 수 있는 겁니다.

통제되지 않은 핵융합 폭발이 바로 그 엄청난 에너지를 충당해 주지요.[10] 눈 깜짝할 사이에 백색 왜성은 여러분의 얼굴 바로 앞으로 다가옵니다.

빛의 속도에 필적하는 충격파. 100억 개의 태양보다 더 빛나는 플레어. 어떤 모습인지 상상이 되시죠? 초신성입니다. 그건 그렇고, 이것을 **I형 초신성**이라고합니다. 네, **II형** 이후에 그들에 대해 이야기 했습니다. 왜 이런 이름이 붙었는지에 대해서는 다시 한번 프리츠 츠비키를 비난할 수 있습니다. 하지만 너무 가혹하게는 비난할 수 없어요. 이런 명명법의 대부분은 실제로 무슨 일이 일어나고 있는지 알기 **전에** 만들어졌기 때문입니다. 천문학자들이 망원경으로 본 것(거의 대부분 다양한 종류의 원소 스펙트럼선)에 따라 사물을 분류하고 이름을 붙이고, 수십 년 또는 수백 년 후에 물리학자들이 관측 결과를 물리학적으로 설명해 내지만 그때는 이미 그 이름이 고착화되어 버린 상태이기 때문입니다.

이러한 I형 초신성은 중심핵 붕괴 유형만큼이나 자주 발생하지만, 더 심각한 것은 틀림없습니다. 적어도 II형의 경우, 죽음의 문턱에 있는 거대한 별을 발견하고 경고를 받을 수 있습니다. I형 초신성의 경우, 백색 왜성이 팽창한 적색 거성과 짝을 이루는 평범한 쌍성계 상황으로, 가스가 두 개의 별 중 작은 항성의 표면으로 향하는 과정에서 항성 원반 주위를 소용돌이치는 것입니다. 천문학자와 방문객 모두를 매료시키는 아름다운 광경입니다.

그런 다음 눈 깜짝할 사이에 모든 것이 폭발하고 별은 중심핵 붕괴 초신성보다 10배 더 밝은 빛의 섬광으로 증발해 버리고 맙니다. 동반성은 폭발에서 살아남아 갈기갈기 찢어지지 않는다면 외층이 벗겨져 은하계를 떠돌아다니는 방황하게 되지요. 평생의 파트너십은 이렇게 끝이 나네요.

———

'초신성이 제일 위험하구나.'라고 생각했을 때, 자연은 또다시 스스로를 과시하지요. **일반적인** 형태의 초신성이 충분히 끔찍하지 않다는 듯이 훨씬 더 끔찍한 몇 가지 특별한 형태의 초신성들이 더 있습니다.

이러한 폭발을 이해하려는 천문학자들이 이러한 폭발을 이해하는 데 어려움을 겪고 있기 때문에 용어가 약간 혼란스럽습니다. 그래서 지난 수십 년 동안 다양한 이름이 등장하기도 하고 사라지기도 했죠. 천문학계의 나팔바지*네요.

게다가, 우리가 이런 종류의 극한 상황을 이해할 수 있는 방법은 그저 안전한 거리에서 지켜보는 방법뿐이고(아무리 어리석은 모험가라 할지라도, 감히 가까이서 보려 하지 않죠.) 이러한 극한 상황들은 매우 드

• 바지 아랫단이 나팔처럼 넓어지는 형태의 바지입니다. 20여 년 전에 한때 유행했었죠.

물기 때문에 관찰할 수 있는 자료도 많지 않습니다.

가끔 거론되는 이름 중 하나가 **극초신성**(hypernova)입니다. 접두사인 '**초**'보다 더 우월한 단계가 '**극초**'이니까요. 또 다른 용어는 초발광 초신성으로, 이 역시 초라는 접두사에서 논리적으로 다음 단계로 발전한 용어입니다. 지금까지 발견된 초신성 중 가장 밝은 초신성은 태양 5,700억 개보다 더 밝게 빛났으며, 이는 우리은하 전체의 20배에 달하는 밝기입니다.

일반적으로 극초신성은 충격파 자체가 특히 빠르게 진행되는 폭발을 말하지만, 초발광 초신성은…… 그냥 정말 정말 밝은 것을 의미합니다. 수십 년 동안 **감마선 폭발**(Gamma Ray Bursts, GRB)이라고도 불렀습니다. 감마선 폭발은 1960년대에 미군이 처음 발견했어요. 다량의 감마선 방사선을 방출하는 소련의 핵폭탄 실험을 염탐하던 중 사방에서 에너지가 매우 높은 감마선이 예상했던 방향과 반대 방향으로 나오는 것을 발견하고 깜짝 놀랐던 것이죠.

솔직히 말씀드릴게요. 우리는 극초신성의 원인이 무엇인지 정확히 알지 못합니다. 초발광 초신성의 원인도 정확히 알지 못합니다. 감마선 폭발의 원인도 정확히 알지 못합니다. 우리는 그것들이 모두 관련되어 있는지, 같은 것의 다른 종류인지, 완전히 다른 것인지, 어느 정도 겹치는지 등등 정확히 알지 못합니다. 그러나 그 원인이 무엇이든 간에, 이들의 관측 기록들은 예전의 기록들보다 모두 우세하여 천문학자들은 이를 분류하기 위해 완전히 새로운 차트를 발명하느라 여전히 바쁘게 움직이고 있습니다.[11]

감마선 폭발의 경우, 적어도 일부는 특이한 초신성 폭발과 관련이 있다고 생각합니다. 초신성의 마지막 붕괴 단계에서는 많은 양의 에너지가 방출되거든요.('폭발했다'는 표현을 유쾌하게 완곡하게 표현한 거예요.) 일반적으로 이 에너지는 폭발하는 별 전체에 고르게 분포되어 폭발을 일으킵니다.

그러나 별이 ⓐ 충분히 크고, ⓑ 빠르게 회전하고, ⓒ 잘 이해되지 않은 다른 모호한 조건이 맞으면 별의 물질이 한때 핵이라고 불렸던 거대한 중성자 공으로 급격히 붕괴하면서 물질이 별의 양쪽 끝에서 경주하는 두 개의 강력한 제트로 쏟아져 나올 수 있습니다. 이것은 새로 형성되는 별 주변과 블랙홀 주변에서 강력한 제트를 생성하는 것과 같은 종류의 물리학입니다. 물리학은 우주를 둘러싼 물리학이며, 알고 보니 자연은 그 레퍼토리에 많은 속임수를 가지고 있지는 않네요.

초신성은 이미 우주에서 가장 에너지가 넘치는 사건 중 하나이지만, 이러한 유형의 감마선 폭발에서는 많은 에너지가 모든 방향으로 폭발하지 않고 두 개의 좁은 흐름으로 집중됩니다. 이러한 제트 중 하나가 지나가는 길목에 서 있다면, 방금 가장 치명적인 형태의 전자기 방사선인 감마선을 맞고 있는 것이니 모자 꼭 눌러 쓰고 계세요. 예를 들어 부드러운 가정용 전구에 비해 엑스선이 얼마나 더 위험한지 생각해 보세요. 감마선은 엑스선을 아주 힘없이 보이게 만듭니다.

행성들도 살아남기 어려운 것은 마찬가지입니다. 지구와 너무 가까운 곳에서(은하계의 같은 반쪽에서) 폭발이 일어나 태양계를 직접 겨냥한 경우, 단 10초의 선량으로도 대기를 보호하는 오존층을 파괴하여 대기를 압도할 수 있습니다. 오존층이 없다면 지표면의 생명체는 일상적인 우주선의 비를 받게 됩니다. 심지어 4억 5,000만 년 전 지구에서 발생한 멸종 사건은 지구 근처에서 발생한 감마선 폭발에 의한 것이 아닌가 하는 이론도 있을 정도이지요.

그러나 초신성이 제트 속으로 빨려 들어가는 것만이 초신성이 엉망이 되는 유일한 방법은 아닙니다.(마치 초신성 자체가 이미 '엉망'이 아니었던 것처럼 말이에요.) 태양 질량의 100배가 넘는 가장 거대한 별에서는 파티가 시작되기도 전에 바닥이 꺼질 수 있습니다. 그 원인은 감마선이며(우주에서 가장 에너지가 넘치는 사건과 가장 치명적인 형태의 방사선 사이의 연관성이 보이기 시작했나요?) 이것이 초발광 초신성의 원인일 수도 있습니다.

별의 핵반응은 고에너지 방사선을 생성하지요. 핵의 중심 온도가 급상승하면 방사선은 점점 더 높은 주파수로 이동합니다. 정말 거대한 별에서는 핵용광로가 감마선을 생성하기 시작합니다. 처음에는 그렇게 나쁘게 들리지 않을지 모르지만 감마선은 아주 특이한 일을 해낼 수 있다는 것을 생각하면 이야기는 달라질 수 있죠.

극도로 높은 감마선은 스스로 물질로 변할 수 있습니다. 이것은 마술이 아니라 우주선 소나기를 일으키는 입자물리학에서와 같은 원리입니다. 감마선은 변덕스럽게도 한 쌍의 전자와 그 반물질에 해당하는 양전자가 될 수 있습니다. 정상적인 조건에서는 전자와 양전자가 다시 서로를 발견하고 소멸하여 다시 감마선으로 돌아가는 경우도 있습니다.

그러나 거대한 별의 핵은 정상적인 상태가 아닙니다. 일이 잘못

되면 느슨한 양전자와 전자가 서로를 찾지 못해, 감마선이 깜박거리면서 핵의 에너지가 소멸합니다. 이 과정이 많이 일어나기 시작하면 별은 압력을 지탱하는 주요 원천 중 하나인 핵에서 흘러나오는 원래의 방사선을 잃게 되는데요. 그런 다음 별은 약간 붕괴되어 온도가 상승하여 더 많은 감마선을 생성하게 되지요. 그러나 이러한 감마선은 전자와 양전자의 더 많은 쌍생성으로 인해 손실되어 별이 붕괴되고 온도가 상승합니다. (반복의 연속이지요.) 이는 우주를 통틀어 계속해서 반복되는 이야기입니다. 균형이 한번 깨지면 다시 정상으로 돌아오기 어렵고, 그 결과는 대개 재앙으로 이어집니다.

태양 질량의 130배가 넘는 별은 이 과정을 멈출 수 없습니다.[12] 핵이 너무 빠르고 완벽하게 수축하고 온도가 상상할 수 없는 수준에 도달하면 핵의 모든 물질이 적색 거성 내부의 헬륨 섬광처럼 하나의 핵 불덩어리로 증발해 버립니다. 그 순간적인 에너지 방출은 별 전체에 있던 모든 족쇄를 풀어 버리기에 충분합니다.

순식간에 별 전체가 안쪽에서 바깥쪽으로 폭발합니다. 우주에 알려진 가장 위대한 단일 핵폭발입니다. 최소 태양 130개 분량의 물질이 깨끗하게 날아갔습니다. 중성자 핵이 없습니다. 다시 튕겨 나간 것도 없고. 중성 미자도 없고. 모호한 물리학의 복잡한 춤도 없습니다. 그저 원초적인 힘, 자연의 궁극적인 분노가 단 한 번의 사건으로 방출된 것입니다. 물론 감마선 폭발, 극초신성, 초발광 초신성은 매우 무서울 정도로 위험합니다. 하지만 애초에 그런 거대한 별 근처에는 왜 가셨나요?

———

조심하셔야 합니다. 핵 중심 붕괴 초신성은 가장 거대한 별에서만 발생하며, 거대한 별들은 주로 은하의 나선형 팔에 많은데, 이는 별 형성 속도가 증가하면 수명이 짧은 거대한 별이 형성되기 때문이지요. 그 팔에서 벗어나면 더 안전할 것입니다.

수명이 다한 거대한 별을 조심하세요. 별이 태양 질량의 10배가 넘는다면 폭발에 너무 가까이 다가갈 위험이 있습니다. 정상적으로 보이는 별에서 폭발적인 죽음의 폭발로 바뀌는 데는 단 몇 초밖에 걸리지 않으며 경고도 거의 없습니다. 충격파와 감마선으로 인한 피해가 최소화될 수 있는 최소 수십 광년 떨어진 곳에 머물러야 합니다.

그러나 I형 초신성은 태양과 같은 보통의 중간 크기 별의 남은 찌꺼기인 백색 왜성에서 발생합니다. 나선형 팔, 원반, 돌출부, 심지어 각 은하를 공전하는 작은 구상 성단까지 모든 곳에 있습니다. 백색 왜성은 은밀하기 때문에 자세한 관측이 없으면 백색 왜성이 동반성으로부터 물질을 축적하고 있는지 알기 어렵습니다. 연구할 만큼 가까이 접근하면 위험에 처할 수 있습니다. 다중 항성계는 그 항성계의 모든 별이 정상적인 수소 연소 단계에 있다는 확신이 없다면 피하시는 게 좋고요.

중성 미자는 경고 전조등입니다. 중성 미자는 사건 초기에 방출되며, 후방에서 충격파를 발로 차내는 것을 제외하고는 대부분 불협화음을 피하면서 바로 통과합니다. 즉 중성 미자는 빛(그리고 방사선과 우주선, 죽음)이 도달하기 전에 여러분에게 도달한다는 뜻입니다. 잘 조정되고 방향에 민감한 중성 미자 망원경이 있다면, 아마도 몇 초의 경고 시간을 벌 수 있을지도 모르지요.

최근의 초신성도 피하는 것이 가장 좋습니다. 주변 가스 구름을 수천 년 동안 빛나게 할 만큼의 고강도 방사선이 있는데, 이것이 우리 몸에 어떤 영향을 미칠지 짐작하시죠? 다행히 초신성은 한 세기에 은하당 몇 개밖에 발생하지 않을 정도로 비교적 드물게 발생합니다. 그리고 주변에 눈에 띄는 후보가 없는 비교적 조용한 지역에 초신성이 있다면 영구적으로 정착하기에 좋은 곳일 수 있습니다. 하지만 현명하게 선택하세요. 궁금하다면 온라인에서 초신성 후보 목록을 확인할 수 있습니다. 여행자에게 무료로 제공되는 경고 서비스이니 꼭 이용해 보세요!

초신성에는 희망의 줄기도 있긴 해요. 초신성은 사실 별 내부의 산소와 탄소, 그리고 폭발하면서 더 무거운 물질을 만들어 내는 공장이거든요. 즉 용광로입니다. 여러분 몸이 무엇으로 만들어졌는지 한번 보세요. 칼슘으로 된 뼈, 산소가 이동하는 혈액, 탄소로 만들어진 세포들 말이에요. 바나나를 먹으며 칼륨을 섭취하고 실리콘으로 컴퓨터 칩도 만들죠. 이 모든 것은 수 세대 전 거대한 별의 죽음의 몸부림으로 만들어진 것입니다. 여러분은 그 수명이 다한 별이 남기고 간 재와 잿더미입니다. 여러분 존재 자체가 초신성에게 빚을 지고 있는 셈이에요. 초신성에게 적절한 존경을 표해야겠어요.

중성자별과 마그네타　　　　　　　10

죽어서도 빛나는 너는
네가 어떤 존재였는지
모두에게 상기시켜 주는구나
널 잊지 않을 거야

- 고대 천문학자의 시

앞으로 닥칠 위험을 극복하기 위해 파스타에 대해 이야기해야겠어요. 그 이유는 곧 알게 되실 거예요. 백색 왜성은 마치 수정에 가까운 기묘한 내부와 끊임없이 쏟아지는 뜨거운 엑스선 때문에 이상하고 위험해 보일 수 있습니다. 전자가 너무 빽빽하게 밀집할 수 없기 때문에 스스로를 짓누르는 무게에 견딜 수 있으니, 이보다 더 이상할 것이 없겠어요.

하지만 이것이 바로 우리가 말하는 우주입니다. **항상** 더 이상한 것이 있지요. 백색 왜성은 중간 크기 별의 남은 핵에서 형성됩니다. 하지만 큰 별은 어떨까요? 거대한 초신성 폭발을 일으키는 별은 어떨까요? 별이 죽었음을 우주 전체에 알리는 마지막 폭발 직전에 전자는 중심부에 있는 원자핵의 중심부로 밀려 들어갑니다. 그곳에서 전자는 그들에게 보이는 모든 양성자와 결합하여 중성자로 변합니다. 그리고 중성 미자가 있지요. 중성 미자는 항상 존재합니다. 그리고 우리는 이 이야기 직전에 거대 폭발을 일으키는 데 중성 미자가 얼마나 중요한지 보았습니다.

이렇게 해서 양성자와 중성자의 행복한 작은 묶음이었던 핵은 거의 모든 양성자를 잃게 됩니다. 밀도가 높은 항성 핵은 일부 핵 주위를 자유롭게 헤엄쳐 다니던 자유 전자로 된 공에서 일부 중성자 주위를 유영하는 자유 전자 공으로 바뀝니다.

백색 왜성 사촌들과 마찬가지로 게임의 법칙은 같죠. 즉 중성자는 너무 빽빽하게 들어차 있어서 더 이상 중성자를 **채워 넣을 수 없을 때까지만** 중성자를 채울 수 있다는 점은 동일합니다. 중력의 영원한 압박에 맞서 멸망해 버린 별이 또 다른 종류의 축퇴 압력으로 지탱이 되는 것이지요.

하지만 이번에는 게임의 상대가 달라요. 중성자는 전자보다 훨씬 더 밀집할 수 있습니다.* 실제로 중성자는 밀도가 너무 높다고 불평(저항)하기도 전에 원자핵의 밀도까지 도달할 수 있습니다. 이때 중성자들의 이러한 불평은 궁극적인 폭발을 일으키는 원인이 됩니다. 주변에 있는 대기는 중성자가 풍부한 핵을 뚫고 폭발하기 전에 빛의 속도에 견줄 만큼 빠른 속도**로 돌진합니다.

그리고 이 모든 일들, 즉 한 은하 전체의 총 밝기를 능가할 수 있

---

* 중성자는 전자와 달리 전기력이 없어 서로를 밀쳐 내려 하지 않으니까요.

** 흔히 이를 '상대론적 속도'라고도 합니다.

는 밝기, 주기율표를 풍부하게 해 줄 (많은 종류의 원소들이 섞인) 비처럼 쏟아지는 지옥 불꽃들, 충격파와 난기류, 방사능 등, 이 모두가 지나간 후에도 여전히 남아 있는 게 있습니다. 바로 그 모든 것의 중심에 있는 핵. 자신도 모르게 거대한 별 전체의 폭발을 촉발해 버린 핵. 그 핵은 중성자와 전자가 최대한 가까이 밀집되어, 절대 온도 1,000억 도의 뜨거운 열을 방출하는, 수수께끼와도 같은 분노를 견뎌 낼 수 있는 그런 거대한 별을 통째로 날려 버린 것이지요. 원자핵의 밀도를 가진 수 킬로미터를 가로지르는 크기의 물체. 태양보다 더 많은 질량을 도시만 한 부피로 압축한 물체의 밀도에 해당합니다.

한때 거대한 태양의 껍질이 별 전체가 폭발하는 힘에 의해 우주 진공에 노출되어 죽어 가고 있습니다. 분노, 비통함, 복수심에 가득한 듯하네요. 보세요, 자연의 가장 무시무시한 창조물, 바로 중성자별입니다.[1]

중성자별이 만들어지는 데 관여하는 밀도를 살펴봅시다. 이 정도의 밀도는 어떤 실험실에서도 재현할 수 없을 뿐만 아니라 생각조차 할 수 없습니다. 전자를 다른 에너지 상태의 바깥 껍질로 보낼 수 있으면 모든 것이 그에 따라 부피가 커진다고 앞서 언급했습니다. 그때 잘 생각해 보셨다면 그것이 무엇을 의미하는지도 알아차리셨을 수도 있어요. 전자가 없다면 모든 것이 훨씬 더 작아질 수 있다는 점이죠. 거의 모든 '원자'는 비참할 정도로 텅 빈 공간에 불과합니다. 양성자와 중성자의 핵은 원자 부피의 0.0000000000001퍼센트에 불과합니다. 네, 제대로 읽으셨습니다. 따라서 그만큼 **엄청나게 작은 부피에 엄청난 밀도를 가지고** 별을 만든다고 생각해 보세요.

중성자별을 설명하는 데 사용되는 숫자는 금방 터무니없어집니다. 너무 터무니없어서 그냥 숫자만 나열하는 것으로는 그 말도 안 되는 정도를 전달할 수 없습니다. 손을 뻗어 이 물질을 한 줌만 잡아본다고 가정하면, 그 한 줌은 대피라미드 1,000개보다 더 무거울 것입니다. 이 작은 것들*(이건 의도된 농담인데 아시겠죠?)이 백색 왜성이 가진 물질과 같은 양을 가졌고 그 무게가 수백 톤에 이릅니다. 이 물질을 떨어뜨리면 시속 수백만 킬로미터의 속도로 1마이크로초 이내에 중성자별 표면으로 다시 떨어질 것입니다.

돌부리에 걸려 넘어지지 않도록 조심하세요. 그 속도로 지표면에 떨어지면 그것이 무엇이든 그저 흔적도 없이 사라져 중성자별의 일부에 불과하게 될 뿐이죠. 중성자별로 떨어질 땐 사람으로 떨어져도, 팬케이크가 되어 착륙하게 될 거예요. 중성자별을 떠나고 싶다면 광속의 절반 정도까지 속도를 끌어올릴 수 있는 로켓이 필요합니다. 그러면 지구보다 수천억 배 더 강한 중력에서 빠져나올 수 있을 거예요. 물론 블랙홀만큼 나쁘지는 않지만 꽤 지옥과도 같을 거예요.

또 모험적인 산행을 가는 건 중성자별에서 가능하질 않아요. 중성자별 지상에서 가장 큰 '언덕'은 높이가 몇 밀리미터도 되지 않거든요. 목 뒤쪽의 머리카락(지금쯤이면 머리카락이 다 서 있을걸요.) 열두 개 정도의 높이와 비슷할 거예요.

중성자별은 중력이 매우 강해서 빛의 광선이 주변 궤도에 갇힐

---

* 백색 왜성의 '왜성'에 해당하는 영어 단어가 '난쟁이'를 의미하는 dwarf인 것을 두고 한 말입니다.

수 있습니다. 즉 높은 지점에 서 있으면 중성자별의 여러 면을 다 볼 수 있다는 뜻입니다.

가장 바깥층은 빵 껍질 같은 물질이지만, 동네 빵집에서 볼 수 있는 반죽 같은 빵 껍질과는 전혀 다르지요. 이 물질은 전자와 자유 핵으로 이루어져 있으며, 나머지 별의 극심한 중력에 의해 서로 붙잡혀 있습니다. 반죽에 대한 재미있는 비유로 한번 이야기해 볼게요.

중성자별 내부에서 어떤 일이 일어나는지 **정확히** 알지 못한다는 점을 미리 말씀드리고 싶습니다. 우리가 비교할 수 있는 편리한 실험이 있는 것도 아니니까요. 실험실에서 중성자별을 만들어 본 적 있나요? 네, 저도 없어요. 하지만 과학자들이 연구를 이끌어 나갈 수 있도록 방법을 제시해 주는 것은 수학과 물리학이며, 이것이 우리가 가진 전부입니다.(수학과 물리학으로 중성자별을 이해하는 수밖에 없어요.)[2]

중성자별의 내부에서는 이상한 균형이 이루어지고 있습니다. 중력이 가하는 압력으로 원자핵조차 쪼개어 그 조각들이 자유롭게 떠다니게 만들죠. 중성자별은 이름 그대로 대부분 중성자로 이루어져 있지만, 살아남은 양성자 몇 개도 떠다니고 있습니다. 이 양성자들은 보통 같은 전하를 띠고 있기 때문에 서로 반발하지만, 강한 핵력으로 인해 동료 중성자들과 함께 뭉치려 하고 서로 밀착하게 됩니다.

이것은 극한 조건에서 복잡한 물리학이 추는 춤이라 표현할 수 있는데 매우 기묘한 모양을 만들어 냅니다. 이 춤은 표면 근처에서 수백 개의 중성자 덩어리로 시작하고, 이 덩어리를 뇨끼로 묘사해 보면 가장 좋을 거 같아요. 그 아래에는 중성자 덩어리들이 긴 사슬로 서로 붙어서 스파게티층으로 들어갑니다. 그 아래에서는 더 극한의 압력에서 스파게티 가닥이 나란히 융합되어 라자냐 시트를 형성합니다. 그 아래에서는 중성자 라자냐도 모양을 잃고 균일한 덩어리가 됩니다. 그러나 그 덩어리에는 긴 튜브 모양의 틈이 있습니다. 마침내 펜네*가 탄생합니다. 제가 지어낸 이야기였으면 하지만, 지구 과학자들은 이러한 구조를 발견하면서 특히 배가 고팠나 봅니다.

그 아래, 중성자별의 중심에는 …… 글쎄요, 우리는 정말로 모릅니다. 분명 우주에서 가장 기본적인 입자로 구성된 이색적인 플라스마가 존재할 것입니다. 어쩌면 중성자 자체도 각각의 쿼크로 분해되어 있을지도 모릅니다. 그것이 무엇이든, 그것이 밝혀지면 그것을 설명할 수 있는 파스타 종류를 이용한 비유가 꼭 있을 거예요.

———

중성자별의 내부를 직접 경험해 보지 않으시길 바랍니다. 어쩌면 '경험'이라는 단어가 적절하지 않을 수도 있습니다. '일부가 되다.'라고 해야 할까요? 하지만 (앞서 말한) 지각과 파스타 등 그 모든 복잡한 물리 과정은 중성자별 밖에서 일어나는 일을 결정하기 때문에 거기가 바로 여러분이 관심을 가져야 하는 곳이지요.

중성자별은 처음에 백색 왜성처럼 매우 뜨겁습니다. 그러나 작은 왜성들은 식는 데 오랜 시간이 걸리는 반면, 중성자별은 훨씬 더 효율적이어서 불과 몇 년 만에 용광로의 온도를 절대 온도 100만 도

• 파스타의 한 종류

로 낮출 수 있지요. 물론 절대 온도 100만 도의 별도 사람을 산 채로 구울 수 있을 만큼의 엑스선을 방출할 수 있기 때문에 결코 약한 별은 아닙니다.

중성자별은 또 회전을 합니다. 맙소사, 정말 돌아요. 원래 조금이라도 회전하고 있었던 별이라면 중성자별로 붕괴되면서 회전 속도가 말도 안 될 정도로 빨라집니다. 그 붕괴로 인해 물질이 중성자별로 더해질수록 회전 속도는 더 빨라질 뿐입니다. 어떤 정신 나간 직원이 회전목마의 속도 제어 장치를 떼어 낸 것처럼요. 얼마나 빨라지냐고요? 좋은 질문입니다. 가장 빠른 중성자별은 몇 밀리초마다 한 번씩 회전합니다. 이제 태양 질량의 두 배에 달하며 맨해튼보다 크지 않은 면적에 압축된 별이 매**초** 수백 번 회전한다고 생각해 보세요. 속도는 빛의 속도 4분의 1 정도 되겠습니다.

빠르게 회전하는 중성자별도 결국에는 속도가 느려집니다. 여기서 '결국'은 수백만 년을 의미하고요. 그러니 인내심이 충분하다면 그보다 오래 살 수 있겠네요.

그런데 때때로 중성자별은 뚜렷한 이유 없이 무작위로 속도가 빨라지기도 합니다. '글리치(일시적인 오류, 오작동)'로 알려진 이 현상은 별의 지각에서 일어나는 지진으로 인해 발생하는 것으로 추정합니다. 전자와 다른 불운한 입자로 이루어진 얇은 껍질은 엄청난 스트레스를 받고 있으며, 스트레스가 너무 많이 쌓이면 균열이 생겼다가 다시 자리를 잡게 되고, 그 과정에서 대부분 감마선 플레어 형태로 엄청난 양의 에너지를 방출해요. 천문학 전문 용어를 잘 아는 분들은 이를 감마선의 약한 형태인 '소프트' 감마선이라고 설명하지만, 실제로 우리 몸이 받는 방사선으로 생각해 보면 약한 형태이든 강한 형태이든 우리는 아무 차이를 모를 거예요.

따라서 우리는 별 안에서 지진이 일어나 바깥쪽의 지각을 뚫고 나온 방사선이 폭발하여 중성자별이 반짝이는 것을 볼 수 있으며, 이 반짝임에서 중성자별에 묻혀 있는 전력의 양을 추측할 수 있는 실마리를 찾을 수 있습니다. 중성자별이 **반짝일** 때는 초신성만큼이나 치명적입니다.[3]

지각이 (파문이 지나간 후) 다시 자리를 잡으면 팽창하고 스트레스를 받았던 것이 무엇이든 이제 완화되기 때문에 약간 더 작아질 것입니다. 그러나 글리치 사건으로 질량을 많이 잃지는 않았어요. 따라서 각운동량 보존에 의해 중성자별은 아주 약간만 더 빨라지게 되죠. 마치 그 전에 회전 속도가 충분히 빠르지 않았다는 듯 말이에요.

중성자별의 회전은 수천 년에 걸쳐 천천히 붕괴하는데, 그 이유는 중성자별의 엄청나게 강한 자기장이 우주로 에너지를 흘려보내기 때문입니다. 오, 제가 아직 자기장에 대해 언급하지 않았나요? 부끄럽네요. 자기장, 특히 강한 자기장에 대해 언급하지 않고는 이 책의 한 장도 그냥 지나칠 수 없었어요.

우리 전에 태양의 강한 자기장에 대해 이야기했죠. 우주로 더 깊이 들어가면 블레이자와 퀘이사의 위험한 자기장에 대해 경고해 드릴 건데요. 하지만 (중성자별에 의하면) 그건 아무것도 아니에요. 2비트 음악처럼 느린 거예요. 겁쟁이들. 겁쟁이들. 이것(중성자별)이 진짜입니다. 알려진 우주에서 가장 강한 자기장이지요. 그리고 이는 다른 모든 자기장에 동력을 공급하는 것과 동일한 발전 메커니즘을 따라 생성되는 것으로 생각됩니다. 가장 약한 중성자별 자기장조차도 엄청난 자성을 띤 괴물입니다. 이 숫자를 보세요. 1억. 지구보다 1억 배 더 강한 중성자별의 자기장. 이것이 **가장 약한** 중성자별의 자기장이란 말이지요.

이 자기장은 주변의 모든 물질을 집어 들어서 갈기갈기 찢어 버리고, 땀 한 방울 흘리지 않고도 다시 깊은 곳으로 날려 보낼 수 있습니다. 이 놀라운 에너지원은 **펄서풍 성운**이라는 자체 성운의 생성에 연료를 공급할 정도로 강력합니다.

1,000년 전 초신성의 잔해인 게성운을 기억하시나요? 그 성운의 가장 깊은 중심부에는 여러 세대에 걸친 인류가 밤마다 하늘에서 안정적으로 보았던 별의 남은 핵이 자리 잡고 있습니다. 지금은 좀비처럼 죽어 있지만 여전히 밝게 빛나고 있으며, 한때 별을 감싸고 있던 대기의 너덜너덜한 잔해 속에서 구멍을 뚫고 있습니다.

가장 강력한 자기장을 가진 중성자별에는 고유한 이름이 있지요. 마그네타. 아니, 최신 여름 블록버스터에 나오는 슈퍼 악당의 이름이 아닙니다. 지구보다 10^{15}배나 강한 자기장을 가진 별일 뿐입니다. 맞습니다. 우리는 수십억, 수조 배를 건너뛰고 10^{15}까지 달려왔습니다. 이젠 정말 장난이 아니죠. 자기장이 이 정도로 강해지면 삶이 조금 이상해질 거예요.[4]

이러한 세기의 자기장은 나침반의 바늘을 움직이게 하는 정도가 아니라 원자를 변형시킵니다. 궤도를 돌고 있는 그 작은 전자들요? 전자도 다른 하전 입자와 마찬가지로 자기장에 반응을 하죠. 자기장이 충분히 강하면 원자를 잘 제어하고 있는 힘을 압도하여 원자를 자신의 악한 의지대로 구부릴 수 있습니다. 결국, 멋진 공 모양의 원자에서 시가(담배) 모양의 원자로? 바늘 모양의 원자로? 그 모양이 무엇이든 간에, 그것은 엉망진창이 되는 일이며 (우리가 아는) 화학은 중단됩니다. 자그마치 1,600킬로미터 떨어진 곳에만 있어도 이 자기장은 여러분의 몸을 자기화할 만큼 강력합니다.

보통은 그런 걱정을 하지 않으시죠? 자석이 인체에 미치는 영향에 대해 생각하지 않고 하루 종일 자석을 가지고 놀 수 있습니다. 인간이 만든 가장 강한 자기장도 사람에게 영향을 미치지 않습니다. 하지만 마그네타나 일반 중성자별(부연하자면, 뉴트로타라고 부르면 좋았을 텐데 아무도 제 말을 듣지 않습니다.)에 가까이 가면 신체 화학이 무너집니다. 심장을 뛰게 하고 뇌를 생각하게 하는 생물학적 과정인 분자의 배열이 제대로 작동하지 않습니다.

그런 다음 여러분은 그냥 용해되어 버리는 거죠. 이러한 작은 별지진이 중성자별의 표면을 잠시 파열시켜 결함을 일으키면 자기장이 예기치 않게 강화될 수 있습니다. 자기장의 변화는 전기장으로 이어져 자기장으로 전환되어…… 결국 빛이 되어요.* 전자기선, 특히 감마선요.

가끔씩 발생하는 섬광 외에도 강한 자기장은 쌍둥이 방사선 제트에 동력을 공급하여 하전 입자를 극도로 빠른 속도로 몰아넣어 고에너지 방사선을 좁은 빔으로 방출할 수 있습니다. 이 제트는 중성자

---

* 전기장과 자기장이 함께 있으면 그게 곧 빛이지요. 빛은 결국 전기장과 자기장이 만드니까요.

별의 회전축과 완벽하게 정렬되어 있지 않기 때문에—완벽히 정렬되어 있어야 할 이유도 없고요.—우주에서 가장 크고 가장 나쁜 스트로보 라이트**가 됩니다. 빔에 걸리면 끝장입니다. 눈에 레이저 포인터를 쏘는 것을 좋아하는 사람은 아무도 없는 것처럼, **펄서**(우리가 이 번쩍거리는 섬광 플래시에 준 이름이죠.)를 얼굴에 쏘는 것을 좋아하는 사람은 아무도 없습니다.

하지만 멀리서 보면 초당 수백 번씩 깜박이는 작은 신호기(비콘)처럼 보이는데, 각각 고유한 패턴(시그니처)이 있어 20세기 중반에 지구에서 처음 발견할 수 있었죠.[5]

각 펄서에는 고유한 주파수가 있기 때문에 내비게이션에 사용할 수 있습니다. 알려진 몇 개의 펄서를 찾으면 은하계 어디에서나 삼각측량으로 위치를 알 수 있지요. 삐, 삐, 삐 소리로 어둠 속을 안내합니다. 너무 가까이만 가지 마세요.

아직 수천 개만 도표화되어 있지만, 각 은하마다 수억 개의 펄서가 있을 수 있습니다. 안타깝게도 우리는 가장 젊고 가장 크고 강한 자기장을 가진 펄서나 쌍성계에 있는 펄서만 감지할 수 있습니다. 어린 펄서들은 결국 밝게 빛나는 자연의 괴물이기에 발견하기가 더 쉽죠. 그러나 자전하거나 축적하고 있지 않다면 눈에 보이는 방출을 일으킬 수 있는 것은 아무것도 없습니다. 중성자와 성난 중력의 덩어리일 뿐이며 우주의 나머지 부분과 함께 냉각되고 있을 겁니다. 블랙홀만큼 위험하지는 않지만, 중력 장악력은 블랙홀만큼이나 강합니다.

** 강한 섬광을 내는 플래시

어둠 속에서는 조심하세요.

———

백색 왜성과 마찬가지로, 쌍성계에서 중성자별은 특히 조심해야 합니다. 다행히도 중성자별은 '탄소＋산소' 별에 비해 훨씬 드물며, 전체 중성자별의 약 5퍼센트만이 형제와 함께 쌍성계를 이루고 있죠.

하지만 그들은 금방 사악해집니다. 우리 신성에 대해 이야기한 거 기억하시죠. 백색 왜성에게는 붉은 거성의 동반성이 있습니다. 붉은 거성의 대기가 백색 왜성의 표면으로 쏟아집니다. 온도와 압력이 임계치에 도달하고 최상의 결과인 수소층이 스스로 융합하면서 강렬한 섬광이 발생하고 소멸하지요. 최악의 경우에는 백색 왜성 전체가 핵폭발로 인해 산산조각 납니다.

이제 동일한 시나리오를 가지고 밀도와 에너지를 증가시켜 봅시다. 때때로 물질은 공전하는 거대한 동반성으로부터 중성자별 표면에 정착할 수 있습니다. 때때로 그 물질이 온도와 압력의 임곗값에 도달할 수도 있고요. 때때로 그 물질은 통제되지 않은 핵 사건으로 발화할 수 있습니다. 이런 일이 발생할 때마다 거대한 엑스선 방사선이 우주로 폭발합니다.

백색 왜성이 충돌하면 충분한 에너지를 방출하여 빠르게 방사능 붕괴를 시작하는 새로운 원소를 형성합니다. 중성자별이 충돌하면 **킬로신성(kilonavae)**이라는 완전히 새로운 이름을 얻게 됩니다. 킬로신성이라는 이름은 일반적인 항성보다 약 1,000배 정도 밝기 때문에 붙여진 이름입니다. 우주 폭발의 계층 구조에서 초신성과 극초신성에 쉽게 밀려 최상위 폭발은 아니지만, 충분히 나쁜 폭발인 것은 분명합니다.

이것은 충돌과 그에 따른 에너지 방출로 인해 감마선이 폭발하고 중성자가 주변 체적 전체에 분출될 수 있을 만큼 충분히 나쁘다는 이야기입니다. 빠르게 움직이는 중성자는 앞을 가로막는 모든 핵에 부딪히면서 점점 더 무거운 원소를 만들어 갑니다. 이 메커니즘은 오늘날 우주를 풍부하게 하는 모든 무거운 원소의 절반 정도를 제공하는 것으로 생각됩니다. 따라서 킬로신성이 초신성 형제들보다 강도가 10분의 1도 채 되지 않지만, 우주에서 가장 무거운 원소들을 풍부하게 만드는 데 필요한 딱 알맞은 힘을 가지고 있는 것이죠.

중성자별 합병은 매우 격렬하여 강력한 중력파를 발생시키는 몇 안 되는 원인 중 하나입니다.[6] "중력 뭐요?" 하아. 조금 전에 댄서들과 댄스 플로어에 대해 이야기한 거 기억하시죠? 오, 조셨다고요? 몇 페이지 앞으로 가서 잠시 복습하실게요. 그 비유는 한 번만 사용하기에는 아까울 만큼 너무 좋은 비유였으니까요. 두 명의 댄서가 음악에 맞춰 발을 구르는데, 서로 어긋나 박자가 맞지 않는다고 상상해 보세요. 이 댄서들이 충분히 무거우면 댄스 플로어에 흠집이 생길뿐더러 플로어 자체를 흔들 수도 있고 그에 따른 파장을 내보낼 수도 있어요. 수영장 물처럼 말이에요. 물 위의 댄서들. 글쎄요, 최고의 비유는 아닐 수도 있죠. 하지만 이렇게라도 이해할 수 있으니 행복하시죠?

그들은 매우 밀도가 높아 궁극적인 충돌 직전의 순간에 서로의 주위를 매우 빠르게 공전하기 때문에 시공간 자체를 진동시킬 수 있습니다. 그렇게 생겨난 파동은 거의 헤아릴 수 없을 정도로 약합니다. 중력은 이미 자연의 힘 중 가장 약한 힘이고, 이 파동은 그 위에 아주 작고 발포성인 섭동을 더한 것이지만 충분히 민감한 감지기가 있으면 느낄 수 있습니다.

이러한 장비는 일반적으로 원자의 핵 크기보다 작은 움직임에조차 민감한 감지기를 가지고 수 킬로미터 거리의 터널에서 레이저를 앞뒤로 튕겨 내는 방식으로 작동하지요. 그러니 여러분이 타고 갈 우주선에 싣고 갈 수는 없지만, 어느 날 어떤 행성에서 지루한 시간을 보내야 할 때 도움이 될 프로젝트로 알아 두면 유용하겠네요.

격렬한 괴상함은 여기서 끝나지 않습니다. 더 나빠질 수도 있습니다. 중성자별보다 더 나쁜 것은 무엇일까요? **쿼크별**(quark star)은 어떨까요?[7] 쿼크 입자요? 그게 도대체 뭐죠? 아, 그냥 양성자와 중성자를 구성하는 입자예요. 전자는 그냥 전자지만 중성자는 쿼크 세 개와 접착제가 든 가방 같은 것이죠. 원자는 그렇게 만들어지는 거죠.

백색 왜성은 전자의 축퇴 압력에 의해 유지된다고 했죠. 비슷하게 중성자별은 중성자의 축퇴 압력에 의해 유지됩니다. 그리고 쿼크별은 존재한다면 쿼크 자체의 축퇴 압력에 의해 유지될 것입니다. 이건 정말 기발한 생각이에요. 쿼크는 혼자 있는 것을 **싫어하거든요.** 실제로 두 개의 쿼크를 떼어 내려고 하면 너무나도 많은 에너지를 들여야 하고, 그 엄청난 에너지로 인해 시공간 진공에서 새로운 쿼크가 튀어나와 빈틈을 메우고 결국 다시 쿼크끼리 뭉쳐집니다.* 또한, 쿼크

• 쿼크 두 개를 분리할 수 없다는 거죠.

는 쿼크끼리의 결합 방식이 매우 까다로워서 우리 우주에서 허용되는 쿼크의 안정적인 배열은 몇 가지에 불과합니다.

그러나 쿼크별은 쿼크들을 붙잡아 둘 수 있는 충분한 중력을 가지고 있어 쿼크 입자들이 떨어져 나가려고 하는데도 불구하고 쿼크들을 하나로 묶어둘 수 있습니다. 한번 상상해 보세요. 우주에서 가장 기본이 되는 구성 요소 중 하나인 쿼크가 자유롭게 떠다니는 거대한 죽은 별을 말이에요.

사실 쿼크별이 존재할 수 있는지조차도 알 수 없고, 존재한다고 해도 중성자별과 크게 다르지 않을 것이라 생각합니다. 결국 핵을 이루는 물질들의 밀도에 도달하면 더 이상 꾸겨 넣을 것도 없거든요. 따라서 보통의 중성자별일 뿐인 중성자별을 만날 수도 있고, 중성자별의 가장 깊은 핵 안에서는 이미 쿼크별로 만들어지고 있을 수도 있습니다.

우리가 아는 전부는 쿼크별이 가능하다면 조용히 태어나지 않았으리란 거죠. 초신성으로 이어지는 과정은 빠르게 회전하면서 자성이 강한 중성자별을 만들었죠. 수백만 년이 지나면 중성자별은 충분한 물질을 축적하고 충분히 느려져 내부가 중성자에서 자유 쿼크로 변하기 시작할 수 있습니다. 이러한 변화는 이 **쿼크신성**(quark novae)을 우리가 알고 있는 우주에서 가장 격렬한 폭발의 후보로 만들기에 충분한 에너지를 방출할 수 있죠. 그러니 어느 날 여러분은 오랫동안 휴면 상태인 중성자별 주위를 도는 궤도에서 차를 마시고 있을지도 모릅니다. 여러분이 궤도를 돌고 있는 동안 중성자별의 내부가 어떤 임계점에 도달하여 중성자별의 형성이 시작되는 마법과 같은 양자

물리의 과정이 시작됩니다. 순식간에 중성자별은 스스로 변모하고 여러분은 그렇게 사라질지도 모르죠.

하지만 현재로서는 순전히 **가상의** 시나리오일 뿐이니, 아마 걱정 안 하셔도 될 거예요. 적어도 지금은요. 결국에 여기는 크고 이상한 것으로 가득 찬 우주니까요.

———

별은 태어날 때도 일생 동안 내내, 심지어 죽을 때에도 위험합니다. 그렇게 위험하지만 열과 빛, 그리고 생명에 적합한 화학 물질을 제공하는 유용한 존재라는 점은 참 안타까워요. 그러한 유익한 측면이 아니었다면(물론 누구는 논란의 여지가 있다고 하기도 하지만) 저는 별이라면 무슨 종류건 간에 아예 피하는 것이 좋다고 생각해요. 어두운 곳에 머무는 것이 가장 안전합니다.

하지만 우리에게는 에너지가 필요하고 별은 에너지의 훌륭한 공급원입니다. 백색 왜성과 그보다 덜한 중성자별 주변에서 거주 가능한 세계가 있을 수도 있죠. 백색 왜성과 중성자별의 빛은 수백만 년 또 는 수십억 년 동안 안정적으로 유지되니까요. 모별이 죽어 가는 과정에서 겪는 진통으로부터 살아남은 행성이 있다고 가정하면, 그곳이 고향이라고 부르기에 그렇게 나쁜 곳이 아닐 수 있습니다. 더 나쁜 곳도 분명 존재하거든요.

백색 왜성과 중성자별은 건강하고 정중한 거리를 유지한다면 그 자체로는 거의 안전합니다. 하지만 글리치, 플레어, 신성들은 가장 노련한 탐험가도 잠시 멈추게 하기에 충분합니다. 굳이 죽은 것처럼 보이는 이 시스템으로 들어가는 수고를 감수해야 할까요? 그곳의 힘을 지배하는 복잡한 물리학을 탐구하고 이해하려고요? 아니면 그 죽은 별이 무덤에서 잠깐이라도 일어나서 여러분을 지하 세계로 끌고 내려갈까요?

중성자별보다 더 나쁜 것이 있을까요? 더 밀도가 높은 것? 네, 그럴 수도 있습니다. 물어봐 주셔서 감사합니다. 중성자별의 탄생은 아마도 우주가 만들어 낼 수 있는 가장 격렬한 단일 사건일 것입니다. 압도적인 중력, 기이한 양자힘, 희귀 입자가 쏟아져 내리는 홍수, 우리에게 익숙한 기본적인 난기류가 모두 합쳐져 1초도 안 되는 시간에 별이 뒤집어집니다.

모든 것을 격렬하게 끝내도록 하는 절대적으로 중요한 요소는 핵에 원시 중성자별을 형성하는 것입니다. 이 기괴한 중성자 공이 만들어 내는 저항이 폭발을 일으키는 거죠. 그리고 그 분노의 순간, 별을 집어삼킬 넘쳐나는 분노가 시작될 때, 별 자체의 붕괴하는 대기(태양 수십 개에 해당하는 물질)가 핵에서 다시 튕겨 나가 중력 에너지를 완전한 파워로 변환해야 합니다.

때때로 그 핵은 충돌의 순간에도 살아남아 중성자별로서 계속 살아가기도 합니다. 아니면 때로는 살아남지 못하기도 하죠.

전자의 축퇴 압력이 압도적이어서 백색 왜성 스스로가 붕괴할 수 있는 것처럼 중성자, 심지어 쿼크의 축퇴 압력도 마찬가지입니다. 중성자별이 견딜 수 있는 것에는 한계가 있습니다.

하지만 중성자별이 저항할 수 없고 만족할 수 없는 중력에 맞서 스스로를 지탱할 수 없게 되면 어떻게 될까요? 핵이 마지막으로 버틸 수 있는 것은 무엇일까요? 중력의 맹공격에 맞서 중성자가 의지할 수 있는 안전과 지원의 요새는 무엇이 또 있을 수 있을까요?

아무것도 없어요. 아무것도.

우리 우주에서 자랑스럽고 거대하고 타오르는 별의 수명이 다했음을 알리는 그 불타는 순간들, 조건이 딱 맞을 때, 무너져 내리는 대기의 무게가 너무 무거울 때, 중성자별보다 훨씬 더 낯설고 특이한 것이 쌓여 있는 잔해 속에서 나옵니다.

초신성 폭발은 단순히 중성자별을 만드는 것이 아닙니다. 초신성은 블랙홀의 대장간입니다.

초대질량 블랙홀

자세히 바라보면
여전히 볼 수 있지
작별 인사일 수도 있고
도움의 손짓일 수도 있어

- 고대 천문학자의 시

안타까운 앨리스, 우리는 그녀의 희생을 기억할 것입니다. 몸 전체가 마치 늘어나는 젤리처럼 얇은 원자 흐름으로 늘어나 버려 너무 안타까울 뿐이에요. 하지만 정말 대단한 일이죠! 덕분에 우리는 작은 블랙홀의 위험성에 대해서도 조금 배울 수 있었어요. 한편 밥은 이미 우주 탐사의 새로운 파트너를 찾았습니다. 바로 캐럴입니다. 캐럴은 밥보다 훨씬 똑똑해요. 그 이유는 다음 목적지까지 그들을 따라가다 보면 알게 될 거예요.

밥과 캐럴은 여러분과 같은 젊은 여행객들이 자주 가고 싶어 하는 곳으로 여행을 떠납니다. 그랜드 센트럴 파티. 큰 돌출부. 저 중력 우물의 깊은 바닥.

은하계 중심핵.

그들은 빛과 소리, 그리고 일어나는 갖가지의 사건들에 이끌려 그곳으로 향합니다. 수십억 개의 별들이 중앙의 돌출부에 모여 북적거리며 분주하게 살아가고 있지요. 복잡한 물리학! 방사선! 자기장! 은하 원반과 우리 행성계처럼 나른하고 멍한 교외와 같은 지역이 아니에요.

'사이렌의 노래(siren's song)'라는 용어의 유래를 아세요? 그리스 신화에 나오는 이야기입니다. 사이렌으로 알려진 이 생명체는 바위 근처에서 지나가는 선원들에게 감미로운 노래를 들려주곤 했답니다. 하지만 사이렌의 노래에는 단지 듣기 좋은 멜로디만 있는 것이 아니라 거부할 수 없는 매혹적인 음색이 있었죠. 노래를 들으면 이성을 잃고 유혹에 빠질 수밖에 없었죠. 선원들은 마법에 걸린 듯 배를 조종해 사이렌에 최대한 가까이 다가가려다 바위에 부딪히곤 했다고 하네요. 그리고 사이렌이 선원들을 잡아먹었습니다.

지금 말씀드리지만, 우리은하 중심부에는 너무 가까이 다가오면 여러분을 잡아먹을 준비가 된 위협적인 짐승이 있지요. 찬란한 은하계의 어두운 심장. 그것은 여러분에게 달콤하게 노래를 들려줄 것입니다. 몇 광년 떨어진 곳에서도 그 노래를 들을 수 있습니다. 너무 가까이 항해하면 더 가까이 다가가서 탐험하고 싶은, 또 탐험해야 할 것 같은 충동을 느끼게 될 거고요. 중심 속 깊은 곳에서 무엇을 발견할 수 있을지도 모르잖아요? 어떤 새로운 물리학이 여러분을 기다리고 있다면요? 어떤 환상적인 힘과 입자들의 화려한 향연이 기다리고 있을까요?

여러분은 핵의 신비를 탐구하며 평생 파티를 즐기고 싶겠지만,[1]

이 숨어 있는 악몽은 순식간에 여러분을 온몸으로, 살아 있는 채로 집어삼켜 버릴 것이고 그것을 알아차리고 나면 이미 너무 늦었을 거예요.

이 생명체는 성간 황무지를 배회하는 작은 항성 질량의 블랙홀과는 전혀 다릅니다. 항성 질량 블랙홀들은 이 괴물에 비하면 개미나 파리에 불과합니다. 아니, 이건 훨씬 더 크고 오래된 생명체입니다. 수백만 년, 아니 수십억 년 동안 먹이를 먹어 온 존재입니다. 고대로부터 온 공포스러운 존재예요. 그 말은 또한 우주 자체만큼이나 오래됐다는 것이고요. 우리은하가 처음 형성되었을 때도 이곳에 있었으며, 수십억 개의 태양이 모두 꺼진 후에도 이곳에 그렇게 남아 있을 것입니다.

우리은하 전체가 이 검은 공포에 닻을 내리고 있습니다. 지금은 조용합니다. 적어도 1억 년 동안 그렇게 고요한 잠에 빠져 있을 거예요. 과거에, 잠에서 깨어났을 때, 은하계는 불과 분노의 격렬한 폭풍으로 흔들리고 떨었으며, 별 자체가 형성되는 것을 멈출 정도로 격렬한 폭풍이 몰아쳤습니다. 지금은 용의 분노로부터 안전하지만, 이 용이 또다시 도발하면 100만 광년이 되는 거리까지 불을 뱉어 낼 것입니다.

우리은하 가장 깊은 곳, 작은 블랙홀의 잔해와 수많은 거대 별들로 둘러싸인 그곳은 야수 그 자체가 묻혀 있는 것과 같은 셈이죠. 우리 인간은 그런 극한에 살도록 만들어지지 않았습니다. 순수한 중력과 악의로 가득 찬 거대한 생명체가 우리 인간이 우주에서 얼마나 보잘것없는지를 상기시키며 증오하는 곳이 바로 그곳, 바로 우리은하의 중심부입니다.

감히 그 이름을 말하기는 어렵지만, 내부로 여행할 때 마주칠 수 있는 상황을 경고해 드려야 하기에 반드시 말해야 합니다. 중력을 말하는 거예요. 어둠을 말하는 거고요. 무한함에 대한 이야기, 그리고 미지의 것에 대해, 그리고 공허에 대해 말하는 거지요.

은하계의 죽은 중심에 있는 죽은 중심. 바로 초대질량 블랙홀인 궁수자리 A*에 대한 이야기입니다.

—

지구의 천문학자들은 오래전에 이 엄청난 존재에게 이름을 붙였습니다. 지구 천문학자들은 이 짐승 같은 존재의 등장에 깜짝 놀랄 수밖에 없었습니다. 그들의 관점에서 봤을 때 궁수자리 별자리는 특별히 걱정할 만한 것이 없다고 생각했었거든요. 수십 년 동안 이것이 우리은하의 중심인 은하수 한가운데의 방향이라는 것을 알고 있었는데, 이는 우리은하를 공전하는 구상 성단(붉고 죽은 별들의 작은 덩어리)의 움직임을 면밀히 관찰하여 추론한 것이지요. 무심히 망원경으로 하늘을 보면 우리 주위의 거의 모든 면이 별들로 둘러싸여 있는 것은 보이지만 구상 성단이 우리 주위를 공전하는 것은 관측되지 **않거든요**. 이건 우리은하의 진정한 중심인 우리에 대한 배반 아닌가요?

그런 와중에도 평균보다 밀도가 높다는 것 외에는 전혀 아무런 의심도 하지 않았습니다. 초기 관측자들은 그 별자리 내의 특정 위치에서 방출되는 강렬한 양의 전파 에너지를 발견했습니다. 우주에서 가장 밝은 심우주 전파 방출원이었죠. 이미 잔뜩 쌓여 있는 우주의 수수께끼 더미 위에 그저 하나를 더 추가한 셈이었고, 궁수자리 A*라는 평안한 이름을 붙여 주고 우리는 그렇게 삶을 이어 나갔습니다.[2]

그들은 자신이 방금 무엇을 밝혀냈는지 전혀 몰랐었죠. 그리고 그들은 아마도 우리의 행성, 지구에서 평화롭고 조용하게, 안전하게, 그저 거대한 블랙홀의 본질을 관찰하고 알아내며 너무 가까이 갈 필요도 없고, 복수심에 불타는 듯한 것을 경험할 가능성이 매우 적다는 것을 알고 있다는 사실에 감사하고 있었을 거예요. 하지만 끈질긴 관찰을 통해 이 기이하지만 강력한 전파의 실체가 드러났습니다. 그들은 은하수의 검은 심장을 발견한 것이지요.

다른 은하로 이사한다고 해서 초대질량 블랙홀을 피할 수 있다고 생각하지 마세요. 피할 수 없어요. 마치 우리가 아는 모든 사람 누구나 어두운 비밀을 가지고 있는 것처럼, 우리가 보는 모든 은하는 검은 심장을 가지고 있거든. 가스, 별, 심지어 암흑 물질(나중에 설명하겠습니다.)까지 은하를 구성하는 대부분의 원재료는 중력이 좋아하는 방식이기 때문에 중앙에 다 같이 자리 잡고 있습니다. 따라서 많은 물질과 중력이 중심에 있고, 그리고 중력을 막을 수 있는 것도 없으니 알아차리기도 전에 블랙홀이 형성되어 있을 것입니다.

은하는 초기 우주에서 작게 시작하여 서서히 이웃에 있는 주변 것들을 집어삼키며 천천히 형성됩니다. 가장 큰 은하는 무수한 합병과 인수로 형성됩니다. 그리고 어둠의 비밀인 중앙 블랙홀도 처음에는 작게 시작하지요. 그러나 오랜 세월에 걸쳐 가스가 중심부로 쏟아져 들어와 사건의 지평선을 통과하고 블랙홀을 더 크게 만듭니다.[3]

하지만 블랙홀이 성장하는 방식은 이것만이 아닙니다.

우리은하와 같은 크고 성숙한 은하는 작은 은하의 합병으로 형성되며, 이러한 작은 은하는 이미 블랙홀을 품고 있습니다.(사실 초기 우주에서 별과 은하가 탄생하자마자 거대 블랙홀의 증거를 볼 수 있는데, 이는 천체물리학에서 풀리지 않은 문제가 되는 부분이지만 우주 역사에서 오래전의 일이므로 지금 당장 걱정할 필요는 없습니다.)

은하가 합쳐지면 거대한 블랙홀은 어디로 갈까요? 중력은 모든 필요한 작업을 수행하게 되는데요. 그로 인해 블랙홀끼리 서로를 발견하고 춤을 추기 시작합니다. 그러나 두 블랙홀이 정면으로 부딪혀 바로 합쳐질 가능성은 거의 없습니다. 그렇게 운 좋은 충돌이 일어날 확률은 너무 작기 때문입니다. 대신 두 블랙홀은 서로 중력에 포획되어 충분히 가까워지며 서로의 궤도를 돌게 되죠.

그리고 여기에 바로 약간의 미스터리가 있습니다. 블랙홀이 서로 공전하는 것에는 아무 문제가 없어요. 누가 뭐라 하겠어요? 그리고 궤도는 보통 꽤 안정적입니다. 지구가 조만간 태양과 충돌하지 않을 것과 마찬가지로, 공전하는 두 개의 블랙홀도 곧 서로 충돌하지는 않을 거예요.

하지만 우리는 서로를 공전하는 블랙홀을 눈으로 보지 못하지요. 우리는 단일, 고독한, 초질량적인 것을 찾을 뿐입니다. 그렇다면 어떻게 합쳐질까요?

한 가지 방법은 중력파를 이용하는 것입니다. 공전하는 두 개의 블랙홀은 중력파를 발산할 수 있어요. 중력파란 우주의 댄스 플로어, 즉 시공간의 유연한 구조에 생기는 파동이지요. 이 작업에는 에너지가 필요하며(쉽지 않습니다.) 에너지를 잃으면 (두 블랙홀은) 서로 조금씩 더 가까워집니다. 문제가 해결되었나요? 완전히는 해결되지 않았어요. 문제는 중력파를 방출하여 서로를 향해 다가가는 이 과정이 우주의 수명처럼 매우 느리다는 것입니다. 그리고 블랙홀이 우주의 나이보다 더 짧은 시간에 합쳐졌다는 것은 꽤 분명하기 때문에* (중력파에 의한 블랙홀 형성을 설명하는 데) 좀 막막한 상황인 거죠.

지구 천문학자들은 이 문제를 '마지막 파섹 문제'라고 합니다.[4] 그들은 컴퓨터 시뮬레이션을 통해 대형 블랙홀 간의 거리가 약 1파섹(거리의 단위로 약 4광년입니다. 평상시에 이 단어를 자연스럽게 한번 사용해 보세요. 예를 들어 이렇게요. "테드가 얼마나 땀에 흠뻑 젖었는지 봤어요? 1파섹 정도 달려서 여기까지 온 듯해요!")까지, 하지만 더 가깝지는 않은 거리까지 도달하는 것을 볼 수 있습니다. 문제를 해결하기 위해 몇 가지 트릭을 사용해 보았지만 확실한 해결책은 없었습니다.

그래도 우주에 여전히 신비한 점이 **남아 있어도** 되지 않겠어요?

어떻게든 블랙홀은 합쳐지는 데 성공합니다. 충돌과 충돌을 거듭하면서 블랙홀은 점점 커집니다. 그리고 합쳐지지 않을 때는 은하 중심에 있는 풍부한 물질을 빨아들이며 먹이를 먹고 있지요. 블랙홀

• 우리가 지금 초대질량 블랙홀을 발견했다는 사실은 블랙홀 합병 과정이 우주의 나이보다 짧은 시간에 이루어진다는 것을 의미하기에

은 원자 하나하나가 모여 거대 은하를 넘어 초대질량 은하가 됩니다.

초대형이라는 말은 그냥 귀여운 이름을 붙이려는 게 아닙니다. (여기서 말하는 초대형이란) 태양보다 최소 100만 배는 더 거대하다는 이야기인데, 이건 시작에 불과하죠. 이제 우리가 다루는 스케일은 장난이 아니라는 거죠. 우주에서 가장 큰 블랙홀은 거뜬히 태양 질량의 수천억 배를 넘거든요.

이러한 종류의 질량을 가진 블랙홀은 모든 의미에서 정말 큰 것입니다. 은하와 비교하면 여전히 미미한 수준이지만(우리은하가 가진 초대질량 블랙홀은 우리은하에 존재하는 단 하나의 가장 거대한 천체이기는 합니다만) 전체 질량의 몇 분의 1에도 미치지 못합니다. 그리고 크기 면에서는요? 물론 더 큰 천체도 분명히 존재하지만, 그것들은 모두 오르트 구름이나 성운처럼 극히 미약한 존재입니다.

질량 400만 개의 태양을 가진 궁수자리 A*를 우리 태양계에 가져다 놓으면 사건의 지평선이 태양을 삼키고 태양과 수성 사이의 거리 반까지 도달할 정도로 멀리 뻗어 있을 것입니다. 지금까지 발견된 블랙홀 중 가장 큰 블랙홀은 눈도 깜빡이지 않고 태양계 전체를 통째로 삼킬 수 있습니다.

또한 제가 블랙홀의 크기를 두 가지로만 이야기했다는 점도 눈여겨보실 수 있습니다. '작고 새우 같은' 크기와 '큰(뭐든 꿀꺽 삼킬 만한) 물고기' 크기입니다. 블랙홀은 태양 질량의 수 배에서 50배에 이르는 작은 블랙홀과 태양 질량의 **수백만** 배에 이르는 초대형 블랙홀, 이 두 가지 종류만 있는 것처럼 보입니다.

왜일까요? 중간 크기의 블랙홀도 있어야 하지 않을까요? 태양보다 1,000배 또는 10,000배 더 큰 블랙홀은 모두 어디에 있을까요? 왜 아주 작거나 아주 큰 거 이렇게 두 가지의 크기로만 나뉘는 걸까요? 물론 초대질량 블랙홀은 극단적인 질량으로 가는 도중에 어느 시점에서든 중간 질량이어야 했을 거예요. 하지만 우리가 알 수 있는 한 블랙홀의 거대화 과정은 우주의 누구도 알아차리기 전에 비교적 빠르게 일어납니다. 그리고 일단 정착하고 진화한 거대한 블랙홀은 방해받지 않고 자신의 은신처에 머물러 있습니다. 이 모든 거대화와 초거대화가 아마도 은하가 처음 형성되기 시작한 우주 초기에 일어났을 것이기 때문에, 우리는 중간 크기의 은하가 남아 있을 것으로 기대하지 않습니다. 이제는 모두 덩치들이 커진 후지요.[5]

작은 블랙홀은 고향 은하의 거대한 부피 속에서 고립되고 외롭기 때문에 작은 상태로 남아 있습니다. 그런데 왜 커져 가는 블랙홀은 초대질량 블랙홀로 가는 도중에 멈추지 않을까요? 우주는 단순히 중간 크기의 블랙홀을 만들 수 없는 것일까요? 그럴 수도 있고 아닐 수도 있습니다.

우리은하와 같은 은하에는 큰 블랙홀이 있지만, 더 작은 은하에는 더 작은 블랙홀이 있을 수도 있지요. 어쩌면 우리가 아주 작은 왜소 은하를 들여다본다면, 그 은하에는 거대하게 성장할 기회를 얻지 못한 블랙홀이 있을지도 모릅니다. 지구에 기반을 둔 천문학자들은 그런 작은 블랙홀의 존재에 대한 희미한 증거를 발견했지만, 만약 그렇게 작은 블랙홀이 존재한다면 ⓐ 매우 드물기도 하고 ⓑ 궁수자리 A*와 같은 것에서 볼 수 있는 밝은 전파를 많이 방출하지 않을 겁니다. 거대한 블랙홀이 어떻게 엄청난 양의 전파를 방출할 수 있는지 궁금하실 수도 있다는 사실을 잘 알고 있지만, 이 미스터리에 대한 해답은 다음 장에서 다뤄야 할 것 같습니다. 기다릴 만한 가치가 있을 테니 걱정하지 마세요.

모든 은하의 중심핵에는 **중간 질량 블랙홀**이라고 부르는 무수한 중간 블랙홀이 존재할 수도 있는데, 이 블랙홀은 은하 원반에 있는 작은 사촌들처럼 더 이상 아무 물질도 축적하고 있지 않아서 주변으로 어떤 경고의 신호도 보낼 수 없기 때문에 거의 감지되지 않지요. 이 중간 블랙홀은 중심을 향해 더 깊숙이 내려가는 과정에 있을 수 있으며, 중앙의 거인을 마지막으로 꼭 끌어안으려고 하는 찰나에 목격될 수도 있지요.

저에게 해결책이 있습니다. 숙제를 하나 드릴게요. 가장 가까운 왜소 은하로 가서 중간 크기의 블랙홀이 보이면 알려 주세요. 은하 중심에는 너무 많은 위험이 있으니 그쪽으로 가려고 하지는 마시고요. 하지만 왜소 은하계는 거의 무해하기 때문에 그곳에서 답을 찾는 것이 훨씬 더 안전하지요. 아니면 천문학자들에게 10년 정도 더 시간을 주면 됩니다. 여러분의 선택입니다.

파티가 클수록 위험도 커집니다. 큰 은하일수록 더 거대한 중심 블랙홀이 있을 거거든요. 은하의 중심부에 초대질량 블랙홀이 존재하는 건 필수적인 것으로 보입니다. **우주의 곳곳**에서, **모든** 은하에서 보이거든요.

———

우리은하 중심에 있는 블랙홀을 찾는 것은 쉽습니다. 적어도 천문학자들에게는 말이죠. 왜냐하면 (우리은하 중심에서는) 엄청난 양의 방사선과 활동들이 보이거든요. 쌍성계의 작은 블랙홀 주변에서 일어나는 일의 확대 버전인 거죠. 그러나 모든 열과 빛은 거대한 블랙홀의 끝없이 펼쳐진 구멍을 향해 소용돌이치는 가스와 먼지에 대해서만 알려 줄 뿐, 블랙홀 자체에 대해서는 알려 주지 않습니다. 그러나 어떤 사람들은 너무 가까이 다가가는 무모한 모험을 하기도 하는데, 우리는 그들의 실수를 통해 유용한 지식을 얻을 수 있습니다.

궁수자리 A* 주변에는 빛이 보입니다. 별들이죠. 궤도를 돌고 있고, 춤추고 있으며, 감히 악마처럼 스릴을 추구하는 것들입니다. 모두 바보들이에요. 블랙홀 주위를 도는 격변의 궤도에 갇힌 별들과 그 주변 물질들 모두요.

이 사실을 확실히 이해하기 위해 다시 한번 말씀드리겠습니다. 우리는 25,000광년 이상 떨어진 지구에서도 우리은하 중심에 있는 블랙홀 주변의 별들의 움직임을 직접 관측할 수 있습니다. 더 감탄하실 일들이 있어요. 이 별들은 때때로 빛의 2.5퍼센트 이상의 속도에 도달하면서 사건의 지평선에 너무 가깝게(편안하다고 느끼기에는 사건의 지평선에 너무 가까운 거리죠.) 다가갈 때, 우리는 그 속도를 측정하고 궤도의 중심을 아주 정확하게 식별할 수 있습니다.[6] 이보다 더 정확할 수는 없어요.

그리고 중력 계산을 통해 중심에 있는 괴물의 질량을 추정할 수 있습니다. 이 기술을 사용하면 궁수자리 A*를 직접 방문하지 않고도 그 질량을 측정할 수 있지만(근처에 안 가도 되니 참 고마운 일이죠.) 블랙홀 주위를 공전하는 개별 별을 관측할 수 없는 먼 은하에서는 이 방법을 적용할 수 없습니다. 하지만 희망이 없는 건 아니에요. 지구의 천문학자들은 아주 똑똑하잖아요. 그래서 은하 중심에 있는 가스의 움직임을 측정할 수 있고, 이를 통해 도플러 효과로 초대질량 블랙홀을 더 잘 이해할 수 있습니다.

도플러 효과 아시죠? 좋아요, 설명해 드릴게요. 단 한 번뿐이니 잘 들어 주세요. 누군가와 멀리 떨어져 있고, 두 사람이 거대한 슬링키*의 반대쪽 끝을 잡고 있다고 가정해 봅시다. 왜냐고요? 비유를 든 것이니 그냥 한번 따라와 보세요. 친구가 여러분을 향해 달려오기 시작하면 슬링키가 오그라들고, 친구가 여러분을 지나가면 슬링키가 다시 늘어납니다.

이러한 현상이 소리에 일어나는 현상이지요. 친구가 비명을 지르고 있다면(아마도 "왜 이런 거 해야 하는데?"라고 말하고 있는지도 모르겠네요.) 그 친구가 여러분을 향해 달릴 때 스스로의 비명에서 오는 음파가 쭈그러들면서 더 높은 음정으로 올라가게 되지요. 그리고 그 친구가 여러분으로부터 멀어질 때 반대의 현상이 일어날 거고요. 다음은 시각적 데모입니다.

"oooooooaaaaaaAAAAAEEEEEEEEAAAAAAaaaaaaoooooo"

여러분은 이러한 도플러 효과 현상을 항상 경험합니다. 트럭이나 구급차가 지나갈 때 소리의 크기가 변할 뿐만 아니라 **음정**도 변하

• 금속이나 플라스틱으로 만든 용수철(스프링) 형태의 장난감. 보통 계단을 내려가는 놀이를 한다.

는 것을 느꼈을 거예요. 하지만 만약 고속도로 옆에 서 있어야 한다면 빨리 달리는 차들을 신경 쓰느라 못 느꼈을 거예요.

이러한 도플러 효과는 소리와 빛 모두에 작용합니다. 가스 덩어리가 회전하면서 블랙홀로 떨어지는 경우(종종 그렇듯이) 한쪽 가장자리는 우리를 향해 회전하고 반대쪽 가장자리는 우리를 향해 멀어지겠죠. 따라서 한쪽의 빛은 더 높은 주파수로 밀려나고(파란색으로 이동, 즉 **청색 편이**) 다른 쪽은 더 낮은 주파수로 밀려나게 됩니다.(빨간색으로 이동, 즉 **적색 편이**) 따라서 주의 깊게 관찰하면(참고로 천문학자들은 결코 부주의한 관찰을 좋아하지 않습니다.) 중심 천체의 질량과 크기를 알아내고 이를 블랙홀로 식별할 수 있습니다. 이런 측정이 쉽지 않죠. 하지만 우리가 '천문학자'가 '게으르다'라고 하지 않는 데는 이유가 있는 것이겠죠.

그것만으로는 충분하지 않다면 블랙홀의 사진도 얻을 수 있습니다. 블랙홀이 살아 숨 쉬는 생생한 사진을 찍을 수 있다고요.[7] 이제 블랙홀이 놓여진 우주의 뒷배경만큼이나 까만 블랙홀의 사진을 어떻게 찍을 수 있는지 궁금하실 것입니다. 이는 이러한 초대질량 블랙홀만이 아닌 그들의 작은 사촌들과도 같은 문제이며, 단지 크다고 해서 더 쉬워지지는 않습니다.

이 블랙홀은 (초)거대하지만, 행성에 기반을 둔 천문학자에게는 터무니없이 멀리 떨어져 있습니다. 궁수자리 A* 자체는 25,000광년 떨어져 있고, 다른 은하계의 중심부에 있는 괴물들은 수백만 또는 수십억 광년 떨어져 있습니다. 가장 큰 괴물조차도 하늘의 아주 작은 점 하나에 불과하며, 지구만 한 크기의 망원경이 없으면 확인할 수 없습니다. 그래서 천문학자들은 지구만 한 크기의 망원경을 만들었습니다. 앞서 말했듯이 영리한 사람들이죠.

그러나 그것은 멋진 하나의 거대한 망원경이 아니었습니다. 대신 전 세계에 흩어져 있는 망원경 네트워크가 하나의 목표물을 동시에 조준하도록 훈련하는 것이죠. 이들은 사실상 지구만큼 넓은 가상의 망원경으로, 멀리 떨어진 블랙홀의 이미지를 포착할 수 있는 충분한 해상도를 제공합니다. 이를 천문학 용어로 **초장기선 간섭 관측법**이라고 하는데 쉽지 않습니다. 망원경과 데이터는 정확한 원자 시계 출력과 짝을 이루어 모든 것이 동기화되어야 하며, 한 번에 며칠 또는 몇 주 동안 하늘의 같은 지점을 정확하게 응시해야 합니다.

이 '사건의 지평선 망원경'의 결과는 광고하던 문구 그대로였지요. 사건의 지평선의 이미지를 얻어 내고야 말았네요. 첫 번째는 태양의 무게가 60억 개가 넘고 반지름이 오르트 구름의 안쪽 가장자리까지 뻗어 있는 은하 M87의 중심에 있는 거대하지만 비교적 고요한 괴물이었습니다.

하지만 맞습니다. 사건의 지평선은 검은색입니다. 다행히도 사건의 지평선 망원경은 사건의 지평선 자체가 아니라 그 주변의 물질, 즉 소용돌이치며 망각 속으로 비명을 지르는 물질의 원반을 찍으려고 했습니다. 그리고 블랙홀 주변의 시공간이 극도로 구부러져 있기 때문에 사건의 지평선 **뒤**의 축적 원반에서 나오는 빛은 사건의 지평선 자체의 주위로 휘어져 우리가 그 주변을 볼 수 있게 해 주지요.

최종 결과는 강렬한 전파 빛의 고리로, 순수한 검은색, 무, 공허의 중심을 후광으로 감싸고 있는 모습이네요. 블랙홀의 실루엣입니다.

초대질량 블랙홀은 우리 우주의 기본적인 부분처럼 보이지만, 블랙홀에 직접 가 보는 것은 전적으로 선택 사항입니다. 초록색 개구리가 "어서 핥아 봐, 징그러울 뿐이야."라고 하는 것이나 보라색 반점이 있는 주황색 개구리가 "어서, 내 하루를 즐겁게 해 줘."라고 말하는 것처럼 대자연은 우리에게 위험에 대해 경고하는 것을 좋아하지요. 중앙 블랙홀은 뜨겁고 밝은 가스 구름으로 덮여 있으며, 치명적인 수준의 엑스선과 감마선 방사선을 방출하니 우주 그 어디에서도 볼 수 있습니다. 대자연의 섭리는 분명합니다. 제발 초대질량 블랙홀을 건드리지 마세요.

———

이제 중요한 부분입니다. 밥은 캐럴에게 우리은하의 중심부를 탐사하자고 설득합니다. 치명적인 방사선, 끊임없는 우주선, 거대한 별의 죽음으로 인한 잦은 폭발을 제외하고는 꽤 멋진 곳인 것은 맞죠. 하지만 밥은 이 잠자는 용을 놀리기 위해 더 가까이 다가가고 싶어 합니다. 현명한 캐럴은 뒤로 물러나기로 결정하고, 그 선택으로 인해 앞으로 아주 다른 일이 일어나게 될 거예요. 일반 상대성 이론에 **상대성**이라는 단어가 등장하는 데에는 이유가 있기 때문입니다. 우주에 있는 관측자들은 물체의 길이와 사건의 지속 시간에 대해 결코 동의하지 않습니다. 속도와 방향이 다른 기준 프레임이 존재한다면 우리 주변의 우주를 보는 관점도 아마 달라질 것입니다. 이는 시공간의 기본 구조에 내재되어 있습니다.(실제로 **시공간 자체**가 존재할 수 있게 하는 원동력이죠.) 관측자마다 의견은 항상 다르며, 블랙홀은 궁극적으로 관측자들을 갈라서게 하죠.

밥의 관점은 다음과 같습니다. 멀리서 보면 블랙홀은 조용하고 차분합니다. 우리 블랙홀인 궁수자리 A*는 한동안 먹이 사냥에 열중하지 않고 조용히 졸고 있은 지 한참 됐습니다. 그 주변에는 작은 소용돌이 모양의 원반이 있지만, 블랙홀의 진정한 능력을 고려할 때 그다지 엄청난 것은 아닙니다. 밥은 궁수자리 A*의 질량을 추정하여 사건의 지평선이 어디일지 계산하고 안전하게 관찰할 수 있는 거리를 알아낼 수 있습니다.

그는 더 가까이 다가가기로 결심합니다. 그가 가까이 다가갈수록 사건의 지평선은 그 아래에서 더 부풀어 오르고, 크기와 거리를 고려할 때 실제보다 훨씬 더 크게 보입니다. 고등학교에서 배운 기하학은 여기에 적용되지 않습니다. 극심한 중력은 주위의 시공간을 휘게 하고 그로 인해 블랙홀의 주변과 그 뒤를 볼 수 있기 때문에 사건의 지평선이 실제보다 더 크고 어둡게 보입니다. 또한 별의 강착 원반은 블랙홀을 눈부신 빛의 고리로 감싸고 있는 것처럼 보입니다.

계속해서 하강합니다. 밥이 중심에 가까워질수록 중력의 강도는 점점 더 강해져 그를 점점 더 강하게 잡아당깁니다. 밥은 원한다면 여기서라도 돌아서서 탈출할 수 있지만 시간이 지날수록 탈출은 점점 더 어려워지고 있습니다. 일반 상대성 이론에 의해 완벽하게 허용되는 블랙홀에 접근할 수 있는 한 가지 방법은 블랙홀을, 폭포를 향해 흐르는 강물처럼 공간 자체가 안쪽으로 흘러 들어가는 싱크홀로 상상하는 것입니다.

밥이 사건의 지평선 바깥에 머무는 한, 그는 돌아서서 상류로 올라갈 수 있지만, 위와 같은 비유로 돌아가서 설명하자면, 사건의 지평선은 지옥으로 떨어지는 물의 마지막 가장자리이며, 물이 빛의 속도로 안쪽으로 흐르고 있는 낙하 지점입니다. 그 지점을 지나고 나면 밥은 돌아서서 물을 거슬러 올라가기 위해 얼마든지 노력해 볼 수는 있지만, (그의 속도는) 빛의 속도보다 빠를 수 없기 때문에 계속 안쪽으로 떨어지고 결국엔 파멸에 이르게 됩니다.

하강은 계속됩니다. 밥이 사건의 지평선에 가까워질수록 그의 속도는 빛의 속도에 가까워집니다. 또 다른 관점에서는—이것은 생각만 해도 특히 무서운 일이지만—사건의 지평선이 빛의 속도로 그에게 접근하기 시작하고, 그는 그 돌진을 피하기 위해 점점 더 열심히 노력해야 한다는 것입니다.

밥이 이성을 잃는 게 아니에요. 사건의 지평선의 정확한 위치 같은 것은 멀리서 봐야만 정확히 파악할 수 있습니다. 가까이서 보면 그 경계조차 찾기가 쉽지 않고, 가까이 다가갈수록 그 경계가 여러분을 향해 움직이고 있는 것처럼 보일 것입니다. 다시는 돌아올 수 없는 그 지점의 한계, 즉 그 한계점은 빛의 속도로 달아나야만 탈출이 가능한 지점입니다. 다시 말해, 사건의 지평선으로부터 반대 방향으로 속도를 내야만 **벗어날** 수 있다는 거죠. 너무 가까이 가면 쫓아오는 속도보다 더 빨리 도망칠 수 없어 잡히게 됩니다. 무시무시하죠. '스마일 해피 홀(smiley happy holes)'이라고 불리지 않는 데는 그 이유가 있겠지요.

하강은 계속됩니다. 밥은 사건의 지평선에서 무엇을 만나게 될까요? 일부 이론가들은 여러 가지 불가사의한 이유로 **방화벽**이라고 알려진 것을 믿는데, 이 방화벽은 시공간 자체의 진공에서 생성된 기본 입자들이 가득한 뜨거운 지옥으로, 안쪽으로 떨어지는 모든 것을 즉시 소각할 수 있을 만큼 높은 에너지로 이루어져 있다고 합니다. 이 방화벽은 사건의 지평선 자체에 있기 때문에 외부 관측자에게는 보이지 않으며, 이 경계에서 나오는 빛은 빠져나갈 수 없고 오직 경험을 해야만 그 방화벽의 존재를 알 수 있다는 것입니다.[8]

하지만 밥이 방화벽에 맞닥뜨릴지는 확신할 수 없으며, 안타깝게도 그가 자신의 생존에 대해 우리에게 알릴 수 있는 방법은 없게 되겠죠.

그러나 일반 상대성 이론에 따르면, 밥이 사건의 지평선을 건너는 순간에 보는 것은 특별한 것이 아니라고 해요. 전혀 특별하지 않대요. 사실 경계를 통과하는 그 순간에 특별한 의미를 부여할 것은 아무것도 없다는 말입니다. 빛이 없어요. 경고도 없고요. 그를 둘러싼 우주에는 특별한 것이 아무것도 없습니다. 그는 그저…… 떨어질 뿐이에요. 밥이 알아차리기도 전에 그는 너무 멀리 나갔습니다. 말 그대로, 밥은 자신이 선을 넘어 사건의 지평선을 통과한 정확한 순간을 가늠할 수 없을지도 모릅니다. 밥에게 그 순간은 다른 순간과 다를 바 없었거든요. 사건의 지평선은 두 방 사이에 있는 벽과 같은 게 아닙니다. 두 **미래** 사이에 있는 벽에 더 가깝습니다.

하강은 계속됩니다. 밥은 블랙홀 속으로 들어가면서도 밖을 내다볼 수 있는데, 그와 함께 떨어지는 주위의 우주로부터 밀려오는 빛이 그의 망막에 닿아 다시는 함께할 수 없는 우주를 목격하게 되지요.

그런데 밥의 눈앞에서 이상한 일이 일어났습니다. 그의 계산에 따르면 마침내 사건의 지평선을 건넜다고 하는데도, 마치 여전히 지평선에 접근하고 있는 것처럼 사건의 지평선은 점점 더 크게 부풀어 오르며 아래에 나타납니다. 그는 실제로 (사건의 지평선을 지나) 허공으로 건너갔지만(그는 그의 계산을 충분히 믿었죠.) 블랙홀이 만들어 내는 가장 큰 지각의 속임수 중 하나인 거짓 지평선을 경험하고 있는 것입니다.

———

　밥이 보고 있는 것을 이해하려면 상대성 이론에 대한 간단한 설명이 더 필요합니다. 힘들겠지만 조금만 참고 들어 봐 주세요. 저 우주 바깥 야생에서 블랙홀을 만났을 경우 블랙홀을 긍정적인 마음으로 존중하는 마음을 키우려면 이 사실을 먼저 이해해야 합니다. 절 믿으세요.

　움직이는 시계가 느리게 간다는 것은 자연의 이치입니다. 움직이는 시계는 느리죠. 움직이는 생물학적 과정 역시 느리게 일어나지요. 움직이는 **밥**은 (그래서) 느리게 움직입니다. 여러분도 움직이면 **여러분의 시계** 역시 느리게 갈 것이고요.

　두 개의 초정밀 원자 시계를 가져가세요. 하나는 집에 있는 친척한테 그냥 맡겨 두시고요. 다른 하나는 제트기에 넣어 몇 시간 동안 전 세계를 돌게 하세요. 제트기에 실린 원자 시계는 전 세계 투어를 마치고 돌아오면 고정된 원자 시계보다 몇 분의 1초 정도 늦을 것입니다.

서명하고 잘 봉해서 전달된 것이죠. 이것이 세상이 돌아가는 방식이라고요. 제 말을 믿지 않으시겠지만(뭐 별로 믿으셔야 하는 이유가 없어요, 그쵸?) 그건 중요하지 않습니다. 중요한 것은 바로 밥에게 일어난 일입니다.

그게 밥이랑 무슨 상관이죠? 밥은 움직이지 않잖아요? 이제 여기, 우리의 친구 아인슈타인이 다시 돌아와 설명해 줘야겠네요. 모든 물리학 분야의 초석이 되는 일반 상대성 이론의 기본 원리는 로켓의 가속 추진력을 느끼는 것과 지구의 중력을 느끼는 것 사이에 차이가 없다는 것입니다.*

알아요, 알아요. 앉아서 숨 좀 돌리자고요. 물 한 모금 마셔 주시고요. 중요한 일이니 함께 이겨 내자고요. 밥은 곧 마지막 숨을 쉴 것이고 우린 그의 마지막 순간을 이해하고 싶은 거예요. 저를 위해서가 아니라 밥을 위해서 노력해 주세요.

이 글을 읽고 있는 여러분은 행성, 아마도 지구의 중력을 느끼고 있을 것입니다. 중력은 여러분을 1g**의 일정한 힘으로 지속적으로 아래로 가속합니다. 이제 우리가 여러분을 납치하여 로켓 우주선 안에 넣고 모든 스크린 도어와 창문을 가리고 닫은 다음 우주로 쏘아 올렸다고 가정해 봅시다. 그리고 로켓을 빠르게 추진시켜 일정한 1g로 가

---

* 가속하는 로켓에서 그 추진력에 대한 경험은 지구 중력을 느끼는 것과 마찬가지라는 이야기입니다.

** 여기서 g는 질량의 단위가 아닌 지구 중력장의 세기를 말합니다.

속하도록 했다고 가정해 봅시다.(참고로 물리학자들은 실용적인 농담을 **잘합니다.**)

그 차이를 구분할 수 있을까요? 창밖을 보지 않고도 어떠한 실험이나 관찰을 통해 지구에 있는 것인지 로켓을 타고 가속하고 있는 것인지 확신할 수 있는 방법이 있을까요? 아인슈타인은 **그럴 수 없다고** 말했습니다. 그리고 이 간단한 사실에서 일반 상대성 이론 전체가 탄생한 것이고요. 아, 물론 많은 수학도 포함되어야 하긴 하죠.

자, 이제 시계로 돌아가 봐요. 움직이는 시계는 느리게 갑니다. 가속하고 있는 시계는 느리게 간다는 이야기지요. (그러니) 중력으로 당겨지는 시계 역시 느리게 가겠죠. 이제 여러 사실들이 잘 끼워 맞춰져서 말이 되지요? 이 멀리에서도 여러분 뇌가 막 돌아가는 소리가 들려요.

지구 표면의 시계는 이러한 아인슈타인의 등가 원리로 인해 멀리 있는 시계보다 느리게 작동합니다. 시계를 잠시 높은 곳에 올려놓았다가 다시 가져와보세요. 지구에 있는 시계는 느려질 것입니다.

"아, 너무 어려워요.", "상대성 이론 때문에 겁나요."라고 말하는 분도 계실 겁니다. 괜찮아요, 우리 모두 겪었으니까요. 아인슈타인은 천재였을지는 모르지만, 그가 반드시 다 옳을 필요는 없었어요.

그런데 사실 그가 옳긴 해요. 저희가 테스트해 봤거든요. 사실 여러분도 지금 테스트하고 있을지 모릅니다. GPS를 사용해 본 적 있나요? 최고죠. GPS는 위성 위치 확인 시스템의 약자로, 길을 잃었는지, 얼마나 늦었는지 알려 주는 위성 시스템입니다. GPS 시스템이 시계가 느리게 작동하는 효과를 보정하지 않았다면 **올바르지 않게** 작동할 것입니다. 따라서 다음에 여러분이 스마트폰으로 위치 확인을 할 때는 말이죠. 여러분이 물리학자이고 방금 일반 상대성 이론을 실험했다고 생각하시면 되겠어요. 우와, 축하해요!

중력이 강할수록 더 빠른 가속도로 등가원칙이 적용되고 시계는 그만큼 더 느려지게 됩니다. 따라서 여러분의 시계가 궤도를 돌고 있는 우주 비행사보다 몇 마이크로초 정도 뒤처질 수는 있지만, 밥은 그보다도 **훨씬** 더 뒤처진답니다.

———

마지막으로 블랙홀로 돌아가서 밥의 거짓 지평선에 대한 이해와 밖에 안전하게 앉아 있던 캐럴이 파멸에 빠지는 밥을 바라보는 장면을 생각해 보자고요. 아, 캐럴. 현명하고 경계심이 많은 캐럴. 좋은 롤모델이죠. 이 책 말고 캐럴이 쓴 책을 읽으시는 게 나을지도 모르겠네요. 그녀는 안전한 거리에서 밥이 블랙홀로 떨어지는 것을 바라봅니다. 그리고 그녀는 완전히 다른 이야기를 들려 줍니다. 캐럴의 관점에서 볼 때 밥은 사건의 지평선에 들어가지도 않습니다.

"대단하다!"라고 말할 수도 있겠죠. 결국, 저는 블랙홀 안에서의 밥의 경우를 설명하느라 여러분과 저의 시간을 많이 낭비했나 봅니다. 왜 그럴까요?

상대성이란 바로 그런 것입니다. 밥은 블랙홀의 질량이 만들어 낸 시공간의 깊은 우물, 그 우물 바닥에 있습니다. 그는 사건의 지평선에 가까워질수록 우물 아래로 점점 더 내려갑니다. 위에 있는 캐럴은 밥이 점점 희미해지는 것을 봅니다.

그리고 점점 더 붉게 보이는데요. 밥이 방출하는 빛(아마도 그는 블랙홀 내부를 보기 위해 손전등을 들고 있을지도 모릅니다. 농담인데 재밌죠?)은 우물 밖으로 끝까지 거슬러 올라와야 합니다. 그러려면 에너지가 필요합니다. 에너지를 쓰고 나면 빛은 파장이 길어져서 파란색에서 빨간색, 적외선으로 그 스펙트럼이 이동하게 되고, 그보다 더 파장이 긴 마이크로파나 라디오파까지도 편이가 일어날 수 있다는 말이죠. 밥이 사건의 지평선에 가까워질수록 캐럴이 보는 빛은 더 붉어집니다. 농담이 아니에요. 저희가 직접 테스트했습니다. 아주 높은 건물 꼭대기까지 레이저를 비추고 그 파장을 기록해 보세요. 더 붉어진다니까요. 제가 장담합니다.[9]

밥은 중력의 우물 바닥에 있기 때문에 속도도 느려집니다. 밥은 자신이 달라진 것을 느끼지 못합니다. 그는 여전히 밥이지만 외부에서 그를 바라보는 우리의 시각이 달라진 것입니다. 그래서 캐럴이 보기에 밥은 더 느리고, 더 희미하고, 더 붉어요. 또한 캐럴이 보기에 밥은 사건의 지평선에 도달하지도 **못하고요.** 아주 멀리서 바라보는 그녀의 관점에서 보면 밥은 문턱을 넘는 데 무한히 많은 시간이 걸립니다. 물론 그녀가 확인할 때마다 밥은 조금씩 더 (사건의 지평선에) 가까워지지만, 그녀는 사건의 지평선을 넘는 것 자체를 목격하지 못합니다. 왜냐하면 밥이 사건의 지평선에 진입하는 순간 방출하는 빛은 이미 너무 멀리 간 거죠. 그 빛이 캐럴에게 도달하는 데는 무한한 시간이 걸릴 거예요. 캐럴이 그렇게 오래 기다릴 것 같지는 않아요. 밥에 따르면 밥은 사건의 지평선을 넘을 수 있지만, 캐럴에 따르면 밥은 절대 넘지 못한다는 것이 이상하게 느껴지시죠? 말했듯이 블랙홀은 쉬운 게 아니네요.

이것이 상대성 이론의 핵심 중 하나입니다. 사건에 대한 인식, 시간과 거리의 측정은 모두 관찰자에 따라 **상대적**이라는 것입니다. 그리고 밥이 사건의 지평선을 통과한 후 겪는 거짓 지평선은 상대성 이론이 지불해야 하는 궁극적인 대가라고 할 수 있지요.

자, 보세요. 우리가 블랙홀 밖에서 보는 것은 사건의 지평선이 아닙니다. 사건의 지평선은 **실체**가 아니라 빛의 속도보다 빠르게 우주가 안쪽으로 밀려 들어가는 선을 수학적으로 표시한 것뿐입니다. 실제 물체가 아니라고요. 그 경계에 있는 검은색은…… 그저 기억일 뿐이지요.[10]

블랙홀은 거대한 별의 죽음으로 탄생하죠. 별이 붕괴하고 또 붕괴하면서 그 플라스마 물질 자체는 그 선(사건의 지평선)을 넘은 후 계속해서 (중심으로)떨어지지요. 그러나 안전한 거리에서 지켜보는 우리 같은 외부 관측자들은 블랙홀의 형성을 실제로 목격할 수 없습니다. 죽어 가는 별에서 나오는 마지막 빛줄기는 사건의 지평선에서 멈출 것이니까요. 그래서 밥이 통과할 때 그의 통과를 표시하거나 의미할 수 있는 것은 아무것도 없습니다. 사건의 지평선의 칠흑 같은 어둠은 거짓이었고, 진짜 어둠은 여전히 그의 아래에 자리 잡고 있었습니다.

그가 보는 것, 매 순간 커지는 것처럼 보이는 것이 바로 블랙홀의 진정한 중심입니다. 진정한 중심. 진정한 죽음. 바로 특이점이지요.

네, 맞아요, 특이점입니다. 드디어 말했어요. 그동안 이 단어를 쓰지 않으려고 애썼지만 이제 피할 방법이 없네요. 진지한 우스갯소리인 거 아시죠?*

가스, 입자, 사람 등 블랙홀로 빨려 들어가는 모든 물질은 결국 무한한 밀도로 압축되어 버려요. 이는 이길 수 없는 압도적인 중력의 결과입니다. 또한 이것은 무한히 작아서 공간적 범위가 전혀 없는, 말 그대로 기하학적 점입니다. 인간의 두뇌로 이 개념을 이해하는 게 어렵고 엉뚱하고 부자연스러워 보이지만 이는 일반 상대성 이론에 의해 예측할 수 있습니다. 현재 물리학에 대한 우리의 이해는 밀도가 매우 높고 부피가 매우 작은 스케일에서 약간 모호해지지만, 블랙홀에 들어가서 발견한 것을 보고한 사람이 있는 것도 아니니 지금은 그냥 이대로 넘어가도록 하죠.

밥의 이야기로 다시 돌아가 보죠. 그가 사건의 지평선을 지나고 나면 아무리 열심히 싸워도 결국 특이점에 도달하게 됩니다. 이것이 바로 사건의 지평선의 요점이죠. 사건의 지평선은 밥의 미래 가능성을 분리합니다. 블랙홀 밖에서는 원하는 방향으로 어떤 길이라도 갈 수 있지만, 마치 모든 길이 로마로 통하듯, 블랙홀 안에서의 모든 길은 오로지 이 특이점으로 통한다는 것이죠.

• 특이점이라는 단어를 피하고 싶어도 피하지 못하는 것과 블랙홀을 피하고 싶어도 피할 수 없는 것을 대치하여 이야기합니다.

다르게 말하면, 블랙홀 밖에서는 원하는 곳 어디든 갈 수 있어요. 먼 은하계도 탐험할 수 있고요. 발가락 곰팡이를 연구하는 꿈을 이룰 수도 있습니다. 무엇이든, 우주는 여러분에게 열려 있습니다. 하지만 시간의 흐름은 피할 수 없고 미래도 피할 수 없습니다. 우주 어디를 가든지 항상 시간은 앞으로만 흘러가야 합니다.

하지만 블랙홀 안에서는 특이점이 여러분의 미래가 **됩니다.** 여러분의 모든 미래요. 이것이 바로 슈바르츠실트가 사건의 지평선에서 발견한 악몽이었고, 그를 공포에 떨게 만들었죠. **말이 안 되는** 일이었거든요.

하지만 블랙홀은 너무도 실재합니다. 밥이 어디를 보든 특이점이 보여요. 밥이 어떤 방향으로 움직이더라도 특이점은 그의 눈앞에 머물러 있습니다. 하나의 기하학적 점이지만 극한 중력(우주 전체에서 가장 극심한 중력)으로 인해 부풀어 오르고 커지는 것처럼 보입니다. 시공간 자체가 깎아져 나간 우주의 구멍이죠.

검은 특이점이 팽창하면서 채워지고 평평해지면서 특징이 없는 광활한 평원으로 나타납니다. 마치 거대한 검은 지구에 착륙한 것처럼, 밥은 궁극적인 망각에 가까워집니다. 어둠이 모든 방향으로의 수평선을 따라 완벽하게 펼쳐져 하늘의 절반이 잘려 나가는 순간 밥은 특이점에 도달할 것입니다.

밥의 발가락이 그 무한 밀도의 지점에 닿기까지 얼마나 걸릴까요? 블랙홀의 정확한 크기에 따라 다르지만, 초대질량 블랙홀의 경우 특이점에 도달하는 데는 몇 분밖에 걸리지 않습니다.

단 몇 분이면 충분합니다. 그리고 그가 할 수 있는 일은 아무것도 없습니다. 특이점은 밥의 모든 미래에 존재한다는 사실을 기억하세요. 여러분이 내일을 피할 수 없는 것과 마찬가지로 밥도 특이점을 피할 수 없습니다. 그것은 그의 마지막 종점입니다. 그의 최선의 선택은 그저 자유롭게 추락하도록 내버려두는 것입니다. 맞서 싸우려고 하면 파멸과의 만남을 앞당길 뿐입니다.

말했잖아요, 우린 여기 있으면 안 된다고요. 아, 항성 질량 블랙홀에 접근하는 앨리스에게 매혹적인 일을 한 조석의 힘은 어떨까요? 밥은 왜 사건의 지평선을 무사히 한 몸으로 통과할 수 있었을까요? 이 퍼즐에는 몇 가지 조각이 있어요. 한 가지씩 이야기해 보죠. ① 블랙홀의 모든 질량, 즉 모든 질량은 무한히 조밀하고 무한히 작은 특이점에 집중되어 있습니다. ② 블랙홀의 질량이 클수록 사건의 지평선도 커지고, ③ 이 모든 조수 효과는 거대한 물체로부터 얼마나 멀리 떨어져 있느냐에 따라 달라집니다.

이 모든 것을 종합하면 어떤 결과가 나올까요? 시간을 가지고 한번 상상해 보세요. 초대질량 블랙홀의 경우, 사건의 지평선은 특이점으로부터 너무 멀리 떨어져 있어서 그 경계에서 조석 효과는 매우 작습니다. 밥은 파스타 같은 운명을 맞이할 것이지만, 그것은 밥이 사건의 지평선을 **지나야만** 가능하고 그러면서 특이점에 더 가까워지고 있는 것이죠.

이는 밥처럼 비교적 작고 조밀한 물체에만 적용된다는 점에 유의하세요. 운이 나쁜 별처럼 더 큰 것의 경우 극심한 중력에 의해 찢어질 수 있습니다. 이것은 **조수 파괴 사건**(tidal disruption events)이에요. 잘 모르는 사람들은 **별이 갈기갈기 찢기는 것**으로 묘사할 수도 있는데, 사실 이것은 우주에서 가장 에너지가 넘치는 사건 중 하나로, 수십억 광년 떨어진 곳에서도 볼 수 있을 정도로 밝게 폭발할 수 있습니다.[11] 불운한 별이 거대한 블랙홀의 마지막 치명적인 품으로 떨어질 때 죽음의 비명을 지르는 것을 멀리해야 한다는 것만으로도 충분한 충고가 되겠네요.

하지만 밥은요? 눈에 띄지 않을 정도로 작아서 블랙홀의 거대한 눈은 다른 곳에 집중하고 있었습니다. 밥은 특이점의 먹이가 되기 전 또 하나의 엄청난 경험을 하게 되는데, 그것이 바로 눈앞에서 펼쳐지는 우주의 역사를 볼 수 있다는 것입니다. 물론 그의 눈이 온전하다고 가정할 때 말이죠. 하지만 그가 살 수 있는 시간은 단 몇 분(1~2분)뿐인데 이게 어떻게 가능한 거죠?

밥이 느리기 때문에 가능한 거죠. 네, 물론 여러분도 느려요. 놀리려는 게 아니고요. 밥은 블랙홀 근처에 있기 때문에 느리고, 여러분은 행성 표면에 앉아 있기 때문에 느립니다.

공정하게 말하자면, 여러분과 밥 모두 느리다고 **느끼지** 않죠? 모두 상대적일 뿐이에요. 예를 들어 멀리 떨어져 있는 다른 사람, 즉 캐럴과 비교할 때 느려진다는 거죠. 지난 두 이야기에서 가장 좋아하는 단어가 바로 '**상대적**'이네요.

즉 일반적으로 상대적입니다. 밥과 여러분에게는 아무것도 이상해 보이지 않습니다. 멀리 떨어진 관찰자가 여러분과 시계를 비교하려고 할 때만 상황이 이상하게 보일 뿐입니다. 따라서 밥에게는 몇 분밖에 안 되는 미래가 남은 것이지만, 그의 관점에서 보면 우주 전체가 약 두 배의 속도로 빨라진 것입니다.

밥은 여전히 외부에서 오는 빛을 볼 수 있습니다. 블랙홀 때문에 심하게 일그러지고 청색 편이가 발생하고, 극심한 중력 때문에 허리가 도넛 모양의 고리처럼 눌려 있지만 말이에요.

그리고 밥은 특이점에 도달하여 무한 밀도와 하나가 됩니다. 그 다음은 어떻게 될까요? 누가 알겠습니까, 이런 문제는 저한테도 어렵습니다. 여러분이 직접 뛰어들어 알아보는 건 어떨까요? 이 우주에서 밥이 존재하고 인식하는 마지막 몇 분은 …… 흥미로울 거거든요.

———

좋아요, 제가 한 말이 다 거짓일 수도 있어요. 물론 아닐 수도 있고요. 사실 우리는 사건의 지평선 안에서 어떤 일이 일어나는지 확실히 알지 못합니다. 블랙홀 밖에서는 아인슈타인의 유산을 검증하기 위해 테스트와 실험 및 기타 과학적인 것들을 할 수 있습니다. 하지만 내부에서는요? 기술적으로 말해서 접근 자체가 불가능하죠. 즉 관측을 할 수 없다는 뜻이죠. 그 말은 아무 실험도 할 수 없다는 뜻이고요. 즉 특이점 같은 것에 대해 **확실히** 알 수 없다는 거지요. 하지만 우리에게는 수학이 있고 수학은 강력합니다. 일반 상대성 이론은 수없이 많은 다양한 아이디어들에 의존해 왔어요. 아인슈타인의 이론이 틀렸다고 증명하고 싶은 사람이 왜 **없었겠어요?** 증명할 수만 있다면 노벨상 받을 일이죠. 스톡홀름으로 무료 여행도 갈 수 있어요.

그렇지만 일반 상대성 이론은 계속 발전하고 있습니다. 그리고 블랙홀 내부에서 일어나는 일을 매우 정확하게 예측합니다. 이제 가장 작은 규모에서는 양자 역학이 개입하기 때문에 일반 상대성 이론이 깨질 수밖에 없지만, 앞서 말했듯이 세부적인 내용은 아무도 잘 몰라요. 그보다 큰 규모는 우리에게 익숙한 영역이지만 말이에요. 특이점에 도달하기 전까지는 밥이 블랙홀의 사건의 지평선 안에서 경험하게 될 중력은 여러분과 제가 **지금** 행성 표면에 편안히 앉아 있는 것과 다르지 않습니다. 네, 훨씬 더 강하다는 점만 빼면요. 그러니 바로 뛰어들어요. 물이 아주 따뜻할 거예요.

아, 아니에요, 잠깐만요, 하지 마세요. 너무 안 좋은 생각이잖아요. 은하 중심 초대질량 블랙홀을 둘러싼 치명적인 방사선에서 살아남을 수 있다 해도, 또는 사건의 지평선을 통과하는 하강에서 살아남을 수 있다 해도, 또는 특이점으로 향하는 동안 신체의 온전함을 유지할 방법을 찾을 수 있다 하더라도, 여러분의 전등이 꺼지기까지는 단 몇 분밖에 걸리지 않을 거예요.

어떤 사기꾼이 블랙홀을 탐색할 수 있는 멋진 장비를 팔려고 하면 무시하세요. 얼마나 많은 어리석은 탐험가들이 사건의 지평선에서 탈출할 수 있는 기발한 계획이 있다고 생각했는지 모르겠어요. 저희는 아직 이들의 답변을 기다리고 있습니다.

블랙홀이 존재하지 않을 수도 있다는 점도 말씀을 드려야죠. 알아요, 알아요. 그럼 제가 왜 그렇게 장황하게 말했을까요? 후회하는 것보다 안전한 게 낫다고 제 어머니가 항상 하시던 말씀이에요. 특히 활성 퀘이사에 너무 가까이 가기 전에 말입니다. 어머니를 변호하자면, 당시에는 활동성이 없어 보였습니다. 지구의 천문학자들은 퀘이사의 존재에 대해 매우 높은 가능성을 부여하는데, 특히 우리가 사진과 모든 것을 가지고 있다는 점을 고려하면 더욱 그렇습니다.

슈바르츠실트가 사건의 지평선에 관한 말도 안 되는 이론들을 처음 생각해 냈을 때, 대부분의 물리학자들은 그저 허구라고 생각했습니다. 물론 일반 상대성 이론 방정식은 이러한 이상한 '블랙홀'을 **허용하고** 있었지만, 그렇다고 해서 대자연이 실제로 블랙홀을 제공해야 한다는 의미는 아니잖아요. 결국, 수학에서 발전된 여러 이론 중 자연에서는 실제 나타나지 않는 많은 것들이 있었거든요. 자연은 항상 최종 붕괴를 이겨내고 진정한 블랙홀의 형성을 피할 방법을 찾을 것이라고 생각했습니다. 어쩌면 붕괴하는 별을 날려 버리는 마지막 순간의 반응이 있을지도 모릅니다. 아니면 죽은 별을 다시 중력의 힘으로부터 지탱할 수 있는 다른 물리학이 있을 수도 있고요.

사건의 지평선은 분명 존재해야 하는 것처럼 보이고 그 사건의 지평선은 아인슈타인과 슈바르츠실트의 이론에 따라 해야 할 모든 일을 하는 것처럼 보입니다. 하지만 특이점은 어떨까요? 그건 또 다른 이야기입니다. 우리는 특이점이 실제로 존재하지 않으며, 자연이 특이점을 다른 것으로 대체한다는 것을 **알고** 있습니다. 그러나 우리는 그것이 정확히 무엇인지는 모르며 영원히 알 수 없을지도 모릅니다. 하지만 이 괴물은 블랙홀처럼 보이고, 블랙홀처럼 행동하고, 블랙홀처럼 말합니다. **블랙홀**이라는 용어와 그에 수반되는 모든 공포를 유발하는 물리학은 지구에 기반을 둔 관측에 대해 우리가 할 수 있는 가장 단순하고 최선의 설명입니다. 그러니 추후 공지가 있을 때까지 블랙홀이 존재하는 것처럼 행동합시다. 그리고 블랙홀로 인해 실컷 무서워하기로 해요.

퀘이사와 블레이자 **12**

중후한 목소리
우렁찬 소리
우주에 울려 퍼지는
메아리가 들리는가

- 고대 천문학자의 시

레스토랑에서 멋진 밤을 보내고 있습니다. 좋은 친구들, 멋진 이야깃거리들, 유쾌한 웃음. 애피타이저, 샐러드, 약간의 빵, 메인 코스. 모든 것을 씻어 낼 수 있는 가벼운 음료. 디저트 드실 준비가 되셨나요? 잘 모르겠네요. 더 먹을 수 없을 것 같은 느낌이 옵니다. 배 속의 압박감은 거의 견딜 수 없을 정도지만, 멈추고 싶지 않을 정도로 환상적인 시간을 보내고 있습니다. 그리고 그 치즈 케이크는 너무……**유혹적으로** 보이죠. 아주 조금만 먹으면 괜찮겠죠? 한 조각 나눠 드실래요? 식도에 조금 자리가 남아 있을 거예요.

너무 많이 먹으면 배가 부릅니다. 하지만 여러분은 블랙홀이 아니죠? 블랙홀은 결코 만족하지 않거든요. 블랙홀의 배는 무한히 작고 무한히 밀도가 높은 특이점까지 쭉 뻗어 있을 수 있거든요. 블랙홀은 우주의 모든 원자를 삼켜도 여전히 입맛을 다시며 더 많은 것을 먹을 준비를 하고 있을 겁니다.

만족할 줄 모르는 배고픔, 끝없는 욕구가 바로 그 엔진입니다. 우주의 한쪽 끝에서 다른 쪽 끝까지 뻗어 있는 등대에 불을 밝히며 우주에서 가장 강력한 기구를 작동시키는 거대한 기계입니다. 수백만 년의 주기를 가진 등대는 은하단 전체를 데울 수 있을 만큼의 불 같은 빛의 강도를 지니고 있습니다. 등대와 마찬가지로 이러한 우주 플레어는 도움과 안내를 제공하고 위험을 경고하는 등 두 가지의 목적이 있지요.

모든 은하에는 초대질량 블랙홀이 존재하며, 우리는 이미 이에 대해 다 이야기했었죠. 그리고 은하가 클수록 블랙홀도 커집니다. 그리고 그중에서도 가장 큰 은하는 은하단(은하단을 처음 접하는 분들을 위해 설명하자면, 천 개 이상의 은하가 끝없는 중력의 왈츠로 묶여 있는 하나의 집합체가 은하단입니다.)의 중심 근처에서 발견되며, 여기서 모든 가스가 마침내 안식처를 찾게 됩니다. 이 가스는 태양보다 10억 배나 더 거대한 괴물인 극초대질량 블랙홀에 묻혀 있습니다.

그들이 먹는 걸 가려 먹어서 그렇게 커질 수 있었던 건 아닙니다. 가스, 먼지, 별, 소까지 통째로 먹어 치웁니다. 이 모든 것이 홀(구멍)으로 내려가는 거죠. 중앙 블랙홀이 특히 탐욕스러운 기분이 들 때, 가스를 삽으로 퍼내듯 쏟아 낼 때, 호스트 은하는 **활동 은하**라는 새로운 이름을 얻습니다.

활동적이라, 참 순진하게 들리죠? 장난기 넘치거나 발랄하다는 뜻이죠. 네, 그럼 가상 놀이를 해 봅시다. 이 거대한 블랙홀은 그럴만치 무시무시하지만, 안전 공간이라는 경계에 도달하기 전에 사건의 지평선의 바깥쪽 가장자리에 접근할 필요조차 없습니다. 이 활동 은하의 중심핵은 그저…… 완전히 다른 존재입니다.

이 활동은 우주의 가장 먼 곳에서도 볼 수 있으니 그 근처에 있는 것이 얼마나 끔찍한 일인지 상상할 수 있으시겠죠. 그러나 놀라운 밝기에도 불구하고 지구의 천문학자들이 이 별들을 처음 발견하는 데는 수 세기가 걸렸고, 광학이나 적외선 천문학을 통해서가 아니라 라디오를 켜고 나서야 이 별들을 들을 수 있었습니다. 20세기 중반에 천문학자들은 궁수자리 A* 외에도 강렬한 전파 빛의 흥미로운 작은 점들을 발견하기 시작했는데, 이는 당연히 모두를 혼란하게 했죠.[1]

처음에 천문학자들은 그 밝기가 너무 강해 당연히 우리은하에 흩어져 있는 새로운 종류의 천체를 보고 있다고 확신했습니다. 하지만 천문학자들은 그러한 천체들이 점점 더 많이, 그리고 하늘 곳곳에 흩어져 있는 것을 목격하게 되었지요. 그것이 무엇이든지 간에, 그것은 분명히 외부 은하에 속한 천체임에 틀림없었던 거예요! 하지만 전파 스펙트럼에서 그렇게 멀리 떨어져 있는데도 불구하고 그렇게 밝다는 것은 그것들이 무서울 만큼 강력하다는 것을 의미했습니다.

정밀하지 못했던 장비로는 그 어떤 구조도 볼 수 없었습니다. 먼 곳에 있는 별이 점으로만 보이는 것처럼 그저 점으로만 보였습니다. 그렇게 이 천체들은 별처럼 보였지만 분명 별은 아니었습니다. 준항성체였습니다. 준항성체. **퀘이사**. 천문학자들이 "우리는 우리가 무엇을 보고 있는지 전혀 모른다."고 말하는 것이 참 전형적인 경우인데, 이들을 발견한 당시에는 이 말이 딱 맞아떨어졌던 것이죠.

추가 관측을 통해 일부 퀘이사는 매우, 드물게, 말도 안 되게 밝다는 것이 밝혀졌으며, '타오르는 퀘이사(blazey quasar)'의 줄임말인 **블레이자(blazar)**로 부르게 되었습니다.

기술이 발전하면서 지구 천문학자들은 이 이상하게 강렬한 천체의 사진을 더 잘 찍기 시작했고, 퀘이사와 그보다 밝은 사촌인 블레이자가 **활동 은하핵**(active galactic nuclei), 또는 줄여서 AGN이라고 부르기 시작한 특별한 종류의 천체라는 것을 알아냈습니다. 그 천체들은 전혀 지루하지 않기 때문에 이름에 '활동'이라는 단어가 들어가고, 은하의 한 부분이기에 (너무 당연하게도) '은하'이며, 빵의 앙꼬처럼 은하의 중심핵에 있기 때문에 '핵'이라는 단어가 들어갑니다.

천체를 어떻게 분류하느냐는 안전 조치로서도 중요하기 때문에 이름에 대해서는 나중에 다시 설명하겠지만, 앞으로의 명확한 설명을 위해 '퀘이사'라는 단어를 사용하기로 하죠. 아무리 생각해도 퀘이사라는 이름이 퀘이사를 설명하는 데 가장 멋진 단어예요.

———

먼저, 해부학 수업부터 시작하죠. 우선 은하단에서 시작해요. 은하단은 1,000개 이상의 개별 은하로 이루어진 분주한 대도시로 거대하지만 뜨거운 가스로 이루어진 얇은 대기가 있습니다.(은하단은 우주에서 가장 큰 중력으로 묶인 구조이므로 기억해 둘 가치가 있습니다.) 은하단의 중심을 확대해 보면 중심 은하를 찾을 수 있습니다. 보통은 은하단에서 가장 크고 밝은 은하이지만, 항상은 아니에요. 우주가 항상 일

관성 있어야 하는 건 아니니까요. 하지만 보통은 그렇습니다.[2]

그 중심 은하는 보통 특별한 모양이 없는 거대한 별 덩어리입니다. 그리고 크고 밝은 얼룩이 있지요. 만역 여러분이 살면서 많은 상처를 입었다면 여러분에게도 얼룩이 있을 것입니다. 우주에서 가장 우아한 생명체는 아니지만, 그 중심부에 있는 괴물을 생각하면 적절하죠.

모든 은하에는 거대한 블랙홀이 있지만, 은하단의 중심 은하는 우주에서 가장 거대한 괴물을 품게 되죠. 일생 동안 무수한 충돌을 겪으며 부풀어 오르고 중심부의 깊은 어둠은 더 깊어지면서 말이죠. 우리가 가장 무시무시한 활동을 발견할 수 있는 곳이 바로 이곳, 은하계의 중심입니다. 우리에게 알려진 우주에서 가장 위험한 지역 중 하나이며 아마도 가장 미지의 세계일 것입니다.

저는 이미 은하의 중심에 대해 너무 자세히 이야기했습니다. 재미있는 놀이동산 같은 거예요. 중심 은하는 모든 놀이동산의 재미를 끝낼 수 있는 흥미진진한 일을 일으키지요. 이보다 더 클 수는 없습니다. 아, 오해하지 마세요. 블레이자와 퀘이사는 언제 어디서나 모든 은하에서 일어날 수 있지만, 중심 은하가 진짜 재미있는 곳입니다. 놓치지 마세요.

퀘이사의 신비와 위험성을 조사하기 위해 은하 중심부로 들어가 그곳에 살고 있는 수조 개의 별들을 지나면서 우리는 중심 블랙홀 둘레로 수천 광년 정도를 채우고 있는 느리게 움직이는 차가운 구름, 즉 중심부의 첫 번째 주요 거주자를 만나게 됩니다. 이 지역에는 여분의 별들도 많이 있습니다. 은하 외곽의 졸린 교외에 비해 빽빽한 맨해튼처럼 별들이 들어차 있죠. 별들의 빛이 합쳐져 가스를 가열하지만 가스는 빠르게 식을 수 있으며, 그 빛은 그 성운 뒤로 숨어 있는 것에 비하면 창백하게 빛날 뿐이에요.

하지만 이 정도 거리에서도 이미 광원의 빛을 볼 수 있고 느낄 수 있습니다. 수천 광년의 가스 속에 깊숙이 묻혀 있는 먼 광채이지만 틀림없는 놓칠 수 없는 광채입니다. 지구 천문학자들은 수십억 광년 떨어진 곳에서도 이 광선을 볼 수 있는데, 우리는 이미 너무 가까워서 안심할 수 없습니다.

중심부에서 100광년 안쪽으로 들어가면 다음 층을 만나게 되는데, 바로 도넛 모양의 분자 구름이 깊은 은하 중심부를 가득 싸고 있습니다. 이 물질은 놀랍도록 차갑고 방사선을 방출하며 블랙홀로 향하는 과정에서 응축됩니다. 먼지 덩어리들은 블랙홀을 가려서 숨겨주지만, 여러분은 블랙홀에 가까워지고 있다는 것을 알 수 있지요.

사실, 여러분은 은하 중심부 깊숙이 들어가서 보이지 않는 경계를 넘어섰습니다. 여기서 물리학은 그 은하에 존재하는 힘이 아니라 중심 초대질량 블랙홀 자체의 작용에 의해 지배됩니다. 중력, 방사선, 강도, 수천억 개의 별이 있는 은하의 나머지 부분은 완전히 잊혀집니다. 여기서 모든 귀는 블랙홀을 향하고 그 명령에만 귀를 기울입니다.

아, 여기까지 오고 말았네요. 용의 소굴입니다. 바로 여기가 힘과 에너지가 이해할 수 없을 정도로 커지는 곳이지요. 자연의 분노가 분명하고 부끄러움 없이 드러나는 곳이기도 하고요. 생명체에게는 기회조차 없는 곳. 블랙홀의 중력이 끝없이 끌어당겨 설명할 수 없는 물리학을 주도하는 곳. 저는 이것을 이해해야만 볼 수 있다고 말하고 싶지만, 솔직히 이 환경을 가까이서 본 사람은 아무도 없으며, 살아서 우리에게 이야기해 준 사람도 없습니다.

블랙홀 자체는 신비로 가득 차 있을지 모르지만 결국에는 단순한 중력이 작용할 뿐입니다. 그러나 이 환경, 즉 용이 숨 쉬고 있는 곳에서는 복사와 자기장, 열과 회전 등 모든 물리학이 작용합니다. 이것은 의심할 여지없이 우주에서 가장 강력한 엔진으로, 중앙의 거대한 공허(void)의 중력에 의해 구동되고 동력을 얻습니다. 어리석고 용감한 자, 더 깊이 들어가 보세요. 몇 광일(제가 만든 용어가 아닙니다. 광년, 광일, 광시, 심지어 광초도 가능합니다.) 이내에 중앙 블랙홀이 할 수 있는 엄청난 에너지의 첫 징후를 만나게 될 겁니다. 뜨겁고 빠르게 움직이는 가스 구름이 비명을 지르며 블랙홀이라는 파멸로 향합니다.

열. 단순한 마찰에서 오는 것이죠. 블랙홀의 중력이 은하 하나 분량의 물질을 태양계 크기보다 조금 큰 영역으로 끌어당기고 있습니다. 함께 부서집니다. 블랙홀로 떨어지면서 느슨하고 자유로웠던 주변 가스의 단순한 분자와 원자들이 만원 지하철에 탄 사람들처럼 서로 밀집합니다. 혼란스럽고 불편한 사람들이 땀을 흘리며 이 모든 것이 끝나기만을 기다립니다.

빛. 마찰에 의해 가열된 가스는 빛을 발하며, 호스트 은하보다 더 많은 빛을 쉽게 방출합니다. 잠시 동안 이 간단한 사실을 한번 생각해 보세요. 주변 가스가 중앙의 초대질량 블랙홀로 떨어지면서 가열되어 **은하 전체보다도 밝은 빛**을 방출한다고요. 그것도 한 번이 아니라 100만 번 이상 방출됩니다.[3]

혼돈. 호스트 은하의 모든 방향에서 유입되는 가스 흐름. 그 유입되는 흐름을 밀어내는 유출. 바로 방사선 압력이지요. 물질을 쓸어 올리는 플레어가 있고, 난기류와 점성이 가스 덩어리를 분리했다가 다시 붙이는 현상입니다. 아무리 단단한 우주선도 장난감처럼 부숴 버릴 수 있습니다.

상황은 더 나빠집니다. 훨씬, 훨씬 더 나빠집니다. 심장을 보기 위해 더 깊이 뛰어들어야 합니다. 두껍고 질식할 것 같은 가스로 뒤덮인 구름 뒤에 숨어 있는 훨씬 더 격렬한 영역, 즉 강착 원반이 있습니다. 새로 생겨나는 별이나 쌍성계의 작은 블랙홀 주변에서 볼 수 있는 것과 똑같은 강착 원반이지만, 그 규모가 무수한 배율로 확대되어 있습니다. 이것은 가스가 마침내 태양계로 떨어지기 전에 끊임없이 굶주린 블랙홀로 향하는 마지막 울부짖는 회오리 바람입니다. 극한의 온도로 가열된 블랙홀은 초당 1,000킬로미터가 넘는 속도로 회전합니다.

여기서 압축과 마찰이 하루를 지배하며, 구형의 가스 덩어리가 마침내 끝을 맞이하기 전에 원반 모양을 만들어 냅니다. 왜 원반이 형성되는지는 쉽게 알 수 있죠. 태양계를 만든 붕괴와 똑같은 물리학 원리입니다. 구형의 가스 구름은 적어도 보통의 방식으로 회전하고 있을 것입니다. 물론 덩어리들이 이 방향이나 저 방향으로 임의의 속도를 가질 수도 있지만, 평균적으로 가스 성운 전체는 회전하고 있을 것입니다. 중앙 블랙홀의 강한 중력에 의해 압축되면서 붕괴합니다. 붕괴는 두 가지 방향으로 일어납니다. '안쪽'과 '아래쪽'. 이것이 **붕괴**의 정의이긴 하죠. 그러나 '안쪽' 방향은 자체 회전의 원심력에 의해 균형을 이루며 '아래쪽'으로의 붕괴만 살아남게 됩니다. 따라서 회전하는 구름이 안으로 접혀 들면서 빠르게 원반을 형성하게 됩니다.

가스가 점점 더 단단한 원반에 압착되면서 가스의 회전은 더더욱 빨라집니다. 이러한 원반의 회전에 걸려들면 거의 확실하게 마지막인 거죠. 사건의 지평선의 절대 되돌아 갈 수 없는 선을 통과하지는 못했지만, 강착 원반의 엄청난 힘은 소위 **텐덱스 라인**(tendex lines, 밴드의 멋진 이름 같지 않나요?)의 구불구불한 나선형 경로를 따라 중앙의 괴물을 향해 주저 없이 블랙홀로 빨려 들어갈 수밖에 없도록 만들어 버리죠.

이 모든 것, 분자의 차가운 원환, 핵 근처의 뜨거운 가스 공, 격렬한 강착 원반은 모두 중력이라는 한 가지 힘에 의해 작동하는 거예요. 중심 초대질량 블랙홀의 단순하지만 타협할 줄 모르는 중력. 10억 개의 태양이 광활한 은하계를 뚫고 뻗어 나가는 무게는 가스가 있는 곳이라면 어디든 치명적인 포로가 될 수 있습니다.

사건의 지평선을 통과하는 것이 목표였다면, 그 지평선을 평생 통과하지 못할 수도 있습니다. 가스의 온도와 압력, 격렬한 움직임은 그 마지막 가장자리를 엿보기도 전에 여러분을 죽일 것입니다. 여기에는 폭력이 존재하며, 그 폭력은 여러분에게 끔찍하게 다가올 것입니다.

———

해부학 수업이 아직 완전히 끝나지는 않았지만, 다음 내용을 이해하려면 우리의 오랜 친구인 자기장을 다시 떠올려야 합니다. "이 친구는 자기장에 **완전히** 집착하는 것 같아요."라고 하는 말이 들리는 듯하네요. 아닙니다, 여러분. 자기장에 집착하는 것은 제가 아니고 바로 **우주**입니다. 전적으로요.

저는 그저 메신저일 뿐이에요. 우주는 자기장으로 가득 차 있습니다. 약간의 충전과 약간의 움직임만 있으면 됩니다. 저기 벤치에 앉아 버스를 기다리는 전자가 보이시죠? 이때 여기에 자기장은 없습니다. 전자가 시내 급행버스에 올라탔나요? 그러는 순간 짠, 순간적으로 자기장이 생깁니다. 우주는 하전 입자로 가득 차 있고 운동으로 가득 차 있기 때문에 자기장으로 가득 차 있는 것이지요.

일반적으로 이러한 자기장은 실제로 아무런 영향을 미치지 않습니다. 물론 나침반을 앞뒤로 흔들리게 할 수는 있지만, 보통은 **여러분**을 앞뒤로 흔들 정도로 강하지는 않습니다. 보통은요. 자기장은 태양이 미친 사람처럼 확 변해서 태양의 일부 덩어리를 태양계 안으로 던져 버릴 수 있고, 강착 원반 내부에서도 자기장은 강하다고 말씀드린 적이 있습니다. 하지만 자기장력은 어쩌다 한 번씩 쌓이는 그런 것이 아닙니다. 아니요, 이곳의 자기장은 강하고 강한 대로 유지될 것입니다. 지치지 않는 느리고 끈질긴 힘으로, 떨어지는 물질에서 나오는 새로운 물질과 에너지로 끊임없이 새로워집니다.

자기장은 처음에는 작지만 빠르게, **정말 빠르게** 강해집니다. 누군가를 '다이너모(dynamo)'라고 표현한 적이 있나요? (이런 사람을 묘사할 때 쓰는 말이죠.) 와, 그 사람은 절대 멈추지 않아요! 쉬지 않고 이거 하다 저거 하다를 반복하는 무한한 에너지를 가졌어요. 이 단어의 유래에 대해 생각해 본 적이 있나요? 거의 모든 멋진 단어가 그렇듯이 물리학에서 유래한 단어입니다. 이 강렬한 작은 악마 같은 강착 원반은 **자기장이 있는** 다이너모라고 할 수 있습니다. 제가 가장 좋아하는 종류죠.

파멸을 향해 '소용돌이치는' 기체는 모두 하전 입자로 이루어져 있는데, 그것은 원자가 중성으로 존재하기에는 너무 뜨거워서 전자가 모두 떨어져 나갔기 때문입니다. 움직이는 하전 입자는 자기장과 같다고 이미 말씀드렸었죠. 그들이 만들어 내는 자기장은 강착 원반의 모양을 따라가는데요……, 글쎄요. 다른 모양이 가능한 게 뭐가 또 있을까요? 그리고 강착 원반의 가장 안쪽 영역은 바깥쪽보다 빠르게 회전합니다. 우주 탐사와 천체물리학에 관심이 많은 세계적인 피겨 스케이팅 선수라면 이미 그 이유를 알고 계실 겁니다. 팔을 안으로 당기면 느린 스핀(회전)을 빠른 스핀으로 바꿀 수 있기 때문이죠. 세계적인 피겨 스케이터가 아니더라도 상상력을 발휘하거나 기름칠이 잘된 사무실 회전 의자를 찾아서 한 바퀴 돌아 보세요.

중심으로부터의 원반 영역에 따른 회전의 차이—이를 특별히 **차동 회전**(differential rotation)이라고 부릅니다.—는 자기장을 실감개의 실처럼 감아 줍니다. 요요를 말아 올리는 줄처럼요……. 머릿속에 그림이 그려지신 것 같네요. 기존의 임의의 자기장선을 가져다가 비틀어 전체 자기장을 강화합니다.

하지만 기체의 흐름은 조용하고 안정적이지 않습니다. 가스가 스스로 충돌하고, 저항을 만나고, 반격하고, 더 뜨거운 물질의 기둥을 일으키고, 약간 냉각된 덩어리를 떨어뜨리는 혼돈을 상상하실 수 있죠. 정말 정신없어요. 그리고 큰 가스 덩어리가 강착 원반에서 솟아오르면 자기장선 덩어리를 함께 가져가지요. 이 새로운 자기장 덩어리의 한 부분은 블랙홀에 더 가깝고, 다른 부분은 더 멀지요. 무작위적으로 말이죠. 하지만 원반에 더 가깝게 고정된 자기장선의 일부가 (중심에 더 가까우니) 더 빠른 궤도를 가지겠죠? 맞아요. 잘했어요. 그 여분의 자기장선 덩어리는 늘어나고 강착 원반의 주요 장에 결국 다시 감겨지게 되지요.

여기에 다이너모가 작동합니다. 다이너모는 성운 자체의 무작위 난류 운동 에너지를 더욱 강력한 자기장으로 변환합니다. 더 많은 가스가 원반에 유입될수록 자기장은 더욱 강력해집니다. 대단하죠.[4] 이 효과를 더욱 맛깔나게 표현하기 위해 **알파-오메가 다이너모**(alpha-omega dynamo)라는 이름을 붙였습니다. 인상적인 이 단어를 자신 있게 말하고 다니면 사람들은 여러분을 똑똑하다고 생각할 것입니다.

이제 제가 이 자기장에 관심을 갖는 이유를 설명해 드릴게요. 이유를 들어 보면 여러분도 자기장에 왜 관심을 가져야 하는지 알 수 있으실 거예요. 자기장이 약하면 여러분이 자기장을 움직일 수 있어요. 자기장이 강하면 자기장이 **여러분을** 움직일 거고요. 우와, 자기장은 정말 무거운 것도 움직일 수 있다고요.

태양의 코로나 질량 분출을 기억하시나요? 전자기 폭풍 속에서 무방비 상태의 전자 기기를 모두 망가뜨릴 수 있을 정도로 강력한 위력을 발휘했었죠? 여기 지금 우리가 이야기하는 힘과 에너지에 비하면 태양의 코로나 질량 분출은 정말 보잘것없는 것들이죠. 태양의 폭발은 위성을 무너뜨리거나 일시적으로 행성 자체의 보호장을 압도할 수 있습니다. 그러나 강착 원반에 있는 다이너모에 의해 구동되는 자기 에너지의 위력은 훨씬 더 대단합니다.

회전하는 가스가 블랙홀에 가까워지면 온도와 밀도가 급격히 증가합니다. 자기장 강도도 이와 마찬가지지요. 자기장을 전선 묶음으로 생각하면 됩니다. 결국 이것이 우리가 자기장을 선으로 그리는 방식이기도 하고요. 인터넷에서 무작위로 검색하면 이런 이미지들을 찾을 수 있을 것입니다. 블랙홀에 가까워질수록 자기장선은 다발로 뭉쳐 있는데, 이는 엄청나게 강한 자기장의 세기를 나타냅니다. 이 다발 뭉치는 블랙홀의 가운데 원반 부분을 감싸고 있지요.

그리고 블랙홀 자체는 회전하고 있습니다. 그것은 아마도 회전하는 별에서 형성되었을 것이며, 회전하는 원반에서 가스 덩어리들이 새롭게 떨어질 때마다 조금씩 더 힘을 얻습니다. 회전하는 블랙홀에 끌려 들어간 불쌍한 앨리스를 기억하시나요? 회전하는 블랙홀은 말 그대로 시공간을 끌어당겨서 사건의 지평선에 닿지 않더라도 사건의 지평선 근처에 있는 모든 것을 강제로 회전하게 하는 **프레임 끌어당김 효과** 때문에 포크에 감긴 스파게티처럼 감겨 버리게 되는 거죠. 말도 안 되는 소리 같겠지만, 이것이 바로 블랙홀입니다.[5]

앨리스에게 일어났던 일이 이제 이 불행한 자기장선들에게도 일어나고 있습니다. 회전하는 블랙홀과 함께 끌려 들어가는 것이죠. 그러고 나서는…… 어떤 일이…… 벌어집니다. 정확히 무엇이라고 말할 수 있다면 좋겠지만, 과학자들이 이 과정을 완전히 이해하려면 아직도 갈 길이 멉니다. 어려운 물리 이론들이 폭풍처럼 몰아치거든요. 일반 상대성 이론도 알아야 하나요? 네. 강한 자기장도 연관이 있고요? 네. 난류 플라스마도요? 그렇고 말고요. 아무리 똑똑한 과학자라도 당황하게 만들기에 충분합니다.

펜로즈 메커니즘이나 **블랜드포드-즈나젝 프로세스** 등 이러한 문제를 해결하려고 시도한 용감한 과학자들의 이름을 딴 몇 가지 아이디어가 있습니다. 우리가 모르는 언어에서는 이 단어들이 욕일 수도 있어요.[6]

그러나 요점은 다음과 같습니다. 회전하는 블랙홀과 첨삭 원반을 파고드는 강한 자기장이 결합한 무언가가 (중력에 의해) 떨어지고 있는 가스를 **주변**과 **위**로 밀어 올립니다. 처음엔 사건의 지평선의 적도 부근에서 촘촘하게 감긴 자기장선을 따라 위로 올라가죠. 그런 다음 블랙홀의 표면을 따라 극까지 밀려 올라간 후, 괴물 같은 블랙홀의 손아귀에서 벗어나 고에너지 입자의 얇은 기둥인 촘촘한 제트 기류로 발사되어 광년을 가로지르며 기쁨과 공포의 비명을 지르며 날아갑니다.

———

이 제트는 실컷 식사 중인 블랙홀의 신호입니다. **활성** 은하핵이 있다는 이야기지요. 쌍둥이 광선이 각 극에서 하나씩 발사되어 밤을 탐사합니다. 이 광선들은 그 기원에 더 큰 위험이 있다는 경고이기도 하지만 그 자체로 위험입니다.

이 제트가 얼마나 많은 에너지를 운반하는지 설명하기는 어렵습니다. 그 모든 압력과 장력, 또 블랙홀로 떨어지는 가스의 **무게**. 그 에너지 중 일부는 사건의 지평선 아래로 삼켜져 영원히 사라집니다. 그러나 그중 극히 일부분만, 그것도 아주 작은 일부분만 제트 형태로 빠져나가는데, 이것이 바로 강착 원반이 엄청난 힘을 가졌음을 의미하죠. 탈출하는 입자는 대부분 전자이며, 몇 개의 양전자(positron, 낙관적(positive) 전자라고 하면 어떨까요?)와 약간의 양성자가 양념처럼 추가됩니다. 제트는 어지러울 정도로 높은 고도에 도달하여 강착 원반을 쉽게 뛰어넘어 주변의 뜨겁고 차가운 가스 구름을 뚫고 그 너머로 날아갑니다. 중심부를 지나 은하 자체도 탈출합니다.

이렇게 실컷 먹고 있는 블랙홀은 쌍둥이 제트를 광년 거리까지 발사할 수 있을 만큼 강력합니다. 다시 말해, **수천 광년**을 말이죠. 이를 겉보기에 강력한 태양의 질량 분출과 비교해 보세요. 태양의 질량 분출이 우리에게 조금이나마 더 익숙하지요. 태양의 질량 분출은 태양계를 겨우 반쯤 가로질러 가스 덩어리만 보낼 수 있었죠. 이 나쁜 녀석들이 얼마나 세고, 얼마나 빠르고, 얼마나 에너지가 넘치는지 알 수 있습니다. 초대질량 블랙홀을 함부로 건드리면 안 되겠죠. 특히 사건의 지평선 근처에서는 더 조심하셔야 하고요. 그 거대하고 짓누르는 중력이 꽤나 끔찍한 부작용을 일으킬 수 있으니까요.

이런 고에너지에서는 제트의 입자를 **상대론적 입자**라고 합니다. 이 장에 전문 용어가 많이 나오는 거 알고 있어요. 그만큼 이 천체들이 얼마나 엄청난지 알 수 있는 거죠. 어쨌든 **상대론적 입자**는 특수 상대성 이론이 있어야 그 입자의 행동을 제대로 설명할 수 있다는 것을 의미합니다. 또한 "정말 엄청나게 빠르다."는 말을 장황하게 표현한 것입니다. 빛의 속도에 아주 살짝 못 미치는 정도로 말이죠.

수천 광년 동안 빛의 속도에 가깝게 이동하는 입자들이 우주에

뿌려집니다. 은하 간 공간에 도달한 것이 확실하지만 더 멀리서도 볼 수 있습니다. 그 제트기들은 방사선으로 빛나고 있습니다. 구체적으로는 라디오선 영역의 방사선입니다. 제트는 빠르게 움직이는 하전 입자의 빔입니다. 이것이 의미하는 게 무엇일까요. 자기장! 맞아요, 또 그거예요. 딱 우리에게 필요한 것이죠.[7]

실제로 이러한 제트는 자기장의 보호막에 의해 빔이 형성되어 광활한 빈 공간을 가로지르며 직선으로 좁게 유지됩니다. 이 자기장 선들이 빔을 감으면서 감싸서, 입자는 배럴을 따라 직선 경로로 이동합니다. 그리고 빠르고 전하를 띤 입자가 약간 곡선의 경로로 날아갈 때 보너스로 얻을 수 있는 게 있죠. 바로 방사선 방출입니다. 지구 과학자들이 **싱크로트론**이라는 기계를 처음으로 켰을 때 알아낸 사실인데요. 싱크로트론은 살짝 구부러진 경로를 통해 하전 입자들을 가속화하는 기계입니다. 그래서 이 방사선을 **싱크로트론 방사선**이라고 하는 거고요.[8]

알아요, 알아요. 또 하나의 전문 용어가 나왔네요. 보세요, 제가 여러분의 세계와 어휘를 풍부하게 해 드리고 있는 거기도 해요. 더 똑똑한 척하실 수 있잖아요. 나중에 저한테 고마워하실 거예요. 살아남는다는 가정하에 말이죠.

이 방사선은 전파 파장으로 방출되는 경향이 있으며 우주의 반대편에서도 볼 수 있는데, 초기 지구 천문학자들은 이 전파 방출을 하늘에 흩어져 있는 점으로 처음 확인했습니다. 말 그대로 수십억 광년 떨어진 곳에서 제트와 그 호스트의 빛을 볼 수 있는 것이죠. 초신성에 대해 말씀드렸는데, 초신성 역시 숙주 은하보다 더 밝죠. 하지만 초신성 같은 폭발은 며칠 또는 몇 주 후에 사라지는 반면, 이러한 활동 은하의 폭발은 수백만 년 동안 지속됩니다.

하지만 라디오선이 전부가 아닙니다. 제트 안의 입자는 매우 빠르게 움직이기 때문에 저에너지 광자(예를 들면 적외선)를 만나면 빠르게 가속되어 치명적인 고에너지 엑스선 또는 감마선 광자로 바뀔 수 있습니다. 입자가 많고 분출되는 제트도 많기 때문에 이런 일은 자주 발생합니다. 우주에서 볼 수 있는 그 어떤 것보다 수백만 배 더 강하고 밝은 고에너지 입자, 고강도 방사선이 바로 그것입니다. 수천 년 동안 꺼지지 않고 불타오르며, 광선을 내뿜으며, 은하를 가로지르며 외치고 있는, 불타는 등불인 셈이죠.

———

이러한 퀘이사는 숙주 은하의 모든 별을 합친 것보다 100만 배 이상 더 많은 빛과 에너지를 방출합니다. 그리고 수백만 년 동안 끊임없이 방출할 수 있습니다. 퀘이사의 영향을 느끼기 위해 가까이 있을 필요도 없습니다. 얼굴에 이런 제트가 한번 날아와 부딪히면 더 이상 퀘이사를 느낄 얼굴도 없게 될 거예요. 그리고 핵 근처에서 순항하는 것은 절대 원하지 않을 것입니다. 강착 원반의 이런 격렬함에 휘말리면 나머지 원반과 함께 소용돌이치며 뒤틀리고 모양이 바뀌다가 블랙홀에서 소름 끼치는 운명을 맞이하거나 블랙홀에서 분출되어 버리는 더 끔찍한 운명을 맞이하게 될 것입니다.

블랙홀이 그런 지옥을 움직이려면 얼마나 많은 것을 먹어야 할까요? 전형적이고 중간 정도의 강력함을 가진 가족 친화적 퀘이사는 매년 태양 수백 개 정도를 삼켜야 합니다. 이는 **매분마다** 지구 수백 개를 삼키는 양입니다. 여러분은 스스로 잘 먹는 편에 속한다고 생각해 왔죠? 떨어지는 가스에서 생성되는 에너지의 몇 퍼센트만 있으면 그 강렬한 열과 빛을 생성할 수 있습니다.

결국엔 중력이 하는 일이에요. 물은 언덕 아래로 떨어질 것이고 물통이 달린 바퀴를 부착하여 에너지의 일부를 끌어낼 수 있습니다. 가스는 은하 중심과 블랙홀로 떨어지고, 그 에너지의 일부는 은하를 뛰어다니는 쌍둥이 제트의 연료로 전환됩니다.

겁주는 이야기는 잠시 멈추고 이름에 대해 말해 볼게요. 지구 천문학자들은 이 천체를 발견한 순간부터 뭔가 이상하다는 것을 알아챘습니다. 은하보다 밝았지만 형체를 알아보기 어려웠어요. 다른 편리한 비유가 없었기 때문에 그들은 이 천체가 별과 비슷해 보인다고 판단하여 '준항성체(quasistellar object)'라고 불렀습니다. 좋아요, 그렇게 나쁘지 않은 이름이에요. 하지만 너무 길어서 **퀘이사**로 줄였습니다. 흠, 조금 이상하지만 뭐 어쩔 수 없죠. 그 후 블레이자, 세이퍼트, 라이너(LINER)˙와 같은 다소 관련성이 있는 천체들이 발견되어 다채로운 이름을 붙였습니다. 라이너가 무슨 뜻인지는 묻지 마세요. 알고 싶지 않으실 거예요.

천문학자들은 머리를 긁적거리며 고민한 끝에 이 천체들이 모

˙ Low-ionization nuclear emission-line region, 저이온화 핵방출선 영역으로 특정 스펙트럼을 방출하는 은하핵을 말합니다.

두 같은 종류의 천체인 활동성 핵, 즉 활동성 은하핵을 가진 은하라는 사실을 알아냈습니다. 한때 서로 다른 류의 천체라고 생각되어 이름과 명칭이 모두 달랐던 이들이 사실은 같은 종류의 은하를 다른 시점에서 본 것일 뿐이라는 사실을 깨달은 것입니다.** 일부 활동 은하는 다른 은하보다 그저 더 활동적입니다. 어떤 은하는 라디오선 영역에서 더 밝거나 어둡기도 합니다. 어떤 은하는 많은 양의 엑스선을 방출합니다. 때때로 우리는 블랙홀을 둘러싼 온갖 종류의 물질들이 존재하는 원환을 통해 그 활동을 보고 있습니다. 때때로 우리는 제트 자체를 바로 아래에서 바라보기도 하는 거고요. 퀘이사, 블레이자, 세이퍼트 등 그 어떤 것이든 항상 활동 중인 은하핵의 지옥 같은 기계 작동으로 인해 발생합니다.

이제 다시 무서운 이야기로 돌아가 보겠습니다. 다음은 퀘이사가 얼마나 강력한지 보여 주는 예입니다. 퀘이사는 은하단에서 함께 모여 있는 은하 내부에 존재합니다. 그러나 은하단에 있는 대부분의 물질은 작은 은하에 묶여 있지 않고 묶이지 않은 채 떠돌아다니고 있습니다. 아 그럼요, 암흑 물질도 있죠. 그런데 그것에 대해서는 따로 다시 이야기하기로 해요.

수프에 비유하자면 은하는 콩이고 가스는 이 거대한 수프의 국물입니다. 그리고 수프처럼 천천히 식어 가고 있습니다. 수프가 식으면서 응축되어 내부 중심부로 모입니다. 그러나 그곳에는 더 많은 먹

** 제트를 뿜어낼 때 그 제트를 정면으로 바라보게 되느냐 아니면 측면에서 보게 되느냐에 따라 천체가 달라 보였던 것이죠.

이를 기다리는 중심 은하와 거대한 블랙홀이 기다리고 있습니다. 추가로 첨가된 가스가 강착 원반에 공급되어 불을 밝히고 강력한 제트를 방출하게 되지요. 은하 외곽에 냉각되어 있던 가스보다 훨씬 더 뜨겁고 활기찬 제트가 은하를 가열하는 거죠.

그리고 이것이 멋진 부분입니다. 제트는 너무 오랫동안 잘 제어되어 거대한 빨대처럼 작동하면서 은하단을 구성하는 가스에까지 뜨거운 플라스마 거품을 불어넣습니다. 마치 여러분이 음료수에 빨대를 꽂고 거품을 불어서 주위를 엉망으로 만들어 부모님께 야단맞을 때처럼 말이에요. 단지 다른 점이라면 이 거품의 길이는 수천 광년에까지 달하고 부풀어 오르는 데 수백만 년이 걸린다는 점이죠.

이 거품들은 열기구가 하늘 위로 떠오르는 것처럼 성단 대기 위로 올라갔다가 결국 터지면서 내용물을 주변으로 분산시키고 일반 성단 대기(**은하단 내부 물질**이라고 이름 붙였습니다.)에 섞이게 됩니다. 가스의 주입으로 인해 훨씬 더 따뜻해진 주변의 가스는 블랙홀에 가까이 다가가는 것에 조금 더 조심스럽습니다.* 굶주린 거대한 엔진은 정지하게 되지요. 강착 원반의 회전은 느려지고 제트가 꺼집니다. 결국 수백만 년이 지나면 가스가 다시 냉각되면서** 다시 불을 붙이게 되는 것입니다.

이러한 지속적인 가열은 천체물리학의 작은 퍼즐을 풀 수 있는 가능성을 제공합니다. 은하단의 중심에 있는 가스는 스스로를 잘 식

---

* 온도가 높아 에너지가 많아서 중심으로 잘 떨어지지 않는 것이죠.

** 다시 중심으로 모이게 되어 중심에 있는 엔진에

히는데, 사실 너무 잘 식힌단 말이죠. 간단하게 어림잡아 계산을 해 보면 중심 가스는 수십억 년 전에 스스로 냉각되어 서로 뭉쳐서 거대하고 끔찍한 은하를 형성했어야 합니다. 그리고 은하단의 중심에 있는 은하들이 실제로 크긴 하지만 또 **그렇게** 크지는 않단 말이죠. 적어도 주변의 가스가 얼마나 효율적으로 냉각될 수 있는지를 고려하여 계산해 본 크기에 비하면 말이에요.

그러나 퀘이사에서 방출되는 에너지로 인해 가스는 따뜻하게 유지될 수 있습니다. 그리고 은하가 차가워지고 응축되고 싶을 때마다 더 많은 가스가 대기 중인 블랙홀이 있는 안쪽으로 흘러 들어가고, 이 가스는 이제 확대된 강착 원반으로 압축되어 엄청난 에너지와 복사로 빛나고, 그 가스 중 일부는 소용돌이치며 제트로 올라가 은하단의 중심으로 내려가려고 애쓰고 있던 차가운 가스를 가열합니다.

우리는 그 효과를 볼 수 있습니다. 중앙 블랙홀에 의해 주변으로 날아가는 거품들이 기차가 지나가듯 하나씩 하나씩 날아갑니다. 수백만 년의 리듬의 주기를 가진 모든 은하단의 심장 박동이네요.

이러한 피드백은 끊임없이 반복되는 온-오프 사이클을 통해 은하단의 가스를 잠재적으로 수십억 년 동안 따뜻하게 유지할 수 있습니다. 상상해 보세요. 은하단 전체를 따뜻하게 데울 수 있을 만큼 강력한 엔진이 10만 개의 은하에 해당하는 가스를 가열할 수 있을 만큼 불을 계속 지피고, 그 불이 100만 광년 너비의 은하단 전체에 퍼져 있다고 말입니다.[9]

그리고 이 놀라운 에너지의 영향은 더 큰 은하단에서만 느껴지는 것이 아니라 은하 자체에서도 느껴집니다. 제트 중 하나가 활성화되거나 퀘이사가 빛을 발할 때, 이에 대해 아무것도 할 수 없다는 사실에 무력함을 느낄 수밖에 없지만 동시에 숨길 수 없는 경외감에 빠져 있는 여러분을 그 사나운 힘이 휩쓸고 지나가는 모습을 상상해 보세요. 별은 가스의 붕괴로 형성되며, 가스는 붕괴하기 위해 냉각되어야 합니다. 은하단의 중심 은하뿐만 아니라 모든 은하의 삶은 그에 속한 거대한 블랙홀의 활동에 의해 지배되는 것 같아요. 가스가 냉각되고 응축되어 은하계 전체에 새로운 별들을 형성한다고요? 좋아요, 좋아요! 그러나 일부 가스는 블랙홀에 응축되어 퀘이사 현상을 일으켜 마치 불량배를 밖으로 내쫓듯 일부 가스를 은하 밖으로 밀어내고 남은 가스를 가열하여 별 형성을 막고, 가스가 다시 냉각되어 별을 형성할 수 있는 충분한 시간을 가질 때까지 별을 형성하지 못하게 한다는 말이죠.

　　우리는 중심 블랙홀의 질량과 그 블랙홀이 사는 은하의 특성 사이의 특이한 관계를 통해 이러한 피드백 과정을 알 수 있는데요. 은하와 블랙홀은 단순히 함께 사는 것이 아니라 **함께 진화**하는 것으로 보입니다. 일방적인 관계가 아닌 거죠. 은하가 클수록 그 안에 사는 블랙홀도 커지는 것은 사실이지만, 블랙홀이 클수록 그 블랙홀이 사는 은하도 커집니다. 은하와 블랙홀은 수십억 년의 우주 역사를 통해 불가분의 관계로 묶여 있습니다. 은하는 블랙홀에 먹이를 공급하고, 블랙홀은 은하를 가열하여 블랙홀이 갑자기 화가 나 사용 가능한 모든 가스를 한 번에 다 소비해 버리는 것을 방지합니다.

　　은하와 그 거대한 검은 심장은 에너지와 힘을 주고받으며 자기 조절과 자기 중재를 반복합니다.

중앙 블랙홀은 호스트 은하의 부피와 질량의 극히 일부에 불과하지만, 시공간에 만들어 내는 그 결함*의 존재 자체를 설명하기 위해 필요로 하는 엄청난 중력 에너지로 인해 수백만 년, 수십억 년 동안 숙주 은하를 지배하고, 형성하고, 조형할 수 있습니다.

실제로 은하는 중심에 있는 블랙홀의 피드백 에너지가 없었다면 아주 오래전에 별의 형태로 모든 물질을 태워 버렸을 것입니다. 규제를 받지 않는 은하는 자신의 수명 중 처음 10억 년 동안 가용 물질의 공급을 모두 소진하고, 우주의 남은 미래 역사 동안 붉고 죽어 가는 별들의 지루한 은퇴를 그저 지켜볼 수밖에 없을지도 모르죠. 그러나 블랙홀이 방출하는 에너지는 존재하는 물질들을 소비하고 그것을 별로 만들어 버리는 속도를 늦춰 은하가 수조 년 동안 빛을 발할 수 있도록 해 주며, 새로운 별은 이전의 숙주보다 중금속을 약간 더 많이 함유한 채로 생성과 소멸을 거듭할 수 있게 해 줍니다.

그 결과 은하들은 초대질량 블랙홀을 조절할 수 있게 되고, 블랙홀이 은하 전체를 통째로 집어삼키지 않고 한 모금씩만 마실 수 있게 됩니다.

태양, 지구, 생명체, 그리고 여러분 자신은 이 무시무시한 에너지와 밝은 은하와 블랙홀 사이의 밀접한 연결에 그 존재 자체의 빚을 지고 있을지도 모릅니다.[10]

---

* 아무 질량이 없다면 평온한 평면을 유지할 시공간을 움푹 파이게 할 수 있는 것을 결함이라고 표현했네요.

퀘이사는 놀랍고 무시무시한 존재이지만, 다행히도 오늘날 우주는 비교적 조용한 편입니다. 우리가 보는 대부분의 퀘이사는 비좁고 혼돈스러웠던 초기 우주의 유물로, 우리로부터 멀리 있는 오래된 것입니다. 사실 퀘이사의 발견은 우주 역사의 빅뱅 모델이 옳았다는 것을 보여 주는 첫 번째 증거 중 하나였습니다. 세세한 내용은 일반 여행자의 필요를 넘어서는 것이지만, 빅뱅이 그린 일반적인 그림은 우주가 시간에 따라 변화한다는 것입니다.(20세기 초에 처음 제안되었을 때는 매우 급진적인 제안이었죠.)

천문학자들이 퀘이사를 처음 발견했을 때 은하수 밖에 위치한다는 사실을 깨달았습니다. 거리를 계산해 보니 퀘이사는 **매우 멀리 떨어져** 있었죠. 가까운 우주에는 활동 중인 은하가 하나도 존재하지 않습니다.

천문학은 타임머신과도 같아요. 빛이 별과 별 사이, 은하와 은하 사이를 이동하는 데는 시간이 걸리죠. 빛이 우리의 눈과 망원경에 도달하여 우리가 지금 무언가를 관측하고 있을 때, 우리는 먼 곳에 있는 물체를 지금 **현재**가 아닌, 그 물체가 우리에게 빛을 보낸 그 과거의 이미지를 얻습니다. 8분* 전일 수도 있고 80억 년 전일 수도 있습니다. 따라서 우주에서 더 먼 곳을 바라볼수록 우리는 더 오래된 우주를 보고 있다는 뜻입니다.

• 태양과 지구 사이의 거리는 빛이 8분을 날아와야 하는 거리입니다.

퀘이사가 먼 우주에서만 나타난다는 사실은 퀘이사가 젊은 우주에서만 나타나는 특징이라는 것을 의미합니다. 이는 빅뱅의 핵심 예측인 우주가 시대에 따라 성격과 특징이 달라졌다는, 즉 당시의 우주가 지금과는 달랐다는 것을 꽤 분명하게 보여 줍니다. 영원하면서도 변화하는 우주 모델을 제시하는 것은 사실상 쉽지 않은 일이거든요.[11](꼬여 있는 수학과 괴로운 논리 없이는 불가능해요.)

퀘이사는 과거로의 수십억 년의 세월을 담는 엄청난 힘이었던 거죠. 지금은요? 조용합니다. 어쩌면 너무 조용한 것일 수도요. 오늘날 대부분의 은하는 비교적 평온합니다. 물론 블랙홀의 심장은 여전히 파괴적인 잠재력을 지니고 있지만, 블랙홀을 먹여 살릴 것이 없기 때문에(특히 초당 수백 개의 지구가 생성되지 않기 때문에) 더 쌓일 것도 없고 분출도 없으며, 위험하지도 않습니다.

그래도 초대질량 블랙홀 근처에는 항상 **어느 정도의** 물질이 있지요. 이것이 바로 우리은하에서 궁수자리 A*를 발견한 방법입니다. 주변 물질 원반에서 방출되는 풍부한 전파를 통해서 말입니다. 블랙홀은 거의 항상 무언가를 먹고 있지만, 단지 숙주 은하를 활성 은하라 구분할 만큼의 수준은 아닌 거죠. 그러나 블랙홀은 여전히 위험하고 일반적으로 비우호적이며 완전히 비우호적이기 때문에 (과거에 비해) 상대적인 평온함에 속지 마세요.

심지어 궁수자리 A*에도 제트가 있습니다. 그 크기가 좀 작기는 하지만 우리가 아는 한, 그 제트는 실제로 우리의 고향인 지구 방향을 가리키고 있다고 해요. 우리 지구의 생명체에 위험을 초래할 정도로는 충분하지 않다고 하는데…… 우리의 검은 심장이 한 번에 가스

뷔페를 다 먹어 치우고 은하계의 이 부분에 맹렬한 방사선을 뿜어낼 기회를 찾지 못한다고 가정하면 말이죠.

하지만 블랙홀을 죽음의 공간으로 만드는 것이 거대한 잔치만으로 가능한 것은 아닙니다. 우리가 궁수자리 A*에 너무 가까이 접근했다가 사건의 지평선에 너무 가까이 공전하는 무모한 무리를 발견했던 때를 기억하시나요? 때때로 그 어리석은 별들은 너무 가까이 다가오기도 합니다. 어떤 것이든 궤도에 올려놓으면 별다른 문제 없이 궤도를 돌 수 있지만, 모든 것이 그렇듯 한계가 있는 것이죠. 중력에 의해 생기는 조수는 지구의 해수면이 완만하게 상승하고 하강하도록 하는 것처럼 아주 작은 교란에 불과할 수도 있고, 앨리스가 블랙홀에 접근하는 과정에서 스파게티가 돼 버린 것과 같은 재앙이 될 수도 있습니다.

때때로 그 무모한 별들이 너무 가까워지면 조석의 힘이 자신의 중력을 압도하여 별의 이음새를 찢어 버릴 수 있습니다. 한때 고귀한 별이었던 가스 구름은 빠르게 압축되어 강착 원반으로 변하고 구불구불한 자기장으로 스스로를 혼란에 빠지게 만들지요. 대부분의 가스는 사건의 지평선 아래에서 파멸의 길로 들어서게 되지만, 일부는 제트의 짧은 섬광과 입자 형태로 뿜어져 나와 자유와 안전을 찾을 수 있습니다.

———

거의 모든 은하가 젊은 시절의 활발했던 **활동** 단계를 거쳤을 것이라고 추정합니다만, 오늘날 대부분의 은하는 중년이며 젊은 시절의 그 격렬하고 무분별했던 상태에서는 벗어난 것 같네요.

(전부가 아니라면) 대부분의 은하가 그렇다는 이야기지요. 무엇이 퀘이사를 활성화시키는지 정확히 알 수 없습니다. 이러한 거대한 사건을 촉발하려면 많은 물질이 빠르게 내부로 이동해야 하거든요. 한 가지 의심되는 원인은 과식 후 찾아오는 소화불량처럼 은하의 합병에 의해 폭발이 촉발되는 경향이 있다는 것입니다. 은하가 합쳐지면 새로운 가스가 중심부와 이제 더 커진 블랙홀을 향해 돌진하게 됩니다. 오, 식사 시간이네요.

이것은 퀘이사가 먼 우주에서 더 흔한 이유를 설명해 주기도 하죠. 우주가 더 젊었을 때 우주는 더 작았고, 같은 양의 물질이 더 적은 부피에 밀집되어 있었습니다. 기동할 공간이 적었기 때문에 은하 충돌이 지금보다 훨씬 더 흔했을 것이고요. 그리고 이러한 합병과 함께 격렬함, 활동, 더 큰 블랙홀, 퀘이사의 형성을 촉발하기에 충분한 가스가 생겨났습니다.

오늘날에는 모든 것이 더 많이 퍼져 있기 때문에 은하가 더 이상 예전처럼 활동적이지 않습니다. 심지어 별을 형성하는 과정 자체도 수십억 년 전에 비하면 줄었습니다. 우리 우주가 이미 죽어 가고 있다고 생각하면 슬픈 일이지만, 감사해야 할 일이기도 하지요. 활동이 적다는 것은 퀘이사의 수가 적다는 것을 의미하며, 이는 생명체가 젊은 우주에서보다 더 잘 살아남을 수 있다는 것을 의미하니까요.

그러나 새로운 퀘이사는 여전히 형성될 수 있는 잠재성이 있어요. 특히 은하끼리 합병하는 사건 이후에 말이죠. 그리고 우리은하가 모든 것을 다 없애 버릴 수 있는 그런 대학살에는 무뎌져 있다고 생각하지 않나요? 어차피 우리는 가장 가까운 이웃인 안드로메다 은하와의 충돌 코스에 있잖아요. 우리가 마침내 수십억 년 안에 안드로메다 은하와 섞이기 시작하면, 거대한 가스의 일부가 중심부로 소용돌이치는 것을 발견할 것입니다. 우리의 블랙홀은 서로 합쳐질 것이고 닥치는 대로 다 흡입해 버리겠죠.

이 퀘이사가 물질들을 중심 부분으로 모으기 시작한다면 우리은하-안드로메다 은하 연합은 강력한 새로운 퀘이사의 숙주가 되어 주변의 보호받지 못한 생명체에 강한 빛을 발하고 모든 것을 박멸할 수 있습니다.

그리고 이런 일은 예전에도 있었던 것 같습니다. 감마선 망원경으로 우주를 살피던 천문학자들은 얇지만 엄청나게 뜨거운 플라스마로 이루어진 두 개의 거대한 거품이 은하 원반의 평면 너머로 25,000광년 동안 양쪽으로 뻗어 있는 것을 발견했습니다. **페르미 거품**(Fermi bubble)이라고 부르는 이 거품은 수백만 년 전 궁수자리 A*가 일으킨 먹이 광란의 희미한 잔재가 아닌가 하고 추정됩니다. 그 대격변이 일어났을 때 우리은하는 어떤 모습이었을까요? 당시 먼 세상에 발판을 마련한 생명체가 폭발에 너무 가까워서 고통을 겪지는 않았을까요?

정말 알고 싶으신가요? 다행히 퀘이사는 대부분 젊은 우주의 유물입니다. 지나간 시대의 유물 말이에요. 그러나 수십억 광년 떨어진 곳에서도, 수십억 년이 지난 후에도 그들의 목소리는 여전히 들려옵니다. 그들은 단 한 번이지만 큰 소리로 우주를 향해 외쳤고, 수 세대를 거치며 무시당하기를 거부해 왔죠.

　우리은하처럼 조용해 보이는, 어쩌면 근교 외곽에서 집이라고 부를 수 있는 땅을 찾아 정착하기에 좋아 보이는 은하에는 치명적인 놀라움이 숨어 있을 수 있습니다. 만약 새로운 물질들이 은하 중심부로 향하는 불운한 길을 찾는다면 말이에요. 일단 블랙홀에 갇히고 나면 오래전 조상들이 그랬던 것과 같은 궤적을 따라가겠죠. 그리고 새로이 먹을 것이 생겨날 때마다 새로운 배출이 따라올 것이고요. 새로운 플레어, 새로운 제트, 치명적인 방사선과 입자의 새로운 폭발들 말입니다.

　활동하는 은하도 매우 다양합니다. 방금 막 꺼진 듯한 은하, 실컷 먹었다는 듯이 입을 닦아내는 은하를 지금 봤을 수도 있어요. 하지만 수일 내로 다시 불을 밝히고 아무 의심 없이 항해하고 있는 여러분의 우주선을 향해 제트가 방출될 수도 있지요. 이 짧지만 격렬한 폭발이 지금까지 발견된 가장 높은 에너지의 우주선 생성에 대한 설명일 수도 있습니다. 다행히도 드물지만 전례가 없는 것은 아닙니다. 우주는 혼란스럽고 무작위적인 곳이며, 안전한 항구처럼 보이는 곳이 전혀 그렇지 않을 수도 있다고요.

　은하 간 우주여행에 대한 일반적인 규칙으로 '이웃 은하계에서 불이 타오르는 것이 보이면 **가지 마라**.'는 어떨까요. 그렇게 어렵지 않죠?

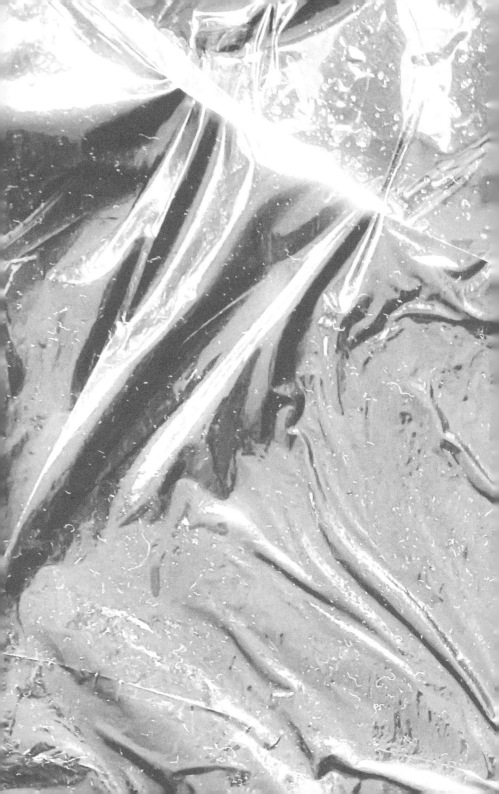

보이지 않는 위협

HOW TO
DIE
IN
SPACE

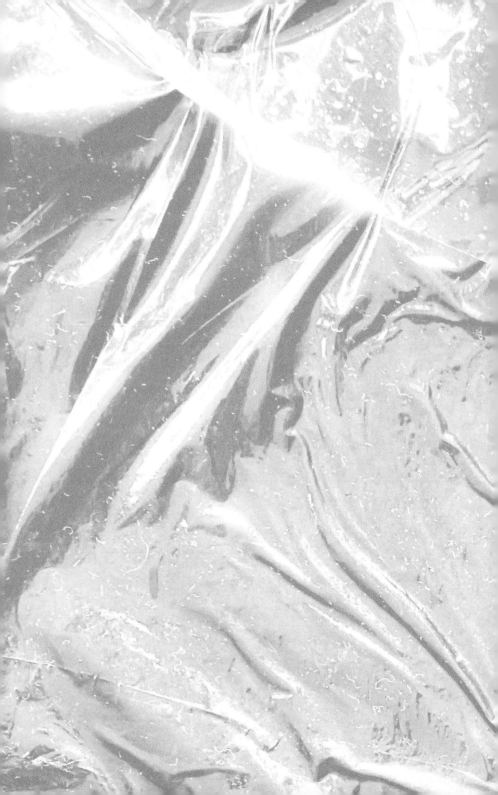

우주끈과 불완전한 시공간 **13**

당신은 제 마음을 아프게 했어요
여기 한 가닥의 끈은
단 하나의 음만 연주해요
바로 거대한 우주

– 고대 천문학자의 시

별의 탄생과 죽음. 우주선의 폭풍. 크고 작은 블랙홀. 매우 현실적인 위협이지만 심지어 수십억 년 된 것들조차 우주에서 보면 비교적 최근에 생겨난 것들이죠. 지금까지 우리가 발견한 모든 것은 우주에서 일어나는 자연적인 생명의 부산물과 물질의 진화입니다. 붕괴, 융합, 가공, 시대를 거쳐 한 형태에서 다른 형태로 가는 변화, 그리고 일반적으로 우리의 삶을 비참하게 만드는 과정들이죠.

그러나 일부 위험은 훨씬 더 오래된 것들입니다. 고대 우주의 유물. 빅뱅 이후 변하지 않았습니다. 최초의 원자가 합쳐지기도 전, 1세대 별이 탄생하기도 전에 만들어졌습니다. 이 오래된 위험은 핵융합이나 자기장에서 비롯된 것이 아닙니다. 블랙홀을 둘러싼 구름이나 죽은 태양의 잔해에서 탄생한 것도 아닙니다.

아니요, 우주의 초기 순간을 지배했던 근본 물리학에서, 이질적인 물질들이 강렬한 열과 압력 속에서 힘을 합쳐 만들어졌죠. 기괴한 장이 잠시 타오르며 우주의 운명을 뒤바꾸었고, 다시는 볼 수 없는 광경이 펼쳐졌습니다.

우주의 가장 초기 순간은 그 이후로 다시는 경험해 볼 수 없는 물리학 법칙의 지배를 받았습니다. 빅뱅이 일어난 지 불과 몇 마이크로초 후, 이론이나 실험으로 규명할 수 없는 특이점에서는, 우주 전체가 손에 잡힐 정도로 작아졌지만 너무 뜨거워서 잡을 수 없었습니다. 그런 괴물이 탄생할 수 있는 조건이 갖춰졌을 뿐입니다.

그것들을 시공간이 짜여진 구조 자체에 있는 결함이라고 해 보죠. 우리가 살고 있는 아름답고 매끄러운 풍경에 나타난 결함 말이에요. 중력과 이질적인 힘의 영역들이 여기저기 있어요. 그들은 광활한 우주를 자유롭게 돌아다니며 별을 파괴하고 은하계를 쪼개고 있습니다. 고대 전설의 악마처럼 강력하지만 희귀한 존재입니다. 아마도 오늘날까지 한두 개만 살아남아 있을 것입니다. 하지만 그들은 그림자 속에 숨어 있지요.

용을 처치하고 싶다면 사냥해 볼 수는 있지만, 한 가지는 기억하세요. 모든 용의 동굴에는 결국 용을 처치하지 못한 기사의 뼈들이 여기저기 흩어져 있으리라는 것을요.

———

우선 이 이야기를 시작하기 전에 우주에 대한 몇 가지 사실을 정리해 보기로 하죠. 여러분은 강연을 기대하며 이 책을 구입하지 않았고, 저도 강연을 기대하며 이 책을 쓴 것은 아닙니다. 하지만 때로는 도시에 도착하기 위해 하루 종일 옥수수밭을 지나가야 할 때도 있는 것처럼, 핵심을 파악하려면 몇 가지 사실을 먼저 알아야 할 때도 있어요. 시간 낭비하지 말고 바로 시작할게요.

사실 1

우주는 훨씬 더 작고 훨씬 더 뜨거웠습니다. 모든 은하가 서로로부터 멀어지고 있다는 사실을 발견한 이상 어렵지 않게 알 수 있는 사실이지요. 물론 평균적으로 말이에요. 때때로 은하는 국부적인 중력 인력으로 인해 다른 은하와 충돌하기도 합니다. 예를 들어 안드로메다 은하가 우리은하와 가까워지면서 충돌할 것으로 예상되지만, 앞서 말했듯이 우주의 충돌 사건이 일어나기까지는 40억 년 이상의 시간이 남았으니 너무 걱정하지 마세요.

어쨌든 전반적으로 보면 전체 공간은 커지고 있습니다. 과거에는 더 작았어야 했다는 뜻이고요. 논리적으로 연결하기에 상당한 거리가 있는 것 같기는 합니다. 누가 물리학이 어렵대요? 같은 양의 물질을 더 작은 공간 안에 넣으면 그 밀도가 높아지죠. 이것이 밀도의 정의입니다. 그리고 밀도가 높은 물건은 더 뜨거워지는 경향이 있습니다.

이러한 생각들을 종합해서 오늘날 크고 차가운 우주를 본다면, 아주 오래전에는 우주가 작고 뜨거웠을 것이란 말입니다. 얼마나 작고 뜨거웠을까요? 이렇게 한번 설명해 볼게요. 빅뱅 후 1초도 지나지 않은 중요한 상태에서는 우주 전체가 복숭아 크기였고 온도가 10^{15} 도가 넘었습니다. 제가 그랬죠, 작고 뜨겁다고요. 우주가 얼마나 작고 얼마나 뜨거워졌는지 궁금해지기 시작할 것입니다. 그러나 어느 순간 우리는 블랙홀의 중심에서와 같은 문제에 도달합니다. 수학적으로 보면 (블랙홀의 중심에서와 같이) 우주의 시작에는 무한 밀도와 물리적 공간의 크기가 0인 지점인 특이점이 있지만, 우리는 우리가 그 규모에서는 물리가 어떻게 돌아가는지 잘 모르고 있다는 것을 아니까 일단 지금 그 걱정은 하지 않을게요. 게다가 우주의 '시작'이라는 용어 자체가 말이 되는지조차도 몰라요. 공간과 시간의 관계를 설명하는 물리학을 포함하여 우리가 지금까지 알고 있는 모든 물리 이론들이 (그 규모에서는) 다 틀어지고 있다는 이야기를 해 왔다는 것을 생각하면 더더군다나 그렇죠.

그러나 그것은 우리가 걱정할 문제가 아닙니다. 우리는 이 그림이 관측된 우주의 팽창과 같은 적나라한 사실에 근거하기 때문만이 아니라, 작고 뜨거웠던 그 어린 나이의 우주에 대한 이 이론이 몇 가지 **예측**을 제공하기 때문에 이 그림이 거의 정확하다는 것을 알고 있습니다. 과학이 어떻게 작동하는지 알잖아요. 초기 우주로부터 오는 잔광 빛의 패턴, 수소와 헬륨의 균형 등등. (이러한 관측들과 함께) 이 그림이 맞다는 사실을 알 수 있는 거죠.[1]

사실 2

물, 우리가 먹는 고기, 우주 등과 같은 모든 사물은 그 온도와 압력이 변하면 **위상**이 바뀌죠. 위상에서의 '상'은 '상태'를 공식적으로 표현하는 방식일 뿐이며, 과학적이지만 좀 가볍게 표현하자면 '물질들이 스스로의 구조를 정리할 수 있는 방식'이라고 해 보면 어떨까요. 고체. 액체. 기체. 플라스마. (물질의 상태의) 일반적인 용의자들이죠.

우주의 모든 물질은 어떤 위상에 있으며, 적절한 조건이 주어지면 이러한 물질들은 한 상태에서 다른 상태로 바뀔 수 있습니다. 일반적으로 이러한 상태의 변화는 관련된 물질들 한 조각조각에게는 무척 빠른 과정이고 그래서 물질들이 불편해집니다. 액체 상태의 물을 가열하면 기체로 상태가 바뀝니다. 이산화탄소를 얼리면 고체가 되고요. 위상의 변화. 아시겠죠? 왜 이렇게 뻔한 것을 꼬집어 물어보는지 궁금하실 수도 있습니다. 그 이유는 말이죠…….

사실 3

아원자 입자는 우리가 생각하는 것과 다릅니다. 예를 들어 여러분은 아원자 입자를 입자라고 생각할 수 있어요. 아주 작은 아원자 구슬이 담긴 봉지를 흔들면서 "여기 전자 한 봉지야. 네 생일 선물로 가져왔어."라고 말할 수 있을 것 같죠. 예를 들어 저도 그런 비유를 했었죠. 고에너지 우주선을 작은 총알로 묘사했던 거 기억하시죠?

그리고 어떤 경우에는 이러한 비유가 유용하고 적절하기는 합니다. 입자처럼 행동하지 않는데 굳이 '아원자 입자'라고 부르는 이유는 무엇일까요? 그건 그들이 항상 입자로 존재하는 것이 아니기 때문입니다. 때로는 파동처럼 행동하기도 합니다. 때로는 파장, 입자 둘 다일 때도 있습니다. 그것은…… 복잡해요, 알겠죠? 우주를 물리학으로 설명할 때 일부 측면은 무슨 소리인지 모를 수도 있어요.

하지만 여기서 중요한 것은 개별 입자를 개별 입자로 생각하지 말라는 것입니다. 여러분도 전자를 하나 가지고 있고 저도 하나 가지고 있다고 해 봐요. 그 둘은 전혀 상관없는 전자들이죠. 그저 전하, 질량, 스핀 및 기타 모든 속성이 **같을** 뿐입니다. 이것이 무슨 의미인지 한번 곰곰이 생각을 해 볼까요? 왜 모든 전자가 다른 모든 전자와 똑같은 걸까요? 사실, 전자는 완전히 똑같아서 개별 전자의 이름을 붙일 필요 없이 모두 '전자'라고 부르잖아요. 해롤드 전자나 완다 전자 같은 이름을 붙일 필요가 없어요.

흠, 글쎄요. 만약 모든 전자가 더 큰 무언가의 일부라면 어떨까요? 시공간 전체에 퍼져 모든 전자를 하나로 연결하는 무언가가 있다면 말이죠. 좋아요, 나쁘지 않은 생각이에요. 한번 그렇다 하고 이야기를 풀어 보죠. '우주를 돌아다니는 모든 전자'를 하나의 '전자장'으로 바꾸어 봅시다. 우주를 관통하는 전자의 본질. 이 전자장은 전자를 전자로 만드는 모든 속성을 지니고 있습니다. 그리고 우리가 가지고 놀 수 있는 개별 입자를 얻으려면, 그저…… 우리가 만족할 만큼 (전자장으로부터) 한 조각을 그 장으로부터 꼬집어 내면 됩니다.

엉뚱하게 들리죠. 실제로도 그래요. 하지만 이것이 바로 사물이 어떻게 작동하는지에 대한 근본적인 이론인 **양자장 이론**의 핵심입니다.[2] 전자, 쿼크, 광자 등 우리가 알고 사랑하는 모든 입자와 힘은 실제로는 시공간 전체에 존재하는 더 큰 연속적인 장이 어떤 하나의 존재로 분리되어 표현된 것에 불과하며, 우리가 진공의 본질에 대해 꼬치꼬치 따지며 만났던 그와 같은 장입니다. 각 종류의 입자마다 하나의 장이 존재합니다. 장에서 입자를 '꼬집어 내는' 개념이 100퍼센트 정확한 설명은 아니지만, 일어나고 있는 일을 전체적으로 이해하는 데에는 충분한 비유입니다.

좋아요, 알겠어요, 그래서 어떻다고요? 우주는 이러한 장으로 가득 차 있다는 뜻입니다. 우리가 (이 여행에서 아주) 처음 지구의 포근한 품을 떠나 시공간 진공의 특이한 특성을 살펴봤을 때를 기억하시나요? 그때와 똑같은 이야기를 다시 하는 겁니다. 진공이라는 공간은 실제로 텅텅 비어 있는 것이 아니라 수많은 장으로 가득 차 있으며, 단지 그 장의 특정 부분에서 꼬집어 낸 입자가 없을 뿐이지요.

다시 장의 이야기로 돌아가지요. 우주가 작아지거나 커지면 그 안에 포함된 장이 다른 모든 물질들과 마찬가지로 상태를 바꿀 수 있습니다. 퍼즐의 한 조각이 더 남았습니다.

사실 4

자연의 근본적인 힘도 우리가 생각하는 것과는 다릅니다. 중력. 전자기력. 강하고 용감한 핵력. 약하고 보잘것없는 핵력. 제가 여러분을 밀치면 그건 전자기력이 작용하는 것이고. 그로 인해 여러분이 바닥에 쓰러져 울게 되는 건 바로 중력입니다.

하지만 양자장 이론으로 우주를 바라보는 관점에서는 훨씬 더 많은 장이 존재합니다. 전자기장. 중력장. 그리고 그 장에서 입자를 떼어 낼 수도 있습니다. 전자기 장의 한 조각을 떼어 내면 뭐라고 부를까요? 광자, 바로 그거죠. 즉 빛이죠. 흥미롭지 않나요?

즉 입자들은 바로 장이고 힘도 장이며, 이런 다양한 장들이 마치 빵 한 덩어리에 올리브 오일과 발사믹 식초를 가득 채운 것처럼 우주를 가득 채우고 있습니다.

더 획기적인 것 들어 보실래요? 네 가지의 힘, 즉 서로 전혀 다른 이 네 가지 힘은 모두 하나의 **같은** 힘의 한 측면일 수도 있다는 거죠. 전자기력, 중력, 강한 핵력, 약한 핵력은 모두 하나의 힘, 하나의 장일 수도 있다고요. 말도 안 되는 소리처럼 들리고 행여 길거리에서 이런 이야기를 꺼낸다면 당연히 주위로부터 이상한 시선을 받게 될지도 모르지만 말이죠. 하지만 이 발상은 사실 어느 정도 말이 된단 말이에요. 온도와 에너지를 충분히 높이면 다른 종류의 힘들이 결합하기 시작합니다. 우주 볼트론이라고 할 수 있죠.[3]

가장 쉽게 짝을 이룰 수 있는 것은 전자기력과 약한 핵력입니다. 높은 에너지 영역에서 이 둘은 더 이상 서로 다른 개체가 아닙니다. **약한 전자기력**이라는 단 하나의 힘만 존재합니다. 딱 맞는 이름 맞죠? 낮은 에너지 영역(여기서 '낮은'이란 일상적인 에너지를 의미)에서만 두 가지의 힘은 별개로 보이는 것입니다.

입자물리학자들은 **대칭**이라는 단어에 열광합니다. 귀에 대고 "대칭"이라고 속삭여 보세요. 평생 여러분을 사랑할 거예요. 그들은 높은 에너지에서는 통합된 힘이 **대칭**을 이루지만 낮은 에너지에서는 그 대칭이 '깨져' 두 가지의 다른 힘이 발생한다고 말합니다. 괴로워도 괜찮다면 이를 뒷받침할 수 있는 꽤나 긴 수학식으로 이해할 수도 있어요.

범위, 강도, 상호 작용의 원천이 매우 다른 이 두 가지 힘이 실제로는 하나의 동전의 양면일 수 있다는 것이 이상하게 느껴지지요. 전자기력은 하나의 매개체(잘생긴 광자)로 무한한 범위를 가지고 있으며, 이 광자들은 우주의 신비를 밝히는 것부터 냉장고에 붙여 놓은 아이들의 사진이나 그림을 보는 것까지 온갖 흥미로운 일을 합니다. 약한 핵력은 세 개의 땅딸한 매개체(이름이 궁금하신 분들을 위해 W^+, W^-, Z 보손)를 가지고 있으며 그 힘의 영역이 엄청나게 짧습니다. 약한 핵력은 중성 미자와 대화할 수 있고 한 종류의 쿼크를 다른 종류의 쿼크로 바꿀 수 있는 멋진 초능력을 가지고 있지만, 기본적으로 그게 약한 핵력의 매개체가 할 수 있는 전부입니다.

도대체 이 두 가지가 어떻게 연관될 수 있을까요? 우리는 깨진 우주에 살고 있습니다. 금이 간 거울을 보면 서로 다른 두 모습이 비칩니다. 옛날 옛적에 이 두 개가 같은 반사였다는 사실을 믿으실 수 있을까요? 높은 에너지에서 광자는 사라집니다. 약한 핵력의 세 매개체와 함께 말이죠. 약한 전자기력을 운반하는 무질량 입자 4중주가 그 빈자리를 대신 채웁니다. 온도가 너무 낮아지면 이 아름다운 대칭이 깨져 세 개의 매개체들은 무거워지고(그래서 약한 핵력의 모든 물리학이 발생하게 되는 거고요.) 광자가 우주를 자유롭게 돌아다닐 수 있게 되는 것이죠.[4]

더 높은 에너지에서는 강한 핵력 또한 이 통합에 합류하고(또 다른 대칭성이 작용하기 때문에) 그 이상에서는 중력까지 합세하게 됩니다. 하지만 사실 중력이 높은 에너지에서 작동하도록 하는 설명 방법을 찾지 못했기 때문에 특이점과 블랙홀을 둘러싼 현상에 여전히 궁금증이 남아 있는 거죠. 양자 중력 이론을 찾는다는 것은 이 모든 것을 설명할 수 있는 초대칭을 찾는 것과 같습니다.

와우, 쉴 틈도 없이 너무 많은 이야기를 했죠? 피곤하시겠어요.

물 한잔 마시고 낮잠 좀 주무세요. 산책도 하고요. 저도 그러려고요. 제가 이 작업을 하는 이유는 '이번 이야기에서는 최소한의 단어를 써야 하는데, 그렇지 않으면 출판사에서 이 내용을 빼 버릴 것 같아서'가 아닙니다. 제가 지금부터 설명하려는 위험은…… 아주 특이합니다. 그것들은 우주의 일반적인 물질로 만들어지지 않았습니다. 입자나 방사선의 파동도 아닙니다. 고도로 압축된 정상 물질도 아닙니다. 바위와 얼음 덩어리도 아닙니다.

제가 지금 설명하려는 위험은 우주가 지금과 근본적으로 달랐던 시대로부터 온 잔재입니다. 그때는 우주가 지금과는 아주 다르게 **구성되었을** 때였지요. 빅뱅의 첫 순간의 물리학은 말 그대로 오늘날과는 달랐습니다. 그리고 그 자연에 존재했던 물리학에 의해 만들어졌고, 또 여전히 남아 있을지도 모르는 이상한 괴물들을 제대로 묘사하고 그 공포를 온전히 설명하기 위해서는 바로 당시의 물리학을 샅샅이 파헤쳐야 합니다.

이러한 다가오는 위협적인 물리학은 방금 설명한 네 가지 사실의 조합에 달려 있습니다. 이를 종합하면 다음과 같은 이야기가 됩니다. 아주 오래전 우주는 더 작고 뜨거웠습니다. 기본 힘과 입자를 구성하는 장은 더 통일된 상태였으며, 우주는 다른 규칙에 따라 움직였습니다. 우주가 차가워지면서 장은 그 상태가 변하게 되었고 힘은 서로에게서 분리되었습니다. 대혼란이었던 거죠. 근거 없이 이런 이야기를 하면 안 되지만 여러분이 저를 더 잘 아시잖아요. 여러분의 목숨이 달린 일에는 주먹을 살살 날리지 않아요.

좋아요, 이제 경기 전 준비 운동이 끝났으니 본격적으로 시작하겠습니다.

———

가장 초창기의 우주는 지금보다 훨씬 더 단일화된 상태였습니다. 여기에는 전하를 밀어내고 전류를 끌어당기는 전기도 없었고, 원자핵을 서로 붙이는 강력한 핵력도 없었습니다. 오직 단 하나의 힘만 있었죠.

우리는 주로 이론적인 생각을 합니다. 하루종일 복잡한 수학 걱정을 하는 사람들에게도 수학은 조금 어려울 수 있거든요. 과학자들은 걱정이 될 때 귀여운 약어로 이름을 붙입니다. 이 경우, 우리는 거대통일 이론 또는 매우 높은 에너지에서 전자기장과 두 핵력을 결합하려는 이론인 대통일 이론(Grand Unified Theory, GUT)을 가지고 있습니다.

중력은 어쩌고요? 중력까지 포함하면 대통일 이론이 아니라 모든 것의 이론(Theory of Everything, TOE), 즉 모든 것을 통제하는 이론이 되는 거죠. 이름이 너무 마음에 안 드실 수 있어요. 저에게 타임머신이 있다면 두 번째 또는 세 번째로 하고 싶은 일은 과거로 돌아가서 말도 안 되는 이름을 만들어 낸 지구 과학자들에게 화를 내고 싶네요.

어쨌든 시간 여행을 하는 과학자 같은 환상은 제쳐두고, 우리 우주의 대통일 이론 시대를 살펴봅시다. 어떤 시대였을까요? 대부분 덥습니다. 그리고 비좁습니다. 그리고 이상하고요. 마치 대학 때 갔던 파티처럼요. 이 뜨겁고 비좁은 젊은 우주에서 삶은 달랐습니다. 극한의 압력과 온도, 그리고 기묘한 통합된 힘의 지배 아래서 이상한 입자는 눈 깜짝할 사이에 생성되고 소멸되었습니다. 이러한 입자는 초기 우주의 독특한 조건에서만 존재할 수 있었는데, 이는 힘의 결합으로 인해 생긴 부산물이지요. 오늘날 차갑고 텅 빈 우주에는 이러한 입자를 새롭게 생성하기에 적합한 조건을 갖춘 곳이 별로 없어요. 세계에서 가장 강력한 입자 충돌기는 이에 필요한 에너지의 10억 분의 10억 분의 1에도 미치지 못하죠. 심지어 입자 충돌기를 목성 주위의 궤도를 돌도록 가져다 놓는다 해도 필요한 에너지에 근접하지 못합니다.

우리가 이 우주의 시대(오, 이 시기는 단 1초의 아주아주 작은 부분에 해당하는 짧은 시간이었어요.)를 이해할 수 있는 유일한 방법은 칠판과 노트북으로 펼칠 수 있는 희망과 꿈을 통해서 뿐입니다. 그리고 그 희미한 조명을 통해 우리는 어떤 형태의 저에너지 실험(새로운 입자가 존재할 것으로 예측되거나 붕괴율을 약간 수정하는 등)으로 이러한 아이디어를 테스트할 방법을 찾기 위해 고군분투합니다.

하지만 여전히 물리학자들은 대통일 이론에 관한 여러 가지 경쟁 이론을 개발했고, 그들이 전문가들이기 때문에 그들에게 의존할 수밖에 없지요.[5]

초창기 우주의 힘은 무섭고 혼란스러운 난장판이었으며, 이 기묘한 종류의 입자들은 시시각각 생성, 흡수, 반사, 파괴, 교차, 갇힘, 흥분 등을 반복했습니다. 입자를 생성하는 과정과 소멸하는 과정이 똑같이 격렬했기 때문에 거의 모든 입자는 확실히 파괴되었습니다.

우주의 대통일 이론 시대인 이 시기에 우리가 볼 수 있는 우주 전체가 원자보다 작았다고 말씀드렸나요? 네, 강렬했죠.[6] 초기 우주의 거의 모든 특이한 입자들은 불안정했고, 그 입자들의 수명은 대통일 이론 시대 자체의 수명보다 훨씬 짧았습니다. 그들은 기회가 되자마자 더 익숙한 입자들이 되어 쏟아져 내리며 흩어졌을 것입니다.

그러나 대통일 이론 시대에 만들어진 이상한 입자들 중 일부는 살아남았을 수도 있습니다. 그들은 어디에 잡히거나 파괴되는 운명을 피했을 수도 있습니다. 그 후 우주의 팽창과 냉각 과정에서 살아남았을 수도 있을 거고요. 그림자 속에 숨어서 말이죠. 우주의 한쪽 끝에서 다른 쪽 끝으로 이동하며 공격할 기회를 기다리고 있을지도 몰라요.

오늘날 실험실에서 재현할 수 없는 기괴하고 오래된 입자들 맞아요. 현대 우주가 이미 오래전 잊어버린 시대의 잔재들이죠. 그중 일부는 이름도 있습니다. 그중 하나는 **홀극**(monopole, 모노폴)이라고 합니다. 그다지 무섭게 들리지는 않는 이름이죠? **괴물극**이나 **재난극**이라고 부를 수도 있지만, **홀극**이라고 하는 게 좀 더…… 학술적으로 느껴집니다.[7]

왜 홀극이 이상하냐고요? 자석 다들 아시죠? 여러분도 몇 개씩은 가지고 계실 거예요. 지구에는 큰 자석이 있어요. 편의상 한쪽 끝을 '북쪽'이라고 하고 다른 쪽 끝을 '남쪽'이라고 해요. 그 자석을 반으로 자른다면 어떻게 될까요? 북쪽 조각과 남쪽 조각이 생기나요? 그렇게 간단하고 정상적이라면 제가 이렇게 묻지 않았겠죠? 이 경우에는 반자석 두 개가 아니라 더 작은 남북 자석 두 개가 생길 거예요.

또 반으로 자르고 그걸 또 반으로 잘라 보세요. 결국에는 각각 작은 북쪽과 작은 남쪽을 지닌 초소형 자석들만 남게 될 것입니다. 우주가 우리의 직관과는 반대의 현상들을 보여 줄 때, 그것은 우주가 여러분에게 비밀을 속삭이는 방식입니다. 주의 깊게 듣고 충분히 생각하면 그 신비를 알아낼 수 있습니다. 신비주의적인 표현을 써서 죄송하지만 요점은 아시겠죠?

이 사례에서 우주가 말하고자 하는 것은 자성이라는 것이 실제로 어떤 특정 물체의 **본질적인** 속성이 아니라는 것입니다. 예를 들어 질량이나 전하 또는 위치와는 다릅니다. 그것은 항상 전하의 **이동**에서 비롯됩니다. 다시 말해 전하는 스스로 또는 저절로 존재하는 것일 수 있지만 자성은 그렇지 않다는 것이죠.

자석 덩어리 안에는 수많은 전자가 윙윙거리고 있습니다. 우리가 보지 않는 동안에도 전자는 회전하고, 궤도를 돌고, 전자가 하는 모든 일을 하고 있습니다. 본질적으로 전자는 움직이고 있는 것이죠. 그리고 그 움직임은 북극과 남극을 가진 자기장을 만들고요. 자석을 잘게 자르면 여전히 전자 블록이 남아 있어 두 극이 만들어진다는 뜻입니다. 항상 두 개의 쌍극으로 존재하죠. 즉 북극과 남극으로 말이에요. 이것을 그리스어 접두사를 사용하면서도 과학적인 느낌으로 **쌍극(dipole, 다이폴)**이라고 부르겠습니다.

우리가 아는 한, 수백 년 동안의 실험을 아무리 거슬러 올라가 봐도 자석을 이보다 더 간단하게 설명할 수는 없습니다. 전기장에서 '전하'와 같은 이름을 붙이듯 자기장에서 '자기 전하'라고 부를 수 있는 것은 존재하지 않습니다. (전기장에서는) 양전하와 음전하를 함께 가질 수도 있고, 따로 가질 수도 있습니다. 예를 들어 전자가 하나만 존재한다고 가정하면, 그 전자는 음전하를 띠게 됩니다.(벤자민 프랭클린의 전자에 대한 정의에 따라 음의 전하를 띨 수밖에 없죠.)

혼자 존재하는 홀전하. 단 하나의 전하는 **홀극**(모노폴)이라고 해요. 전기 홀극은 있지만 자기 홀극은 없습니다. 자기장의 북극이 혼자 존재할 수는 없다는 이야기입니다. 마찬가지로 가지고 놀 수 있는 홀로 존재하는 남극도 있을 수 없고요. 즉 **지금 현재는** 홀극이 없다는 이야기예요.[8]

초기 우주는 다른 이야기였습니다. 그리고 모든 종류의 힘이 통일된 그 하나의 힘의 무게에 시달리며 초기 우주는 특이한 입자를 만들어 낼 수 있었을 수도 있습니다. 예를 들어 자기 전하와 같은 입자처럼요.

입자는 전하나 질량을 운반할 수 있는 것처럼 북극 또는 남극 하나를 가지고 있습니다. 집에 있는 E-Z 화학 키트*로도 한번 만들어 보세요. (아마 안 될 거예요.) 하지만 대통일 이론 모델은 실제로 초기 우주에서 많은 양의 자기 홀극을 예측합니다. 당시 시공간 자체는 양자장의 엄청난 에너지로 인해 끓어오르고 거품이 일어나는 악몽과도 같았지요. 우주가 노화되고 냉각되면서 대부분의 끓어오름은 차분하게 끓어오르는 수준으로 줄어들었지만, 어떤 곳에서는 시공간 자체가 고착화돼 버렸지요. 고착화되었다는 말 이상으로는 설명이 안되네요.

---

* 간단하게 집에서 할 수 있는 과학 실험을 모아 놓은 실험 키트입니다.

입자는 붕괴할 수 있는 더 가벼운 물질이 없는 한 안정된 상태를 유지할 수 있습니다.(여기서는 양자 역학의 다양한 규칙에 따라 달라지므로 자세히 설명하지 않겠습니다.) 일상적으로 존재하는 입자는 일상에 존재하는 입자 중 가장 가볍기 때문에 다른 입자로 바뀔 수 없어 그 자리에 머물러 있습니다. 대통일 이론 시대에 생성된 홀극은 시공간 속에 그대로 남아 있는 매듭 같은 것이죠.

과거에는 우주에 충분한 에너지가 있었기 때문에 손으로 잘 풀면 꼬인 부분을 풀어낼 수 있었습니다. 하지만 오늘날 우주는 너무 오래되고 차가워져서 대통일 이론 시대의 잔재를 되돌리기에 충분한 에너지가 돌아다니지 않아서 홀극이 계속 유지되고 있지요. 이들 대부분이 우주의 급팽창과 함께 흩어져 버린 게 안타까울 뿐입니다.

급팽창이요? 네, 맞아요. (더 이상) 위협적인 것은 아니지만 초기 우주에서 아주 중요한 역할을 한 것으로 생각됩니다. 대략적인 그림은 이래요. 당시 또 다른 장이 있었는데(**인플라톤 장(inflaton field)**이라고 합니다. 웃기죠.) 그것이 미끄러지면서 우주가 아주 짧은 순간에 급속히 팽창했습니다. 그냥 조금 팽창한다는 뜻이 아니라, 단 한순간에 우주는 적어도 10^{62}배 이상 커졌습니다.

정말 강렬하죠.[9] 냉각된 인플라톤 장은 오늘날 우리가 알고 사랑하는 모든 입자로 분해되어 버리고 맙니다. 물론 이와 관련한 더 많은 이야기가 있지만, 그건 또 다른 책에서 하기로 하죠. 우주의 좋은 것들과 그 안에서 우리의 위치에 관한 그런 내용이 있는 책이겠죠.

그래서 결론은 예전에는 모든 곳에 홀극이 있었다는 것이고, 이는 반려견을 산책시킬 때마다 여러분의 반려견이 홀극을 쫓아다닐 정도로 흔했다는 것입니다. 그리고 그 홀극들은 끊임없이 나타났다 사라졌습니다. 그중 일부는 우주가 진화하면서 제자리에 고정되었지만, 모든 것이 **훅 하면서** 다 같이 갑자기 사라지고 우리가 관측할 수 있는 범위의 우주에는 기껏해야 몇 개만 남아 있게 되었지요.

홀극을 만난다는 것이 어떤 것인지 정확히 아는 사람은 아무도 없습니다. 그것은 어떤 대통일 이론이 옳은 것으로 판명되느냐에 달려 있습니다. 대부분 불안정할 가능성이 높습니다. 방사능적 의미에서 불안정하다는 것은 명확히 해야 하는데, 아주 오랜 시간 동안에 거쳐 불안정할 겁니다. 빛과 상호 작용할 수 있으므로 다가오는 것을 볼 수 있을지도 모릅니다. 물론 아닐 수도 있고요. 아무런 해를 가하지 않으며 사람을 통과할 수도 있고 아니면 너무 큰 추진력을 가지고 있어서 여러분을 망가뜨릴 수도 있지요. 지금은 뭐라 말하기 어렵습니다. 100년 정도 후에 과학자들이 이 모든 문제를 파악하면 다시 확인해 보세요.

일단 그건 그렇다 하고요. 이 홀극은 확실히 엄청나게 거대하고 지금까지 알던 것들과는 엄청나게 다른 녀석들이에요. 이런 엄청난 녀석들을 직접 마주하고 싶으신가요? 그럴 것 같지 않아요. 그리고요. 우주 급팽창이 일어나기 전 옛날에 그랬던 것처럼 여러분을 직접적으로 해치거나 고에너지 입자 소나기로 붕괴되어 쏟아질 수도 있어요.

어쩌면 우주 어딘가에 숨어 있을지도 모릅니다. 어쩌면 태초의 혼란 이후 13억 년이 지난 지금쯤에는 단 하나의 홀극만 남아 있을지도 모릅니다. 그리고 바로 여러분이 유일하게 남아 있는 홀극을 만나게 될 운 좋은 사람일지도 모릅니다. 바로 그게 우주여행의 마법인 거죠. 준비되지 않은 우주탐험가가 아주 특별한 과학 실험의 주인공이 되는 거죠.

———

초기 우주 괴물 쇼 출연진에 홀극만 있는 것은 아닙니다. 사실 홀극이 가장 평범한 것이라 주장할 수도 있습니다. 몇 페이지 전에 위상 전이에 대해 이야기한 것을 기억하시나요? 그리고 우주가 이러한 위상 전이를 여러 번 겪었다고 한 것 기억하시나요? 이 위상 전이에 대해 좀 더 알아보죠.

유리잔에 물(액체로 준비하세요.)을 채우고 냉동실에 넣으세요. 또는 적당히 추운 행성에 살고 있다면 그냥 바깥에 두셔도 되고요. 좀 기다리다가 물을 확인해 보세요. 물의 양과 냉동실이 얼마나 차가운지에 따라 다르겠지만 충분히 기다리면 결국 얼음 한 잔이 나올 것입니다. 여전히 물이지만, 두 개의 수소가 산소 하나와 차갑게 변해 버린 상태입니다.

액체 상태의 물 분자들은 그저 마음이 이끄는 대로 여기저기 떠다니고 있었습니다. 액체로 말이죠. 하지만 냉동실은 그들을 아주 엄격한 규율을 가르치는 학교와도 같았습니다. 자유로웠던 물 분자들의 배열은 얼음이 되어 모두 같은 방식으로 정렬된 결정 무늬를 형성하며 딱딱한 잠금 장치로 행진하게 되었죠. 이것이 바로 고체입니다.

무슨 일이 있었나요? 위상 전이가 발생한 거죠. 그런 물을 다시 가열하면 분자들은 충분한 에너지를 얻어 반항적인 생각을 하고 계급을 깨뜨리기 시작하게 되죠. 결정 구조가 무너지고 상은 다시 액체로 되돌아가는데, 이전의 정렬된 모습은 완전히 잊혀집니다.

하지만 저 얼음잔을 다시 한번 보세요. 안쪽을 자세히 보세요. 이 실험은 집에서도 충분히 안전하게 할 수 있는 실험입니다. 얼음 조각이 완벽하게 **투명하지** 않을 가능성이 있습니다. 얼음 안에는 균열과 벽 및 기타 변형이 있을 것입니다.

얼음은 물에서 **나오는** 것이 아니지요. 마술이 아니라 물리학의 원리입니다. 얼음이 되려면 물 분자들이 물속 어딘가에서 줄을 서야 합니다. 일단 줄을 서기 시작하면 그 주위를 거점으로 삼아 주변의 물 분자들이 서로 달라붙어 대열에 합류하게 되는 거죠. 별거 아니죠? 얼음이 특정 지점에서 형성되기 시작하면 물 전체로 퍼집니다.

하지만 두 지점이 동시에 얼음이 되기 시작되면 어떻게 될까요? 액체에서 얼음으로의 전환은 순식간에 일어나지 않으며, 하나의 거점에서 나머지로 퍼지는 데 시간이 걸립니다. 그리고 그 시간 동안 하나가 아닌 여러 개의 거점에서 상태 전이가 시작될 수 있습니다. 결국 따로따로 얼음을 형성하던 두 개의 거점은 옛날 제국을 확장하는 전쟁에서처럼 만나게 되는 거죠.

그리고 이들이 만나는 곳에는 충돌이 일어납니다. 얼음 씨앗이 형성되면 분자들은 무작위로 한 방향을 선택해 결정을 정렬합니다. 예를 들어 위아래로 정렬한다고 가정해 봅시다. 그 파티에 합류한 모든 분자들은 위아래로 강제로 정렬됩니다. 그러나 물의 다른 부분에 있는 다른 거점은 또 다른 무작위 방향을 가질 것입니다. 왼쪽과 오른쪽을 예로 들어 보겠습니다. 그 정렬에 합류하는 모든 물 분자들은 강제로 왼쪽-오른쪽으로 정렬되겠죠.

모든 물은 결국 둘 중 하나의 정렬에 합류하게 됩니다. 그리고 두 물이 만나는 곳에는 위아래 정렬이 왼쪽-오른쪽 정렬을 만나게 되는 경계선이 있습니다. 장벽이지요. 결함이고요.

물과 마찬가지로 우주도 그렇습니다. 우주가 물보다는 훨씬 더 덥고 이상하다는 것만 빼면 비슷한 거죠. 그리고 우주에서의 상태 전이는 물과 아무런 관련이 없죠. 대신 상전이 현상을 일으키는 것은 우주의 물리학을 구성하는 기본 장과 힘입니다. 초기 우주 시대에 우주가 팽창하고 냉각되면서 우주에 존재하던 여러 개의 장이 얼어붙었습니다. 현재 시대에는 이러한 얼어붙은 장이 자연의 분열된 힘으로 나타나게 되는 거죠.

액체 상태의 물은 대칭을 이루는 구조로 되어 있고 어느 방향에서 보든 그냥 물일 뿐입니다. 하지만 얼음 덩어리는 보는 방식에 따라 매우 다르게 보입니다. 액체의 원래 대칭이 사라지고 특정 방향(또는 시작점의 수에 따라 선택 가능)이 선택된 것입니다. 대칭이 깨진 셈이에요. 우주 냉각의 첫 1초 동안, 통합된 힘의 우아하고 아름다운 대칭은 얼어붙었고, 특정한 방향 선택이 이루어졌으며, 그 선택이 바로 오늘날 남아 있는 자연의 힘입니다.

그리고 액체 물과 얼음과 마찬가지로 장의 일부는 특정 구성으로 얼어붙고 또 다른 일부는 다른 구성으로 얼어붙었습니다. 무슨 일이 있어도 여전히 얼음이기는 하지만 그 얼음의 구성이 약간 다를 뿐입니다. 이 우주에 완벽한 것은 없으니까요. 인생도 그렇죠.

얼음에 있는 이러한 다른 구조의 영역들은 어디에서 만날까요? 바로 결함, 균열, 벽에서 만나게 되는 거죠.

———

우주가 냉각되었을 때 우주의 각 부분은 약간 다른 방식으로 냉각되었을 수 있습니다. 우주 전체는 어떤 일이 있어도 여전히 같은 종류의 힘과 장을 갖게 되지만, 그 근본적인 구조가 장소마다 다른 방향으로 향할 수 있다는 거죠. 시공간에 있는 이러한 다른 구조의 영역들은 어디에서 만날까요? 결함, 균열, 벽에서 만나게 되는 거예요. 우주론적 결함.[10]

시공간 구조상의 구부러짐과 주름. 가장 일반적인 형태는 1차원 선, 즉 **우주끈**(cosmic string)입니다. 시간이 많으신 분들을 위해 말씀드리자면, 끈 이론으로 알려진 이론의 후보인 **초끈**과 혼동하지 마세요.(일부 이론에서는 초끈이 우주끈이 될 수 있다는 가능성도 있기도 합니다.) 하지만 제가 그냥 지어낸 이야기처럼 보이기 전에 넘어가도록 하죠.

만약 존재한다면, 이 우주끈은 정말 이상한 존재입니다. 강한 핵력이 통일에서 분리된 대통일 이론 시대가 끝났을 때 생성되었기 때문에 정확한 우주끈의 폭은 현재 주목하고 있는 특정 대통일 이론에 따라 달라집니다. 그러나 어쨌든 우주끈은 양성자보다 그 폭이 클 수 없습니다. 양성자의 크기를 결정하는 것은 바로 강한 핵력이기 때문이지요.

우주끈 자체는 질량이 없습니다. 그들은 어떤 물질로 **만들어진**

게 아니거든요. 그러나 시공간에 고정된 결함으로서 엄청난 장력을 가지고 있지요. 이 영역에서 시공간은 원하지 않는 주름을 가질 수밖에 없으며, 끊임없이 그 주름을 없애려고 노력하지만, 셔츠의 완고한 주름이 잘 펴지지 않는 것처럼 그렇게 할 수가 없습니다. 일반 상대성 이론에서는 질량, 에너지, 장력 등 모든 에너지원은 주변의 시공간에 영향을 미칠 수 있다고 하죠.

따라서 질량이 없음에도 불구하고, 우주끈에 존재하는 장력은 질량이 있는 것처럼 행동한다는 것을 의미합니다. 1인치(2.54센티미터)의 우주끈은 산보다 무거운 질량에 해당하고 1마일(1.6킬로미터)의 우주끈은 지구보다 무거울 정도로 말입니다.

그리고 또 길기도 아주 깁니다. 이러한 것들은 우주의 근본적인 결함이며, 공간은 시간과 함께 커지므로(우리는 팽창하는 우주에 살고 있습니다. 기억하세요.) 우주끈은 팽창하는 우주 자체와 함께 늘어난다는 것을 의미합니다. 우주끈이 얼마나 긴지 정확히 알 수는 없지만, '관측 가능한 우주만큼 넓다.'는 것이 안전한 추측일 겁니다.

그리고 진동도 엄청납니다. 꼬인 것과 진동의 곡선들은 빛의 속도로 길이를 위아래로 마구 흔들어 댈 수 있습니다.(우주끈은 어떤 물질로 만들어지지 않았기 때문에 이렇게 하더라도 큰 문제는 아닙니다.)

때때로 우주끈은 비틀리고 뒤틀리면서 다시 같은 끈 안으로 들어가기도 하고, (<스타워즈>에 나오는) 거대한 광선검끼리 충돌하는 것처럼 두 개의 우주끈이 서로를 가로지르기도 합니다. 이런 일이 발생할 때 우주끈 고리가 꼬이면서 계속 미친 듯이 진동할 수 있습니다. 이러한 진동은 중력파를 방출하고(일반적으로 모든 거대하고 움직이는 물체는 중력파를 방출하지요.) 이 중력파의 방출은 우주끈으로부터 에너지를 끌어내고, 훨씬 더 복잡하기는 하지만 마치 '펑' 하고 사라질 때까지 끈을 꾸준히 축소시킵니다. 묶이지 않은 끈은 오랫동안 안정적으로 유지될 수 있지만, 작은 고리 중 일부는 지금 이 순간에도 증발하고 있을 수 있습니다.

이상하게도 여러분은 우주끈에 특별히 끌리지는 않을 거예요. 완벽하게 직선인 우주끈은 주위에 중력을 작용하지 않기 때문입니다.(중력이 이렇게 이상할 줄 누가 알았겠어요.) 하지만 우주끈이 흔들리기 시작하면 게임의 판도가 바뀌고 여러분은 확실히 그 방향으로 끌려갈 수 있습니다.

이것은 공간이 접힌 부분이기 때문에 그 주위에 원을 그리면 일반적인 360도 원이 나오지 않습니다. 언뜻 보면 완전히 말도 안 되는 것처럼 보이지요. 하지만 중력이 마음대로 하도록 내버려두면 중력은 충분히 이상해질 수 있습니다. 종이 한 장을 상상해 보세요.(너무 길게 설명하는 것 같지만, 저와 함께 해 보세요.) 그리고 이 종이에 수직 방향으로 원이 하나 있다고 해 볼게요. 그 원의 절반은 종이 위에, 나머지 절반은 종이 아래에 있다고 하겠습니다. 이제 종이에 큰 주름을 접습니다. 주름이 있기 때문에 원은 한쪽이 다른 쪽보다 약간 짧은 한쪽으로 기울어져 있을 겁니다.

따라서 원을 그리며 돌고 있다고 생각했는데 뭔가 맞지 않는다는 사실을 발견한다면 그곳이 바로 우주끈이 묶여 있는 것일 수도 있다는 겁니다. 그 끈을 두 팔로 끌어안으려 해 보면 팔이 스스로를 감싸고 있다는 것을 발견할 수 있을 것입니다.

지금쯤 머리가 아프다면 걱정하지 마세요. 우리는 모두 같은 우주선을 탔으니까요. 한때는 시공간을 가로지르는 이러한 결함이 아주 흔하다고 여겨졌고 심지어는 우주에서 가장 큰 구조인 (은하가 고정되어 있는) 은하 필라멘트를 형성하는 데 원인이 될 수도 있다고 생각했습니다. 그러나 연구 관찰에 따르면 다행히도 이 존재는 발견하기 어려운 것으로 밝혀졌습니다.

우리는 우주끈에 대한 증거를 단 하나도 발견하지 못했습니다……. 정말 그 어디에서도요. 우리는 망원경으로 우주끈을 찾는 오래된 천문학 기술도 써 봤고 중력과 소리를 들어 보려는 비교적 새로운 기술도 시도해 보았습니다. 아무것도 발견하지 못했습니다. 우리 우주는 놀랍도록 매끄럽고 결함이 없는 것 같네요.[11]

우주끈은 대통일 이론과 초기 우주 모델에 대한 자연스러운 예측이기 때문에 사실 이론적으로 약간 까다로운 문제입니다. 이런 자연스러운 예측에 기반한 우주끈을 만약 우리가 찾을 수 없다면, 그것은 우리가 대통일 이론, 또는 초기 우주, 또는 우주끈을 제대로 이해하지 못한다는 것을 의미합니다. 아니면 우리가 제대로 이해하고 있는 건 아무것도 없다는 의미일 수도 있겠네요.

우주끈은 여전히 우주를 떠돌아다니며 닿는 곳마다 대혼란을 일으키고 있을 수도 있습니다. 가늘면서도 극도의 중력이 결합되었기에 우주에서 가장 강력한 칼(knife)과도 같습니다. 닥치는 대로 자릅니다. 그럼에도 불구하고 결코 무뎌지지 않습니다. 그리고 구체적으로 말하면, **세계**를 잘게 쪼갤 수 있습니다. 버터처럼요. 달콤한 크림 버터. 우주에서 이런 속도와 밀도의 치명적인 조합을 견딜 수 있는 물질은 거의 없습니다.

———

우주끈 근처에 있다는 것을 가장 확실하게 알 수 있는 방법은 물체가 이중으로 보이는 것을 알아차리는 것입니다. 예를 들어 은하와 같이 멀리 있는 물체를 관측한다고 할 때 은하로부터 오는 빛은 우주끈을 바로 통과할 수 없기 때문에 결함의 양쪽에 하나씩 두 개의 경로를 거쳐야 합니다. 따라서 우리가 보고자 하는 물체, 즉 은하의 이미지가 두 개로 보일 수밖에 없는 거죠.

하지만 우주끈에 가까이 다가간다면 우주끈의 존재를 절대 모를 수 없을 거예요. 극심한 진동으로 인해 주변 환경이 강렬한 중력파 변동으로 포화 상태에 다다를 겁니다. 한 방향으로 조금씩 늘어났다가 다른 방향으로 다시 줄어들기를 반복하며 마치 끈적한 퍼티* 처럼 늘어나다가 결국 찢어지는 상황을 상상해 보세요.

우리는 우주끈이 알려진 다른 물리학의 나머지 부분과 어떻게 상호 작용하는지 정확히 알지 못합니다. 아마도 블랙홀처럼 완전히 침묵하고 보이지 않는 존재일 수도 있습니다. 우주의 가장 초기 순간에 만들어진 조용하고 치명적인 칼, 사악하고 가차 없는 칼입니다. 또는 광활한 은하계 공간에서 볼 수 있을 정도로 밝고 광대하고 길쭉한 고통의 근원인 고에너지 방사선과 우주선을 끊임없이 휘젓고 뿜어

---

* 점토와 비슷한 반죽 형태로 된 접착제

내는 것일 수도 있고요. 그것이 무엇이 되었든지 간에, 그들은 아마도 우주에서 가장 치명적이고 효율적인 킬러일 것입니다. 그리고 이들에게는 친구가 있습니다.

우주끈은 우주의 1차원적 결함이며 결함의 왕이지만, 결함은 다양한 형태로 존재합니다. 영역을 정의하는 벽, 결, **스커미온**(skyrmion)은 모두 우주끈의 친척이며, 차원 수와 구성이 다릅니다. 심지어 우리의 오랜 친구인 자기 단극도 결함의 또 다른 유형일 수 있습니다. 그러나 그들은 모두 같은 끔찍한 속성, 즉 절대적이고 불가항력적인 파괴성을 나타냅니다.

———

와우, 너무 심각한 이야기만 한 거 같네요. 분위기를 살짝 바꿔 볼까요? 어느 날 신선한 높은 산의 공기와 막 내린 눈을 즐기며 스키를 타고 있다고 상상해 보세요. 언덕을 내려오며 힘차게 질주합니다. 약간의 오르막길에서 주의를 기울이지 않고 바위에 걸려 넘어져 서툴고 부끄러운 모습으로 바닥에 주저앉게 됩니다. 이제 그만 멈춰 서서 언덕 아래로 더 이상 떨어지지 않게 되지요.(이 경우에 더 정확하게는 '굴러떨어지지 않도록'입니다.)

물리학 전문 용어로, 여러분은 지금 **준안정** 상태에 있다고 말할 수 있습니다. 굴러떨어지는 그런 불안정 상태가 아니고요. 그렇다고 완전히 안정된 상태도 아닌 거죠. 완전히 안전한 상태는 저 아래, 바로 산 밑바닥이니까요. 여러분은 멈춰 서서 움직이지 않고 있고 **어떤**

바닥에 있지만 건드리거나 살짝만 밀어도 더 낮은 바닥으로 떨어질 수 있습니다. 그것이 바로 준안정 상태이지요. 좋아요, 이건 뭐 스키를 탈 때만 문제죠. 아니면 여러분이 우주라면 문제일 수 있겠네요.

우주는 이미 냉각되면서 고에너지 상태(언덕 꼭대기)에서 점점 더 낮은 에너지 상태(언덕 아래쪽)로 점프하는 여러 단계의 위상 전이를 거쳤습니다. 힘의 분열이 일어날 때마다 우주는 새로운 현실로 얼어붙고 결정화되어 네 가지 자연의 힘과 여러 종류의 입자들이 자체 질량과 스핀 및 기타 모든 속성을 가지고 있는 우리에게 친숙한 현실에 '착륙'한 것이죠.

우주가 최근에 급격한 위상 변화를 겪지 않은 것처럼 보이기 때문에(여기서 말하는 최근은 지난 130억 년을 뜻합니다.) 우리 우주의 힘과 입자를 구성하는 장은 아마도 가장 안정된 상태일 것입니다. 언덕의 가장 아래인 상태 말입니다. 우리가 알고 사랑하는 현실이 우리 우주를 지배하는 양자장의 진정한 기저 상태 구성인 것처럼 보입니다.

아닐 수도 있고요.[12] 어쩌면 우주는 준안정 상태일지도 모르죠. 절벽 가장자리의 일시적인 분열점에서요. 어쩌면 초기 단계의 전이로 인해 우주가 이런 평행한 장과 힘의 구성으로 이어졌다가 바위에 걸려 잠시 멈춘 것처럼 여기서 멈췄을 수도 있습니다. 다 괜찮아요. 나머지 언덕 아래로 굴러떨어지진 않을 테니까요. 우리가 무언가에 밀려나지 않는다면 말이에요. 무언가에 밀리는 순간 바닥으로 직행하게 되는 거죠.

무엇이 우주를 밀어낼 수 있을까요? 아니면 시공간 조각을 밀어낼 수 있을까요? 무작위성이 해낼 수 있습니다. 앞서 진공은 실제로 아무것도 없는 게 아니라고 말씀드렸습니다. 다시 한번 말씀드리자면, 빈 공간에 장이 가득 차면 그 장은 지글지글 끓어오를 수 있습니다. 만약 존재하는 장이 정말로 준안정 상태라면, 한 번의 불운한 변동만 있어도 이러한 장은 가장자리를 넘어설 수 있습니다.

냉동실의 얼음 이야기로 돌아가 보겠습니다. 얼음은 액체 상태의 물에서 어느 시점, 어딘가에서 시작됩니다. 하지만 어디일까요? 얼음을 형성하는 결정은 씨앗 지점, **핵 생성 지점**, 유리의 먼지나 스크래치 등과 같이 무언가를 붙잡고 결정 만들기를 시작할 수 있는 어떤 지점이 필요합니다.

시공간에서 무작위의 흔들림이 핵 생성 지점 역할을 하면 우주의 얼음 조각이 빛의 속도로 팽창하는 버블이 형성되기 시작합니다. 그 거품 뒤에는 무엇이 있을까요? 완전히 다른 우주겠죠. 아주 **완전히** 다른 우주요. 그 거품 안에서 우리 우주의 장은 새로운 구성을 찾을 것입니다. 에너지가 너무 낮아지면 약한 전자기력은 어떻게 되는지 기억하시나요? 그것은 완전히 사라지고 약력과 전자기력이라는 두 가지 새로운 힘으로 대체됩니다. 여러분의 삶이 약한 전자기력의 물리학에 의존했다면 새로운 체제에서는 즐겁지 않을 것입니다.

우리가 진정으로 준안정 상태에 있고 새로운 안정성이 **나타나면** 더 이상 중력이나 강한 핵력, 전자나 중성 미자도 없을 것입니다. 모든 것이 사라지고 새로운 것으로 대체될 것입니다. 새로운 **현실**. 현재 우리에게 익숙한 입자와 힘의 배열은 초기 우주의 위상 전이 과정에서 대칭이 깨지면서 한때 통일되었던 장이 이질적인 개체로 분열되는 과정에서 탄생한 것이니까요.

새로운 우주에서도 그렇게 될 것입니다. 이를 막을 수 있는 방법은 없습니다. 경고도 없습니다. 그런 핵 생성이 **일어난다면** 새로운 현실의 버블은 그 팽창의 가장자리가 빛의 속도로 구우주 (즉 우리 우주)를 뚫고 앞으로 나아갈 겁니다. 여러분이 그것을 볼 때쯤이면 이미 일이 다 일어난 다음이지요. 한순간에 지구나 우주선의 안락한 의자에 앉아 커피를 마시며 휴식을 취하고 있었다면 그 바로 다음 순간에는 아무것도 남아 있지 않을 거예요. 우리 몸을 지배하는 힘, 즉 우리 몸을 구성하는 아주 작은 원자 입자들을 끌어안고 있는 그 힘이 찢어지고 재배열될 것입니다. 저 다른 우주에서도 삶이 가능할지 모르지만, **여러분의** 삶은 아니겠지요.

가능한가요? 물론입니다. 이 과정은 지금 이 순간에도 우리 우주에서 암처럼 퍼져 나가고 있을지도 모릅니다. 그럴 가능성이 얼마나 될까요? 우주가 마지막으로 이런 종류의 아원자 가구 재배치를 겪은 것은 약한 핵력과 전자기력이 분리되었을 때였습니다. 아직까지 언급하지 않았지만 힉스 입자에 대해 들어 보신 적이 있나요? 힉스 입자는 멋진 기본 입자이며, 이러한 두 힘의 분열에 대한 보안관 역할을 하는 입자입니다. 힉스 입자는 한번 합쳐진 힘 사이의 차이를 설정하는 역할을 합니다.

힉스 입자는 마지막 전이에서 중요한 역할을 했기 때문에 힉스 입자의 질량은 현재 우리 우주가 얼마나 안정적인지 알려 줄 수 있습니다. 그리고 현재 힉스 입자의 질량 추정치는 안정과 불안정 사이의 경계에 있습니다. 즉 준안정 상태입니다.

와, 악몽의 연속이네요. 조밀한 자기장 파편들. 우주를 가로지르는 우주끈이 세계를 뒤덮고 있습니다. 재구성된 거품 속에서 우주의 종말이 시작되는 거죠. 무서운 일이에요. 의심할 여지 없이 우주의 가장 위험하고 파괴적인 존재들 중 하나입니다. 하지만 솔직히 말씀드리자면, 이 중 어느 것도 실제로 관찰된 적이 없습니다. 현재로서는 이론적인 구성일 뿐입니다. 그러니 조금 더 안심하고 여행하셔도 되겠습니다.

그러나 사냥은 계속되고 있으며, 어떤 미지의 우주가 이 생명체의 서식지이거나 새로운 현실을 창조하는 극적인 전환점이 될지 결코 알 수 없습니다. 여행 중에 실제로 용을 만날 확률은 매우 작지만, 용을 만난다면 여러분의 운명은 분명 불길에 휩싸일 것입니다. 고대 우주에서 온 빈대에게 물리지 않도록 주의하면서 푹 주무세요.

암흑 물질

14

더 진해진 다크
매끄럽고 벨벳처럼 부드러워
아주 달콤하면서도 약간 쌉쌀한
초콜릿이 정말 그리워지네

- 고대 천문학자의 시

우리은하의 수많은 별들이 탐험을 기다리고 있습니다. 그 너머에 있는 수천억 개의 은하를 살펴보세요. 자, **한번 보세요.** 어떤 비밀이 숨겨져 있을지 누가 알겠어요? 어떤 모험이 기다리고 있는지도 그렇고요. 양자에서 우주에 이르기까지 우주의 어떤 신비가 잠재적으로 풀릴 수 있을까요?

대부분의 경우가 그렇듯이 우주 자체는 언뜻 보기보다 훨씬 더 많은 것을 담고 있습니다. 우리는 빛으로 온통 둘러싸여 있죠. 별들의 심장에서 맹렬하게 타오르는 핵의 엔진, 은하 내부의 섬세한 무늬를 따라 흐르는 부드럽고 피어오르는 듯한 성운, 펄서들의 리드미컬한 울음소리, 블레이자들의 다급한 노래, 빅뱅으로부터 오는 속삭임과 같은 마이크로파의 메아리, 우리 우주는 빛으로 가득합니다.

하지만 그렇게 빛으로 가득한 우주도 거의 완벽히 어둡죠. 그림자나 성간 공간의 깊은 허공처럼 단순히 빛이 없는 그런 어둠이 아닙니다. 이것은 다른 종류의 어둠입니다. 특별한 종류의 어둠이죠. **빛이 무엇인지조차 모를 정도로** 심오한 그러한 어둠입니다.

제가 보기엔 완전히 섬뜩하기도 하네요. 별에서 별 사이를 여행하거나 은하에서 다른 은하로 이동하다 보면 우주의 모든 흥미로운 것들 사이의 틈새인 무(無)에 빠져들게 됩니다. 진공과 그 안의 덧없고 외롭게 존재하는 다양한 우주의 '거주자'들에 대해 이미 이야기했지만, 일부러 빼 놓은 것이 하나 있습니다. 너무 교묘하고 잘 숨겨져 있고 눈에 보이지 않아서 지금 여러분을 통해 쏟아지고 있다는 사실조차 깨닫지 못하는 새로운 형태의 물질, 즉 느껴지지 않는 거대한 물질의 폭포가 바로 그것입니다.

우리는 이것을 **암흑 물질**이라고 부릅니다. 우리는 암흑 물질이 무엇인지 모릅니다. 그래서 암흑 물질이라고 하는 것이죠. **뉴트랄리노**나 **딜라톤**처럼 멋지고 구체적인 이름 대신 말이에요.[1] 입자물리학자들은 우주에서 재미난 입자를 발견하면 창의적인 이름을 붙이는데요. 그에 비해 천문학자들이 새로운 이름을 붙일 때는…… 좀 암울하네요.

암흑 물질 자체는 다소 온순한 것으로 생각됩니다. 이 물질들을 '위험한 물질', '반응성이 높은 물질', '만물에 닿지 않는 물질'처럼 자극적인 이름이 아니라 그저 '암흑 물질'이라고 부르니까요. 네, 그냥 '암흑'입니다. 볼 수 없습니다. 보이지 않죠. 지금 이 순간에도 여러분을 스쳐 지나가고 있을지도 모르지만, 여러분은 전혀 신경 쓰지 않습니다. 하지만 특정 조건에서 암흑 물질이 위험할 수 있는 가능성도, 희박하지만 분명히 있습니다.

가능성이 희박하다는 것은 미리 말씀드리죠. 암흑 물질이 여행 중에 여러분에게 해를 끼칠 가능성은 매우 낮아서 사실 별로 언급할 가치가 없습니다. 그래도 암흑 물질에 대해 이야기하고 싶은 이유가 몇 가지 있습니다. 첫째, 암흑 물질은 우주 질량의 85퍼센트를 차지하기 때문에 여러분이 그동안 탐험하고 있다고 생각한 것들은 사실 우주 전체 중 극히 일부에 불과합니다. 둘째, 암흑 물질은 때때로 정상 물질(예를 들어 여행 중인 여러분)과 상호 작용할 수 있으며, 이렇게 상호 작용할 경우는 위험할 가능성이 충분히 높기 때문에 만약을 대비해 여러분에게 알려야 한다고 생각합니다. 셋째, 저는 그냥 암흑 물질에 대해 이야기하고 싶기도 하고요.

오랫동안 지구의 천문학자들은 암흑 물질이 존재한다는 사실조차 알지 못했습니다. 사실 암흑 물질은 발견하기가 매우 어렵습니다. 눈으로 하늘을 올려다보면 별, 성운, 은하와 같은 뜨겁게 빛나는 것들만 보일 뿐이니까요. 여러분이 방문하고 싶은 곳들이죠. 고대 천문학자에게는 그런 밝게 빛나는 것들이 우주의 전부였죠. 그런데 새로운 기술로 놀라울 만한 망원경을 만들었어요. 그랬더니 더 뜨겁게 빛나는 것들만 보여요. 더 나아가 적외선이나 엑스선 복사를 볼 수 있는 거대한 궤도 관측소를 건설하면 어떤 결과를 얻을 수 있을까요? 여전히 뜨거운 것들, 빛나는 것들만 보이겠죠.

행성상 성운. 별들. 분자 구름. 원시 행성 원반. 더 많은 별들. 성단 내 매체. 은하 헤일로. 더더욱 많은 별들. 마치 여기저기 튀어 버린 페인트처럼 여기저기 흩어져 있습니다. 물론 일부는 희미하고 일부는 숨겨져 있기도 하지만 일반적으로 뜨겁고 빛나고 있습니다. 따라서 초기 천문학자들이 모든 것을 다 알아냈다고 생각한 것은 용인할 수 있습니다.

은하의 무게를 측정하기 시작하고 나서야 그들은 뭔가 잘못되었다는 것을 알아채게 되었습니다. 은하의 무게를 알 수 있다고요? 네, 맞아요. 못할 거 없죠? "저 은하의 무게는 얼마인가요?"라는 질문 충분히 할 수 있어요. 여기저기서 이미 어떤 물체의 무게가 얼마인지, 더 정확하게는 어떤 물체의 질량이 얼마나 큰지에 대한 말씀드렸습니다. 충분히 과학적인 질문 맞아요. 그냥 아주 큰 저울만 찾으면 돼요. 그리고 그런 커다란 저울을 찾으면 예상했던 것보다 훨씬 더 큰 숫자가 나올 거예요.

———

쉬운 단계부터 시작해서 차근차근 어려운 단계로 높여 가 보죠. 그저 물체의 숫자만 세기만 하면 되는 단계를 우선 **방법 1**이라고 해 보죠. 예를 들어 별부터 시작해 보세요. 무작위로 혼자 있는 별을 바라보고 있다면 그 별이 얼마나 큰지 파악하기 어렵지만, 만약 두 개 이상의 별이 하나의 시스템을 이루고 있다면 그 별의 수를 헤아리는 것은 그저 별을 바라보는 것만큼이나 쉽습니다.

오래전, 과학이 막 유행하기 시작했을 때 요하네스 케플러는 중심 천체(행성 궤도라면 중심 천체는 태양)를 돌고 있는 물체의 속도, 중심 천체와 물체와의 거리, 중심 천체의 질량 사이에 아주 중요한 관계가 있다는 것을 알아냈습니다. 하지만 당시에는 케플러도 이렇게 놀라운 결과를 설명할 방법이 없었어요. 중력이라는 힘을 아이작 뉴턴이 100년 후에야 알아냈기 때문이죠.

이 게임을 태양으로 한번 해 보죠. 지구가 태양을 공전하는 데 걸리는 시간을 계산할 수 있습니다. 힌트는 '리어(rear)'와 운율이 같습니다.* 몇 차례의 세심한 관측(친절한 천문학자들이 잘하는 거죠.) 결과만으로도 삼각함수를 이용해서 태양이 얼마나 멀리 떨어져 있는지 알아낼 수 있습니다. 여러분도 케플러의 수학식으로 태양 질량을 구할 수 있어요.

케플러 방정식은 뉴턴의 법칙을 특수하게 응용한 것이므로, 한 물체가 다른 물체의 궤도를 돌고 있는 시스템이라면 다 적용될 수 있습니다. 쌍성계 아시죠? 쌍성 질량을 계산할 수 있습니다. 간단하게 말이죠.

외로운 별의 경우 이보다 조금 더 복잡하지만, 쌍성계가 충분히 여러 개 있다면 그들을 이용하여 별의 특성(색상, 밝기 등)과 질량 사이에 꽤 견고한 관계를 구축하기 시작할 수 있습니다. 물론 많은 자료 조사와 표에 세심한 주석을 달아야 하므로 완벽하지는 않겠지만, 우리가 여기서 하고자 하는 작업(별의 특성으로부터 질량 구하기)을 할 수는 있습니다.

• 지구가 태양을 한 바퀴 도는 데 걸리는 시간은 '1년'입니다. 이때 '년'을 뜻하는 영어 단어 'year'의 발음이 '뒤'를 뜻하는 'rear'와 운율이 같습니다.

별과 별의 질량에 대한 카탈로그가 있으면 한 단계 더 나아갈 수 있습니다. 망원경으로 가장 가까운 은하를 한번 들여다보죠. 무게가 얼마나 되나요?

그걸 어떻게 알까요? 우리는 다양한 별의 질량을 알고 있고, 그 별들이 얼마나 밝은지도 알고 있습니다. 따라서 은하가 수많은 별로 이루어져 있다면, 우리는 은하에서 마구 빛을 뿜어내고 있는 모든 별의 빛을 하나의 별의 빛으로 나눌 수 있습니다. 그러면 그 은하가 가진 별의 총 개수를 알 수 있겠죠. 그리고 각 별의 무게가 평균적으로 같다고 가정하면…… 짜잔! 은하의 질량입니다.

네, 물론 그렇게 간단하지 않죠. 모든 별의 크기가 같은 것은 아닙니다. 모든 별의 밝기도 다르죠. 좋아요, 복잡한 표를 사용하고 은하에서 나오는 빛을 자세히 조사하여 조정할 수 있습니다.

그리고 은하 원반 주변에는 여러 무리의 가스 성운들이 돌아다니지 않나요? 맞아요, 가스 성운들이 많이 있어요. 하지만 그런 자질구레한 물질들의 질량 또한 추정할 수 있습니다. 주로 우리는 온도를 통해 이를 알 수 있는데요. 마치 영원히 떠돌고 있는 것처럼 보이는 거대한 가스 성운이 보이시나요? 아마도 이 성운들은 정말 영원히 떠도는 중일 거예요.(앞서 보았던 〈별이 태어나는 곳〉에 대한 이야기 중 이걸 기억하셨으면 좋겠네요. 여행하다가 들르기에 충분히 안전한 유일한 구름은 바로 이와 같이 안정된 구름이기 때문입니다.) 즉 구름은 평형 상태를 유지해야 하는데, 이는 무게의 중력과 자체 열에 의한 팽창과 압력이 균형을 이루어야 한다는 것을 의미합니다. 빛이 얼마만큼 방출되는지를 측정하면 온도를 알 수 있으므로(온도가 더 높다는 것은 더 많은 복사열을 방출한다는 뜻이죠.) 역으로 계산하여 질량을 계산할 수 있는 것이죠.

우리는 은하수와 우리 주위의 은하를 자세히 조사하여 찾을 수 있는 모든 가스 성운들을 찾아내면 그 시스템에 맞는 그림을 만들 수 있습니다. 중성 미자, 우주선, 행성 및 그 외의 자질구레한 것들에 대한 추정치도 추가해야겠죠. 이 모든 수치를 기계에 넣고 기본적으로 뜨겁게 빛나는 모든 것을 세어 일반적인 은하의 총 물질의 양을 추정해 보자고요. 그 추정치요? 그냥 4라고 해 보죠. 4라니요? 단위가 무엇일까요? 단위는 사실 상관없어요. 그냥 4라고 일단 해 보자고요.[2]

———

그럼 이제 된 걸까요? 이 정도면 임무 완수한 걸까요? 아직은 아닙니다. 과학자들은 신중하고 사려 깊은 사람들이기 때문에 실제로 자신의 결과를 다시 확인하고 싶어 합니다. 이해는 사실 잘 안 되지만 과학자들이 하는 대로 내버려두면 되는 거예요.

방법 2를 소개합니다. 케플러의 아이디어를 계속 이어가 보죠. 케플러의 아이디어는 안전하고 믿을 수 있거든요. 대단한 친구예요. 별들이 각자가 속한 은하의 중심을 공전하는 것을 지켜봅시다. 아니면 별들이 우리은하의 중심을 공전하는 것을 볼 수도 있죠. 별이 실제로 궤도를 한 번 도는 데는 시간이 오래 걸리기 때문에(실제로는 수억 년이 걸립니다.) 한 사람의 일생 동안 별이 공전 궤도를 한 바퀴 완주하는 것을 볼 수는 없습니다. 하지만 별들이 방출하는 빛의 편이를 이용해 그 이동 속도를 계산할 수 있죠. 몇 개의 개별 별(또는 해상도가 그다지 좋지 않은 경우 별 그룹)을 선택해 보세요. 그 빛을 주의 깊게 관찰하여 그 안에 있는 원소의 특징을 찾습니다. 그 지문과 같은 원소의 특징들, 즉 그 원소에 의한 방출선의 파장이 지구에서 측정한 동일 원소에 의한 방출선의 파장에서 약간 더 청색 쪽으로나 적색 쪽으로 벗어나 있는 것을 볼 수 있을 겁니다.

축하해요! 방금 도플러 편이를 측정하셨습니다. 구급차가 지나갈 때의 특유의 왱왱대는 소리와 동일한 도플러 편이 현상에 의해 별이 방출하는 빛의 파장이 변하는 거죠. 별이 여러분에게서 멀어지면 빛이 적색 편이가 됩니다. 다가오면 청색 편이가 되고요. 그리고 편이가 클수록 별의 이동 속도가 빠르다는 이야기입니다.

다른 은하에서 이러한 현상을 최초로 측정한 천문학자는 베라 루빈입니다. 루빈은 은하 중심으로부터 다양한 거리에 있는 별들의 속도에 대한 특징을 알아낼 수 있었습니다.

이를 이용하면 여러분이 그동안 믿고 쓰던 케플러 계산기에서 벗어날 수 있습니다. 궤도의 속도와 거리만 알면 그 궤도 안의 모든 물체의 총 질량을 계산할 수 있으니까요.

적색 편이, 청색 편이. 춤을 추는 듯하죠. 그에 대한 속도를 계산합니다. 그렇게 궤도 내부의 질량을 측정합니다. 그렇게 얻은 결과는 무엇일까요? 27이랍니다![3]

앞에서 살펴본, 뜨겁고 빛나는 조각들을 세는 방법에서 얻은 결과인 4가 아닙니다. 별의 속도를 측정하는 것만으로도 은하에는 천문학적 눈으로 보이는 것보다 더 많은 것이 있음을 알 수 있죠. 언뜻 보기에 은하 내부에는 뜨겁고 빛나는 것 말고도 많은 **물질**이 있는 것처럼 보입니다. 은하의 질량을 측정하는 이 두 가지 방법은 일치해야 할 것 같지만 놀랍게도 그렇지 않습니다! 일치하지 않는다는 겁니다.

흠. 누가 맞는지 한번 알아볼까요?

방법 3을 시도해 볼게요. 은하단처럼 더 큰 것들을 살펴봅시다. 은하단은, 음, 말 그대로 은하들이 모여 있는 집단입니다. 1,000개 이상의 은하를 품고 있는 윙윙거리는 벌집이며, 그 은하들은 초당 수백 킬로미터의 속도로 헤엄치고 있습니다.(은하단에는 빈 공간이 많기 때문에 다행히 은하들이 교차하는 경우는 매우 드물어서 안심할 수 있습니다.)

논의를 위해 은하단이 꽤 오랫동안 존재해 왔다고 가정해 봅시다. 수십억 년 정도 존재했다고 말이죠. 뭐 안 될 거 없죠. 오랫동안 존재하지 않았다면 우리는 은하단을 하나도 볼 수 없겠죠. 왜냐하면 하나도 남아 있지 않을 테니까요.

그래요. 은하단은 말이죠. 오랫동안 존재해 왔어요. 별에서와 마찬가지로, 여러 힘의 미묘한 상호 작용이 있습니다. 중력은 자신이 좋아하는 일을 하면서 은하단을 더 단단하게 끌어당기려고 하지만, 은하들의 운동은 은하단을 흩어지게 하려고 합니다. 그런데도 은하단은 안정적으로 보이는 이유는, 이러한 경쟁하는 힘이 균형을 이룬다는 이야기겠죠. 은하들이 조금이라도 더 빨리 움직였다면 은하단은 우리가 관측하기 훨씬 전에 분해되어 버렸을 것이고, 반대로 질량이 더 컸다면 무너져 내려 붕괴했을 것입니다.

은하들의 평균 속도를 측정하여 은하단의 총 질량을 계산할 수 있습니다. 케플러의 법칙도, 계산도 필요 없습니다. 직관적인 논리만 있으면 됩니다. 이 작업을 진지하게 수행한 최초의 사람은 1930년대의 프리츠 츠비키입니다. 그는 제가 이름을 언급할 몇 안 되는 지구과학자 중 한 명인데, 그의 이름이 참 멋있죠. 프리츠. 츠비키. 재미있는 이름 한 번 더 불러 봤습니다.

앞에 소개한 것과 같이 은하단의 총 질량을 측정하는 방법에는 가스와 별을 모두 더하는 방법과 은하의 움직임을 사용하는 두 가지 방법이 있습니다. 그 둘의 추정치는 서로 일치해야 말이 되죠. 빛나는 천체들을 더하는 방법은 추정치를 4라고 했고요. 온도를 이용한 방법은 추정치를 27이라 했죠.[4]

이런…… 일치하지 않는군요.

———

좋아요, 한 번 더 해 봅시다. 케플러가 자신이 생각했던 만큼 뛰어나지 않았었을 수도 있겠죠? 너무 의지하지 말았어야 할지도 모르겠네요. 그렇다면 우리 모두가 인정할 수 있는 **정말** 똑똑한 사람으로 바꿔 볼까요? 아인슈타인처럼 똑똑한 사람 말이죠. 아인슈타인은 어때요?

방법 4입니다. 무거운 물체는 주변의 빛의 경로를 구부립니다. 무거운 은하나 은하단처럼 정말 큰 물체를 관찰하다 보면, 더 멀리에 있는 배경 은하에서 오는 빛이 보이기도 하죠. 이러한 배경 은하의 빛이 전경의 거대한 물체를 통과하거나 그 근처를 지나갈 때, 엄청난 중력이 빛의 경로를 유리 렌즈처럼 굴절시키게 됩니다.

질량이 큰 물체들은 시공간과 긴밀한 상호 작용을 하기 때문에 빛을 굴절시킬 수 있는 거죠. 질량과 에너지는 시공간 자체를 구부리고, 빛은 목적지에 도달하기 위해 시공간을 통과해야 하므로 시공간에 언덕이나 계곡, 주름이 있으면 빛의 진로가 바뀌게 되는 겁니다.

결론은 아주 먼 우주로부터 날아오는 빛은 구부러진다는 것입니다. 우리도 이런 현상을 항상 봅니다! 자주 있는 현상이니만큼 따로 이름이 주어졌는데요. 바로 아인슈타인 링과 아인슈타인 호라고 하지요. 찾아보세요. 진짜 멋져요.

빛이 굴절된 양을 이용하여 렌즈를 만드는 질량을 파악할 수 있습니다. 그러면 그 추정치는 무엇일까요? 여러분이 가장 좋아하는 숫자, 27입니다![5]

이 숫자는 케플러나 운동, 안정성 또는 다른 어떤 조건도 상관하지 않습니다. 이것은 아인슈타인의 일반 상대성 이론, 즉 태양조차도 먼 우주에서 오는 별빛을 머리카락만큼은 굴절시킬 것이라고 예측한 이론을 그대로 적용한 것일 뿐이며, 모든 사람이 놀랄 만큼 성공적으로 측정되었습니다. 물론 아인슈타인만 빼고 다들 놀란 거죠.

다시 정리해 보겠습니다. 뜨겁게 빛나는 천체들을 모두 더한 결과는 고작 4인데, 그에 비해 **다른 방법을 다 동원하여 측정해 본 질량**은 27이지요. 은하와 성단 같은 큰 천체에서 뜨거운 빛을 내는 물질은 전체 총 질량의 4분의 1도 채 되지 않는다는 이야기예요.

이것은 이론과 관측의 문제가 아니며, 천문학자들이 맞다고 생각하는 것과 전혀 다른 이야기가 맞다고 자연이 이야기하는 그런 문제도 아닙니다. 아니요, 이것은 **관측** 대 **관측**의 문제입니다. 데이터를 무시할 수 없죠. 현실을 외면할 수 없고요. 거대한 규모의 질량을 측정하는 다양한 기술이 서로 다른 결과를 보여 주는 거죠.

뭔가 이상한 일이 일어나고 있는 거예요.

———

이제 무슨 생각을 하고 계신지 알겠습니다. '은하계가 얼마나 큰지 알아 내려고 이렇게까지 하는 이유가 뭔가요?', '다이어트라도 하라고 하려는 건가요?', '우리가 여행할 때 위험한 부분이 대체 어디죠?' 조금 더디긴 하지만, 그 질문들의 답을 다 이야기할 거예요. 그런데 그 위험을 이해하려면 그 이면에 숨어 있는 물리를 이해해야 합니다. 그게 바로 우주의 작동 방식입니다.

우주의 작동 방식에 대해 말하자면, 보이는 것과 실제 움직임이 일치하지 않는 이런 상황에 직면했을 때 여러분에게는 두 가지 선택지가 있습니다. 우주에 우리가 모르는 더 많은 물질이 있거나 물리학에 대해 근본적으로 잘못 이해하고 있거나 둘 중 하나겠죠.

그런데 물리학이 바로 그런 거죠. 물체와 그 물체의 운동 사이의 관계를 연구하는 것이 바로 물리학입니다. 제가 **물체**라는 단어를 많이 사용하는 이유는 설명이 최대한 일반적이어야 하기 때문입니다. 물리학은 행성이나 가스로 된 구체 또는 아원자 입자의 움직임을 설명할 수 있습니다. 그 물체가 어떤 것이든 물체이기만 하면 물리학은 그에 대해 모두 설명할 수 있습니다.

지구 천문학자들은 질량을 기반으로 한 예상과 일치하지 않는 물체의 움직임 때문에 이전에도 이런 곤경에 처한 적이 있습니다. 당시에는 '물체'가 행성이었고, 뉴턴의 법칙에 따라 기대치를 예측했습니다.

시나리오 1

수성의 궤도는 말이 되지 않았습니다. 법칙을 따르는 안정된 정상 타원 궤도를 가지고 공전하는 것이 아니라, 조금씩 궤도가 움직였어요. 즉 수성이 태양에 가장 가까이 접근하는 지점이 매년 조금씩 조금씩 더 전진했다는 것이죠. 마치 거대한 크기의 스피로그래프처럼 말이에요. 뉴턴의 중력 법칙은 많은 문제를 해결할 수 있었지만 이 문제는 해결하지 못했습니다. 적어도 완벽하게 해결하지는 못했죠. 이러한 수성 궤도의 전진은 대부분 태양계의 다른 행성들의 중력에 의한 것이었지만, 전부는 아니었죠. 정말 난감한 일이었어요. 수백 년 동안 문제가 되어 왔지만, 지구에는 전염병이나 신세계와 같은 더 큰 문제가 있었죠. 안됐지만 수성에 신경 쓸 시간이 없었어요.

그렇다면 해결책은 무엇이었을까요? 우주에 우리가 알지 못했던 무언가가 더 있었다면요? 수성의 궤도에 영향을 미치는, 수성보다 태양에 더 가까운 새로운 행성이 있었다면요? **벌컨**이라고 불러 볼까요? 이름 멋있잖아요. 아니면 뉴턴의 법칙이 틀린 것 일 수도 있네요. 아인슈타인이 그렇게 불렀으니 **상대성 이론**이라고 부르자고요.

이 싸움의 승자는 물리학에 있었습니다. 우주에 우리가 모르던 어떤 새로운 물체가 있는 것이 아니라 예전보다 더 보완된 법칙이 존재했던 거죠. 상대성 이론을 통해 수성의 궤도를 완벽하게 설명할 수

있었죠. 벌컨이라는 멋진 이름을 쓸 수 있기를 바랐는데 좀 안타깝긴 하네요.[6]

시나리오 2

천왕성에도 뭔가 이상한 것이 있었습니다. 웃지 마세요.* 천왕성의 궤도는 우리가 이미 잘 알고 있는 중력과 태양계의 다른 행성들로부터의 보이지 않는 잡아당기는 힘으로는 설명할 수 없었습니다. 그럼 새로운 물리학 법칙이 필요한 걸까요? 아니요, 그저 해왕성의 영향일 뿐이었습니다. 새로운 행성이죠. 우리가 이전에 알지 못했던 우주의 새로운 것이 있었던 거죠.[7]

이 두 가지의 시나리오는 태양계 내에서의 미스터리를 푸는 데 역할을 톡톡히 해 왔습니다. 관측에 부합하도록 물리학 법칙을 바꾸고, 이전에 볼 수 없었던 것을 우주에 추가해 가면서 궁금증을 해결해 왔죠. 그렇다면 가장 최근의 미스터리, 은하와 은하단에 대한 여러 관측 결과가 서로 일치하지 않는다는 것은 과연 어떤 시나리오로 해결할까요? 새로운 법칙을 발견할까요, 아니면 새로운 것을 발견할까요? 스포일러 주의! 새로운 것의 발견입니다.

20세기 후반에는 많은 논쟁이 있었는데 지구에 사는 천문학자들은 이런 논쟁을 아주 좋아했습니다. 어쩌면 우리가 물리학 법칙을

---

* 천왕성(Uranus)의 영어 발음이 소변(urine)과 비슷해서 수업 시간에 종종 웃는 아이들이 있거든요.

잘못 이해하고 있었는지도 모릅니다. 뉴턴 역학을 수정한 새로운 물리학 법칙의 유력한 후보 중 하나는…… 말 그대로 수정 뉴턴 역학이라고 불렀습니다. 이 이론은 은하 내부의 궤도 속도 관측에 맞추기 위해 가속도가 작동하는 방식을 변경했습니다. 좋아요, 훌륭합니다.[8] 이 관점에 따르면 은하 안에는 숨겨진 그 어떤 것도 없으며, 우리는 은하계 규모에서 중력을 잘못 계산했을 뿐이고, 결국 케플러의 법칙은 은하 규모에 해당하는 운동에 대해서는 제대로 설명하지 못했다는 것이 밝혀졌습니다.

가속도에 대한 이러한 간단한 수정보다, 한 걸음 더 나아가는 방법도 있습니다. 결국 중력의 법칙을 지배하는 것은 아인슈타인의 이론이기 때문에 거대 우주 규모의 운동을 설명하려면 현재의 챔피언인 아인슈타인의 자리를 빼앗을 수 있는 대단한 무엇이 있어야 하고, 이는 일반 상대성 이론을 대체할 수 있는 이론을 찾아야 한다는 의미입니다.

물리학자들은 약 100번 이상 일반 상대성 이론을 대체할 수 있는 이론을 찾는 시도를 해 왔고, 아마도 앞으로도 계속 그럴 것입니다.(적어도 상대성 이론이 마침내 치명적인 오류를 범할 때까지는 말이죠.) 지구상에는 아인슈타인의 상대성 이론에 대한 여러 가지 다른 수정과 확장을 몇 달에 한 번씩 제안하는 과학자들도 있고, 지구에서 수행되는 정교한 실험 등을 통해 우리에게 이미 알려진 물리학으로 설명할 수 있는 경우와 암흑 물질과 같이 알려지지 않은 물리학 사이의 미묘한 경계를 넘나들며 노력하는 과학자들도 있지요.

이 과학자들 모두 완벽하게 설명하지는 못하고 있습니다. 암흑 물질을 바라보는 각도가 너무 다양해서 어떤 하나의 새로운 중력 이론으로 모든 것을 연결하기는 어렵고, 어쩌면 불가능하다고 해야 할 것 같네요. 마치 두더지 잡기 게임 같아요.* 은하의 회전 곡선은 설명할 수 있지만 중력 렌즈는 설명할 수 없는 것처럼 말이죠. 상대성 이론을 조정하여 중력 렌즈의 문제를 해결한다 해도 그 또한 은하의 운동을 설명할 수 없습니다.

물리학자들은 마음만 먹으면 꽤 똑똑해질 수 있어요. 하지만 그럼에도 불구하고 은하의 운동, 별의 속도, 렌즈 현상들, 또 그 외에도 제가 언급하지 않은 많은 관측 결과를 동시에 설명할 수 있는 새로운 중력 이론을 생각해 내지 못했습니다. 그런 이론이 존재하지 않는다는 뜻은 아닙니다.(저희는 **그렇게** 오만하지는 않습니다.) 단지 그런 경로로는 데이터를 설명할 수 없다는 뜻입니다. 따라서 '우주에 새로운 것을 추가하는 것'과 '실제로 모든 경우를 완전하게 설명하지 못하는 새로운 중력 이론' 중에서 선택해야 한다면, 우리는 1번 문을 선택해야 할 것입니다.

———

그렇다면 그 1번 문 뒤에는 무엇이 있을까요? "뭐가 있든 상관없어."라고 말하는 소리가 들립니다. 그런데 그렇지 않아요. 중요해요. 그 문 뒤에 무엇이 있는지는 **아주** 중요하답니다. 왜냐하면 그 뒤에는

---

* 두더지 잡기 게임에서 두더지 하나를 잡으면 나머지 두더지가 다시 튀어나오지요.

많은 물질들이 있거든요. 아, 저 스스로도 웃겨요.**

지금까지 관측이 우리에게 보여 준 우주의 그림은 다음과 같습니다. 우주에 있는 대부분의 물질은 뜨겁고 빛나지 않습니다. 꼭 그럴 필요는 없죠? 왜 우리는 우주의 모든 것이 빛을 발한다고 가정할까요? 애초에 어떻게 그런 가정이 머릿속에 박히게 되었을까요? 우리는 이미 블랙홀, 실패한 별 등 빛을 내지 않는 많은 것들에 대해 알고 있는데, '암흑 물질'이라고 해서 놀라야 할 이유가 있을까요?

어쩌면 암흑 물질이 아니라 다르게 불러야 하는 것일 수도 있겠어요. 은하계의 대부분의 물질은 그저 평범한 일상의 행복을 주는 물질일지도 모르지만, 단지 빛을 발하지 않았을 뿐입니다. **암흑** 물질이라기보다는 **희미한** 물질이죠. 그렇게 불러도 될 것 같아요. 또 다른 가능성으로 빛과 상호 작용하지 않는 새로운 종류의 기본 입자일 수도 있지 않을까 생각해 볼 수도 있죠. 그냥 해 본 이야기이니 너무 심각하게 받아들이지 마세요. 아직은요.

지금까지 네 가지 관측 결과를 얻었습니다. 이를 통해 암흑 물질이 존재한다는 결론에 도달했습니다. 하지만 암흑 물질은 무엇이며 어떻게 위험할 수 있을까요?

이것이 바로 우주 전체를 재미있는 물리학 실험으로 활용할 수 있는 부분입니다. 우주 대폭발, 빅뱅을 아시죠? 우리 우주의 역사가 궁금하세요? 평균적으로 말해 은하들은 서로 점점 더 멀어지고 있

** '물질'을 뜻하는 영어 단어 matter와 '중요하다'를 뜻하는 matter가 같음을 이용한 농담입니다.

습니다.(네, 은하 간 모험을 하는 것이 날이 갈수록 점점 더 어려워지고 있다는 뜻이지만, 그건 단지 우리의 운일 뿐입니다.) 이것은 또한 과거에 우리 우주가 더 작았다는 것을 의미합니다. 그리고 더 작았다면 더 뜨겁고 밀도가 높았겠지요.

아주아주 오래전, 우주는 매우 뜨겁고 밀도가 높았으며 매우 **조밀해서** 우주 전체가 거대한 플라스마 공(태양 내부에서 볼 수 있는 것과 같은 종류의 플라스마)에 불과했습니다. 또는 번개처럼 보이기도 했죠. 아니면 유리를 만지면 둥근 표면이 손가락을 따끔거리게 하는 재미있는 그런 공이었을 수도 있죠.

어쨌든 우주가 점차 식어 **그러한 재미가** 사라지자 광자들을 대량으로 방출했습니다. 당시에는 말 그대로 하얗게 뜨거웠지만* 오랜 시간이 지나면서 그 긴 시간은 시간이 가장 잘하는 일, 즉 사물의 성질들을 순화시키는 일을 합니다. 오늘날에도 그 빛은 남아 있지만, 마이크로파 영역으로 완전히 편이되어 절대 온도 0도보다 조금 높은 우주 마이크로파 배경에서 간신히 스스로를 유지하고 있습니다. 이 배경광은 여러분이나 여러분의 생계에 위협이 되지 않으므로 자세한 이야기는 하지 않겠습니다.

천문학자와 우주론자들은 바로 이 배경광을 수십 년 동안 재미있게 연구해 왔는데요. 그 이유는 이 배경광이 바로 수십억 년 전 우주의 모습을 알려 주는 하늘 위의 거대한 공룡 화석과 같은 존재이기 때문이지요. 그리고 더 중요한 것은 우주가 무엇으로 만들어졌는지

• 여러 파장의 빛이 섞이면 백색광이 되죠.

를 알려 준다는 점입니다. 복사광? 보통의 정상 물질? 암흑 물질? 이 우주에는 어떤 성분이 얼마나 들어 있을까요? 우리가 고대 빛에서 보는 것을 가장 잘 설명하는 비결은 무엇일까요?[9]

이 배경광 연구보다 더 이전의 과거로 거슬러 올라갈 수도 있지요. 1940년대에 물리학자들은 고출력 핵반응을 이해하는 데 꽤 능숙해졌고, 그 이후로 우리는 평화로운 원자로와 평화롭지 않은 핵폭탄을 만들 수 있게 되었습니다. 우주 마이크로파의 배경이 된 플라스마의 존재보다도 훨씬 이전인 가장 초기의 우주, 즉 초기 수십 분에 해당하는 우주는 가장 가벼운 원소들이 처음 만들어지는 격렬한 핵 용광로였습니다. 핵물리에 사용되는 수학을 사용하여 오늘날 우주에 얼마나 많은 수소, 헬륨 및 기타 가벼운 원소들이 있어야 하는지 예측할 수 있습니다.

이 예측이 말해 주는 수치요? 우주는 수소 4분의 3, 헬륨 4분의 1, 나머지 아주 작은 부분이 **기타 원소들**(기억하신다면 그걸 천문학 용어로 '금속'이라고 하지요.)로 구성되어야 합니다. 이는 기본적으로 실제 우주에서 우리가 관측하는 것과 정확히 일치합니다.[10]

그리고 우주의 핵합성과 우주 마이크로파 배경 하늘이 그린 그림은 분명합니다. 암흑 물질을 설명할 수 있는 보통의 정상 물질이 충분하지 않다는 것입니다. 예를 들어 암흑 물질이 단순히 희미하기만 한 보통의 정상 물질이라면, 여러분이나 저를 이루는 물질과 같은 물질로 만들어져야 하겠죠. 그저 행성이나 블랙홀처럼 빛을 스스로 내지 않는 그런 물질이어야 할 거예요. 그러나 행성이나 블랙홀 등은 빅뱅 초기의 마치 크림처럼 진하고 걸쭉한 원시 수프에서 그 기원을 찾아야 하며, 우리의 모든 관측과 계산, 반추에 따르면 우리가 관측에서 보는 물질의 질량을 설명하기엔 그 원료가 충분하지 않다는 것이 분명합니다.

우주에 있는 정상적이고 빛을 좋아하는 물질의 양은 우주 전체 에너지의 4퍼센트에 불과할 만큼 미미합니다. 나머지 23퍼센트는 매우 매우 어두운 다른 물질로 되어 있어요. 이제 제가 전에 은하의 질량을 재는 여러 방법을 설명할 때 사용했던 수치 기억하시죠? 그 수치를 어디서 얻었는지 아시겠죠?

(호기심 많은 탐험가를 위해 덧붙이자면, 우주의 73퍼센트를 차지하는 가장 큰 에너지원은 암흑 에너지라고 불리며 우주의 팽창을 가속화하는 사악한 작용을 담당하고 있습니다. 제가 즉흥적으로 지어낸 이름 아니고요. 천문학자들은 새로운 것에 이름을 지을 때 창의력이 점점 더 떨어지는 거 같죠? 그러나 우리의 탐구 목적상 이건 단순한 사족에 불과하며 우리에게 중요한 관심사가 아니므로 그냥 '그렇구나.' 하고 넘어가겠습니다.)

따라서 지구의 여러 과학자들에 의한 모든 독립적인 측정들은 우주의 정상적인 물질의 양에 대한 한계를 제안합니다. 그리고 중력에 대한 이해를 이런저런 방향으로 수정하여 문제를 해결하려는 우리의 시도는 우스울 만큼 맞지 않는 것으로 드러나고 있습니다. 블랙홀, 실패한 별, 희미한 가스 덩어리로 은하계를 채우는 것만으로는 해결되지 않으며, 새로운 종류의 중력도 그 차이를 설명하지 못하는 건 마찬가지입니다.

우리가 보고 있는 것을 설명하려면 그냥 어느 정도의 '암흑'으로는 안 됩니다. **최대한의** 암흑이 필요합니다. 아예 다른, 새로운 입자가 필요하다는 이야기지요.

———

　말도 안 되는 이야기라고 생각하고 계실 거 같네요. 천문학자들이(은하 질량을 추정하는 데에) 수를 세는 방법을 모른다고 해서 새로운 종류의 기본 입자를 그냥 **만들어 낸다**고요? 얼핏 보면 터무니없는 소리처럼 들릴 수도 있습니다. 하지만 지금 우리에게 다른 선택의 여지가 있을까요? 새로운 입자보다 더 좋은 생각이 있을까요? 아니요, 현재로서는 없는 것 같아요.

　이 새로운 **종류**의 물질이 무엇이든, 그것은 이전의 인간 경험으로는 전혀 알려지지 않은 물질임에 틀림없어요. 그리고 그것이 무엇이든, 빛과 상호 작용할 수 없다면 우리는 그것을 볼 수 없겠죠? 말도 안 되는 소리 같지만 그렇게 말이 안 되지만은 않아요. 맞아요. 정말 기괴한 발상 같지만 그렇다고 해서 틀린 생각이어야 하는 것은 또 아니죠.[11]

　우리는 전에도 새로운 입자들을 고안해 냈어요. 이전에 빛과 상호 작용하지 않는 입자까지도요. **중성 미자** 기억하시나요? 기억 안 나세요? 기억이 안 나도 너무 걱정 마세요. 사실 중성 미자는 특별히 위험한 입자가 아니어서 이 책의 주요 주제는 아니거든요. 물론 중성 미자는 우주에서 가장 강력한 폭발인 초신성 폭발과 관련이 있지만, 그렇다고 해서 초신성의 폭발을 모두 중성 미자의 잘못으로 비난할 수는 없습니다.

중성 미자는 20세기 중반에 고에너지 입자 실험의 기이한 결과를 설명하기 위해 고안되었습니다.[12] 그리고 중성 미자는 실제로 존재하는 것으로 밝혀졌고요. 그리고 또한 여러분은 중성 미자 속에서 **헤엄**치고 있습니다. 중성 미자는 핵반응에서 튀어나옵니다. 태양은 타오르는 거대한 핵 용광로이며, 사실상 중성 미자 공장이지요. 엄지손가락을 태양을 향해 들어 보세요. 태양이 지고 없는 밤이어도 상관없어요. 지구는 중성 미자에겐 투명한 유리와 같거든요. 엄지손가락을 움직이는 동안에도 태양에서 만들어진 중성 미자가 매초 약 600억 개씩 엄지손가락을 통과하고 있답니다. 너무 걱정하지 마세요.

지금 "유레카!"라고 외치기 전에 말씀드릴게요. 중성 미자는 여러분이 찾고 있는 암흑 물질이 아닙니다. 오랫동안 우리는 중성 미자가 완전히 질량이 없는 입자라고 생각했고, 질량이 없는 입자가 암흑 물질을 구성하기는 어렵다고 생각했습니다. 그러나 최근에 우리는 중성 미자가 실제로 작지만 질량을 가지고 있다는 것을 알게 되었습니다.(아직 정확히 얼마인지는 알 수 없지만 당장의 문제는 아닙니다.) 또 다른 이유는 너무 뜨겁다는 것입니다.

가장 큰 규모로 거시적인 측면으로 보면 우리 우주는 은하들이 서로 엉키고 매듭지어진 길고 가는 줄로 이루어진 거대하고 다소 징그러워 보일 수 있는 거미줄처럼 되어 있습니다. 우주 거미줄이라고 부르는데 그럴 만한 이유가 있지요. 우주 거미줄은 130억 년이 넘는 시간 동안 중력이 더욱더 큰 구조물을 만들기 위해 노력한 결과물입니다. 네, 우리은하도 국소 은하단이라고 하는 거대한 은하단의 일부입니다. 우리의 가장 가까운 이웃은 처녀자리 은하단으로, 옛날 프리츠가 연구했던 것과 같은 종류의 은하단 중 하나입니다.

이 국소 은하단과 처녀자리 은하단 모두 더 큰 구조인 라니아케아 초은하단의 일부이지요. 이 초은하단은 처음부터 있었던 것은 아니며, 하나씩 하나씩 천천히 조립되어 왔습니다. 그리고 우리는 컴퓨터로 이런 구조의 진화를 시뮬레이션 할 수 있습니다. 물리학은 수학을 이용한 이야기이고 컴퓨터는 수학을 정말 잘합니다. 컴퓨터는 <제퍼디>*에서 이길 수 있고, 가상의 우주도 만들어 낼 수 있습니다. 그리고 물리학의 힘을 이용해 우주의 성분을 바꾸고 그렇게 성분이 바뀌었을 경우 우주의 진화를 통해 어떤 구조물이 만들어지는지 볼 수 있어요. 컵케이크를 구워 내듯 말이죠.

맛있고 촉촉한 버터크림 토핑의 컵케이크. 컵케이크를 가지고 이야기해 보죠. 이것은 우주를 비유한 것입니다. 여러분은 컵케이크가 무엇으로 만들어졌는지 알고 싶으실 거예요. 컵케이크의 재료(우주의 구성 요소)를 바꾸고 레시피(물리학 법칙)를 바꾸면 제가 드린 컵케이크와 비교할 수 있는 다양한 종류의 컵케이크가 만들어집니다. 맛있는 컵케이크면 더 좋겠죠.

다양한 종류의 재료로 가상의 컵케이크, 즉 우주를 구워 낼 때, 우리는 그것을 우리가 그간 관측을 통해 만들어 낸 우주 거미줄의 지도, 그 분포와 비교할 수 있습니다. 미묘한 차이가 있습니다. 미묘한 차이는 항상 존재하지만, 그래도 효과가 있죠.

중성 미자의 문제점은 반죽이 너무 매끄럽게 나온다는 것입니

---

* 미국에서 인기 많은 퀴즈 프로그램

다. 중성 미자가 너무 가볍고 너무 빨라요. 그리고 (모든 암흑 물질을 설명할 수 있을 만큼) 너무 많기 때문에 정상 물질이 서로 뭉쳐져 은하처럼 중요한 것이 되는 게 어려워 보입니다. 요컨대, 중성 미자가 암흑 물질이라면 은하계는 존재하지 않을 것입니다.[13]

우리가 실제로 보는 우주 거미줄을 재현하려면 암흑 물질은 **차가워야** 합니다. 이는 **비상대성**이라는 말의 다른 표현이며, 느리다는 말의 전문적인 표현입니다.* 중성 미자는 너무 빨라서 너무 많으면 은하보다 작은 모든 구조물들을 씻어 내 버립니다. 여러분과 저를 포함해서요.

암흑 물질은 그것이 무엇이든 간에 은하 생성을 방해하는 것이 아니라 오히려 은하가 만들어지는 것을 돕지요. 우리가 눈이나 망원경으로 보는 모든 은하는 우주에 존재하는 모든 물질의 극히 일부에 불과하며, 훨씬 더 크고 어둡고 눈에 보이지 않는 물질의 **헤일로** 안에 들어 있는 작은 밝기의 점에 불과합니다. 멀고 숨겨진 해안에 있는 등대와도 같죠. 우리 우주의 은하들은 단지 너무 많은 부유물과 잡동사니가 뒤섞여 있어서 뭐가 뭔지, 얼마나 있는지 해석조차 할 수 없을 정도가 됐네요.

———

따라서 우리는 암흑 물질이 이전에는 입자물리학에 알려지지 않

• 뜨겁다는 것은 에너지가 많다는 뜻이고 에너지가 많으면 빨리 움직일 수 있으니까요.

은 어떤 종류의 입자여야 한다는 것을 알고 있습니다. 그리고 암흑 물질은 풍부해야 하고 (정의상 많은 양이 존재하기 때문에) 무거워야 하며(그렇지 않다면 지금쯤 실험에서 발견되었을 것입니다.) 또 차가워야 합니다.(오늘날 우리가 알고 사랑하는 구조가 형성될 수 있도록 말이죠.)

우리는 또한 이 수수께끼의 입자(아니면 입자들! 가능성도 있지만 우리 너무 앞서가진 말아요.)가 중력에 반응한다는 것을 알고 있습니다. 그리고 이건 바로 우리가 애초에 암흑 물질의 존재에 대해 알게 된 방법이었지요. 또한 우리가 아는 한 암흑 물질은 전자기력과는 친하지 않아요. 만약 친하다면, 희미해지거나 산란되거나 반사되거나 방출되거나 흡수되거나 또는 우주에 있는 물질들이 보이는 일반적인 **천문학적** 현상들을 통해 암흑 물질을 볼 수 있을 테니까요.**

두 개의 핵력은 또 어떤가요? 강한 핵력은 물론 여기에 상관없죠. 강한 핵력은 자체 입자들을 가지고 있으며 극도로 짧은 규모에서만 작동하니까요. 하지만 약한 핵력은요? 뭔가 있을지도 모르죠.

다른 관측 자료에서도 단서를 찾을 수 있습니다. 암흑 물질을 연구하기에 가장 좋은 장소 중 하나는 충돌하는 은하단이에요. 엄청난 양의 가스, 별들, 기타 물질로 이루어진 거대한 열차 사고가 난 지역이니까요. 기차 잔해 은하단***이라는 멋진 이름의 은하단처럼 말입니다.[14] 은하단이 충돌하면 가스가 중간에 엉키게 됩니다. 지구에서 일어난 일이라면 기상학자들은 전선의 배치와 폭풍의 움직임을 그리

** 암흑 물질은 이런 천문학적 현상들을 보이지 않죠.

*** 에이벨 520의 다른 이름입니다.

느라 정신이 없을 테죠. 은하단을 구성하는 개별 은하들은 거의 파리 떼처럼 서로를 스쳐 지나갑니다. 그리고 렌즈 측정에 근거한 암흑 물질의 무리들 역시 서로를 완전히 지나칩니다. 하지만 엉키지도 않고, 소통하지도 않고, 그 어떤 상호 작용도 하지 않습니다. 마치 길에서 스쳐 지나가는 헤어진 연인들처럼 말이죠. 어색한 눈빛도 나누지 않습니다. 흥미로운 단서네요.

이 모든 것을 작동시키고, 별의 속도, 은하 운동, 중력 렌즈, 초기 우주의 빛, 수소와 헬륨의 양, 우주 거미줄에 있는 은하 배열에 대한 관측치를 일치시키기 위해서 암흑 물질은 새로운 입자여야 합니다. 그리고 이 새로운 입자의 특징은 차갑고 빛과 상호 작용하지 않으며 우리가 보는 모든 질량 농도를 설명할 수 있을 만큼 충분히 무거워야 합니다.

또한 자체적으로 상호 작용할 수 없어야 하는데, 서로 상호 작용을 한다면 은하단이 충돌할 때 서로 엉켜 버릴 수 있기 때문이지요. 암흑 물질은 질량도 꽤 크지만 같은 종류 또는 일반 물질과 기껏해야 약하게만 상호 작용하는 입자로 만들어져야 합니다. 약하게 상호 작용하는 거대한 입자. 말하자면 윔프(WIMP, weakly interacting massive particle)죠. 물리학자들은 정말 귀엽네요.

'암흑 물질'이라고 하면 '무관심한 물질'이라고 생각하세요. 윔프들은 여러분에게 관심이 없습니다. 개인적인 감정으로 여러분에게 관심이 없는 것이 아니고 그저 우주가 그렇게 만들어져 있는 방식일 뿐입니다.

어쨌든 입자물리학자들은 창의적인 신사 숙녀 분들이네요. 그들은 정말 기이한 과학자 스타일의 가속기를 만들고, 원자를 서로 부딪히고, 바닥에 떨어진 모든 조각들에 이름을 붙이느라 바쁩니다. 가속기가 유지보수를 위해 멈추면 칠판에 터무니없는 충돌 도표를 그리며 즐기기도 합니다. "이 쿼크가 중성 미자와 충돌했는데 마지막 순간에 광자가 지나가면 어떤 일이 일어날까요?" (분명히 말씀드리는데, 이는 지어낸 시나리오이지만 물리학과의 강의실 복도에서 흔히 들을 수 있는 전형적인 이야기입니다.)

상상력과 자유 시간을 활용해 입자에 대한 아이디어를 만들어내기 시작합니다. 이러한 새로운 입자는 근본적인 상호 작용, 힘, 법칙에 대한 새로운 이론의 부산물입니다. 새로운 물리 이론이 존재하게 되면 보통 새로운 종류의 입자와 같은 부수적인 것들이 생겨납니다. 이는 물리학자들에게 좋은 소식입니다. 대형 입자 충돌기에서 찾을 것이 생겼기 때문이지요. 이론을 테스트하기 위해서 말이에요. 과학이 이루어지는 과정입니다.

이론 입자물리학자들은 지난 수십 년 동안 물리학의 표준 이론을 넘어서기 위해 열심히 연구해 왔습니다. 이는 이름에서 알 수 있듯이 모든 입자와 힘, 상호 작용을 하나의 수학적 지붕 아래에 두려는 물리학의 표준 모델이지요. 이러한 이론가들에게 특별한 관심을 끄는 것은 자연의 힘이 막 결합하기 시작하는 특정 고에너지 범위입니다.(호기심이 무척 많은 분들과 위키백과를 뒤적이는 것을 좋아하시는 분들을 위해 앞서 전 우주의 잠재적 상전이의 재앙이 다가오는 것을 암울하게 자세히 논의할 때 만났던 바로 그 **약력**(electroweak) 규모입니다.)

바로 그 에너지 범위를 가진 입자가 우리가 필요한 암흑 물질의 특징이라면 우연일까요? 꼭 맞는 질량, 거의 존재하지 않는 수준의 상호 작용과 함께 그 분포하는 양도 우리가 보는 우주와 딱 맞는다면 말이죠.

우주론자들이 찾던 입자를 이론가들이 고안해 냈다는 것은 순전히 우연의 일치입니다. 그리고 이 입자가 실제로 존재하고 암흑 물질을 설명할 수 있다면, 이 입자는 중력 외의 다른 무엇인가로 상호 작용한다는 이야기입니다. 약한 핵력을 통해 정상 물질과 대화할 수 있다는 거죠.

가끔씩, 아주 잠깐이지만, 대화는 이루어집니다. 따라서 잠재적으로 탐지될 수 있다는 이야기고요. 사람들이 윔프에 열광하는 이유이기도 하죠.

———

아, 약한 핵력. 많은 사랑을 받지 못했죠? 여러분의 삶은 거의 전적으로 중력과 전자기력의 지배를 받습니다. 그리고 강한 핵력은 단거리이긴 하지만 적어도 원자를 하나로 묶어 주는 **강한** 힘이에요. 그러나 약한 핵력에 대한 가장 친절한 설명은 그저 특정 입자 반응에서 역할을 한다는 것입니다. 약한 핵력은 기본 힘 중에서 가장 약한 힘입니다. 항상 존재하지만 실제로는 아무 말도 하지 않습니다. 파티에서는 별로 인기가 없죠.

그러나 이 약한 핵력을 통해 암흑 물질은 잠재적으로, 아마도, 아마도 가끔씩 정상 물질과 대화하고 상호 작용할 수 있을지도 모릅니다. 따라서 중성 미자와 마찬가지로 지금 이 순간에도 수십억 개의 암흑 물질 입자가 우리 몸을 뚫고 지나가기 때문에 아주 가끔은 암흑 물질이 우리 존재를 인정할 수도 있습니다. 즉 암흑 물질 탐지기를 만들어 여기저기서 떠돌아다니는 입자를 잡아낼 수도 있다는 뜻입니다. 몇 년이 걸리겠지만, 그게 바로 입자물리학자들에게는 직업이 보장된다는 말이기도 하네요.

현재까지 아무도 웜프를 포착하지는 못했습니다. 더 불안한 것은 암흑 물질 입자 후보(즉 실제 웜프 용의자의 머그샷)로 이어지는 이론이 최근의 고에너지 실험에서 점점 약해지고 있다는 점입니다. 암흑 물질 입자 후보에 대한 여지는 여전히 많지만 즉시 명백한 어떤 특정한 것이 될 것 같지는 않습니다. 아원자 영역과 우주의 영역이 일치한다는 사실이 처음 밝혀졌을 때 '웜프의 기적'이라고 칭송받았지만, 결국 그렇게 기적적이지 않을 수도 있겠네요.[15]

암흑 물질이 실재한다는 증거는 산더미처럼 쌓여 있지만, '물질'이라는 단어의 정의가 조금 부족할 뿐입니다. 그리고 암흑 물질이 약한 핵력을 통해 상호 작용한다면 위험할 수 있습니다. 아마도요.

상호 작용이 일어나는 방식과 그 빈도는 당연히 특정 모델에 따라 달라지므로 자세한 설명은 생략하겠습니다. 요점은 암흑 물질 입자가 일반 물질 입자와 충돌하여 순간적으로 아원자 공황(subatomic panic)을 일으키는 경우는 아주 드물다는 것입니다. 그런 걱정은 전혀 할 필요가 없습니다.

그러나 암흑 물질은 잠재적으로 **자기 자신**과 대화할 수 있으며, 이것이 문제가 될 수 있는 것이죠. 암흑 물질은 대부분 서로를 무시하지만, 충분히 밀도가 높은 상황이 되면 두 개의 암흑 물질 입자가 서로를 발견하고 고강도 방사선과 함께 폭발하면서 **사라질** 수 있습니다.

잠깐만요. 암흑 물질이 스스로 소멸할 수 있다면, 암흑 물질이 지금 어떻게 존재할 수 있는 거죠? 오, 그런 질문을 하는 걸 보니 여러분은 무척 똑똑한 사람이네요. 암흑 물질의 소멸이 흔하게 일어나는 일은 아니에요. 결국 그것은 **약하게** 상호 작용합니다. 어떤 암흑 물질 입자 한두 개가 상호 작용이 일어나려나 하고 **생각하기** 전에 수백만 번, 또는 그 이상의 만남이 필요합니다.

하지만 우주에는 암흑 물질이 엄청나게 많은 곳이 있는데, 바로 파티가 일어나고 있는 은하핵이지요. 암흑 물질은 결국 우주 거미줄의 뼈대를 구성하고, 정상적인 빛을 내는 물질은 암흑 물질의 농도가 가장 높은 곳으로 흘러 들어갑니다. 따라서 은하의 중심부에도 비정상적으로 많은 양의 암흑 물질이 있다고 생각합니다. 맞아요, 초질량 블랙홀과 강력한 방사선으로 인해 은하 중심부는 절대 가지 말라고 이미 경고한 적이 있습니다. 가지 말아야 할 이유가 또 하나 있는 셈이죠.[16]

사실 이 어두운 토끼 굴에 대해 잠시 살펴보자면 은하 중심부에 암흑 물질이 **너무 많을** 수도 있습니다. 수십억 년 동안의 우주 중력에 따른 암흑 물질의 진화를 추적하는 데 사용하는 가장 멋진 컴퓨터 시뮬레이션(중력과 시간뿐이므로 그렇게 어려운 계산은 아닙니다.)은 은하핵에 터무니없이 많은 양의 암흑 물질이 있을 것으로 예측합니다. 만약 이 예측이 맞다면 은하 전체의 모든 정상 물질이 단단한 작은 공 모양으로 뭉쳐 있을 것입니다.

(관측 자료를 보면) 이것은 명백히 사실이 아니므로 뭔가 틀렸다는 이야기죠. 우리가 암흑 물질과 일반 물질 사이의 중력 관계를 완전히 이해하지 못하고 있는 것일 수도 있습니다.(그다지 놀랄 일도 아닙니다.) 또는 암흑 물질에 대한 우리의 순진한 모델이 약간 잘못되었다는 이야기일 수도 있고요.

여러 이론가들이 해결책을 제안했습니다. 그중 일부 해결책은 오직 암흑 물질만 느낄 수 있는 새로운 자연의 힘을 포함하는 것이었습니다. 그 새로운 힘은 암흑 물질이 모든 것을 부드럽게 하고 핵에서 모든 것을 너무 뜨겁게 만들지 않도록 하는 추가적인 상호 작용을 합니다.[17]

우리는 자연의 암흑 전용 힘이 추가로 존재하는지 알지 못합니다. 우리가 관측하는 것을 담당하는 암흑 물질의 '종(species)'이 하나 이상 있는지 여부도 알 수 없습니다.(어느 쪽 주장이든 가능합니다. 첫 번째, 물질 우주의 가장 큰 구성 요소는 '크고' '단순'해야 한다는 것입니다. 두 번째, 암흑 영역의 생명체는, 마치 암흑 화학과 암흑 아원자 물리학이 존재하는 것처럼 우리의 정상적인 물질 모험만큼이나 미치고 표현력이 풍부해야 한다는 것입니다.)

솔직히 모르겠습니다. 저희는…… 여기 그저 어둠 속에 있네요. 그러나 두 암흑 물질 입자가 상호 작용할 때, 정확히 무엇으로 만들어졌는지에 상관없이 감마선이 번쩍이면 스스로 파괴될 수 있다고 생각합니다. 고에너지 빛, 아주 강한 감마선이요. 물론 감마선 한 광자가 인체에 해를 끼치지는 않습니다. 여러 개가 모여도 눈치채지 못할 것입니다. 하지만 감마선이 **아주 많다고요?** 그럼 큰일이죠.

감마선은 **이온화**할 수 있는 에너지를 가지고 있습니다. 원자와 분자에서 전자를 떼어 낼 수 있다는 거죠. 별거 아닌가요? 큰 문제죠. 즉 세포 손상을 일으킬 수 있다는 이야기거든요. 조직 손상. 장기 손상. **여러분**이 손상될 수 있다는 이야기예요. 소량의 감마선에 노출되면 암에 걸릴 위험이 약간 높아질 뿐이지만 다량의 감마선에 노출되면 녹아내릴 거예요.

현재 윔피 입자 후보와 일치하는 적절한 에너지 범위의 과도한 감마선을 찾고 있습니다. 지금까지는 일반적인 은하계 수준 이상으로 검출된 감마선은 없습니다. 하지만 우리는 여전히 찾고 있지요.

그 밖에도 암흑 물질은 어느 날 갑자기 완전히 붕괴하여 보이지 않는 은하계의 삶을 충분히 살았다고 판단하고 완전히 사라지고는, 더 친숙하지만 더 치명적인 입자들을 남길 수도 있습니다.

이 이야기의 교훈입니다. 은하핵 근처에는 가지 마세요. 물론 감마선의 다른 요인들도 있지만 암흑 물질로 인해 감마선 배경이 높아지면 림프절이 자체적으로 반항하고 싶은 마음을 가질 수도 있거든요. 두통, 메스꺼움, 구토, 설사, 인지 장애, 백혈구 수 감소, 어지러움, 저혈압, 고혈압, 긴장 또는 사망 등의 심각한 증상이 나타나기 시작하면 암흑 물질 소멸 중독의 피해자가 될 수 있습니다. 즉시 의사에게 연락하세요.

누가 알았겠어요? 암흑 물질은 그 자체로 안전하고 비교적 무해합니다. 뭐 물론 그렇게 우호적이지는 않습니다. 암흑 물질은 적극적으로 인간을 피합니다. 암흑 물질은 우리가 눈으로 보고 사랑하는 우주를 만드는 데 관여합니다. 하지만 충분히 큰 덩어리에 가까이 가면 더 이상 점심을 못 먹게 될 수도 있어요. 감마선 탐지기를 활성화하지 않았거나 보정하지 않았다면 감마선이 다가오는 것을 전혀 알 수 없습니다. 떠나기 전에 점검 받으셨겠죠?

외계인은 우호적일까   15

우리는
혼자일까?
세상에,
그러길 바랄게요
- 고대 천문학자의 시

어떤 이유에서인지, 우리 인간은 우주에서 혼자가 아니라는 생각에 빠져 있습니다. 어쩌면 반짝이는 별과 뭉글뭉글 피어 있는 성운이 가득한 하늘의 광활한 장엄함을 보다 보면, 누군가가 우리를 부르는 것 같고, 탐험을 계속해서 더 먼 우주로 뻗어 나가며 새로운 것을 발견하고 배워야 한다는 마음이 드나 봅니다. 무엇보다도 우주 어딘가에 누군가 있다면 만나고 소통하고 싶은 생각이 자연스럽게 드는 것 같아요. 정말 **낭만적**이지 않나요? 저 밖 어딘가에 다른 생명체가 있을지도 모른다는 생각은 광활한 심해는 우리의 마음과 상상력을 가득 채웁니다.

다른 생명체는 어떤 모습일까요? 그들과 대화할 수 있을까요? 별들을 사이에 두고 같이 게임을 할 수 있을까요? 젠가 아니면 제스처? 아니면 둘 다 할까요? 둘 다 하죠.

또는 그 광활하고 깊은 허공이 실제로 우리를 부르지만, 어머니가 자식을 부르는 따뜻한 속삭임이 아니라 가혹한 경고의 음색으로 우리를 부릅니다. 공포와 추위의 부름일지도 몰라요.

외로움의 부름일 수도 있고요.

별과 별 사이를 이동하는 데는 몇 광년이라는 시간이 걸리고, 은하와 은하 사이를 이동하는 데는 수백만 년의 시간이 더 걸립니다. 지구는 태양의 주위를 공전하는 8개(또는 9개, 1만 개, 물어보는 사람에 따라 다르니 묻지 마세요.)* 행성 중 하나에 불과합니다. 태양은 우리은하의 중심을 천천히 돌고 있는 3000억 개(±1,000억 개, 아직 세고 있는 중입니다.)의 별 중 하나에 불과합니다. 우리은하는 관측 가능한 우주에 있는 5억 개에서 2조 개 사이의 수많은 은하 중 하나일 뿐이고요.(세고 있는 대부분의 은하가 수십억 광년 떨어져 있고 매우 어둡기 때문에 정확한 개수를 세는 것은 정말 어렵습니다.) 관측 가능한 우주는 약 900억 광년 너비의 국소 지역이며, 훨씬 더 큰 우주에 비해 아주 작은 한 덩어리에 불과하지요. 얼마나 크냐고요? 관측 가능한 우주의 10^{62}배에서 **말 그대로 무한히 큰** 우주까지 다양한 추정치가 있습니다.[1]

우리 우주에 있는 별의 총 수는 너무 많아서 그 수대로 0을 제가 여기 쓸 수 있다 해도 0의 개수를 세는 재미 외에는 숫자 자체로는 전

• 태양계의 행성을 어떻게 정의하냐에 따라 8개라고 할 수도 있고 명왕성을 포함하여 기존의 9개라고 할 수도 있습니다. 작은 왜소 행성까지 다 포함한다면 더 많은 행성이 태양계에 있습니다.

혀 의미가 없을 듯하네요. 성운, 퇴화된 잔여물, 행성, 미행성,** 왜소 행성, 갈색 왜성, 소행성, 혜성, 운석, 우주선, 중성 미자, 방사선 등을 포함하지도 않은 수치입니다.

그야말로 방대한 분량입니다.

우리의 우주는 너무 커서 어떤 단어로 묘사하기도 어렵고 그 크기를 이해하려고 시작조차 하기 어렵습니다. 우주의 크기를 이해하기엔 우리의 뇌가 진화적으로 봤을 때 고작 도마뱀의 뇌 정도밖에 되지 않아 우주의 크기와 같은 개념을 처리하기에 역부족입니다. 다행히도 우리는 수학이라는 것을 찾아냈고, 다른 도구와 마찬가지로 수학을 통해 평소에는 할 수 없었던 일을 할 수 있게 되었습니다. 맨손으로 떡갈나무를 자를 수 없듯이, 생각만으로 광활한 우주를 담아낼 수 없거든요.

현실을 직시하세요. 우주는 거대합니다. 그리고 그 광대함은 결코 작지 않은 두려움입니다. 바로 **어제** 나무 위에서의 삶을 버리고 땅으로 내려온 네발 달린 유인원의 후손이 모든 피조물의 최고 장엄함을 유일하게 물려받은 **존재**라고 생각하기엔 조금 무리가 있지 않을까요? 아니면 너무 무서워서 아예 생각조차 하지 않으실 수도 있습니다.

우리를 부르며 탐험을 손짓하는 저 밤하늘이 이해할 수 없는 깊이와 넓이로 동시에 우리를 압도하기도 합니다. 우주는 우리가 상상하는 것보다 훨씬 더 큰 규모로 존재합니다. 그리고 이 모든 것이 우

** 행성이 되기 전 단계

리만을 위한 것일까요? 어쩌면 우리는 이 모든 것을 혼자서 해낼 수 없다는 생각에 지적 생명체가 존재하기를 간절히 바라며 헛된 탐색을 반복하고 있는지도 모릅니다.

저 우주 어디에 있는 누구든지 제발 우리 전화 좀 받아 줄래요?

———

고대 철학자들과 초기 천문학자들은 시간이 많았고 현실이나 증거에 근거하지 않고 무작위로 아이디어를 떠올리는 것을 즐겼기 때문에 생명체가 가득한 다양한 세계를 상상했습니다. 우주에 수많은 지적 생명체가 존재한다고 상상하기는 쉽지만, 실제로 그 증거를 찾는 것은 완전히 다른 문제입니다.

1800년대 후반 화성의 '운하'에 대한 재미있는 일화를 한번 보자고요. 일부 전문적이고 진지한 천문학자들은 당시의 강력한 망원경을 통해 붉은 행성, 화성을 관찰했습니다. 당연히 그들은 모호하고 흐릿한 얼룩과 특징들을 많이 보았습니다. 1858년 이탈리아의 천문학자 안젤로 세키는 이러한 특징 중 일부를 '카놀리(cannoli)*'라고 부를 수 있는 재미있는 기회를 놓치고 대신 '카날레(canale)'라고 불렀습니다.** 이 이탈리아어 단어 카날레(canale)는 그 철자가 '운하(canal)'와 비슷해서 원한다면 그렇게 번역할 수도 있지만 '협곡'과 같이 훨씬 더

---

* 귤이나 초콜릿, 달콤한 치즈 등을 파이 껍질로 싸서 튀긴 음식을 '카놀리'라고 해요.

** 이탈리아어로 cannoli와 canale는 철자가 비슷합니다.

모호한 의미로 번역할 수도 있습니다.

　어느 쪽이든, 이후 수십 년 동안 천문학자들은 복잡한 운하 네트워크, 숲의 증거, 심지어 활발히 진행 중인 잠재적인 엔지니어링 프로젝트까지, 망원경을 통해 보고 있다고 생각했던 것을 묘사하는 데 있어 예상외로 선전했지요. 지구의 문명이 발달할 때와 똑같지만 더 붉었을 뿐이에요. 멋지네요!

　모든 천문학자가 화성 탐사에 나섰던 건 아니었습니다. 동료들의 순진함과 공상이 어리석다고 지적한 이도 있습니다.[2] 20세기 초에 이르러 망원경이 개선되고 **카메라**라는 멋진 신기술이 등장하면서 화성의 인공 지형에 대한 생각은 사라졌습니다. 알고 보니 지루한 붉은 모래 언덕이었죠.

　여기 앉아서 그 불운한 천문학자들에게 혀를 내두를 생각은 없지만, 그들이 정말, 정말 누군가가 있기를 간절히 원했고 이웃 행성에 친구가 있었으면 좋았을 거라는 것만 말씀드리겠습니다. 그들이 우주를 가로질러 공통의 유대감을 형성하려는 충동에 이끌렸든지 아니면 우주 깊숙한 곳이나 외로운 공허에 대한 두려움 때문이었든지 간에, 그들도 우리와 마찬가지로 그저 친구를 원했습니다.

　화성이 붉고 죽어 있다는 사실을 깨달은 후에도 우주에서 이웃 찾기 프로젝트는 끝나지 않았습니다. 수십 년 동안 여기저기서 어떤 천문학자들은 외계인의 흔적을 찾았다고 생각하며, 동료들로부터 미친 소리라고 무시당하지 않도록 충분한 과학 전문 용어와 주의 사항으로 결과를 포장하고, 지구 밖에서 지적 생명체가 존재한다는 최초의 진정한 증거가 밝혀지면 즉각적이고 완전한 명성과 재산(최소한 회고록과 전기 영화, 심지어는 상품화 기회)을 얻을 수 있을 것으로 기대해 왔습니다. 아, 그리고 노벨상도 받을 수 있다고 생각했을지도요.

펄서 기억하시나요? 절대로 가까이 가서는 안 돼요! 꼭 기억하시길 바랄게요. 강렬한 엑스선 방사선에 얼굴이 먼저 녹아내리고 곧이어 불경스러운 자기장에 온몸이 녹아내릴 거니까요. 기억하신다니 다행이지만 언제든 이렇게 상기시켜 주는 것도 나쁘지 않죠.

펄서는 1967년 전파 망원경으로 우연히 처음 발견되었습니다. 앤서니 휴이시와 그의 대학원생인 조셀린 벨 버넬은 행성 간 섬광 어레이(array)를 가지고 이런저런 시도를 해 보고 있었습니다. 이 어레이는 전선 몇 개를 기둥에 매달아 놓은 것 같지만 이름보다는 훨씬 더 멋진 장비입니다. 어쨌든 어느 날 밤, 그들은 하늘의 같은 위치, 한 지점에서 1.33초마다 정확하게 반복하여 라디오 파장을 내는 무언가를 발견했습니다. 도대체 무엇이었을까요?

별은 아니에요. 별은 그렇게 행동하지 않습니다. 은하도 아니에요. 은하 역시 그렇게 행동하지 않습니다. 무엇이 그렇게 규칙적이고 단조로운 것을 만들 수 있을까요? 혹시⋯⋯ ? 버넬과 휴이시는 '농담 삼아'(그들의 표현을 빌리자면) 작은 녹색 인간(Little Green Men)을 뜻하는 LGM-1이라고 불렀습니다.[3] 얼마 지나지 않아 또 다른 신호가 감지되었고, 이후에도 계속해서 비슷한 신호를 발견했죠. 하늘이 LGM으로 뒤덮여 있었어요! 우리는 곧 침략당할 것입니다!

천체물리학자들이 얼마 지나지 않아 지적했듯이, 그것은 빠르게 회전하는 중성자별의 광선이 먼 등대의 깜박임처럼 지구를 훑고 지나가는 것이었습니다. 우주의 또 다른 무작위적인 특이한 현상일 뿐이었죠. 외계인이 아닌 완전한 자연이었습니다. 결국 LGM 대신 펄서라고 부르게 되었습니다. 아주 알맞은 이름이죠.*

외계인이 보내는 신호로 오인할 만한 삑삑거리는 소리가 하늘 저 어딘가에서 들려온 것은 이것이 끝이 아니었습니다. 1977년, 오하이오주 콜럼버스 외곽에 있는 빅 이어 전파 망원경(Big Ear radio telescope, 지구 천문학자들은 특히 애완용 장비에 특이한 이름을 붙입니다.)은 72초 동안 지속되는 예외적으로 강한 신호를 기록했습니다. 이 전파는 우주의 배경 전파보다 30배 더 강했습니다. 또한 매우 특이한 주파수, 즉 중성 수소가 자연적으로 방출하는 주파수에서 발생했습니다. 우연이었을까요?

그날 밤 관측을 담당했던 제리 R. 이먼은 인쇄물에 "와우!"라고 적을 정도로 감명을 받았습니다. 그래서 역사책에 기록된 이름이 바로 **와우! 신호**(the Wow! signal)입니다. 이 신호는 무엇이었을까요? 전혀 모르겠습니다.[4] 1977년 그날의 외로운 밤 이후 전파 관측 역사상, 더 크고 더 많이 관측할 수 있는 방법들을 동원해도 이 신호는 다시 들려오지 않았습니다. 외계인이었다면 그들의 문명이 영원히 끝나기 직전에 "잘 있어."라고 단 한 번 외치고는 사라진 것이죠. 아니면 지구에서 온 것일 수도 있고(군에서는 강력한 전파 방출에 대해 잘 이야기하지 않죠.) 혜성에서 반사된 것일 수도 있습니다. 그쪽에서 다시 한번 "와우!"를 외치지 않는 한 우리는 절대 알 수 없습니다.

외계인 찾기에 대한 희망적인 아쉬움은 시간이 지날수록 더욱

---

* 펄서는 박동이라는 말에서 유래했죠.

간절해지고 슬퍼졌습니다.

1998년부터 호주에 있는 전파 망원경인 파크스 천문대에서는 가끔 신비한 전파 신호가 희미하게 포착되곤 했는데(여기서 공통된 주제가 보이시나요?) 이 신호는 도착하자마자 사라지고 다른 주파수로 옮겨 다니며 유혹하곤 했죠. 신호는 하늘의 특정 방향에서 오는 것 같지는 않았지만 한낮에 집중되는 경향이 있었습니다. 태양은 아니었어요. 확인했지요. 그 신호에 '페리톤(Peryton)'이라는 이름이 붙었는데, 그 이름이 충분히 공상적으로 들렸기 때문입니다. 그들에 대한 논문도 작성되었습니다. 혹시······?

하지만 그들은 천문대에 있는 식당을 확인하지 않았습니다. 방문자 센터의 전자레인지에서 음식이 나오기를 너무 기다리다 음식이 다 되었다는 타이머가 울리기 전에 문을 잡아당기면 전자레인지가 실제로 멈추는 데 몇 분의 1초가 더 걸리고 약간의 방사선이 누출되는 것으로 밝혀졌습니다. 그리고 말 그대로 64미터 전파 망원경이 **바로 옆에** 있는 경우에는 '신비한' 전파 방출이 되는 거죠.[5] 사람들은 더 이상 페리톤에 대한 논문을 쓰지 않습니다.

2015년에 케플러 우주 망원경을 사용하는 천문학자들은 한 별이 매우 이상하게 어두워지는 것을 발견했습니다. 특별한 이유 없이는 절대 생기지 않아야 할 그런 현상이었어요. 이상하지 않나요? 혹시······? 이 경우에는 메시지가 아니라 아마도, 아마도····· 물론 자연적으로 설명할 수 있는 많은 가능성이 있지만, "잘 모른다."고 말할 때마다 윙크를 할게요. 어쩌면 어떤 똑똑한 외계 생명체가 그 별 주위에 이상한 거대한 구조물을 만들어서 그 거대한 구조물이 우리와 그 별 앞을 지나갈 때 빛을 차단하고 있을지도 모르죠.

외계인이라고 말씀드리는 것은 아니지만, 혹시 모르니 문의하실 분들을 위해 제 연락처를 여기 남기고 갑니다.

몇 년 후 더 많은 관찰을 통해 그 범인은 바로 먼지였던 것으로 밝혀졌습니다. 이래저래 골칫거리인 먼지가 무더기로 발견된 거죠. 이 별은 방을 청소하는 것을 잊은 모양입니다.[6]

이후 2017년, 천문학자들은 태양계를 통과한 최초의 성간 침입자를 확인했으며, 이 침입자는 독특하게 빛이 희미해져 가는 현상을 설명할 수 있을 만큼 충분히 빛을 차단할 수 있었습니다. '오우무아무아(하와이어로 '정찰병'이라는 뜻)'라는 이름의 이 방문객은 우리 태양계 외곽의 알 수 없는 깊은 곳에서 온 것으로 확인되었으며, 단 몇 년 동안 태양 주위를 돌다가 다른 미지의 영역을 향해 떠난 것으로 나타났습니다.

큰 바위였습니다. 물론 흥미진진한 바위이긴 하지만(천문학자들은 우주에 있는 바위에 대해서라면 **매우** 흥분하는 사람들입니다.) 그냥 바위일 뿐입니다.[7] 바위에 대해 말하자면, 때때로 큰 무언가가 행성에 충돌하여 행성 조각이 멀리 날아가서 수백만 년 또는 수십억 년 동안 주변을 떠돌며 어찌할 수도 없이 떠다니기도 합니다. 대부분의 행성 조각은 남은 생애 동안 그런 떠돌이 생활을 할 수밖에 없는데, 가끔은 다른 행성의 중력에 휩쓸리기도 합니다. 행성의 중력에 의한 하강에서 살아남으면 새로 찾은 고향에서 편안한 노후를 보낼 수 있게 되는 거죠.

운이 나빠서 지구에 운석으로 떨어진다면, 그 덩어리들은 실험

복을 입은 과학자들이 수년간 불편하게 찌르고 자르며 덩어리를 이해하려고 노력하는 그 모든 행동들을 견뎌야 할 것입니다.

ALH84001(교육용 로봇 알피 아닙니다.)은 지구에서는 40억 년 된 암석이지만 사실은 화성에서 만들어졌습니다. 이 암석 내부에는 아주 작디작은 구조물이 있는데, 눈을 가늘게 뜨고 믿으면 오래전에 죽은 미생물로 만들어졌다고 생각할 수도 있습니다. 그럴지도 모르죠. 또한 동일한 특징들을 만들 수 있는 화학적 또는 광물학적(즉 '지루한') 공정도 많이 있습니다.

지금으로선, 그냥 돌멩이일 뿐입니다.[8]

———

지구 밖에 생명체가 존재한다는 증거는 아직 발견되지 않았고, 거창한 후보 중 어느 것도 유력한 후보로 떠오르지 않았습니다. 생명체나 지능의 흔적은 어디에도 없을까요? (논의를 위해 인간이 실제로 은하계의 '지능' 척도에서 높은 점수를 받았다고 가정해 봅시다.)

이것이 바로 SETI(Searching for Extraterrestrial Intelligence)가 등장하는 이유입니다. 독자 여러분, SETI를 소개합니다. SETI, 여기 독자분들을 소개합니다. 이들은 외계 지성을 찾는 연구단입니다. 그들은 수색 범위를 넓혀서 지적 생명체뿐만 아니라 모든 종류의 외계 생명체(extraterrestrial life)를 찾을 수 있었겠지만, 그렇게 되면 이름이 SETL이어야겠네요.

1960년대 이후 수십 년 동안 천문학자들, 특히 전파 천문학자들은 외계 지성체도 우리처럼 라디오 방송을 즐겨 들을 것이라는 가정 하에 전 세계 천문대에서 "안녕하십니까?"라는 외계인의 목소리를 찾기 위해 시간을 쪼개어 관측을 해 왔습니다. 외계 생명체의 신호를 듣겠다는 단 하나의 목표를 위해 천문대 한 곳의 관측 시설을 전부 할애하기란 당연히 어려운 일이죠. 우주는 모든 종류의 전파 신호들로 가득 차 있고, 그 데이터에는 귀를 기울일 만한 천체물리학 정보가 가득하기 때문에 말입니다.

물론 우리는 우주에서 우리가 혼자인지 아닌지 당연히 궁금하죠. 다만 돈을 쓰고 싶지 않을 뿐입니다. 더 이상 여러분을 긴장감 속에서 기다리게 하지 않겠습니다. 1977년 '와우!' 소리(<스타워즈>가 아니라 신비한 무선 신호에 대해 이야기하고 있습니다.)를 제외하고는 SETI는 아무 소리도 듣지 못했습니다. 전혀요. 완전히 침묵입니다.[9]

말하자면 SETI는 온갖 종류의 신호를 감지하기는 했지만 바로 옆집(은하계로 말하자면)에서 걸려 온 전화 같은 신호는 감지하지 못했습니다. 특이한 건 없었어요.

네, 맞아요. 우리에게는 우주에서 나오는 아주 미세한 전자기파를 감지할 수 있는 거대한 전파 수신기가 있습니다. 하지만 우리가 그 수신기로 듣는 신호들은 매우 시끄럽습니다. 시끄러운 영화 소리가 아니라, 천문학적으로 시끄러운 거죠. 폭발하는 초신성, 회전하는 중성자별, 거대한 블랙홀 주위의 소용돌이치는 가스 구름 같은 요란한 현상들 말이에요. 크고, 실제로 있는 현상들이며, 굵직한 신호들입니다.

외계 문명이 ⓐ 우리가 지구에 있다는 것을 알고, ⓑ 우리와 대화하기로 결정하고, ⓒ 거대한 무선 송신기를 만들고, ⓓ 가능한 가장 큰 HELLO를 날려 보낸다고 해도 현재 기술로는 반경 100광년 정도밖에 도달할 수 없습니다.

우리은하가 10만 광년이라는 점을 고려할 때, 우리가 들을 수 있는 한도 범위는 한심할 정도로 작은 것이죠. 그 한도 범위가 제로라고 가정해도 될 정도로 작고, 그 또한 외계인이 우리와 적극적으로 대화를 시도하고 있다고 가정할 때의 이야기입니다.

물론 미래의 전파 망원경과 어레이(array)는 더 희미하고 희미한 신호를 포착할 수 있어 근본적으로 우리의 한도 범위를 늘릴 수는 있지만 더 멀리 갈수록 또 다른 문제에 봉착합니다. 바로 우리은하 자체입니다. 우리은하(그리고 우주)의 모든 불명료한 천체물리학적 과정은 일반적인 배경 전파가 그저 윙윙거리는 소리로 섞여 있으며, 그 속에서 외계인 신호를 찾아낸다는 것은(다시 말하지만, 외계인이 애초에 감지 가능한 신호를 만들려고 노력한다는 가정하에) 모래 더미 속에서 다이아몬드를 찾아내는 격입니다. 불가능하지는 않지만 행운이 필요하니 행운을 빕니다.

하지만 지능적인 외계 문명이 할 수 있는 일이 솔(Sol)* 이라는 용어를 사용하는 것만이 아니지요.(물론 외계 문명이 그렇게 시도할 의사가 있다는 가정하에 말이죠. 악의는 없지만 상상할 수 없는 수준의 기술적 정교함을 가지고 있다면 정말 우리 같은 존재와 대화하고 싶을까요?) 그들은 또한 자신의 환경을 엉망으로 만들 수도 있습니다.

• 태양을 일컫는 또 다른 이름이자, 화성에서의 하루를 뜻해요.

우리가 지구에 있는 실제 운하와 주차장, 공해와 인공섬으로 지구를 엉망으로 만들고 있는 것처럼 말입니다. 심지어 우리는, 우리의 대기를 눈에 띌 정도로 망쳐 놓았는걸요.(우리가 탄소 배출을 많이 한 이유가 더 넓은 은하계에 우리의 존재를 알리기 위해서였다고 치면 어떨까요?)

외계 지성체는 에너지와 자유 시간만 있다면 원하는 것은 무엇이든 할 수 있다고 생각합니다. 아마도 그들은 힘에 굶주려서(세계 정복의 힘이 아니라 에너지원의 힘을 뜻하지만, 물론 둘 다 의미할 수도 있죠.) 별에서 방출되는 모든 것을 포착하고 싶어 할 것입니다. 결국 많은 방사선은 멀리 있는 천문학자를 제외하고는 전혀 쓸모없는 상태로 그렇게 먼 우주로 떠나가게 됩니다. 어쩌면 그들은 모든 행성을 분해하고 궤도를 도는 거대한 태양 관측 장비를 개발하여 그 모든 에너지를…… 글쎄요, 누가 알겠습니까만, 아마도 그 모든 에너지의 용도를 찾을 것입니다.[10]

물론 이러한 **거대 구조물**의 개념을 이해하려면 몇 가지 까다로운 수학이 필요합니다. 거대 구조를 만들려면 많은 원자재가 필요하겠죠. 우리 태양계와 같은 항성계에 있는 대부분의 물질은 수소와 헬륨인데, 둘 다 거의 쓸모가 없습니다. 암석이 많이 필요한데, 대부분의 암석들은 가스로 된 거성의 중심부에 밀집되어 있죠. 따라서 그 중심부로 뛰어들거나 행성 자체를 분리하여 암석을 파내야 합니다. 그런 다음 그 모든 물질을 올바른 궤도로 옮겨야 합니다. 그리고 태양 전지판을 직접 제작해야 합니다.

태양계를 이런 식으로 재구성하려면 에너지가 필요한데, 이 에너지는 어딘가에서 구해야 합니다. 행성 간 레고 프로젝트의 다음 단계를 진행하기 위해 조금씩 약간의 태양 에너지를 저장하여 장착하거나, 아예 저 깊은 지하, 중심부를 뒤져서 찾은 핵물질을 이용해 작업 속도를 높일 수도 있습니다.

하지만 어떻게 되든지 간에 거대 구조를 만드는 데는 시간과 에너지 둘 다 필요합니다. 심지어 최대 수백만 년이 걸릴 수도 있거든요. 그리고 일단 태양 복사(에너지)를 모두 모으기 시작하면 초기 에너지 투자를 회수하기 위해 수천 년 또는 수백만 년을 더 기다려야 할 수도 있습니다. 대부분의 시나리오에서는 그냥 있는 그대로 두는 것이 좋습니다. 자연이 그렇게 만든 것이니 함부로 건드리지 마세요. 그래도 기술적으로 불가능한 것은 아니므로 찾아볼 수는 있어요.

하나의 별을 거대한 다이슨 구체(이와 같은 거대 구조를 최초로 제안한 프리먼 다이슨의 이름을 딴 것으로, 이 구체는 불안정하기 때문에 마감 페인트를 칠하는 순간 금방 깨질 수 있으니 너무 걱정하지 마세요.) 안에 완전히 넣어도 별이 안 보이게 할 수는 없습니다. 태양 전지판도 없고 에너지를 추출하여 사용하는 방법도 물리학적으로 100퍼센트 효율적이지 않습니다. 별에서 나오는 복사의 일부는 여전히 구체 밖으로 방출되기는 하지만, 적외선의 경우 껍질 바깥쪽 가장자리에서 나오는 낭비되는 열로 인해 빛을 발하지 못합니다.

따라서 아마도 우리는 크고 대부분 적외선인 우스꽝스러운 모양의 별을 찾아볼 수는 있을 것입니다. 정말 열성적인 외계 문명이 그들이 속한 은하의 상당 부분의 별을 은폐했다면(이왕 할 거면 뽐낼 수 있게 하는 것도 좋죠.) 은하 자체에서 나오는 빛 모두를 왜곡하여 우주 반대편에서 감지할 수도 있을 거예요.

케플러 우주 망원경을 통해 실제로 먼지를 발견한 사례 외에는 우리은하나 다른 은하에서 이러한 거대 구조가 작동하는 것을 본 적이 없습니다. 단 한 번도요. 지구 밖 생명체의 존재 가능성에 대한 증거는 현재로서는 세 가지밖에 없습니다.

1. **삐 소리**
2. **뿌 소리**
3. **바위**

여러분의 생애에 몇 차례 더 이런 큰 발견의 사례들이 있을 가능성이 있으며, 어딘가에서 이번에는 우리가 해냈다, 정말 해냈다, 지구 밖 생명체에 대한 (가능성은 있지만 다소 희박한) 증거를 찾았다고 신나게 주장하는 그룹이 생겨날 거예요. 어쩌면 설명할 수 없는 전파 신호일 수도 있습니다. 우주 암석 조각이 무척 가까이 나타난 것을 볼 수 있을지도 모릅니다. 과학자들이 매우 진지하게 결과를 설명할 수도 있고, 어깨를 으쓱하며 설명하겠죠.

하지만 그런 일은 언젠가는 일어나기 마련이고, 그런 일이 일어났을 때 여러분은 오직 한 가지 반응, 즉 의구심만 가져야 합니다. 최고의, 궁극적인, 최고의 의구심. 생각하는 존재로서 자신의 존재에 대해 의문을 품게 만드는 의구심 말입니다.

왜 그럴까요? 외계인을 찾는다는 것은 **정말 큰일**이고, 지금까지 외계인의 증거를 찾지 못했다는 것은 우리가 (적어도 사실상) 혼자일 확률이 크다는 것을 의미하기 때문입니다. 이에 대해서는 잠시 후에 더 자세히 설명하겠습니다. 결론은 외계인이 존재하고 실제로 존재한다고 주장하려면 충분한 증거가 필요하다는 것입니다.

확실한 증거. 설명할 수 없는 형태의 '증거' 말고요. 설명할 수 없는 것이라면 외계인이나 다른 어떤 것으로도 설명할 수 없는 것입니다. 예를 들어 와우! 신호가 그렇습니다. 1977년에 발생한 신비한 전파 폭발의 원인은 아직 밝혀지지 않았고 그것이 우리가 내릴 수 있는 결론의 전부입니다.

뒷마당 수신기에서 임의의 전파 신호가 감지되었거나 근처 별에서 희한한 일이 일어나는 것을 봤다면, 그것은 아마도 자연의 현상일 가능성이 높습니다. 외계인이 **진짜 범인**이라 할지라도 우리는 그것이 자연적인 현상이라고 가정하는 것이 가장 좋습니다. 자연적인 설명이 가능한 모든 것, 즉 자연이 별을 폭발시키는 어떤 알려지지 않은 새로운 방식으로 신호를 만들어 냈을 가능성이 아주 조금이라도 있다면, 그 길을 잘 파 보아야 합니다. 증거가 작동하는 방식은 이렇습니다. 큰 주장을 하고 싶다면 수많은 증거가 필요합니다. 당연하죠.

외계인, 특히 지능적인 외계인은 원하는 모든 신호를 생성할 수 있기 때문에 '외계인일지도 모른다.'는 말만으로는 충분하지 않습니다. 특히 흥미로운 라디오 주파수가 72초 동안 지속되는 큰 급상승이 보이시나요? 외계인이 **할 수 있는** 일이죠. 아니, 잠깐만요, 실제로는 그보다 절반밖에 강하지 않은 그다지 특이성 없는 주파수에서 13초 동안 지속되었다면요? 외계인도 그렇게 할 수 있지요. 외계인은 무엇이든 할 수 있는 똑똑한 녀석들이니까요.

별이 이상하게 희미해지는 것이 보이시나요? 그 별의 궤도를 도는 거대 구조물일 수 있습니다. 하지만 희미해지는 패턴이 바뀌거나 다른 별이라면 어떨까요? 그렇다면 외계인은 변덕스럽게 자신들의 거대 장난감들을 바꿀 수 있으니 큰 문제가 되지 않겠죠. 외계인이니까요. 그들은 원하는 대로 다 하죠.

'외계인'이라는 외침은 엄청난 노력이 필요할 뿐만 아니라 그러한 외계인이 **지능**을 가졌다 함은 과학적 가설로서는 전혀 적합하지 않습니다. 똑똑하고 영리하며 수완이 풍부한 외계 문명은 언제든지 마음만 먹으면 무엇이든 할 수 있으며, 외계인의 능력은 인간이 상상할 수 있는 그 이상입니다. 따라서 외계인은 우리가 수신하거나 관찰하는 모든 종류의 이상한 신호를 만들어 낼 수 있는 마법의 힘을 가지고 있습니다.

지능적인 외계인은 어떤 데이터라도 설명할 수 있습니다. 이 가설은 아주 융통성 있는 가설이기 때문에 과학적으로는 아무 쓸모가 없죠.(물론 과학적으로는 훌륭한 일꾼, 친구, 대화 상대가 될 수 있을 것입니다.) 이 게으른 가설은 실제로 테스트할 수 없는데, 지능이 뛰어나고 자신의 환경을 수정할 수 있는 원천이 있는 것만으로도 하나의 가설에 대한 테스트를 능가할 수 있기 때문입니다.

그래요, 물론 외계인이 저 밖에 있을 수도 있습니다. 우리에게 신호를 보내고 있을지도 모르고요. 여기저기서 별 몇 개를 가지고 장난을 치고 있을지도 모르죠. 하지만 지금 당장 외계인을 믿어야 할 근거는 없습니다.

———

하지만 우리는 정말 아주 전형적인 별을 도는 평균적인 행성에서, 평균적인 은하의 평균적인 나선팔에 앉아 외롭게 지내고 있는 것일까요? 이 질문에 대한 가능한 답은 단 두 가지, 오직 두 가지뿐입니다. 하나를 골라 보세요.

1. 우리처럼 똑똑하거나 박테리아처럼 멍청한 생명체가 우주 어디에도 존재한다는 증거는 단 한 조각도, 심지어 이 오래된 지구에도 그들이 존재한다는 증거는 전혀 없습니다. 그리고 우리가 콕 찍을 수 있는 확실한 증거(가급적이면 악수할 수 있는 팔다리/지느러미/촉수/의족류)가 있을 때까지는 우리가 혼자임을 가정해야 합니다. 증거는 증거이고 규칙은 규칙이니까요. 믿을 만한 것이 있을 때까지는 믿을 것이 없는 것이죠.

2. 아직 시작도 안 했잖아요. 저 별들 좀 보세요! 관측 가능한 우주에는 별이 너무 많아서 대략적인 숫자를 입력하는 것조차 아무런 의미가 없을 정도예요. 이런 종류의 질문을 할 수 있는 생명체가 진화할 확률이 정말 극히 희박해서 **우주 전체를 통틀어** 우리만이 그럴 수 있는 유일한 존재일까요? 만약 자연이 애초에 생명을 희귀하게 만들고자 했다면, 왜 아예 생명의 존재를 불가능하게 만들지 않았을까요? (우리가 유일한 생명체인 것처럼) 우주의 전체 역사와 부피에서 단 한 번만 나타나는 그 어떤 다른 예를 말해 볼 수 있나요? 쉽지 않죠?

쉽게 내릴 수 있는 결론이 아니에요. 증거가 나오기 전까지는 어떤 것도 단정적으로 말할 수 없는 것만이 사실입니다. 현재로서는 정말 열심히 생각하고 더 열심히 논쟁하는 수밖에 없습니다.

하지만 두 가지 답변이 모두 그럴듯하다는 것 자체가 불안한 사실입니다. 제일 큰 문제는 앞서 언급한 은하계 및 우주론적 규모에서의 가장 적합한 **평균성**에서 나타납니다. 우주가 어떻게 작동하는지에 대한 모델의 기본 가정으로 삼을 정도로, 우리는 전혀 특별한 점이 없어요. 우리는 특별히 어떤 것의 중심에 있지도, 가장자리에 있지도 않습니다. 우리는 그저 여기에, 함께 어울리며, 우리 자신의 일에만 신경을 쓰고 있는 존재일 뿐입니다.

우리 태양과 같은 수많은 별이 있지요. 아마도 지구와 같은 수많은 세계가 있을 거예요. 그럼 우리 같은 외계인은 어디에 있지 않을까요? 다들 어디 있는 걸까요?

만약 지적 생명체가 이곳에서 발생했고 우리가 그저 평균적인 존재에 불과하다면, 우주 전체는 물론 은하계 전체가 동물로 가득 차 있어야 합니다. 가까운 곳과 먼 곳의 문명에서 외침이 들려오고, 우주 곳곳에서 미생물의 증거를 볼 수 있어야 합니다. 하지만 그렇게 보이진 않아요. 저 바깥은 살아 있는 생명체가 전혀 없는 듯 고요하고 불길하기까지 한 침묵이 흐르죠.

그렇다면 우리가…… 특별한 걸까요? 우리에겐 뭔가 특별한 게 있는 건 아닐까요? 희귀한 무언가? 하지만 우리 태양계 주변을 아무리 둘러봐도 그 생각엔 무리가 있어 보여요. 모든 징후는 우리가 '특별히 다르지 않다.'를 가리키지만, 그럼에도 불구하고 그래도 우리는 특이한 것처럼 보이는 건 사실이지요.

이것이 바로 페르미 역설의 핵심입니다. 생명체가 이곳에서 한 번 발생했다면 다른 모든 곳에서 여러 번 일어났어야 한다는 것입니다. 하지만 그렇지 않았습니다. 그렇다면 그 이유는 무엇일까요?[11]

솔직히 아무도 모릅니다. 어떤 행성에 생명체가 나타날 확률은 0퍼센트보다 큽니다.(그렇지 않다면 우리도 이 세상에 존재하며 지금 이런 대화를 나누고 있지도 않겠죠.) 그리고 100퍼센트보다 작습니다.(그렇지 않다면 우리는 모든 별 주변에서 외계 생명체를 보았을 것이고, 지금쯤이면 외계 생명체의 TV 프로그램을 수입하기 시작했겠죠.) 하지만 실제 숫자는 얼마일까요? 우리은하에는 우리만 있을까요? 우리 주위를 둘러싸고 있는 외계 문명이 수십 개는 더 있을까요? 천 개? 십만 개? 더 많을까요? 더 적을까요? 그냥 아무 숫자를 무작위로 말하고 있는 거예요.

물론 우리은하에 존재하는 지적 문명의 수를 '추정'하려는 영웅적인 시도도 있었습니다. 추정이라는 표현에 따옴표를 붙인 이유는 여러 가지가 있지만, 가장 큰 이유는 우리에게 단서가 전혀 없기 때문이며, **어떤 근거에 의한 추정이 아닌, 그저 만들어 낸 이야기**이기 때문입니다. 드레이크 방정식 같은 도구(이미 들어 보셨을 수도 있습니다. 천문학자 프랭크 드레이크가 우주에 존재하는 지적 생명체의 수를 추정하기 위해 고안한 방정식입니다.)는 이러한 복잡하고 큰 질문을 더 작고 이해하기 쉬운 덩어리로 쪼개는 것을 목적으로 합니다. 궁극적인 질문("우리는 혼자인가?")에 직접적으로 대답하는 대신 작은 질문들에 대한 대답을 시도하는 것입니다.

이 작은 질문들은 다소 합리적인 질문("우리은하에는 몇 개의 행성이 있나요?")부터 불가능에 가까운 질문("생명체가 행성에 나타나면 전파 신호를 보낼 확률은 얼마나 될까요?")에 이르기까지 다양합니다. 안타깝게도 드레이크 방정식의 경우, 질문의 범위가 작다고 해서 답하기가 더 쉬워지는 것은 아닙니다. 사람들이 드레이크 방정식을 적용할 때 결국 우리가 알지 못하는 것들을 매개 변수화 하는 것, 즉 방정식에 여러 가지 추측을 집어넣고 또 다른 추측을 내놓는 것입니다. 추측에서 시작하여 추측으로 마치는 거네요.[12]

어쩌면 여러분은 모험을 통해 지능이 있든 없든, 과거든 현재든 생명체의 흔적을 최초로 발견하게 될지도 모릅니다. 지구에 있는 일부 사람들은 우리의 전파가 우연히 우주로 새어 나가게 내버려두는 대신, 누군가 다른 쪽에서 수신하기를 바라며 우리에 대한 세부 사항을 **방송**하기 시작했습니다. 어떤 사람들은 우리가 새로운 우주 문화 교류를 시작할 수 있기를 바라며 이에 낙관적인 반면('우리가 저들의 치즈를 먹을 수 있을까?' 이렇게 흥분하며 생각에 잠기기도 하고요.) 또 어떤 사람들은 우리를 찾을 수 있는 능력이 있다면 우리를 멸종시킬 수도 있다고 생각해서 완전히 겁에 질려 있습니다. 우리를 식민지화할까요? 우리를 약탈할까요?

사실 우리는 은하계의 다른 지적 생명체를 두려워할 필요가 없습니다. 우선 그들은 말도 안 되게 멀리 떨어져 있기 때문이고요. 또 다른 이유는, 소행성을 포함해 은하 곳곳에 있는 (추정하기에) 무한개의 행성에서 찾을 수 없는 그 어떤 귀중한 것들(물? 금? 해변가에 있는 저택보다 귀한 것?)이 지구에는 없기도 하고요. 귀중한 자원을 얻기 위해서라면 사실 큰 중력 우물과 싸울 필요 없는 소행성과 같은 곳들이 더 쉽기 때문입니다.

물론 여러분의 부모님은 여러분이 아주 특별하다고 생각하지만, 인류와 지구 전체는 호기심 많고 탐험심이 강한 외계 종족에게 제공할 것이 별로 많지 않아요.

우리가 멀리 떨어져 있다고 말씀드렸나요? 잠시 후에 더 자세히 설명해 드리겠습니다. 게다가 우리는 더 큰 은하계 커뮤니티에 우리의 존재를 알리는 것에 대해 걱정할 필요가 없습니다. 그들은 이미 우리가 여기 있다는 것을 알고 있습니다.

———

미시적인 것에서부터 거시적인 것까지 모든 영역에서 외계인을 실제로 찾는 방법을 알려 드리겠습니다. 만약 외계인이 우주를 가로지를 수 있다면, 그들이 우리를 어떻게 찾을 수 있을까요?

가장 먼저 찾아야 할 것은 물입니다. 보세요. 제가 하려는 이야기는 절대적이고 일반적인 의미의 생명체에는 반드시 물이 필요하다는 것이 아닙니다. 절대적이고 일반적인 의미의 생명체에는 물이 필요하지 않을 수도 있죠. 우리가 꽤 오랫동안 생각해 봤지만, 진정한 생명체라고 하려면 무엇을 갖추어야 하는지조차 정확히 알지 못합니다. 문제는 우주에 단 하나의 고독한 생명체만 존재한다는 것인데, 바로 여러분은 그 초호화 VIP 클럽을 대표하는 겁니다.

우리는 우리와 같은 종류의 생명체가 어떤 모습인지 알고 있으며, (일단) 광활하고 무서운 우주에 다른 형태의 생명체가 있다고 가정할 때, 우리가 매우 전형적이고 평균적이며 평범한 예시인지(어휴,

또 다른 탄소를 기반으로 하는 유기체요? 너무 기본적이지 않나요.) 아니면 은하에 존재하는 정말 특이한 존재인지 알 수 없습니다.

우리는 생명체가 에너지원으로 태양 빛을 필요로 하지는 않는 것을 알고 있습니다. 지구상의 수많은 생명체는 어떤 이유에서든 태양을 필요로 하지만(아침 시리얼을 먹을 때 농축된 별빛을 먹고 있는 셈이죠.) 일부 생명체는 심해의 열수구 주변에서 편안한 틈새를 찾아 살기도 합니다. 심해는 햇빛을 거의 받지 못하지만, 이 생명체들은(그리고 이들은 정말 '생물'이라고 부를 수 있을 만큼 진화한 생명체들입니다.) 지구의 깊은 땅속에서 뿜어져 나오는 복잡한 화학물의 기체에서 에너지를 얻으며 즐거운 시간을 보내고 있는 것 같네요.

많이 알지는 못하지만 그래도 우리가 아는 바에 따르면, 물은 확실히 생명에 관해서는 필요한 것인 듯합니다. 적어도 액체 형태라면 말이죠. 고체와 기체 형태의 물은 유연성이 떨어지거나 너무 많을 뿐입니다. 부끄러울 정도로 오랫동안 지구 천문학자들은 태양계에서 액체 상태의 물이 있는 곳은 바다, 개울, 강, 샘, 웅덩이가 있는 오래된 지구뿐이라고 생각했습니다. 웅덩이를 잊지 마세요.

그들은 틀렸습니다. 화성과 금성에는 분명 옛날에 액체 상태의 물이 있었을 거예요. 금성에는 대기 중에 약간의 물이 떠다니고 있지만, 이를 생명체가 살 수 있는 좋은 용도로 사용하기는 어렵습니다. 화성은 또 어떻고요? 화성의 경우는 사실 좀 까다롭습니다. 화성에는 여전히 얼어붙은 물이 많이 있습니다.(적어도 태양으로부터는 충분히 멀리 떨어져 있거든요.) 가끔 천문학자와 행성 과학자(지구를 연구하고 싶지만 머릿속에는 별이 가득한 사람들이죠.)는 그 붉은 사막에서 좋은 액체 상태의 물이 있다는 희박한 증거를 찾았다고 생각합니다. 하지만 물로 추정되는 물질, 즉 그 증거는 허공으로 사라집니다.[13]

화성의 대기 중 메탄은 계절에 따라 오르락내리락하는 것으로 보이는데, 이에 대한 의문도 있습니다. 메탄은 지구의 미세한 벌레 방귀에 의해 생성되며, 미세한 벌레는 따뜻한 날씨에 번성하는 경향이 있습니다. 그럼 뭔가 있을지도 모르죠? 더 파보지 않고는 알기 어렵습니다.

대체로 화성에 관해서는 뭐라 정확하게 결론을 내리기가 쉽지 않습니다. 지금은 화성에서 액체 상태의 물은 '아마도'로, 화성 생명체는 '아직 결정되지 않음'으로 결론짓는 걸로 하죠.

하지만 외부 세계에는 놀라운 비밀이 숨겨져 있습니다. 이 네 개의 거대한 행성 자체는 액체 상태의 물이 존재하기에는 대기가 너무 **두껍고** 밀도가 높으며 이상합니다.(양자 물리적 압력이 이상하다는 뜻이지만, 최종 목적지가 특별히 기체 상태인 행성을 찾는 것이 아니라면 중요하지 않죠.) 하지만 이러한 행성의 위성은 또 다른 면모를 보여 줍니다.

네, 대부분의 달은 생명력이 없는 지루한 암석 덩어리일 뿐입니다. 하지만 일부 달은 생명력 없는 지루한 얼음 덩어리입니다. 그 표면이 말이죠. 그리고 그 표면에는 몇 가지 비밀이 숨겨져 있습니다.

일부 위성은 완전히 얼어 있는 것이 아니라 얼음으로 둘러싸여 있을 뿐이라는 사실이 밝혀졌습니다. 위성의 심장은 모행성 및 다른 위성과의 매우 특별한 중력 관계를 통해 따뜻하게 유지된다는 이야기인데요. 궁금해하실 것 같아서 조금 더 구체적으로 설명하자면, 일부 위성의 궤도는 다른 위성의 미약하지만 끊임없는 중력 때문에 정확히 원형이 아닌데, 그건 마치 어린 동생이 셔츠 밑단을 계속 잡아당기는 것과 같죠. 위성이 부모 위성 주위를 공전하면서 때로는 더 멀어지기도 하고 때로는 더 가까워지기도 하는데, 이로 인해 위성이 경험하는 중력이 달라지고 특히 위성이 경험하는 중력의 **방향**이 달라집니다.

한 번 궤도를 도는 동안 일부 위성은 행성계에 있는 놀이 점토처럼 늘어지고 눌리기도 합니다. 이러한 내부 마찰은 상당히 자극적이어서 암석을 녹일 정도로 핵의 온도를 높입니다. 지구와는 상당히 다른 과정이지만(지구의 경우, 핵은 형성 당시의 열을 일부 유지하고 있으며 모든 방사성 원소의 붕괴를 통해 조금씩 그 열을 내보내고 있죠.) 결과는 동일합니다. 질퍽하고 질퍽한 녹은 핵입니다. 뜨거운 중심핵입니다. 하지만 달은 태양으로부터 너무 멀리 떨어져 있어 표면이 따뜻하지 않기 때문에 외피가 얼음으로 이루어져 있습니다. 유로파, 엔셀라두스, 가니메데. 어쩌면 명왕성도요. 대부분의 경우 지구보다 더 많은 액체가 있는 액체 물의 고향이에요. 한번 그 의미를 잘 생각해 보시면 어떨까요?[14]

이 바다는 태양을 한 번도 본 적이 없지만 확실히 존재합니다. 생명체가 살 수 있을까요? 그럴 수도 있고 아닐 수도 있습니다. 만약 이러한 바다가 열수 분출구와 정기적으로 접촉한다면, 분자들이 서로를 잡아먹기 시작하는 자기 복제 분자로 변할 수 있는 마법 같은 화학적 조합을 가질 수 있을지도 모르죠. 유로파의 바다를 헤엄치는 거대한 우주 고래가 100킬로미터의 단단한 얼음 속에 파묻혀 있을까요? 그렇다면 정말 멋질 것 같네요.

그리고 타이탄이 있습니다. 토성의 가장 큰 위성인 타이탄은 지구보다 두꺼운 대기를 자랑하며, 암석 행성 중에서 금성에 이어 두 번째로 대기가 두껍습니다. 그리고 타이탄에는 호수, 강, 개울 등 모든 것이 있습니다. 아, 하지만 물은 아니에요. 메탄과 다른 탄화수소로 이루어져 있죠. 섭씨 영하 179도(정말, 정말 추운 온도고요.)에서요. 물에게는 너무 낮은 온도이지만 메탄에게는 꽤 행복해 보이는 온도입니다.

메탄이 이 낯선 세계에서 지구의 물이 하는 역할을 대체할 수 있을까요? **화학**이 이런 환경에서 적합한 **생물**을 찾아낼 수 있을까요? 타이탄의 바다 가장자리에서 우주 민달팽이가 천천히 돌아다니고 있을까요? 그러면 좋겠어요. 정말 멋질 것 같으니까요.

타이탄에도 지하 액체 상태의 물이 존재할 가능성이 있다고 말씀드렸나요? 네. 타이탄에 말이에요.[15] 액체 상태의 물이 우리가 생각했던 것보다 엄청나게 흔하기 때문에 우리 이웃에는 생명체가 살 수 있는 잠재적(여기서 **잠재성**이 중요해요.) 거주지로 가득 차 있습니다. 머지않아 우리는 행성 간 버전으로 "내 이웃이 되어 주실래요?"라고 외치며 외계인을 대해야 할지도 모릅니다. 뭐 물론 아닐 수도 있죠. 우리는 지금 어둠 속을 헤매고 있는 것과 마찬가지예요.

하지만 탐험할 은하 전체가 있는데 왜 우리 태양계 안에서만 검색을 멈출까요?

———

그래서 우리는 탐험할 것입니다. 그리고 말 그대로 지금도 탐험하고 있지요. 탐험을 위해 잠옷도 벗을 필요가 없습니다. 사실 이런 종류의 탐험은 잠옷을 입고 하는 것이 가장 좋습니다. 우리 모두 함께할 수 있을 것 같지 않나요?[16]

태양계 밖에서 외계 생명체의 흔적을 찾기 위해 여러분이 해야 할 일입니다.

1단계: 망원경을 준비하세요. 망원경은 클수록 좋습니다.

2단계: 임의의 별을 정말 오랫동안 응시하세요. 더 많은 별을 볼수록 더 좋습니다.

3단계: 별에서 어두워지는(흐릿한) 부분이 있는지 살펴보세요.

4단계: 무작위로 어두워지는 이유가 단지 별이 비밀을 간직하고 싶기 때문은 아닌지 확인해야 합니다.

5단계: 여러분의 이름을 따서 새로 발견한 외계 행성의 이름을 지으면 됩니다.

이를 반복합니다. 행성은 별 주위를 공전하지요. 밤하늘의 별들을 보면 적어도 그 주위에 행성이 한두 개쯤은 있다는 것을 알 수 있습니다. 모든 작은 태양계는 무작위로 정렬되어 있습니다. 하지만 일부 행성은 우연히도 **딱 알맞게** 정렬됩니다. 행성은 모별 주위를 느리게 타원을 그리면서 돌고 있다가 우리가 관측하는 별과 같은 선상을 통과하게 되죠.

행성은 암석, 얼음, 가스 및 기타 다양한 빛을 차단하는 물질로 만들어져 있기 때문에 별빛의 일부가 망원경으로 넘어오는 대신 행성에 흡수됩니다. 즉 별이 평소보다 조금 더 어둡게 보일 거라는 거죠. 그리고 행성이 길을 비켜 주면, 그 별은 보통의 밝기 모드로 돌아가게 될 겁니다. 우리가 항성을 관측할 때 하나의 행성이 항성 앞을 통과하는 경우죠. 태양계 밖 행성의 징후 중 하나고요. 외계 행성의 존재를 의미하죠.

용감한 천문학자는 외계 행성을 발견하기 위해 다른 기술도 사용하며, 아주 열심인 학구적인 천문학자는 중요한 발표를 하기 전에 여러 가지 방법을 사용하여 하나의 결과를 교차 확인합니다. 예를 들어 행성이 항성 주위를 공전할 때 항성은 그 행성의 중력에 의해 왔다 갔다 할 겁니다. 물론 큰 효과는 아니지만 공전하는 행성이 충분히 크고 부피가 크면(가까이 있으면 보너스 점수가 부여되죠.) 말 그대로 별이 흔들리는 것을 보거나 별이 앞뒤로 움직이면서 빛이 붉은색에서 푸른색으로 바뀌는 것을 관찰하여 측정할 수 있습니다. 목성조차도 태양을 자신의 반지름보다 더 멀리 움직이게 할 수 있으므로 이것은 터무니없는 생각이 아니에요.

또 다른 접근 방식은 별과 행성 자체의 미묘한 시공간 굴곡에 의존하는 것입니다. 더 먼 곳에 있는 별에서 오는 빛이라면 우리가 관측하고 있는 그 항성계와 우리 사이를 또 다른 하나의 별이 통과할 것이고(별이 너무 많기 때문에 가끔씩 일어날 수밖에 없는 일입니다.) 그렇게 되면 그 빛은 왜곡되고 확대됩니다. 이 모든 것은 아인슈타인의 일반 상대성 이론의 수학에 명확하게 설명되어 있으며, 이를 미세 중력 렌즈라고 합니다.

그리고 아주 드물게는 모별의 빛을 극도로 조심스럽게 차단하여 **말 그대로 외계 행성의 사진을 찍을 수도** 있습니다. 이 방법은 어렵더라도 해 보겠다는 배짱이 필요하겠지만, 가능은 합니다.

이 모든 기술은 무작위적인 우연에 의존합니다. 우리가 다른 세계의 흔적을 포착할 수 있도록, 태양계가 적절한 시기에 적절한 정렬을 해야 합니다. 많은 우연을 기다려야 하는 어려움에도 불구하고 우리는 이미 수천 번 이 작업을 수행했으며, 수십 년이 지나면 더 많은 성과를 거둘 것입니다.

그리고 우리가 발견한 것은 가장 창의적인 공상 과학 작가들도 놀라게 할 것입니다. 우리는 상상력이 뛰어나다고 생각하지만, 자연계는 우리의 그 상상력 모두를 부끄럽게 만듭니다.

목성보다 큰 행성들, 수성보다 작은 행성들, 목성보다 크고 수성이 태양을 공전하는 것보다 항성에 더 가깝게 공전하는 행성들(우리는 이를 '뜨거운 목성'이라고 부릅니다.), 보라색 행성들, 고리가 있는 행성들, 위성이 있는 행성들, 달과 고리가 있는 행성들, 적색 왜성 주위의 행성들, 백색 왜성 주위의 행성들.(이 행성계는 1992년에 처음으로 발견되었습니다.)

행성이 하나뿐인 별들, 십여 개의 행성을 가진 별들, 거주 가능 영역에서 공전하는 지구 크기의 행성이 여러 개 있는 별들은 너무 가까워서 한 행성에서 다른 행성의 표면을 육안으로 쉽게 볼 수도 있어요.(해당 행성에서 생존할 수 있다는 가정하에, 현재로서는 단순한 기술적인 문제일 뿐입니다.) 심지어 프록시마 센타우리라는 이름의 작은 붉은 왜성인 우리와 가장 가까운 이웃에도 행성이 있습니다.[17]

우주에는 무수히 많은 세계가 있습니다. 집이라고 부를 만한 별이 없어 은하계를 떠돌아다니는 **불량** 행성은 말할 것도 없고요. 이들은 그냥 불량배처럼 떠돌아다니는 행성입니다.

자, 우리은하에는 몇 개의 행성이 있을까요? 추정치는 "와, 엄청 많네."(1,000억 개)부터 "그럴 리는 없겠지만 믿어야 할 것 같다."(1조 개)까지 다양합니다. 이제 막 은하계 인구 조사를 시작했지만, 초기 추정치에 따르면 태양과 같은 항성 궤도를 도는 지구 크기의 거주 가능(즉 우리가 익히 알고 있는 것과 같이 생명을 찾기에 가장 좋은 장소) 행성 수는 5 정도입니다. 그냥 5가 아니고 그것의 10억 배인 50억 개로 추정합니다. 우리가 혼자인지는 모르겠지만 지구에는 확실히 많은 자매가 있습니다.[18]

이제 여러분이 기다려 온 생명 찾기 부분이 시작됩니다. 행성이 별 앞을 지나가면, 그 별의 빛이 중간 행성의 대기(있는 경우)를 통과하고, 기체(예를 들면, 대기에 있는 기체)를 통과하는 빛은 매우 미묘하게 변합니다. 서로 다른 원소는 특정 주파수의 빛을 흡수하거나 방출하하죠. 그래서 통과하는 동안 빛이 어떻게 변하는지를 살펴본 뒤 수학을 이용하여 그 과정을 거꾸로 실행하면 해당 대기의 화합물에 무엇 무엇이 섞여 있는지를 알아낼 수 있습니다.

예를 들어 산소를 한번 찾아볼까요? 네, 산소입니다. 산소는 휘발성이 매우 강해서 대기 중에 오래 머무르는 것을 좋아하지 않습니다. 그렇다면 지구에는 어떻게 이렇게 많은 호흡용 산소가 존재하게 되었을까요? 바로 광합성을 통해서입니다. 즉 생명체죠.

물론 자연은 우리를 능가하여 스스로 많은 양의 산소를 생성하는 복잡하고 멋진 과정을 생각해 낼 수 있기 때문에 100퍼센트 확실한 **생물학적인 근거**는 아니지만, 중요한 역할을 합니다. 바로 단서입니다. 다른 세계에서의 삶을 보여 주는 중요한 신호입니다.

다시 말씀드리지만, 현재까지 이 기술이나 다른 어떤 방법으로도 생명의 흔적을 찾지 못했습니다. 하지만 노력하고 있습니다. 아주 열심히요. 언젠가 곧 누군가가 나타날 것입니다. 무작위 관측소의 선형 차트에 있는 작은 돌기가 증명하듯이 말입니다.

더 큰 망원경을 사용하면 한 단계 더 올라가 메탄(방귀 가스)이나 이산화탄소(CO_2), 심지어 산업 오염 물질을 찾을 수도 있습니다. 그렇기 때문에 우리는 더 넓은 은하계에 우리의 존재를 알리는 것에 대해 걱정할 필요가 없다는 이야기지요. 하나의 망원경과 (두 개의 뇌세포에 해당하는) 두 개의 망원경이 더 있다면, 그들은 이미 이동 경로와 대기에 대한 관측 기술을 알아냈을 것입니다. 그리고 지구는 지금까지 30억 년이 훨씬 넘는 기간 동안 과잉 산소를 보유해 왔습니다. 앞서 말했듯이, 외계에 누군가 있다면 **이미 우리가 여기 있다는 것을 알고 있을 것입니다.**

여러분이 태양계를 떠나 외계인을 직접 방문하려고 시도할 수 있다고 생각하지만, 그 여정에 수반되는 모든 위험 때문에 반복해서 하지 않는 게 좋겠다고 경고해 왔는데요. 굳이 여러분이 정말 꼭 해야겠다고 마음먹었다면 제가 방해할 수는 없죠. 여러분을 방해하는

유일한 것은 여러분과 여러분의 그 흥미를 끄는 것 사이에 있는 어마어마한 공간뿐입니다.

우주의 진공 상태 자체가 매혹적이라면 모를까, 또 우주의 진공 상태를 매혹적이라고 느낀다면 앞으로 영겁의 세월이 흘러도 계속 흥미를 느낄 것입니다.

외계인이 존재할 수도 있고 존재하지 않을 수도 있지만(이 부분은 충분히 자세히 다뤘다고 생각합니다.) 만약 존재한다면 '멀다'는 단어가 의미할 수 있는 최대 극한으로 멀리 존재한다고 할 수 있죠.

우주는 장난을 치지 않습니다. '우주가 참 넓네.'라고 생각하기 시작하면 우주는 살짝 미소만 지을 거예요. 광년을 생각해 보세요. 1광년은 1이라는 숫자가 앞에 있기 때문에 그다지 멀지 않은 것으로 느껴질 수 있지만, 가장 가까운 별까지의 거리를 설명할 때 몇억이라는 표현을 계속 반복할 필요가 없도록 일부러 그 단어를 선택한 거죠. 가장 빠른 우주선이 태양계 행성에 도달하는 데에도 몇 년이 걸립니다. 같은 속도(시속 수만 킬로미터의 엄청나게 빠른 속도)로 다른 별 근처까지 도달하는 것은 말할 것도 없고, 우리 오르트 구름의 가장 바깥쪽 가장자리를 지나가는 데만 수만 년이 걸립니다.

수십, 수천의 해.

인류는 가장 빠른 우주선이 다른 별에 도달하는 데 걸리는 시간만큼이나 오랜 시간 동안 **문자** 없이 살아왔어요. 만약 우리가 지적 문명의 증거를 찾게 된다면, 한 번 가볍게 악수하고 가벼운 아침 인사를 나누는 그러한 간단한 커뮤니케이션을 하는 데에 수천 년은 아니더라도 수백 년이 걸릴 것입니다. 저녁 식사 방문은 꿈도 못 꾸죠.

그럼 그냥 더 빨리 가면 왜 안 되죠? 제가 드린 질문에 제가 답하겠습니다. 바로 에너지 때문입니다. 무언가를 더 빨리 가속하려면 오롯이 자연에서 오는 자유분방한 에너지가 필요합니다.

예를 들어 우주선을 발사하기 위해 개발된 가장 그럴듯한 계획 중 하나인 이른바 '브레이크스루 스타숏 이니셔티브(Breakthrough Starshot initiative)'를 생각해 보십시오.[19] 이 계획은 거대한 레이저, 반사 돛, 소형 로봇 우주선의 조합(과학자라면 당연히 실현시켜 줄 수 있는 정도의 일)을 요구합니다. 현재 떠돌고 있는 레퍼런스 디자인에서는 광속의 10퍼센트에 도달하는 것이 목표입니다. 좋아요, 멋지게 들리네요. 우주선 자체는 그 속도에 스스로 도달하기에 충분한 연료(가스나 수소, 원자력이나 또 다른 형태의 연료)를 운반할 수 없습니다. 혼자서 그 속도에 도달하려면 연료가 더 필요하고, 연료가 더 많으면 무게가 더 커지고, 무게가 더 커지면 연료가 더 필요하고, 연료가 더 필요하면 무게가 또 더 커지고 그 더 커진 무게는 더 많은 연료를 필요로 하고……. 이런 식이죠. 한숨이 절로 나옵니다.

그래서 그 대신 모든 연료를 한곳, 예를 들어 지상에 에너지를 보관하고 그 에너지를 우주선으로 운반하여 우주선을 움직일 수 있게 해 봅시다. 레이저로요. 안 될 이유가 없죠.

실제로 레이저는 지구의 한 지점에서 하나의 점에 해당하는 우주선으로 에너지를 전달하는 데 매우 효과적이거든요. 문제는 너무 효과적이다 못해 레이저가 그 대상을 녹일 수도 있다는 것이죠. 이런, 이 문제를 해결하고 레이저 에너지를 실제 운동할 수 있는 에너지로 전환하기 위해 우주선에 반사도가 매우 높은 물질(여기서 '높은'이라는 말은 반사도가 우리가 아는 어떤 물질보다 높다는 뜻입니다. 들어오는 에너지의 극히 일부라도 열로 바뀌면 게임 끝이기 때문입니다.)인 태양 돛을 부착하여 레이저 빛을 튕겨 내는 거죠.

빛은 추진력을 가지고 있어 사물을 밀어낼 수 있습니다. 이것이 잘 이해가 안 되더라도 너무 걱정 마세요. 그래서 우리는 태양 돛에 레이저를 쏘아 우주선을 가속시켜 즐거운 성간 여행을 떠납니다.

이를 위해서는 총 100메가와트(MW)를 출력하는 역대 가장 크고 강력한 레이저 어레이가 필요합니다. 이는 미국의 모든 원자력 발전소를 나란히 세워 놓고 레이저에 연결하는 것과 같습니다. 그리고 우주선을 광속의 10분의 1로 가속하려면 레이저를 10분 동안 계속 작동시켜야 합니다. 이는 현재 가장 강력한 레이저가 작동할 수 있는 시간보다 약 10억의 10억 배 더 긴 시간입니다.

아, 우주선 자체는요? 이렇게 많은 에너지를 폭발시키려면 의도한 속도에 도달하기 위해 가벼워야 합니다. 즉 1그램 정도면 될 거예요. 이건 클립 하나의 무게죠.

그리고 그렇게 40년 후에는 프록시마 센타우리에 도달할 것입니다. 이 모든 것이 완전히 불가능한 것은 아닙니다. 실행 가능한 성간 우주선을 설계하기 위해 물리학 법칙을 어기는 것은 아닙니다. 그냥…… 힘들어요. 지칠 정도로 힘들어요. 고통스러울 정도로요. 짜증나게 힘들죠. 너무 힘들어서 가끔은 하늘의 깊은 곳을 올려다보다가 잠자리에 들고 싶을 정도입니다.

이 책 전체가 행성 간(쉬운 모드), 성간(중간 모드), 은하 간(어려운 모드) 모험과 탐험에 관한 이야기라는 건 알아요. 더 정확히 말하자면,

여러분이 마주칠 수 있는 모든 불쾌한 생명체에 대한 포괄적이고 잠재적인 완전한 목록입니다. 하지만 이러한 생명체, 특히 단순하고 단순한 박테리아든 여러분을 겨냥한 수많은 목표를 가진 복잡한 문명이든, 잠재적인 생명체를 만나기 위해서는 많은 양의 원천 에너지가 필요하다는 사실을 잊지 마세요.

우주선을 어떻게 설계할지 모르겠고, 가치 있는 목적지에 도착하는 데 얼마나 걸릴지도 모르겠어요. 이런 질문은 모두 공학적인 질문이며, 제 전공과는 전혀 무관한 중요한 질문입니다. 다행히도 여러분이 들어본 적이 있는 한 사람('슈말베르트 슈마인슈타인'과 같은 운율을 가진)과 들어 보지 못한 두 사람(앙리 푸앵카레와 헤르만 민코프스키)이 발견한 우주의 작은 특성이 특수 상대성 이론이라는 큰 우주의 그림에 담겨 있지요.[20]

만약, 아주 만약, 광속의 상당 부분까지 가속할 수 있다면(참고로 여기서는 99퍼센트 이상을 말합니다.) 우주의 먼 곳, 더 먼 곳까지 이동하는 데 걸리는 시간이 놀라울 정도로 짧아질 수 있죠. 공간에서 빠르게 움직일수록 시간에서는 느리게 움직이기 때문입니다. 다시 말해, 움직이는 시계는 느리게 움직입니다. 또다시 말해, 모든 사람이 시간의 흐름 속도에 항상 동의하는 것은 아닙니다. 다시 말해, 우주 밖에서는 목적지에 도착하는 데 수만 년이 걸릴지 모르지만 여러분에게는 몇 주밖에 걸리지 않을 수 있습니다.

이 전략에는 엄청난 양의 연료가 필요하지만(아마도 태양이 일생 동안 얻을 수 있는 에너지보다 더 많은 에너지가 필요할 것입니다.) 다시 말하지만, 그것은 제 문제가 아닙니다. 그리고 제발, 별똥별을 사랑해서라도 나가는 길에 아무것도 부딪히지 않도록 주의하세요. 아주 작은 미세 운석이라도 빛의 속도에 가까운 속도로 가다가 만나게 되면 **놀라운** 운동 에너지를 발휘합니다. 딱 1밀리초 동안만 이 운동 에너지를 만끽할 수 있을 것입니다.

아, 그리고 무서운 속도로 움직이는 여러분에게는, 우주를 떠돌아다니는 저에너지 방사선(우주에 있는 모든 방사선의 대부분을 제공하지만 일반적으로 전자기파의 저에너지 대역에서 안전하게 내려가는 만연한 우주 마이크로파 배경 복사와 같은 스펙트럼)이 높은 에너지로 부스트 될 거예요. 엑스선. 감마선. 여러분의 얼굴을 날려 버릴 거예요. 이 모두가 여러분이 빨리 움직이기 때문이죠. 재미있게 즐기세요.

빠른 속도로 여행할 때는 시간이 이상하게 느껴지지 않고 평소와 다름없이 지낼 수 있습니다. 하지만 시공간 동전의 반대편에서는 거리가 더 짧게 느껴지므로, 놀라운 속도로 여행할 때 목적지가 훨씬 더 가까이 있는 것처럼 느껴집니다. 왜냐고도, 어떻게라고도 묻지 마세요. 그저 그것은 상대성 이론이 작동하는 방식일 뿐이며, 이 이론이 우리의 모험을 더 맛있게 만들어 준다면, 우리는 이 이론을 사용할 것입니다.

결론은 우리 우주의 이해할 수 없을 정도로 광활한 거리를 항상 그렇게 멀게 느낄 필요는 없다는 것입니다. 말도 안 되게 빨리 이동하기로 하면 말이죠. 따라서 지적 생명체의 존재를 확인한다면 잠깐 방문할 수 있을지도 모르겠네요.

하지만 광속에 가까운 속도로 여행하는 동안에도 우주의 다른 곳에서는 시간이 느린 속도로 흐르기 때문에 새로 발견한 친구들은 행성에 도착했을 때 이미 오래전에 멸종되었을 수 있습니다. 그리고 그 이후 지구로 돌아왔을 때, 여러분이 알고 사랑했던 모든 사람 역시 아주 오래전에 사라졌을 거예요. 상황에 따라 보너스 혜택이 될 수도 있고 아닐 수도 있겠네요.

화이트홀과 웜홀 16

대자연은 널 사랑하여
포근함과 빛과 보금자리를 주네
그래도 시험하려 하지는 마
대자연은 사기꾼을 좋아하진 않으니까

- 고대 천문학자의 시

웜홀 이야기는 안 할까 해요.

———

궁금하시다고요? 알겠어요. 그럼 할 수 없죠. 이야기해야겠네요. 하지만 듣고 나면 좋아하지 않을 테니 이 부분은 그냥 건너뛰고 그 뒤에 나오는 발견과 모험에 대한 희망과 갈망으로 가득 찬 마무리 멘트를 읽어 보시는 건 어떨까요? 더 늦기 전에 제가 드리는 마지막 경고입니다. 우주의 별빛을 꿈꾸는 방랑자 여러분, 이 모든 것이 달콤하고 감미로우며 바로 여러분 앞에 있습니다. 어서 가세요, 후회하지 않을 거예요. 아직 뒤로 가지 않으셨다면 제가 경고하지 않았다고 하지 마세요.

웜홀은 존재하지 않아요. 결론부터 말씀드렸으니 우리는 시간 낭비할 필요 없죠. 아, 그래요, 그래요. 웜홀은 아직 존재하지 **않는다**는 것이 증명되지는 않았지만, 자연은 지금까지 우리에게 꽤 분명했고, 우리가 웜홀을 만들기 위해 영리한 계획을 세울 때마다 물리학 법칙이 우리의 희망을 현실이라는 바위에 부딪히게 합니다.

극히 드물지만 실제로 벌거벗은 웜홀 입구를 바라보고 있다면, 갑작스러운 제스처를 취하거나 이를 드러내지 말고 침착하게 물러나세요. 웜홀은 갑작스러운 움직임을 공격의 신호로 받아들일 것입니다. 운이 좋다면 별다른 상처를 입지 않고 살아남을 수 있습니다. 운이 나쁘다면 기껏해야 웜홀에 들어왔다는 사실을 깨닫기도 전에 원자화되어 버릴 것입니다. 최악의 경우, 여러분은 조각조각 나서 저 우주 전체에 흩어질 수도 있고요.

저는 개인적으로 웜홀에 반감이 있는 건 아닙니다. 오래전 내 어머니를 모욕한 것도 아니고요. 웜홀은 일반 상대성 방정식에 대한 완벽하게 합법적이고 분별이 있는 해결책이죠. 그냥…… 글쎄요, 알게 되실 겁니다.

그리고 저는 웜홀이 존재하기를 간절히 바라는 모든 여행자(모든 여행자)들의 마음을 전적으로 공감할 수 있습니다. 누구나 그렇지 않을까요? 웜홀은 지름길입니다. 웜홀은 교묘하게 피할 수 있는 길입니다. 웜홀을 이용하면 실제로 A에서 B로 이동해야 하는 번거로움 없이 A에서 B로 이동할 수 있습니다.[1]

일반적인 우주여행에 대해 이야기하면서 정말 정말 빨리 가면 놀랍도록 짧은 시간에 멀리 떨어진 목적지에 도착할 수 있다고 이야기한 적이 있죠. 하지만 그 비법에는 에너지라는 엄청난 대가가 따릅니다. 여러분을 (여러분의 모든 물건들과 함께) 가장 가까운 별까지 가속화하는 데 필요한 엄청난 양의 순수 원시 동력을 생성하고 수집하고 저장하고 활용하는 데 행운을 빕니다.

하지만 ⓐ 태양과 같은 에너지를 사용하지 않고도, ⓑ 빛의 속도보다 빠르게 여행하지 않고도(우주에서는 절대 안 되는 일이지만) 멀고 환상적인 장소, 즉 꿈에 그리던 장소에 도달할 수 있다고 한다면 어떨까요? 그런 것이 존재한다면 여러분은 매번 그 지름길을 택할 것입니다. 웜홀을 이용하겠죠.

웜홀은 중력에 대한 이야기이고, 중력은 일반 상대성 이론에 대한 이야기이므로 일반 상대성 이론에 대해 먼저 살펴보겠습니다. 앞에서도 말했지만(그때 그 시절에는 우리가 너무 어렸죠?) 일반 상대성 이론(General relativity, GR)은 행성, 사람, 광자 등 물질과 시공간이 휘어지고 뒤틀리는 관계에 대해 설명합니다. 댄서들이 춤을 추는 바닥에 구덩이나 굴곡이 있으면 댄서들의 춤이 달라지고 그 굴곡은 댄서들의 무게로 인해 생기는 것이지요.

일반 상대성 이론은 단순한 단어가 아니라 이 관계를 설명하는 여러 수학 방정식입니다. 사실 이 방정식들은 엄청나게 어려운 수학 방정식의 집합이며, 이것이 중력을 '재미있게' 만드는 이유 중 하나이지만, 그렇기 때문에 중력 전문가들이 있는 것입니다. 보통 과제로 나오는 문제처럼 '중성자별이 회전하는 블랙홀의 궤도를 돌고 있는데 충돌할 때까지 얼마나 걸릴까요?' 같은 시나리오가 주어집니다. 설정이 주어지면 일반 상대성 이론 수학을 통해 모든 것이 어떻게 행동할지 파악할 수 있습니다.

하지만 그 반대로도 작동할 수 있습니다. 결국 모든 방정식에는 양면성이 존재하지요. 질량이 있는 물체를 가지고 시공간이 어떻게 휘어질지 알아내는 대신, 시공간이 휘어지는 것을 상상하고 이를 실현하려면 어떤 질량을 가진 물체가 필요한지 물어볼 수 있는 거죠.

그래서 결론은 바로 웜홀입니다. 웜홀은 매우 특별한 질문에 대한 답입니다. 즉 시공간의 한 부분에서 다른 부분으로 터널을 **뚫을 수 있을 정도로** 시공간을 구부릴 수 있을까요?

3차원 공간인 우리 우주에서(끈 이론과 여분의 차원에 대한 논의를 원하신다면 제 원고 〈양자 공간에서 죽는 법〉을 출판사에 출간 요청해 주시기 바랍니다.) 웜홀 입구는 마치 아무 데도 없는 곳에 떠 있는 커다란 공처럼 보입니다. 블랙홀 사건의 지평선과 매우 비슷해 보이지만(실제로 그런 경우도 있지만 잠시 후에 설명하겠습니다.) 웜홀이 작동하고 있다면 그 입구는 마법의 수정 구슬처럼 보이며, 그것을 응시하면 우주의 먼 구석에서 빛이 쏟아져 나오는 것을 볼 수 있습니다. 웜홀로 들어가려면…… 웜홀로 그냥 들어가면 됩니다. 정말 간단해요. 그냥 걸어 들어가세요. 팡파르나 신나는 테마 음악도 없습니다. 그냥 들어가서 터널(웜홀의 터널을 물리학자들이 선호하는 전문 용어로 '목구멍'이라고 불러요.)을 따라 내려가서 그 길이만큼 이동한 다음 반대편으로 나오면 됩니다. 아주 쉽죠.

기술적으로 웜홀의 길이에는 제한이 없습니다. 어떤 상상조차 할 수 없는 이유로 단순하지만 지루한 직선 경로를 이용하는 것보다 실제로 더 길 수 있습니다. 하지만 이 논의에서는 성간 여행을 **덜** 지루하게 만드는 것들에만 관심이 있다고 가정하겠습니다.

하지만 이런 일이 실제로 일어날 수 있을까요? 상상할 수 있다고 해서 일반 상대성 이론이 다 만들어 줄 수는 없죠. 그런데 일반 상대성 이론은 이를 가능하게 합니다. 일반 상대성 이론 방정식에 따르면 시공간을 올바른 방식으로 구부릴 수 있는 물질의 특정 배열을 찾을 수 있는 경우라면 시공간 한 부분에서 다른 부분으로 연결되는 터널인 웜홀을 만들 수 있다고 합니다. 하지만 지금쯤이면 제가 이렇게 말하는 것이 그렇게 쉽지 않다는 것을 아실 겁니다.

다음은 가장 간단한 것부터 시작하여 점점 더 정교해지는 웜홀을 만들기 위한 몇 가지 다양한 시도를 소개해 볼게요. 각 단계마다 특정한 시도가 어떻게 실패하는지 보여 드리는데 어떤 경우는 매우 명백해 보이고 어떤 경우는 그다지 명백해 보이지 않기도 할 겁니다. 그러고는 다음 단계로 넘어가겠습니다. 마지막에는 웜홀에 대해 비교적 철저하지만 그래도 궁극적으로는 만족스럽지 못한 이야기를 나누게 될 것입니다. 앞서 말했듯이 웜홀이 **완전히** 배제되지는 않겠지만, 현실에 대한 우리의 개념에 가해지는 압박은 너무 괴로워서 애초에 웜홀에 대해 생각조차 하지 않았었더라면 좋았겠다는 생각조차 들 것입니다.

———

웜홀로의 여정은 간단한 질문에서 시작합니다. 만약 블랙홀을 가져다가 **더 멋지게 만들 수 있다면 어떨까?** 말로써 블랙홀을 묘사하는 건 그다지 어렵지 않죠. 우리가 함께 기쁨과 공포를 느끼며 블랙홀에 대해 이야기 나눈 것을 기억하죠? 간단히 말해, 블랙홀은 시공간 자체에 구멍이 뚫린 것과 같아요. 모든 물질이 중력에 의해 무한히 작은 점으로 밀집된 무한 밀도의 지점이지요. 이것이 완전히 정확한 설명이 아니라는 것은 알지만(특이점은 어떤 물체가 아니라 아인슈타인이 더 이상 우리를 안내하지 않을 것이라는 경고가 써 있는 표지판에 불과합니다.) 일단은 그렇게 이해하고 넘어가 보도록 하죠. 이러한 특이점은 사건의 지평선에 둘러싸여 있는데, 이 사건의 지평선 또한 보이지 않는 모래 위의 선과 같이 어떤 사물이 아닌 거죠. 사건의 지평선을 넘어가면 특이점 마을로 가는 편도 티켓만을 얻게 되는 것이고요.

블랙홀은 의외로 설명하기가 쉽습니다. 질량, 전하, 스핀이라는 세 가지 간단한 숫자만 알면 블랙홀에 대해 알아야 할 모든 것을 알 수 있습니다. 그래서 블랙홀은 대화의 주제로서는 별로 안 좋겠네요. 그게 다입니다. 세 개의 숫자, 중심에 있는 특이점, 뭐든 한번 블랙홀의 중심으로 떨어지기 시작하면 다시는 돌아올 수 없다. 이게 블랙홀이죠.

우리가 블랙홀이라고 부르는 것은 실제로 위의 문장을 여러 수학 방정식으로 설명하는 것이며, 이러한 방정식은 아인슈타인의 일반 상대성 이론의 해법들이죠. 카를 슈바르츠실트 기억하시죠? 재미있는 사람이에요. 극적인 것에 재능 또한 있었고요. 하지만 카를과 그의 동료들이 블랙홀에 도달하기 위해 풀었던 방정식은 뒤집어 볼 수 있습니다. 방정식의 모든 것을 일관되게 유지하면서 마이너스 부호를 그 수학식의 여기저기에 넣어 볼 수 있습니다. 일반 상대성 이론은 완벽하게, 그리고 아무 문제없이 블랙홀의 착한 쌍둥이를 만들 수 있게 해 줍니다. 사건의 지평선으로 둘러싸인 특이점, 하지만 그 어떤 것도 그 중심을 향해 떨어질 수 없는 특이점이 바로 그 쌍둥이지요. 사건의 지평선은 절대로 넘을 수 없습니다. 꽤 다르죠. 이 쌍둥이 중 하나에서 뭐든지 끊임없이 흐르고, 날아가고, 폭발합니다.(여기서 원하는 단어를 그냥 선택해서 쓰시면 되겠습니다.)

화이트홀을 소개합니다. 사실 일반 상대성 이론의 수학을 진지하게 받아들인다면(그래야만 하고요.) 모든 블랙홀은 화이트홀과 짝을 이루고 있으며, 그 둘의 특이점은 서로 입을 맞대고 있다고 하네요.

블랙홀의 사건의 지평선 - 특이점 - 화이트홀의 사건의 지평선

더 이상한 것은 수학의 균형을 맞추기 위해 필요한 모든 마이너스 부호가 어디로 가야 하는지 정리하고 최종 결과까지 따라가다 보면 여러 가지 이름으로 알려진 상황이 발생한다는 것입니다. 다음은 그중 몇 가지입니다. ① 슈바르츠실트 웜홀, ② 영원한 블랙홀, ③ 아인슈타인-로젠 다리.

가장 간단한 첫 번째 웜홀 구조에서 화이트홀은 항상 과거에 있고 블랙홀은 항상 미래에 있습니다. 화이트홀에는 고유한 사건의 지평선이 있지만, 별로 신경 쓸 필요가 없어요. 화이트홀의 사건의 지평선에는 어차피 들어갈 수 없고, 과거에 있기 때문이죠. 여러분의 미래에 있는 것은 블랙홀의 사건의 지평선이고, 블랙홀이 화이트홀과 합쳐져 복사본을 만들어 낸 덕분에 사건의 지평선 하나는 여러분 바로 곁에 있고 또 다른 사건의 지평선은 저 우주 먼 곳에 있게 되는 것이에요.

그리고 다리가 있습니다. 우주의 서로 다른 두 곳을 연결해 주는 시공간상의 영역입니다. 화이트홀과 블랙홀을 연결하면 완전히 새로운 구조가 만들어지는데, 두 명의 다른 관측자(앨리스와 밥이라고 부르죠. 블랙홀 탐사에 관해서는 앨리스와 밥이 우리의 확고한 단골손님이니까요.)가 각자가 보는 블랙홀의 사건의 지평선을 바라보며 그 사이로 여행할 수 있습니다.

그래서 앨리스와 밥이 뛰어들었습니다. 그리고 즉시 죽습니다. 엄밀히 말하면 우주의 두 영역을 연결하는 터널인 웜홀의 게임이 완성된 것입니다. 하지만 기술적으로 말하면 앨리스와 밥은 이 여정을 위해 블랙홀의 사건의 지평선을 통과했거든요. (그러니 죽을 수밖에요.)

블랙홀의 사건의 지평선을 통과하면 어떤 일이 벌어지죠? 특이점. 피할 수 없는 존재죠. 말 그대로 블랙홀을 탈출한다는 것은 수학적으로 불가능합니다. 왜냐하면 그게 바로 블랙홀의 정의거든요. 그 일방통행 장벽을 넘으면? 여러분은 끝입니다. '만약'이라는 것도 없고, '그러고 나면'이라고 할 수 있는 것도 없으며, 특히 '하지만'이라고 시작할 수 있는 말은 아예 없습니다.

물론 앨리스와 밥은 만나서 이야기를 나누고 차를 마시며 각자의 우주 영역의 본질에 대해 짧지만 흥미진진한 토론을 나눌 수 있게 되었죠. 또한 두 사람은 우주의 양쪽 영역에서 자신들을 뒤쫓아 들어오는 모든 빛을 볼 수 있습니다. 그리고 블랙홀이 화이트홀과 연결되어 있든 아니든 블랙홀은 특이점에서부터는 아무것도 기억할 수 없게 되는데요. 블랙홀이 원래 그렇죠. 아니요, 블랙홀로 들어갔다 해서 여러분은 화이트홀로 빠져나오게 되지 않을 거예요. 다시 말씀드리지만, 여러분은 블랙홀의 사건의 지평선을 넘었습니다. 그럼 그게 끝인 거예요. 이것이 마지막으로 보는 거겠군요.

이러한 웜홀을 탈출할 수 있는 유일한 방법은 화이트홀이 형성될 때 우연히 그 안에 있었던 경우뿐입니다. 화이트홀은 블랙홀과 정반대의 규칙을 가지고 있죠. 즉 아무것도 그 안에 머물 수 없으므로 쫓겨나게 되며, 우주에서 앨리스가 있는 곳으로 갈지 밥이 있는 곳으로 갈지는 여러분의 선택에 달리게 되는 겁니다.

하지만 우리 여행자님, 걱정 마세요. 이런 종류의 단순한 웜홀은 자연계에 존재하지 않는 것이 거의 확실합니다. 일단 화이트홀 말이죠. 휴…… 우리는 블랙홀이 어떻게 만들어지는지 알고, 자연은 그렇게 규칙적으로 블랙홀을 아무 문제없이 만들어 냅니다. 특정 임곗값보다 작은 크기로 물질을 뭉치기만 하면 그다음 과정은 중력이 알아서 하지요. 계속 더 끌어당기는 거죠. 그렇게만 하면 블랙홀은 만들어져요. 사건의 지평선으로 둘러싸인 무한 밀도의 특이점이 바로 블랙홀입니다.

하지만 화이트홀은 어떨까요? 여전히 무한 밀도의 지점인 특이점이 필요하지만, 물질은 특이점을 향하는 것이 아니라 특이점에서 흘러나와야 합니다. 네, 물질이 특이점에서 흘러나온다는 것은 기술적으로 말해서 일반 상대성 이론 방정식에 의해 가능하죠. 호수의 작은 물방울들이 누가 시키지 않아도 갑자기 저절로 절벽을 타고 올라가 역폭포를 만들 수 있는 것처럼 말이에요.

뉴턴이나 아인슈타인의 중력 방정식 어디에도 이를 막을 수 있는 내용은 없습니다. 하지만 뉴턴과 아인슈타인 만이 자연에게 이래라 저래라 하는 것은 아닙니다.* 세상에는 중력만 존재하는 게 아니죠. 열역학이 있으며, 열역학에는 사물이 존재해야 하는 방식에 대한 몇 가지 엄격하고 순간적으로 일어나는 현상들을 관장하는 규칙이 있습니다.

무작위 물 분자 하나가 절벽 위로 뛰어오르는 것을 막을 수 있는 방법은 없습니다. 하지만 물 분자가 2개라면? 100개? 1조? 호수 전체는 또 어떻고요? 열역학(특히 엔트로피)의 수학에 따르면 이런 일이 일어날 **가능성**은 매우 희박해서 이를 표현하려면 우리가 우주를 탐사하는 데 사용해 온 천문학적 숫자들조차 너무 작아서 우스꽝스럽게 느껴질 정도입니다. 어떤 일에 대한 확률을 이야기할 때, "어떤 일이 일어날 확률이 작다."라고 할 때도 있고, 그보다 훨씬 더 작을 때 "열역학적으로 확률이 작다."라고도 하죠. 결론은 여러분의 평생, 아니 우주의 평생, 또는 100만 개의 우주가 수백만 번 반복되는 동안도 폭포가 엉뚱한 방향으로 흘러가는 것을 볼 수 없다는 뜻입니다.

그리고 화이트홀도 볼 수 없을 거예요. 화이트홀에는 끌어당기는 중력은 있지만, 그 안의 모든 물질은 중력에 대항하여 중력에서 멀어지기로 결정해야 합니다. 그게 가능하기를 바랄게요.

---

* 자연에서 일어나는 상세 현상들을 설명한 것이 뉴턴과 아인슈타인임을 반대로 이야기한 것입니다.

어쨌든, 자연이 블랙홀(붕괴하는 별로부터)을 만드는 데 사용하는 레시피는 그에 상응하는 화이트홀을 만들지 못하며, 그 모든 별의 존재는 화이트홀이 우리의 감성을 혼란에 빠뜨릴 기회조차 갖기 전에 단순히 화이트홀의 형성을 아예 없애 버립니다. 블랙홀에 대한 거울 이미지는 수학의 또 다른 우연, 즉 수식에 존재하는 실체가 없는 유령에 불과한 것처럼 보입니다.

게다가 화이트홀이 **어떻게든** 존재한다면, 그것을 파괴하는 데에는 그저 단 하나의 입자만 있으면 됩니다. 그 입자는 중력 때문에 화이트홀을 향해 떨어질 것이지만, 사건의 지평선에 점점 더 가까워질 수밖에 없습니다. 이렇게 되면 입자의 에너지가 끝없이 증가하지요.(점점 더 가까워지지만 지평선에 도달하지 못하기 때문입니다.) 입자가 무한에 가까운 에너지를 가지게 되면 입자는 어떻게 될까요? 별로 알고 싶지 않으실 거예요.

이것이 바로 여러분이 '있었으면 좋겠다.'라고 생각하는 화이트홀입니다. 하지만 물리학 법칙을 어기면서까지 화이트홀을 찾아냈다고 해도 웜홀은 **여전히** 만들 수 없습니다. 문제는 바로 특이점인데, 즉 웜홀에 들어가자마자 파멸을 불러오는 바로 그 특이점입니다. 특이점은 중력이 극도로 강한 곳입니다. 웜홀의 터널이 특이점 근처에서 작용하는 끔찍한 중력 스트레스와 힘에 맞서 스스로 안정화될 수 있을까요?

대답은 '아니요.'입니다. 이런 간단한 종류의 웜홀이 열리자마자 터널은 고무줄을 마구 늘려 고무줄이 너무 가늘어지다가 끊어지는 것처럼 즉시 스스로 붕괴되어 닫혀 버리게 됩니다. 얼마나 빨리요?

빛줄기가 한쪽 끝에서 다른 쪽 끝으로 이동하는 속도보다도 빠를 거예요.[2]

화이트홀은 없습니다. 안정성이 없거든요. 웜홀도 없습니다. 이것이 성간 도로의 끝일까요?

사실 우리는 가능한 가장 단순하고 기초적인 종류의 웜홀부터 시작했습니다. 슈바르츠실트가 상상한 블랙홀은 전하가 전혀 없고 회전하지도 않습니다. 그럴듯해요. 그러니 우리가 대응할 수 있을 만한 녀석들을 파헤쳐 보자고요.

전하를 띤 블랙홀과 회전하는 사촌 블랙홀은 한 가지 흥미로운 특성을 공유하는데, 바로 주저하거나 움찔할 필요 없이 자동으로 웜홀을 생성한다는 점입니다. 더 좋은 점은 이러한 웜홀이 앞서 설명한 더 간단한 모델의 웜홀보다 훨씬 더 잘 작동한다는 것입니다. 블랙홀의 특이점에 의해 블랙홀에 고정된 화이트홀이 여전히 존재하지만, 이 경우 블랙홀의 사건의 지평선에 진입하여 **블랙홀이 여러분을 삼키는 대신** 특이점 근처를 여행하다가 다른 우주의 화이트홀로 던져질 수도 있습니다.

알아요, 알아요. 블랙홀 사건의 지평선을 넘으면 되돌릴 수 없다는 말을 방금 반복했습니다. 그러나 그것은 **간단한** 모델의 블랙홀에 대한 것입니다. 이제 우리는 **더 정교한** 블랙홀을 다루고 있습니다. 상황이 다릅니다. 그 상황을 설명하는 수학도 다릅니다. 그래서 그 결과도 다르죠. 이는 전하로 충전된 블랙홀과 스핀업된 블랙홀의 경우 모두 운명의 스프레드시트에서* 추적해야 하는 추가적인 중력 효과가 있기 때문에 가능한 거죠.

특이점은 무한한 밀도의 지점이라는 것을 기억하시죠? 블랙홀에 빠지면 모든 것이 빨려 들어가는 바로 그곳 말입니다. 모든 질량. 모든 전하. 모든 스핀. 이 모든 것이 무한히 작은 점으로 압축되는 곳입니다.

질량이 있는 물질들을 모아 한 점에 밀어 넣으면 중력이 극도로 강한 영역이 생깁니다. 전하가 있는 물질들을 모아 한 점에 밀어 넣으면 이제 극도의 전기적 힘을 가진 영역이 생깁니다. 회전이 있는 물질들을 모아 한 지점에 밀어 넣으면 원심력이 매우 강한 영역이 생깁니다. 무슨 말인지 아시겠죠?

전하를 띤 블랙홀에 떨어지면 처음에는 방금 블랙홀에 빠졌다는 사실 외에는 특별한 일이 일어나지 않습니다. 중력은 빛의 속도보다 더 빠르게 여러분을 특이점을 향해 계속 끌어당길 것이고, 그로 인해 중력은 계속 더 강해지겠죠. 하지만 가까이 다가갈수록 말도 안 되게 강한 전기장이 시작됩니다. 그 전기장에는 에너지가 있죠? 맞아요, 에너지가 있어요. 그리고 시공간이 휘어지는 것은 물질과 에너지에 반응하는 거죠? 맞아요. 또한 시공간이 휘어지면 다른 것들이 어떻게 움직일지 알려 주는 거죠? 맞아요.

전기장의 에너지에는 자체 중력 효과가 있으며, 그 효과는 서로

• 수많은 데이터를 처리할 수 있는 엑셀과 같은 표 만들기 프로그램을 이용해서

미는 힘입니다.(수학이 그렇다고 하네요.)[3] 따라서 여러분이 특이점에 접근하여 궁극적인 종말을 맞이할 때, 여러분은 점점 더 느려지고, 결국엔 멈춰 버린 후 후진하게 되며 강한 전기장의 반중력으로 인해 빛의 속도보다 빠르게 (오던 방향과 반대로) **추진하게** 될 것입니다.

여러분은 계속해서 밀려나고 또 밀려나 반대편으로 튀어나와 화이트홀의 사건의 지평선을 넘어 우주의 어느 무작위 지역에 도달할거예요. 지루한 경로를 택하지 않는 한 시작한 장소로 돌아갈 수 없습니다. 블랙홀은 공간이 안쪽으로 흐르는 곳이고, 화이트홀은 공간이 바깥쪽으로 흐르는 곳이기 때문이지요. 공간이 한 번에 양방향으로 흐를 수는 없으므로 출력의 끝이 입력의 끝과 **달라야 합니다.** 웜홀을 통과하여 무서운 특이점에 닿지 않고 아무 문제 없이 가던 길을 갈 수 있습니다.

회전하는 블랙홀도 마찬가지입니다. 강렬한 스핀으로 인해 전기장과 같은 효과를 내는 원심력, 즉 블랙홀 중심부 깊숙한 곳에서 반발하는 반중력이 발생합니다. (여기에는 특이점이 늘어나 고리를 형성하고 그 고리 주위에 시간 여행이 가능한 영역이 있다는 부분도 있지만 그건 여기서 걱정하지 말자고요.) 호기심 많은 여행자는 그 고리를 통과하여 반중력의 재미와 스릴을 경험하고 웜홀의 더 하얀 다른 쪽 끝으로 분출될 수 있습니다.[4]

간단하죠? 이 이론이 실제로 작동하지 않는다고 말씀드릴 테니 너무 놀라지 마세요. 절대로 안 된다고 기회가 있을 때마다 계속 말씀드릴 거예요. 애초에 '아, 이런 것은 가능하지 않을까?' 하는 기대는 접어 두셔도 됩니다.

첫째, 하전 블랙홀입니다. 만약 블랙홀이 전하를 띠고 형성된다면, 블랙홀은 특히 반대 전하를 끌어당겨 내부 인력의 균형을 맞추기 위해 가능한 한 빨리 모든 것을 빨아들이려고 할 것입니다. 그리고 우주는 전반적으로 전기적으로 중성이기 때문에 블랙홀이 어떤 식으로든 전하를 띠고 태어날 가능성은 거의 없습니다. 그래도 기술적으로 불가능한 것은 아닙니다. 그저 가능성이 낮을 뿐이지요. 하지만 그것만으로 블랙홀의 존재를 죽이기에는 충분하지 않습니다.

게다가 회전하는 블랙홀은 **일반적**이죠. 우주의 거의 모든 것이 회전하고 있으며, 지금 회전하고 있지 않다면 곧 회전을 시작할 거예요. 블랙홀은 별에서 형성되고 별은 회전하는 것이므로 블랙홀도 자동으로 회전하게 되는 거죠. 우리 우주에서 블랙홀의 기본 상태는 거대하고 충전되지 않은 채 미친 듯이 회전하는 것으로 보입니다. 그러나 이러한 블랙홀이 합리적(sensible)으로 보이지만('합리적'이라는 단어 자체가 재밌긴 하죠.) 더 자세히 살펴보면 그 내부에는 문제가 있어요.

하전 블랙홀과 회전하는 블랙홀 모두에서 특이점을 향해 안쪽으로 돌진하다가 속도가 느려지고 멈추었다가 결국 오던 길로 되돌아갔던(별로 중요하지 않지만 완성도를 위해 포함하겠습니다.) 그 부분을 기억하시나요? 그것은 단지 여러분의 경험이었지만 블랙홀에 빠진 다른 모든 것의 경험은 어떻습니까? 블랙홀이 존재하는 수십억 년 동안 축적된 그 모든 물질과 모든 방사선은 또 어떻고요?

블랙홀에 떨어지는 여러분의 관점에서 보면, 이전에 블랙홀에 떨어졌던 모든 물질은 여러분이 충분히 가까워지기를 기다리고 있습니다.(중력에 의한 시간 팽창이 여전히 존재한다는 것을 기억하세요.) 가까이 다가가면 블랙홀의 모든 과거 역사가 한꺼번에 여러분의 얼굴에 부딪힐 때 무한히 청색 편이되고 무한히 높은 에너지의 방사선으로 여러분을 강타할 겁니다.

그리고 화이트홀의 기묘한 현상 속에서 빠져나오는 길에 두 번째 강타를 경험하게 되는데 이는 **여러분의 미래에 있는** 모든 물질과 방사선에 의한 것입니다.

상상할 수 있듯이 이것은 몇 가지 문제를 일으키지요. 단 하나의 입자만 이런 종류의 웜홀에 빠진다 해도 이 전환점에서 앞뒤로 왔다 갔다 쏠리는 현상이 극에 달해 중력에 혼란을 일으키고 시공간 이음새에서 웜홀이 찢어집니다. 짐작하셨겠지만 아주 불안정하겠죠.

하지만 잠깐만요! 저는 분명히 회전하는 블랙홀이 우리 우주의 일반적인 특징이라고 말했습니다. 그리고 그것들은 확실히 존재하는데, 제가 말한 것이 그럼 틀린 거 아닌가요?

네, 제가 방금 한 말은 틀렸습니다. 분명히 회전하는 블랙홀은 방사능과 물질의 격렬한 폭발로 스스로 찢어지지 않습니다. 마찬가지로 명백하게도 우리는 회전하는 블랙홀 내부에서 실제로 어떤 일이 일어나는지 전혀 모릅니다. 일반 상대성 이론의 수학은 그런 종류의 블랙홀 밖에서 일어나는 일을 설명하기에 충분하며, 이는 결국 우리가 조심해서 피해야 하는 모든 프레임이 끌려다니는 것과 그 내부를 강타하는 것으로 이어집니다. 하지만 중심은 어떨까요? 중심핵에 대한 이야기는 우리가 해 온 이야기와는 완전 다른 이야기이며 아직 쓰여지지도 않은 이야기입니다.

이는 특이점 그 자체와 같은 것인데, 우리가 실제로 이 특이점에 대해 무언가를 알고 있는 것처럼 아무렇지 않게 내뱉는 거 같네요. 사실은 모든 블랙홀의 중심은 하전되어 있던 아니던, 회전 중이든 정지 상태이든 현대 과학의 미스터리입니다. 하지만 웜홀은 극도로 불안정하기 때문에 웜홀에 대한 이 모든 것은 의심스러워 보이기는 해요. 웜홀은 광활한 항성 간 거리를 이동하는 데는 유용하지 않지만 똑같이 격렬할 가능성이 높습니다. 여러분은 아마도 그냥 부서지고 말 거예요.

———

다시 말하지만, 우리는 일반 상대성 이론의 수학이 우리를 잘못된 길로 이끌고, 이 말도 안 되는 웜홀이 실제로 있을지도 모른다는 잘못된 희망에 빠져들게 하여 우리가 한참 즐기고 있는 이러한 망상의 파티를 망치는 것을 즐기는 다른 물리학에 직면하게 되겠지요. 아인슈타인이 그렇게 말했다고 해서 그렇게 되는 것은 아닙니다.

하지만 이 문제를 해결할 수 있는 방법이 있을까요? 과학자들은 똑똑한 사람들이잖아요? 분명 **누군가는** 수십 년이 지난 후에 해결책을 생각해 냈을 겁니다. 그럼요, 안 될 이유가 없죠? 가상의 물리학의 세상에서는 우리는 무슨 일이든지 일어나게 할 수 있습니다. 문제는 어떻게 웜홀을 만들 것인가가 아니라, 어떻게 하면 웜홀의 끝에서 끝으로 건너갈 수 있는 **안정적인** 웜홀을 만들어 인간 퍼즐 조각이 되지 않고 우리가 꿈꾸는 목적지에 도달할 수 있을 것인가입니다.

아, 그리고 특이점을 피해야 한다는 이야기도 했었죠. 만약 여러분이 <블랙홀과 여러분: 은하계 심포지엄>에 참석한다면, 자연스러운 대화에 유용한 전문 용어를 써서 '횡단 가능한' 웜홀을 찾는 중이라고 말할 수 있겠네요.

알고 보니 웜홀 입구를 사건의 지평선에서 멀리 떨어뜨려 놓는 것, **그리고** 터널을 통과하는 동안 터널 자체의 안정성을 유지하는 것, 이 두 가지 작업을 동시에 수행할 수 있는 특별한 수법이 있다고 하네요. 놀랍습니다! 물론 이 일거양득의 기적의 제품은 가격이 만만치 않겠죠.(힌트: 존재하지 않을 수도 있어요.)

웜홀에 대한 환상을 현실로 바꾸기 위해 필요한 것은 건강한 음의 질량 덩어리뿐입니다.[5] 음의 뭐요? 음의 질량이요. 질량이지만 음수라는 이야기죠. 예를 들면 어떤 물체의 무게가 −3킬로그램이라는 거예요. 언뜻 들으면 터무니없어 보이지만 완전히 무시해 버리지는 말자고요. 결국 이 터무니없는 듯한 생각이 웜홀을 실제로 존재 가능한 것으로 만들 수 있을지도 모르니까 조금만 더 살펴봅시다.

음의 질량은 웜홀을 만드는 데 유용한 두 가지 중요한 특성을 가지고 있습니다. 첫째, 음의 질량은 블랙홀 주변의 시공간 구조를 음의 방향으로* 변화시켜 웜홀 입구를 사건의 지평선 바깥으로 밀어내므로, 위험한 일방통행의 파멸의 장벽인 사건의 지평선을 넘지 않고도 터널로 뛰어들 수 있으며, 또한 이 방식대로라면 여러분은 사건의 지평선을 통과하지도 않은 것이니 특이점에 부딪힐 염려도 없습니다. 멋지네요!

• 양의 질량이 시공간을 왜곡하는 것과 반대 방향으로 생각하면 됩니다.

둘째, 음의 질량은 엄청난 압력을 가하게 되는데, 이는 지뢰 갱도의 지지대처럼 터널을 강제로 열 수 있을 정도입니다. 음의 질량을 얼마만큼 가지고 있느냐에 따라 웜홀의 폭이 결정되며, 재앙을 초래하기 전에 얼마나 많은 정상 물질을 목구멍으로 내려보낼 수 있는지도 결정됩니다. 궁금하신 분들을 위해 말씀드리자면, 웜홀의 입구를 3차원으로 만들기 위해서는 질량이 음수인 재료가 껍질 모양이어야 합니다. 음의 질량이 존재하지 않는 것은 유감입니다.

또다시 이 논쟁으로 돌아왔군요. 일반 상대성 방정식은 질량이 양수인지 음수인지를 전혀 신경 쓰지 않습니다. 그냥 수학적 계산을 할 뿐입니다. 그리고 아인슈타인은 아주 분명하게 말했죠. 그에게 음의 질량을 주면 그는 웜홀을 만들어 여러분에게 줄 것이라고요. 하지만 쓰레기가 들어가면 쓰레기가 나오는 게 당연하듯, 우리가 방정식에 넣는 것이 어떤 의미가 있는지 판단하는 것은 우리의 몫입니다.

음의 질량이 의미가 있을까요? 이 질문은 '질량'이라는 개념이 생겨난 지 꽤 오랜 시간이 흘렀지만 여전히 자주 제기되는 질문입니다. 생각해 보면 양전하와 음전하가 있는데 왜 양의 질량과 음의 질량은 안 될까요? 우리는 지구에서나 성간 여행 중이나 관측을 통해 주변에서 양질량과 음질량을 본 적이 없습니다. 하지만 지금까지 관측하지 못했다고 해서 존재할 수 없다는 뜻은 아닐 거예요.

'질량'의 정의 자체는 어떤 물리학자와 대화하고 있는지, 또 그 물리학자의 현재 기분이 어떤지에 따라 약간 까다로울 수 있지만, 음의 질량은 꽤나 우스운 개념이기는 해요. 음의 질량을 가진 축구공을 빠르게 차면 공은 반대 방향으로 날아갑니다. 음의 질량을 가진 돌멩이를 땅바닥에 던지면 하늘로 솟구쳐 오를 것입니다.

음의 질량을 가진 두 개의 공이 있으면 서로를 밀어낼 거예요. 질량이 양인 공을 질량이 음인 공 옆에 놓으면 질량이 양인 공은 음인 공을 잡아당기고, 질량이 음인 공은 양인 공을 밀어냅니다. 아무런 제약 없이 두 공을 나란히 놓는 간단한 행위만으로도 두 공의 운동이 시작되어 무한한 속도로 계속 가속하게 될 것입니다. 바퀴의 반대편에 양의 질량을 음의 질량으로 놓으면 바퀴가 저절로 돌기 시작하여 영원히 계속 돌기 때문에 이러한 장치에서 여분의 에너지를 영원히 가져갈 수 있습니다.[6] 이것은 약간 걱정스러워 보이네요. 이 우주에는 규칙이 있지 않나요? 운동량과 에너지 보존처럼요? 음의 질량이라는 현실이 너무 말도 안 되는 것처럼 보이기 때문에 우리는 이 모든 것을 완전히 금지하고 싶어지는 거겠죠.

하지만 여기서 주의해야 할 점이 있습니다. 물리학 법칙 자체가 음의 질량을 배제하지 않고 있으며, 단지 음의 질량은 현재 우리가 이해하고 있는 **다른** 물리학 법칙을 위반할 뿐입니다. 그렇다면 뭐가 맞는 걸까요? 음의 질량이 존재할 수 있을까요? 그렇다면 이를 수용하기 위해 운동량과 에너지에 대한 우리의 이해를 업데이트해야 할 텐데요. 아니면, 그토록 중요하고 철저하게 검증된 보존 법칙에 대해서는 모두 사실이며, 음의 질량은 원래 있어야 할 큰 쓰레기장에 버리면 되는 것일까요?

음의 질량을 믿고 싶으시다면 말리지는 않겠습니다. 하지만 운동량 보존은 현대 물리학에서 가장 잘 검증되고 잘 이해되는 개념 중 하나입니다.(사실 한두 번쯤 고비가 있기는 했어요.) 우리는 매일 매 순간

운동량 보존에 의존하고 있습니다. 음의 질량은 음의 음식과 같습니다. 처음에는 지금까지 본 것들과 다르고 짜릿해 보일 수도 있지만 결국에는 만족스럽지 않습니다.

———

하지만 이야기는 여기가 끝이 아닙니다. 이런 생각을 하는 사람들로 구성된 커뮤니티에서 "아니요."라고 자신 있게 대답하는 음의 물질들이 있습니다. 그리고 음의 **에너지**가 있는데, 곧 알게 되겠지만 훨씬 더 온화한 "어, 그게 말이지…… 음……."이라는 반응을 얻게 될 거예요.

일반 상대성 이론은 물질과 에너지를 모두 중요하게 생각하며, 물질이 있다면 시공간을 마음대로 구부릴 수 있습니다. 그리고 에너지가 있다면 그와 동등한 힘을 갖게 됩니다. 결국, 특수 상대성 이론은 우리에게 $E = mc^2$ 라는 공식을 가르쳐 주었습니다. 에너지는 질량이며, 모든 단위 변환이 용이하도록 광속(c)이 추가되었습니다. 질량과 에너지는 같은 상대론적 동전의 양면과도 같습니다.

음의 질량을 배제하고(그러길 바라지만) 웜홀을 만들고자 하는 사람들이 직면한 질문은 다음과 같습니다. 음의 에너지를 만들 수 있을까요? 그렇다면 그것을 웜홀을 만드는 데 사용할 수 있는 것일까요? 이 질문들이 조금 절망적으로 들린다면, 그건 우리가 절망적이기 때문입니다.

일단 음의 에너지를 인정하게 되면 이는 되돌릴 수 없게 됩니다.

음의 에너지라는 캔에서 가장 먼저 튀어나오는 것은 카시미르 효과라고 불리는 것으로, 두 개의 금속판을 아주 가깝게 붙잡으면 자연에 존재하는 어떤 힘에 의해서가 아니라 그 사이에 생성되는 음의 에너지 때문에 서로 끌림을 느끼게 된다는 것입니다. 헛소리처럼 들리지만, 말도 안 되는 것이 아니라 우리 우주의 이상하지만 진실인 측면의 범주에 속하는 이야기입니다. 지금 생각해 보니 이 책의 대부분을 차지하는 내용입니다.

카시미르 효과에 대해 이야기하려면 양자장에 대해 다시 이야기해야 하는데요. 우주의 진공과 우주끈에 관한 장의 몇 페이지를 즐겨찾기에 추가해 두라고 할걸 그랬네요. 중요한 내용이기 때문입니다. 앞서 설명한 내용을 다 읽지 못했거나 건너뛴 분들을 위해 간단히 요약하자면, 우주 전체는 장으로 가득 차 있으며, 때때로 이 장의 일부가 떨어져 나와 일상적인 입자가 되기도 한다는 것입니다.

이러한 장에는 진동하고, 웅 소리를 내고, 윙윙거리기도 하는 에너지가 있습니다. 빈 공간조차도 이러한 에너지 장으로 가득 차 있습니다. 주변 공기가 소리로 가득 차 있는 것처럼 말이에요. 제가 이 글을 쓰는 동안에도 부엌에서 바스락거리는 소리, 이웃집의 성가신 잔디 깎는 소리, 거리의 교통 체증 소리가 들립니다. 공기는 모든 종류의 진동으로 가득 차 있습니다.

텅 빈 공간은 이러한 양자장의 진동으로 끊임없이 윙윙거립니다. 양자장 에너지가 바닥 상태에 있으면 아무것도 **할** 수 없습니다. 입자가 되어 물리 현상에 참여하게 하려면 여기에 추가적인 에너지를 더해야 합니다. 하지만 존재합니다. 그리고 기술적으로, 우리가 이

전에 당황하고 혼란스러워했던 것처럼, 양자장에서는 무한한 수의 진동이 우리 주변에서 항상 쉬지 않고 일어나고 있습니다. 물리학에 의한 현상은 어떤 '양'의 차이에서 비롯되는 것이기 때문에 우리는 우리가 앉아 있는 무한한 에너지 바다를 알아차리거나 신경 쓰지 못할 것이고, 우리의 우주가 무한히 높은 에너지 산꼭대기에 앉아 있을 수도 있어요. 그저 세상이 돌아가는 섭리일 뿐이죠.

여기까지의 핵심 요점은 시공간의 진공 속에도 가능한 모든 파장의 진동은 무한히 일어난다는 겁니다. 그저 겪어 나가는 수밖에 없네요. 제가 튜바를 분다고 가정해 봅시다. 저는 특정 종류의 진동만 만들 수 있는데, 튜바 모양이 특정 종류의 음파만 만들 수 있기 때문이죠. 우리는 이러한 특정 파장의 음파를 '음정'이라고 부릅니다. 이것이 바로 튜바 제작과 연주의 핵심입니다.

튜바의 외부: 모든 종류의 파장을 가진 모든 종류의 음파가 존재합니다.

튜바의 내부: 특정 음만 존재합니다.

텅 빈 공간: 양자장에서는 모든 종류의 파장을 가진 모든 종류의 파동이 존재합니다. 하지만 두 개의 금속판을 서로 가까이 붙잡으면 어떨까요? 그렇죠, 특정 종류의 파동만 허용됩니다. 우리가 하고 있는 이야기에 집중하고 있군요. 아주 좋아요. 금속판은 우리 우주의 근본적인 양자장에서 가능한 특정 '음정'만 재생할 수 있습니다.

그래서 어떻다는 걸까요? 판 밖에는 판 내부보다 훨씬 더 많은 파동이 있다는 이야기죠.(머리 아플 정도로 생각하는 게 정말로 괜찮다면

이 괄호의 나머지 부분을 읽어 보세요. 기술적으로 판 내부에 존재할 수 있는 파장의 수는 여전히 무한하지만 그 무한대는 판 외부의 파장의 무한대보다 약간 적습니다. 그리고 여기서 수학적으로 조금만 풀어 보면 그 두 무한대의 차이를 추출해 낼 수 있답니다.)

그 결과, 판 외부의 파동이 내부보다 훨씬 더 많기 때문에 판 사이의 공간은 말 그대로 음의 에너지를 갖게 됩니다. 이 음의 에너지는 인력으로 나타나 판을 서로 끌어당기게 되는 것이고요.

이것은 아이들의 환상이 아닙니다. 지구 과학자들은 이를 테스트하기 위해 수많은 실험을 해 왔습니다. 이 효과는 실제로 존재하며, 이 효과를 처음 발견한 사람의 이름을 따서 명명되었습니다. 헨드릭 카시미르입니다. 음의 에너지는 실재하며 앞으로도 계속 존재할 것입니다.[7]

좋아요, 우리가 뭔가 해낼 수 있을지도 몰라요! 실험실에서 평행 금속판으로 극소량의 음의 에너지를 생성할 수 있다면, 이를 이용해 시공간을 적절한 방식으로 뒤틀어 우주의 다른 부분으로 통하는 포털을 열 수 있지 않을까요?

이제 인스턴트 웜홀 안정제©가 완성되었습니다. 이제 두 개의 금속판을 가져다가 서로 가까이 붙이고 음…… 그냥 블랙홀 근처에 놓기만 하면 되는 거죠? 그렇죠?

첫째, 카시미르 효과에 의해 생성되는 음의 에너지는 '미미하다'는 말이 무색할 정도로 매우 작고, 웜홀을 안정화시키는 데 필요한 음의 에너지의 양은 '거대하다'는 말이 무색할 정도로 매우 큽니다. 이 둘은 저울의 완전히 반대편에 있습니다. 그리고 카시미르 효과를 확대하기 위해 생각할 수 있는 한 모든 방법을 시도해 보아도 결국 음의 에너지를 더욱 약하게 만들 뿐입니다.

여기서 저는 될 수도 있지 않을까 하는 조심스러운 추측만 해 봅니다. 그리고 **정말** 관대하게 말씀드리자면, 실제로 일종의 카시미르 효과 장치로 웜홀을 만드는 것은 엔지니어들이 알아내야 할 일이라고 해 두지요. 관련된 물리학은 아주 안정적이고 그게 제일 중요한 거죠. 하지만 여기서의 물리학이 정말 안정적일까요? 우리가 도대체 무슨 말을 하고 있는 건지 제대로 알고 있는 걸까요?

가장 큰 질문은 그 음의 에너지의 본질입니다. 네, 금속판 사이의 에너지는 **외부 세계에 비해** 음의 에너지예요. 절대적인 의미로 음이 아닙니다. 마치 올림푸스산 정상에 올라가 30센티미터 정도 깊이의 구멍을 파고 화성 해수면보다 아래에 있다고 주장하는 것과 같습니다. 게다가 카시미르 설정에서는 판들 사이의 공간만이 유일한 요소가 아니에요. 아시다시피 금속판 자체도 있습니다. 그 금속판들은 질량이 있죠. 바로 양의 질량입니다. 이는 양의 에너지를 의미하고요. 카시미르 장치 전체를 데이터로서 추적해 보면 알짜(net) 양의 에너지를 얻게 됩니다.

이러한 이야기 모두는 카시미르 실험에서 나온 음의 에너지가 과연 웜홀을 열고 안정화시키는 데 필요한 **올바른 종류**의 음의 에너지인지의 여부가 조금 불분명하다는 것입니다. 아시다시피 과학계에서는 이러한 기술적 정의에 대해 많은 논쟁과 비웃음이 오가고 있으며, 아직 이에 대한 합의가 이루어지지 않았습니다.

웜홀의 가능성에 대해 시작한 논의가 결국 '에너지'의 기술적 정의에 대한 논쟁으로 번질 줄 누가 알았겠습니까? 하지만 빛보다 빨리 여행해서는 안 된다고 하는 대자연을 속이려고 하면 이런 일이 벌어집니다. 때때로 자연은 정말 골치 아픈 존재가 될 수 있으며, 우리가 그것에 대해 할 수 있는 일은 아무것도 없습니다.

이론가에게 충분한 시간을 주면 그들은 그들에게 주어진 미해결 문제를 물리학의 전체 분야로 자연스럽게 확장할 수 있습니다. 예를 들어 음의 질량과 (또는) 에너지를 들 수 있습니다. 논의를 일반화하기 위해 다양한 과학자들이 방정식에 소위 '에너지 조건'을 제안하여 우리의 사고를 유도했습니다.[8] 이러한 조건은 다른 어떤 근본적인 입장이나 어려운 실험에서 나온 것이 아닙니다. 이는 허공에 손을 내두르며 "그만둘래요. 음의 에너지는 존재하지 않아요."라고 수학적으로 말하는 것입니다.

그러나 이는 대부분의 과학자들이 피하고 싶어 하는 위험한 논제이지요. 그래서 과학자들은 이런 질문을 피하고 별이 죽을 때 어떻게 폭발하는지와 같이 덜 어려운 문제만 해결하려고 합니다.

결국, 카시미르는 정말 열심히 노력했지만 웜홀을 구할 수 없을 것 같습니다. 웜홀을 안정화하려면 음의 질량 또는 에너지가 필요하다는 사실이 밝혀진 이후 수십 년 동안 과학자들은 우주끈을 사용하는 등 웜홀을 안정화하기 위해 온갖 상황을 만들어 냈습니다. 무시무시한 괴물들을 기억하시나요? 우주끈을 웜홀에 꿰어 웜홀이 아닌 일반 공간으로 되돌아가게 하는 것이 가능할지도 모릅니다.('가능할지도 모른다.'는 말을 강조해야겠어요.) 닫힌 우주끈은 여러분이 에스프레소 네 잔을 마시고 난 후 손을 떨듯 진동합니다. 그리고 그 흔들림이 시공간과 적절히 상호 작용하여 국소 에너지를 떨어뜨리며 필요한 안정성을 제공할 수 있습니다.

적어도 우주끈이 엄청난 중력파를 방출하여 스스로 진동하여 모든 것을 잊을 때까지는 말입니다. 그리고 그 중력파가 웜홀 목구멍 자체에 어떤 혼란을 일으킬지 누가 알겠습니까? 그리고 웜홀을 꿰매고 양쪽 끝을 무한대로 뻗어 모든 것을 제자리에 고정하려면 또 다른 우주끈이 필요합니다. 이런 종류의 논의가 어떻게 끝날지 짐작할 수 있으시겠죠.[9]

또 다른 가능성은 카시미르 효과를 일으키는 것과 똑같은 양자장 자체의 근본적인 진동입니다. 장난스럽게 '양자 거품'이라고 부르기도 하는 아원자 이하 단계의 시공간은 거품이 일어나고 끓어오르는 등 엉망진창이 되기도 합니다. 물론 때때로 무작위로 웜홀처럼 생긴 무언가가 튀어나왔다가 다시 원래 있던 무(無)로 되돌아가기도 합니다. 어쩌면 (제 말이 너무 과장이라는 것을 알지만, 한번 들어는 봐 주세요.) 웜홀이 형성될 때 그 작은 웜홀 중 하나를 잡아 덜 작은 크기로 부풀릴 수 있을까요? 이렇게 하면 근처에 편리한 블랙홀이 없는 상태에서 어떻게 웜홀을 만들 수 있는지에 대한 문제는 해결되지만, 현재 확대된 웜홀의 안정성을 유지하는 문제는 다른 누군가가 또 해결해야 할 문제가 됐네요.

어쩌면 우리가 중력을 완전히 잘못 이해하고 있는지도 몰라요!

아인슈타인의 말을 믿어 의심치 않습니다. 그는 해야 할 일을 열심히 다 잘 해낸 믿을 만한 사람 같지만 사후에 중력의 왕으로 추대된 것이 누구였던가요? 그렇죠, 뉴턴이 그랬죠. 어쨌든 중력에 관한 한 일반 상대성 이론이 중력의 전부이자 끝은 아니라는 것이 특이점이 우리에게 주는 교훈입니다. 중력에 대한 이해가 더 깊어지면 웜홀의 존재를 허용할까요? 그럴 수도 있겠지만, 지금까지를 보면 아인슈타인을 뛰어넘으려는 모든 시도는 비참하게 실패했으니 행운을 빕니다.

이 모든 것의 가장 큰 문제는 양자장이 중력과 어떻게 상호 작용하는지 완전히 이해하지 못한다는 것입니다. 지구 과학자들은 굽어 있는 곡면 공간에서 양자장이 어떻게 작동하는지 알아낼 만큼 오랫동안 이 게임을 해 왔습니다. 어느 정도는요. 이를 위한 수학은 쉽지 않고 물리학에 대한 우리의 견해는…… 흐릿하다고 할 수 있습니다. 그리고 그것은 아주 조금 **겨우** 굽어 있는 곡면 공간에 있습니다. 블랙홀이나 웜홀 같은 극단적인 공간이요? 여러분이 원하는 만큼 추측하고, 가능한 모든 근사치와 가정을 만들어서 수학이 틀리지 않도록 할 수 있습니다. 하지만 상황이 너무 특이한 나머지 기발한 아이디어를 테스트할 수 있는 편리한 실험이 주변에 없다는 것이 사실이죠.

———

웜홀에 대해 논의를 마치기 전에 한 가지 더 말씀드리고 싶은 것이 있는데, 지금부터 말씀드릴 내용은 여러분이 지금까지 들어본 것 중 가장 멋진 이야기거나 가장 무서운 이야기일 수 있습니다.

웜홀은 타임머신처럼 작동할 수 있습니다. 아이고, 또 시작이군요. 웜홀을 만들 수 있다고 가정해 봅시다. 안정적이고, 특이점을 피하고, 횡단이 가능하고, 뭐 이런 웜홀 말이에요.

웜홀의 한쪽 끝을 가져다가 우주선 안에 넣습니다. 우주선을 빛의 속도에 가깝게 가속하세요. 잠시 순항하세요. 경치를 구경하세요. 즐기세요. 다른 입구로 돌아와 봅니다. 웜홀의 끝을 내려놓으세요. 이게 바로 타임머신이지요. 어떻게요? 우주에서 사물이 매우 빠르게 움직이면 시간은 매우 느리게 움직이기 때문입니다. 여러분이 초고속으로 별들 사이를 여행하는 데는 며칠밖에 걸리지 않을지 모르지만, 상대론적 느린 속도에 갇혀 있는 나머지 우주에서는 몇 주 또는 몇 년이 지났을 수도 있습니다.

이제 웜홀의 한쪽 끝이 다른 쪽 끝의 '미래'에 존재하므로, '미래' 끝으로 들어가서 자연스럽게 웜홀의 길이를 거닐다가 자신의 과거에 도착할 수 있습니다. 물리학 법칙을 위반하지 않고 시간 여행을 한 것입니다.

이걸 어떻게 이해해야 할까요? 누구에게는 이것이 중력의 승계가 될 수 있어요. 웜홀이 우리 우주에서 허용된다는 것을 증명할 수 있다면, 이는 매우 명확한 수학을 통해 과거로의 시간 여행도 허용된다는 것을 의미하며, 이는 오늘날(그리고 물리학이 존재한 이래로) 물리학계에서 가장 뜨거운 질문 중 하나입니다. 과거로의 시간 여행은 금지된 것처럼 **보이지만**(실제로 과거로의 시간 여행이 가능하다는 증거는 전혀 없습니다.) 왜 금지된 것인지는 알 수 없습니다. 어쩌면 웜홀의 불가해한 수학 뒤에 궁극적인 해답이 숨겨져 있을지도 모르겠네요.

아니면 웜홀이 존재하지 않는다는 궁극적인 신호일 수도 있고요. 과거로의 시간 여행이 불가능해 보이는 데에는 우주의 깊고 근본적인 진리, 즉 이유가 있을지도 모릅니다. 어쩌면 우리가 아직 파악하지 못한 이유 때문에 그저 불가능한 일일 수도 있습니다. 시간 여행이 엄격히 금지되어 있고 웜홀의 존재로 인해 타임머신을 만들 수 있다면, 웜홀은 아직 실현되지 않은 개념이 틀림없습니다.

이 때문에 일부 이론가들은 자연은 여러분이 만든 웜홀 장치가 무엇이든 '**항상**' 그것을 없애 버릴 방법을 찾아낼 것이라고 생각합니다. 예를 들어 웜홀을 만들고 은하계를 한 바퀴 돌면 입자들이 웜홀의 목구멍을 왔다 갔다 하며 과거와 미래의 자신과 충돌하고 상호 작용하면서 에너지를 끌어올려 눈도 깜빡이기 전에 웜홀이 현실에서 사라질 수 있다는 것입니다.

———

생각을 너무 많이 했나 보네요. 저도 지금 여러분만큼이나 지쳤습니다. 이미 충분히 설명한 것처럼 요점은 다음과 같습니다. 우리는 안정적인 웜홀을 지배하는 물리학을 이해하지 못한다는 것입니다. 현재로서는 순전히 이론적 구성물(일명 수학적 환상)에 불과합니다. 물론 일반 상대성 이론에 의해 **허용되기는** 합니다. 하지만 그렇다고 반드시 **존재해야 하는** 것은 아니죠. 한동안 블랙홀도 비슷한 처지에 놓여 있었어요. 방정식에서는 허용되지만 실제로 존재하는지는 알 수 없었습니다. 웜홀도 마찬가지일 수 있지만, 우주에서 웜홀을 만들 수 있는 자연적인 과정이 알려져 있지 않다는 단점이 있습니다. 안타깝네요.

웜홀을 꿈꾸는 사람들의 심정은 충분히 공감할 수 있습니다. 정말 매력적인 아이디어 맞아요. 우주여행의 지루함과 고단함을 피하면서 시공간을 지름길로 통과할 수 있다는 것이니까요. 그것도 빛보다 빠른 속도로 말이에요! 웜홀로 두 지점을 연결하면 빛이 먼 길을 돌아가는 것보다 더 빠르게 웜홀을 통과할 수 있습니다. 웜홀을 제대로 배치하면 시간 여행도 가능하고요. 놀라워요! 우주에서 쓸 수 있는 치트키예요!

빛의 속도보다 더 빠르게 먼 지역으로 이동할 수 있다고 주장하는 이른바 알쿠비에레 드라이브를 판매하려는 수상한 판매자를 한두 번쯤은 만나 보셨을 겁니다. 이는 물론 우주의 소중한 규칙을 어기지 않으면서 그저 주변의 시공간을 조작하는 거죠. 그거 아세요? 알쿠비에레 드라이브를 작동시키려면 우주선을 음의 질량으로 채워야 합니다. 웜홀과 똑같은 곤경에 처한 셈인데, 만약 가능하다면 우리는 우주에 대한 이해를 완전히 다시 해야 하네요.

우리가 알 수 있는 한, 자연은 우리가 웜홀이나 워프 드라이브 등을 만드는 것을 원하지 않는 것 같습니다. 우리는 그냥 이해하지 못한 채 머물러야 할 것입니다. 말 그대로, 우리는 대부분의 시간을 추운 밤 별들 사이에서 보내게 될 것이기 때문입니다.

웜홀을 발견하더라도 저라면 뛰어들지 않을 것입니다. 웜홀은 여러분이 원하는 대로, 즉 땀 한 방울 흘리지 않고도 여러분을 우주의 다른 지역으로 데려다줄 수 있습니다. 하지만 폭발할 수도 있어요.

아니면 안에서 폭발할 수도 있고요. 어느 쪽이든, 그것은 여러분을 즉시 끔찍하게 죽일 가능성이 높으며, 이 우주와 아마도 옆 이웃의 우주에 여러분의 조각조각을 퍼뜨릴 것입니다. 제 말은, 웜홀이라는 것은 아무리 좋은 날에도 절대로 **믿을 수 없는** 극도로 가상의 물체라는 겁니다. 그 잠깐의 기회를 위해 정말 목숨을 걸고 위험을 감수할 건가요? 그만, 대답은 듣고 싶지 않아요.

이상하고도 아름다운 대칭으로, 저는 우주에서 가장 위험한 부분은 우주 자체의 차갑고 딱딱한 진공 상태라고 이야기하면서 이야기를 시작했습니다. 하지만 그 모든 공간에는 비밀이 숨겨져 있었는데, 바로 우주 자체에 거품을 일으키며 진동하는 뒷면의 콧노래가 들리고, 그 콧노래의 비밀은 바로 알기 어려운 양자장 덕분입니다. 그리고 별들 사이의 텅 빈 공간을 피할 수 있는지에 대한 논의의 중심이 다시 여기에 있습니다.

제가 이렇게 걱정하고 조심스럽게 경고해 드리는데도 불구하고 이 특이한 여행지를 탐험하고 싶은 여러분의 열망을 이해합니다. 그리고 가능한 한 빨리 그 목적지에 도착하고 싶어 하는 여러분을 탓하지 않습니다. 웜홀과 워프 드라이브는 이론으로서 너무 매력적이며 항상 가능성의 정점에 있는 것처럼 보입니다. 하지만 당분간은, 그리고 앞으로도 이 우주를 살아서 돌아다니고 싶다면 어려운 방법을 써야 합니다.

마지막 경고

> 결국 중요한 건
> 물질이 가장 중요하다는 사실을 배운
> 바로 그 문제였어요
> 호기심은 절대 쉬지 않아요
> - 고대 천문학자의 시

이 정도면 충분합니다. 그렇게 나쁘지는 않았나요? 아니에요, 나빴어요. 아주, 아주 나빴죠. 이 우주에는 눈도 깜짝하지 않고 여러분을 괴롭힐 수 있는 것들이 엄청나게 많다는 것이 밝혀졌습니다. 다양한 형태와 크기로요. 우주선에 구멍을 뚫을 수 있는 작은 바위도 보았죠. 우주선이든 뭐든지 보이는 것은 다 집어삼킬 수 있는 태양계 크기의 거대한 블랙홀도 보았습니다. DNA를 엉망으로 만드는 미세 입자도 있고, 우주를 질주하는 전하를 띤 가스 덩어리도 있었지요.

이런 위험 요소들에는 몇 가지 비슷한 점이 있습니다. 중력이 큰 역할을 한다는 것이에요. 물질이 '아래로' 떨어질 수 있는 곳에서는 보통 열이 생겨 문제를 일으키기 시작합니다. 자기장이 기대하지 않았던 역할도 하고요. 보통은 거의 느끼지 못하지만 자기장이 충분히 강해지면 복수를 하듯 사람을 해칠 수 있습니다. 우주의 대부분은 생명체가 없는 무미건조한 황무지일 수도 있지만, 실제로 흥미로운 지역은 너무나 많은 에너지로 가득 차 있어서 연약한 인간의 몸과 인간이 만든 우주선으로는 감당할 수 없습니다.

우리가 현재 이해할 수 있는 만큼은 가장 중요한 부분을 모두 다루었다고 생각합니다. 하지만 우리가 이해하는 부분은 항상 한계가 있어요. 행성에 있는 천문 관측소, 느리게 움직이는 탐사선, 인공위성이 우리에게 줄 수 있는 자료는 한정돼 있어요. 미지의 광활한 우주에 또 어떤 위험이 도사리고 있을지 누가 알겠어요? 우주를 여행하는 여러분이나 또 다른 누군가가 언젠가는 알아내겠죠. 문제는 그들이 살아서 자신이 목격한 경이로움에 대해 우리 모두에게 이야기할 수 있을까죠.

'우주탐험가'가 되고 싶은 여러분이 다시 생각해 볼 만큼 충분히 경고를 드렸습니다. '우주탐험가'라는 이름은 금방 '우주탐험가로 기억되는 사람'으로 바뀔 수 있거든요. 심호흡을 해 보세요. 폐를 가득 채우는 공기가 기분 좋게 느껴지지 않나요? 팔을 쭉 뻗으세요. 여러분이 차지할 수 있는 이 모든 공간을 보세요! 화창한 오후에 산책을 해 보세요. 여러분 발 밑에서 중력이 항상 잡아당기고 있다는 사실에 마음이 편안해지지 않나요?

우주는 아무나 갈 수 있는 곳이 아닙니다. 우주선을 발전시키고 새로운 기술에 많이 투자하더라도, 우리에게 우주여행이 결코 자연스러울 수 없습니다. 우리는 행성에서 태어났고, 부모님도 행성에서 태어났으며, 부모님의 부모님의 부모님도 행성에서 태어났습니다.

우주 탐사는 힘들고 걱정해야 할 것이 아주 많은 일 맞아요. 잠깐의 격렬한 순간이 듬성듬성 흩어져 있는 무(無)로 가득 차 있습니다. 심장이 약한 사람이나 정신이 약한 사람에게 우주는 적합한 곳은 아니네요.

하지만…… 작은 비밀 하나 알려 줄게요. 우주가 위험한 곳이라는 건 이미 충분히, 그리고 고통스럽게 명백히 설명했어요. 하지만 아름답기도 하죠. 아주 숭고하고, 특이하고, 경이롭고, 생각하게 만드는 곳임은 틀림없어요. 물질과 에너지의 찬란한 색채로 그려진 캔버스입니다. 물리학은 바로 그 캔버스 위의 붓이에요. 수 세기 동안 우주는 우리를 기다렸어요. 신비로움을 한 꺼풀 벗기면 새로운 신비가 드러나지요.

우주는 우리가 여행하기를 **기다리고** 있어요. 우주의 소리가 들리지 않나요? 행성에 발이 묶인 우리가 배울 수 있는 건 한정적이므로 우주로 가야 합니다. 새로운 흙에 손을 넣어 보고 새로운 빛을 봐야 해요. 배우고 이해하고 **느끼기** 위해서요.

나약하고 의지 없는 사람들을 걸러내기 위해 이 책을 썼습니다. 겁을 주기 위해서요. 좀 더 대담하며 호기심 많은 사람들에게는 이 책이 훌륭한 안내서가 될 거예요. 사실 우주에서 일어나는 모든 놀라운 물리 현상을 이야기하기 위한 핑계이기도 해요. 제가 설명한 물리학은 널리 알려져 있지만 대부분의 경우 아직은 완벽히 이해하기 힘들어요. 배울 것이 너무 많기 때문에 가능한 한 면밀하고 친밀하게 공부해야 합니다.

위험한 것을 조심하세요. 새로운 환경을 보면 신중하시고요. 익숙하지 않은 은하에서는 조심스럽게 발걸음을 옮기세요. 충분한 시간을 가지세요. 시간은 여러분이 가진 몇 안 되는 것 중 하나입니다. 이 세상에는 아름답고 멋진 우주가 있고, 그 우주는 여러분 것입니다. 다른 사람과 공유해야 할 수도 있지만, 우리 모두가 즐길 수 있을 만큼 충분히 크고 심지어는 매일 더 커지고 있습니다. 우리는 우주의 실체가 무엇이고 그 안에 무엇이 포함되어 있는지에 대해 아직 표면적인 부분도 파악하지 못했습니다. 우주는 매일매일 새로운 놀라움을 선사합니다. 우리는 평생을 지내도 시간과 공간을 완전히 이해할 수 없을 테지만, 어쨌든 우주여행은 재미있습니다.

지금 탐험을 떠나세요!

옮긴이의 글
마음껏 상상하세요

고등학교 자율학습 중 물리 선생님이 망원경으로 보여 주신 토성의 고리와 그날 밤은 아직도 머릿속에 생생합니다. 그저 상투적인 표현처럼 들릴지는 모르지만 그리 크지 않은 망원경의 거울을 뚫고 온 토성의 고리 이미지는 천문학자를 꿈꾸던 저의 마음에 너무나도 선명한 자국을 남겼습니다.

이후 미국에서 대학을 다니면서 캠퍼스 주차장에서 파트타임으로 일하고 있던 작은 아시안 여학생이었던 저에게 "내 수업에서 맨날 앞에 앉아 있는 학생 아니니? 주차장 대신 내 실험실에서 일하면 어떻겠니?"라며 로버트 게어츠 교수님이 손 내밀어 주셨습니다. 그렇게 대학교 2학년 때부터 미네소타 주립대학교 적외선 실험실에서 적외선 망원경에 필요한 극저온의 액체 질소 탱크를 다루는 것부터 망원경에서 얻은 데이터를 분석하는 것까지 자세히 배웠어요. 게어츠 교수님은 제가 애리조나에 있는 천문대로, 콜로라도에서 열린 천문 학회로 갈 수 있도록 이끌어 주시며 천문학자의 꿈을 이룰 수 있도록 지원을 아끼지 않으셨어요.

저 무한한 우주는 우리에게 작은 부분만을 보여 줍니다. 그 작은 부분도 너무 커서 그 신비함을 알아내는 데에 많은 시간과 노력이 필 요합니다. 우주 망원경에서부터 전 세계를 베이스로 삼아 만든 거대 망원경까지, 이제는 더 이상 홀로 산꼭대기에 있는 천문대를 돌아다 니며 밤새 관측을 하며 지내던 '일인 천문학자' 시대는 지났습니다. 우주라는 무한의 기회가 있는 곳을 이제는 전 세계가 함께 탐험하는 시대입니다.

저도 대학 시절 게어츠 교수님 지도하에 애리조나 레먼산 천문 대에 가서 대학원생의 뒤를 쫓아다니며 냉각 탱크를 점검하고 망원 경의 초점을 조정하던 '일인 천문학자'로 천문학을 시작했지요. 그 러다 대학교 3학년 여름, 우주 망원경 과학 연구소(Space Telescope Science Institute, STScI)에서 인턴을 한 인연으로, 대학교 졸업 후 다시 연구소로 돌아갈 수 있었습니다. 허블 망원경에서 온 따끈따끈한 오 리온성운의 데이터를 분석하여 거대 성운 안에서 항성들이 생겨나 는 비율을 계산하던 시절은 천문학자로서의 경험에 있어 진정한 도 약이었습니다. 이후 대학원에서는 암흑 에너지 서베이(Dark Energy Survey)와 남극 망원경(South Pole Telescope)이라는 전 세계 천문학자 500여 명이 모인 그룹의 일원으로 현대 천문학 연구에 참여할 수 있 었습니다.

데이터 분석을 위해 신경망(Neural network)과 인공 지능(Artificial Intelligent, AI)의 응용이 더 이상은 선택이 아닌 필수가 되었고 시뮬레이션(simulation)의 정교함과 스케일의 진보는 일상생활에 이미 깊숙이 들어와 있는 AI 기술과 다르지 않습니다. 거대 망원경과 우주 망원경을 제작했고 아인슈타인의 이론 이후 104년 만에 처음으로 블랙홀 모습을 이미지에 담은 '사건의 지평선 망원경'과 같은 망원경을 여러 대륙에 걸쳐 건설했지만, 동시에 관측하는 전파 간섭계 망원경을 정밀하게 조작하는 등 고도의 기술이 필요한 곳에 천문학계는 꾸준히 노력을 기울여 왔습니다.

이제는 더 이상 토성의 고리를 바라보며 천문학자의 꿈을 키우는 시대가 아니게 되었지요. 지금은 여러분의 상상력과 기술을 총동원해야만 앞으로 나아갈 수 있는 때입니다. 과학을 하는 데 상상력이 필요하다고요? 물론입니다. 그 어느 때보다도, 그 어느 분야보다도 천문학에서의 상상력은 여러분을 끝없는 기회의 세계, 저 깊은 우주로 데려가 줄 것입니다. 이것이 저자 폴 서터가 이 책을 쓴 이유이자 제가 한국어로 번역한 이유입니다. 저자는 여러 천문 현상들을 직접 바라보는 여행자의 관점으로 설명합니다. 천문 현상들 자체를 나열하는 것이 아니라, 광활한 우주를 직접 여행하듯 여러분 스스로가 거대한 우주를 바라보게끔 합니다. 가까이서 바라보고 가까이서 직접 느껴 보세요. 여러분의 상상력을 최대한 발휘하여 경험해 보세요. 블랙홀로 떨어지는 여러분의 몸에 어떤 일이 일어날지를 머릿속에 그리며 이 책을 읽는다면 그 어느 때보다 블랙홀이 실제처럼 느껴지고 그 이론이 이해될 것입니다.

천문학을 전공으로 택한 대학생 시절 이후 20여 년간 천문학계의 관측자로서 우주에 대해 공부를 했습니다. 그러면서 항상 아쉬웠던 점은 상상력이었죠. 천문학이나 물리학을 숫자와 그림으로만 배워 왔던 제 공부법의 한계를 느꼈고 다음 세대는 창의력을 기반으로 물리를 이해해야겠다는 생각을 계속 했습니다. 이제는 고등수학, 과학 교육의 현장에서 뛰고 있는 교육자로서 창의력 개발에 특별한 관심을 기울이고 연구하고 있습니다. 창의력은 주입식으로 키우는 능력이 아닙니다. 작은 것부터 상상하는 연습을 하는 것이 창의력을 키우는 가장 기본이 되는 훈련입니다. 물리학이나 수학, 천문학은 숫자나 그래프, 데이터 그 이상입니다. 수학에서 배운 허수를 이해하고 싶으세요? 그렇다면 허수가 존재하는 차원을 상상하셔야 합니다. 아인슈타인의 시공간 이론을 더 잘 이해하고 싶으시면 우리의 감각만으로 그릴 수 없는 4차원을 상상하실 수 있으셔야 합니다. 이 책이 여러분에게 우리의 오감 이상의 차원을 선물할 수 있기를 바랍니다.

천문학과 물리학, 수학은 너무나도 아름다운 분야이지요. 자연의 이치에 대해 우리가 조금 더 잘 이해할 수 있게 해 주는 학문들이거든요. 순수 과학과 수학이 우리에게 말해 주는 이야기는 숫자 그 이상입니다. 숫자로만 보여 재미없는 학문이라고 생각한다면 숫자나 공식을 여러분의 상상력으로 이야기처럼 펼쳐 보세요. 그러한 작업은 자연의 아름다움으로 여러분을 안내할 것입니다. 그것이 바로 개념적 이해입니다. 과학, 수학의 개념적 이해, 우리가 알고 있는, 또 우리가 잘 풀수 있는 방정식들에 이야기를 부여하는 것이 바로 개념적 이해의 근본입니다. 아마도 아인슈타인이 "지식보다 중요한 것은 상상력이다.”라고 한 것이 이런 의미가 아니었을까요.

　이 책을 통해 여러분의 상상력을 한번 믿어 보세요. 분명히 여러분의 잠재된 능력에 날개를 달아 줄 거예요.

주석

1 _____ 아무것도 없는 공간

1 언제나 그렇듯이, 모든 것은 아리스토텔레스의 기록에서 시작하죠. 아리스토텔레스는 말이 되든 안 되든 자신이 생각한 모든 것을 기록했거든요. — Aristotle, 〈물리학(Physics)〉, 제4권

2 농담이 아니었고 그도 마찬가지였습니다. 시장이 한 말 그대로. — Otto von Guericke, 〈새로운 실험 (음성) 마그데부르크의 진공 공간(Experimenta Nova (ut vocantur) Magdeburgica de Vacuo Spatio)〉, (암스테르담: Johann Jansson, 1672)

3 그리고 우리의 목적을 위해 가능한 한 가장 사랑스럽게 이야기해서 케플러가 미치광이였다고 그렇게 대수롭지 않게 이야기해 보죠. — Johannes Kepler, 〈하모니스 문디(Harmonices Mundi)〉, (오스트리아 리자: Johann Planck, 1619)

4 그리고 자신의 주장을 증명하기 위해 완전히 새로운 수학 분야(미적분학)를 발명해야 했던 뉴턴처럼 이를 뛰어넘을 수 있는 사람은 아무도 없었습니다. — Isaac Newton, 〈철학 자연주의 원리 수학(Philosophiae Naturalis Principia Mathematica)〉, (1729)

5 과거에는 지구 과학자들이 "여러분, 제가 지난주에 시도한 것을 보세요."라는 주제로 강연을 하면 큰 찬사를 받곤 했습니다. — Thomas Young, "베이커리언 강의: 물리학에 관한 실험과 계산(Bakerian Lecture: Experiments and Calculations Relative to Physical Optics)", 〈런던 왕립 학회 철학 거래(Philosophical Transactions of the Royal Society of London)〉, 94, (1804)

6 안타깝게도 수염 관리 팁은 없습니다. — James Clerk Maxwell, "전자기장의 동역학 이론(A Dynamical Theory of the Electromagnetic Field)", 〈런던 왕립 학회 철학 거래(Philosophical Transactions of the Royal Society of London)〉, 155, (1865)

7 그리고 아무런 차이도 측정할 수 없었다는 점이 정말 대단했습니다. 받아라, 에테르. — Albert A. Michelson, Edward W. Morley, "지구와 발광 에테르의 상대 운동에 관하여",

〈미국 과학 저널(American Journal of Science)〉, 34 (203): 333-345, (1887)

8 여행 중에 재미있게 즐기거나 숙면을 취하는 데 도움이 되는 재미있는 숙제를 찾고 있다면 이 책을 읽어 보세요. — Tom Lancaster, Stephen J. Blundell, 〈영재 아마추어를 위한 양자장 이론(Quantum Field Theory for the Gifted Amateur)〉(영국 옥스퍼드: 옥스퍼드 대학교 출판부(Oxford University Press), 2014)

9 온라인 계산기를 사용하여 직접 매핑하거나 발생할 수 있는 모든 시스템에 대한 추정치를 제공할 수도 있습니다. 인터넷 연결 상태가 양호하다는 가정하에 말이죠. — "스텔라 거주 가능 영역 계산기", (http://depts.washington.edu/naivpl/sites/default/files/hz.shtml), 워싱턴 대학교, 2019년 11월 5일 검색

10 자서전에서 무언가를 내세울 수 있는 사람은 많지 않지만, 이 사람은 자신의 이름을 딴 카르만 라인을 만들어 냈습니다. — Theodore von Karman with Lee Edson, 〈바람과 그 너머(The Wind and Beyond)〉 (보스턴: 리틀, 브라운 앤드 컴퍼니(Little, Brown and Co.), 1967)

2   소행성과 혜성

1 무엇으로 만들어졌을까요? 부서진 행성들. 오래전 폭발의 잔해들. 고대 외계 종족의 비장(신체 기관 중 하나) 조각일지도 모르죠. 이제 샤워가 필요하겠군요, 그렇죠? — 〈지구 역사 전반에 걸친 외계 물질의 축적(Accretion of Extraterrestrial Matter Throughout Earth's History)〉, Bernhard Puecker-Ehrenbrink, Birger Schmitz, 편집. (베를린: 스프링거 네이처(Springer Nature), 2019)

2 믿지 않으셔도 괜찮습니다. 미국 항공 우주국(NASA)은 신경 쓰지 않습니다. — "미세 운석 및 궤도 잔해 보호(Micrometeoroid and Orbital Debris (MMOD) Protection)", (https://web.archive.org/web/20101226102151)/http://www.nasa.gov/externalflash/ISSRG/pdfs/mmod.pdf), 2019년 11월 5일 검색

3 일부 천문학자들은 이 먼지투성이의 역사를 정리하는 데 평생을 바치기도 합니다. 그럴 만한 가치가 있겠죠. — "내화성 성간 먼지의 확률적 역사(Stochastic Histories of Refractory Interstellar Dust)", 〈달과 행성 과학 컨퍼런스 논문집(Lunar and Planetary Science Conference Proceedings)〉 18 (1988)

4 진지한 학계 연구자들조차도 '대격변(cataclysmic)' 같은 단어를 쓴다면 나쁜 소식이겠죠. — R. Gomes, H. F. Levison, K. Tsiganis, A. Morbidelli, "육상 행성의 대격변 후기

폭격 기간의 기원(Origin of the Cataclysmic Late Heavy Bombardment Period of the Terrestrial Planets)", 〈네이처(Nature)〉 435 (2005)

5 네, 그것은 외계 종족의 방문 사절단이 아니라 그냥 바위였습니다. 그리고 네, 그 자체로도 충분히 멋집니다. ─ K. J. Meech 외, "붉고 매우 길쭉한 성간 소행성의 짧은 방문(A Brief Visit from a Red and Extremely Elongated Interstellar Asteroid)", 〈네이처(Nature)〉 552 (2017)

6 이 배의 이름은 무엇이었을까요? 순항하면서 생각해 보면 재밌을 것 같네요. ─ J.-M. Petit, A. Morbidelli, J. Chambers, "소행성대의 원시적 흥분과 소멸(The Primordial Excitation and Clearing of the Asteroid Belt)", (PDF), 〈이카루스(Icarus)〉 153 (2001)

7 절대 열어 보고 싶지 않은 벌레가 가득한 캔 중에서 가장 큰 캔일지도 모릅니다. 진지하게, 거기까지 가지 마세요. ─ 장 뤽 마고(Jean-Luc Margot), "행성을 정의하는 정량적 기준(A Quantitative Criterion for Defining Planets)", 〈천문학 저널(Astronomical Journal)〉 150 (2015)

8 과학자들은 매우 질투심이 많기 때문에 전체 연구 분야를 대표하는 논문 하나를 고르는 것은 항상 어렵지만, 여기 사랑스럽고 작은 얼어붙은 흙덩어리(과학자가 아니라 혜성 말이에요.)의 경이로움과 신비에 대해 소개하는 좋은 논문이 있습니다. ─ A. Morbidelli, "혜성과 그 저수지의 기원과 역학적 진화(Origin and Dynamical Evolution of Comets and Their Reservoirs)", 혜성 역학과 외부 태양계 강의(Lecture on Comet Dynamics and the Outer Solar System), 제35회 사스-피 고급 과정(2005)

9 아, 그리고 '오르트' 부분은 이것 때문이죠. ─ Jan Oort, "태양계를 둘러싼 혜성 구름의 구조와 그 기원에 관한 가설(The Structure of the Cloud of Comets Surrounding the Solar System and a Hypothesis Concerning Its Origin)", 〈네덜란드 천문 연구소 회보(Bulletin of the Astronomical Institutes of the Netherlands)〉 11 (1950)

10 기분이 너무 좋다면, 이 책이 도움이 될 것입니다. ─ Nick Bostrom, "실존적 위험: 인간 멸종 시나리오 및 관련 위험 분석", 〈진화 및 기술 저널(Journal of Evolution and Technology)〉, 9 (2002)

3   끓어오르는 태양

1 실제 연쇄 반응은 이보다 훨씬 더 복잡하며, 양성자 네 개가 춤을 추는 것과 같습니다. 게다가 때때로 다른 원소들이 연쇄 반응에 참여할 수도 있습니다. 그럼에도 불구

하고 핵물리학자들은 똑똑한 사람들이며 대부분 알아냈습니다. —Christian Iliadis, 〈별의 핵물리학(Nuclear Physics of Stars)〉, (독일 바인하임: Wiley-VCH, 2007)

2 정말 대단한 일이죠. 천문학자들은 해부(태양 해부)를 하지 않고도 태양의 심장 내부를 들여다볼 수 있습니다. —C. J. Hansen, S. D. Kawaler, V. Trimble, Stellar Interiors, (베를린: 스프링거(Springer), 2004)

3 그냥…… 한숨뿐이죠. —Max Planck, "Über eine Verbesserung der Wien'schen Spectralgleichung", 〈Verhandlungen der Deutschen Physikalischen Gesellschaft〉 2 (1900)

4 물론 모든 사람이 자기장을 비난하는 이유는 자기장이 죄책감으로 가득 찬 얼굴을 하고 있기 때문입니다. —Eric Priest, 〈Solar Magneto-hydro-dynamics〉, (네덜란드 도르드레흐트: D. Reidel Publishing Company, 1982)

5 그럴지도 모르죠. 이게 우리가 가진 최선책이니 당분간은 이 방법을 고수할 거예요, 알겠죠? —H. W. Babcock, '태양 자기장의 위상학과 22년 주기(The Topology of the Sun's Magnetic Field and the 22-Year Cycle)', 〈천체물리학 저널(Astrophysical Journal)〉 133 (1961)

6 어릴 때 장난감을 가지고 놀면서 어떻게 되는지 궁금해서 무작위로 물건을 부숴 본 적이 있나요? 이론적으로 비슷한 것이죠. —Anthony R. Bell, "충격 전선에서 우주선의 가속도—I(The Acceleration of Cosmic Rays in Shock Fronts—I)", 〈왕립 천문학회 월간지(Monthly Notices of the Royal Astronomical Society)〉 182 (1978)

7 흥미롭게도 캐링턴(캐링턴의 이름을 따서 이벤트 이름을 지었습니다.)은 이 이벤트와 함께 태양에 거대한 일식이 일어나는 것을 발견했습니다. 우연일까요? 아닐 겁니다. —R. C. Carrington, "1859년 9월 1일 태양에서 본 특이한 현상에 대한 설명(Description of a Singular Appearance seen in the Sun on September 1, 1859)", 〈왕립 천문학회 월간지(Monthly Notices of the Royal Astronomical Society)〉 20 (1859)

8 이번 주말 우주 날씨가 어떤지 궁금하신가요? 미국 항공 우주국(NASA)이 도와 드리죠. —"우주 날씨(Space Weather)", (https://www.nasa.gov/mission_pages/rbsp/science/rbsp-spaceweather.html), 2019년 11월 6일 검색

9 여긴 정말 엉망진창입니다. —Brian E. Wood, Jeffrey L. Linsky, Hans-Reinhard Müller, and Gary P. Zank, "허블 우주 망원경 Lyα 스펙트럼을 이용한 α 센타우리와 프록시마 센타우리의 질량 손실률 관측 추정치(Observational Estimates for the Mass-Loss Rates of α Centauri and Proxima Centauri Using Hubble Space Telescope Lyα Spectra)", 〈천체물리학 저널(Astrophysical Journal)〉 547 (2001)

4 _____ 피할 수 없는 우주선

1 글쎄요, 그렇지 않아요. 그냥 참고 살아야 한다고 말했어야 했나 봐요. 아니면 함
   께 죽거나. —V. F. Hess, "Über Beobachtungen der durchdringenden Strahlung bei
   sieben Freiballonfahrten", 〈Physikalische Zeitschrift〉 13 (1912)

2 이름 짓는 것은 제 담당이 아니에요. 여기서 일만 합니다. —Anthony R. Bell, "충격
   전선에서의 우주선 가속도-I", 〈왕립 천문학회 월간지(Monthly Notices of the Royal
   Astronomical Society) 182 (1978)

3 아, 프리츠 츠비키. 이 페이지에서 그에 대한 이야기를 하고 싶은 만큼 많이 하지 못
   했습니다. 주석으로 대신하겠습니다. —W. Baade, F. Zwicky, "초신성에서 나오는 우
   주선(Cosmic Rays from Super-novae)", 〈미국 국립과학원 회보(Proceedings of the
   National Academy of Sciences of the United States of America)〉 20 (1934)

4 뭔가 이상한 일이 일어나고 있다는 첫 번째 단서는 혜성 꼬리 방향이었습니다. 혜성
   꼬리는 항상 태양을 향하고 있습니다. —Lugwig Biermann, "Kometenschweife und
   solare Korpuskularstrahlung", 〈천체물리학(Zeitschrift für Astrophysik)〉 29 (1951)

5 용감한 보이저 탐사선이 처음 발견했습니다. —J. S. Rankin 외, "보이저 2호에서 보이
   저 1호까지 일시적으로 측정한 헬리오스 특성(Heliosheath Properties Measured from
   a Voyager 2 to Voyager 1 Transient)", 〈천체물리학 저널(Astrophysical Journal)〉 883
   (2019)

6 지금이야말로 우리에게 많은 지식을 제공하기 위해 희생한 주노 우주선에 경의를
   표할 때입니다. —T. Gastine 외, "목성의 자기장과 적도 제트 역학 설명(Explaining
   Jupiter's Magnetic Field and Equatorial Jet Dynamics)", 〈지구물리학 연구 레터스
   (Geophysical Research Letters)〉 41 (2014)

7 그리고 은하계를 떠나면 그 멋진 자기 보호 기능에 작별 인사를 하세요. —필립 홉
   킨스 외, "하지만…… 은하 형성의 우주선, 자기장, 전도 및 점성(But What About...
   Cosmic Rays, Magnetic Fields, Conduction, and Viscosity in Galaxy Formation)", 〈왕
   립 천문학회 월간지(Monthly Notices of the Royal Astronomical Society)〉(2019)

8 농담하는 것 같죠? 이걸 보세요. —Adrian L. Melott, Brian C. Thomas, "우주 폭발에
   서 지상 화재까지?" 〈지질학 저널(Journal of Geology)〉 127 (2019)

9 UNSCEAR, "이온화 방사선의 출처와 영향(Sources and Effects of Ionizing Radiation)",
   (http://www.unscear. org/docs/reports/2008/09- 86753_Report_2008_Annex_B.pdf),
   2019년 11월 6일 검색

10 외로운 여행자의 즐거움을 위한 이 주제에 대한 문헌은 방대합니다. ─ M. Kachelriess, D. V. Semikoz, "우주선 모델(Cosmic Ray Models)", (arxiv.org/1904.08160), 2019년 11월 6일 검색

11 만화책 스타일의 '카블라모(KA-BLAMO)'가 눈에 선합니다. D. J. Bird 외, "우주 마이 크로파 배경 복사로 인한 예상 스펙트럼 차단을 훨씬 뛰어넘는 측정된 에너지를 가 진 우주선 검출(Detection of a Cosmic Ray with Measured Energy Well Beyond the Expected Spectral Cutoff Due to Cosmic Microwave Radiation)", 〈천체물리학 저널 (Astrophysical Journal)〉 441 (1995)

12 불쾌한 작은 벌레도 있습니다. ─ C. Arguelles 외, "대기 중 장수명 입자에 대한 탐색 (Searches for Atmospheric Long-lived Particles)", 〈고에너지 물리학 저널(Journal of High-Energy Physics)〉 (2019)

13 이것은 정말 엄청난 과학자 레벨의 내용입니다. ─ G. de Wasseige, "고에너지 중성 미자 천문학: 현황과 전망(High-energy Neutrino Astronomy: Current Status and Prospects)", EPS-HEP 2019 Conference (2019)

14 언젠가는 컴퓨터 기술자의 이름을 전기 종양학자로 바꾸게 될 것입니다. T. Huckle, T. Neckel, 〈비트와 버그: 계산 과학에서 소프트웨어 오류에 대한 과학적 및 역사 적 검토(Bits and Bugs: A Scientific and Historical Review of Software Failures in Computational Science)〉, (산업 및 응용 수학 협회(Society for Industrial & Applied Mathematics), 2019)

5 별이 태어나는 곳

1 귀여운 아기 사진도 있습니다. ─ 플랑크 협업, "플랑크 2018 결과 I. 개요 및 플랑크 의 우주론적 유산(Planck 2018 Results. I. Overview and the Cosmological Legacy of Planck)", 〈천문학 & 천체물리학(Astronomy & Astrophysics)〉 (2018)

2 또한 '매우 작은'에서 '또한 매우 작은'에 이르는 크기의 먼지도 꽤 많이 있으며, 이에 대해서는 곧 자세히 설명하겠습니다. ─ J. S. Mathis, W. Rumpl, K. H. Nordsieck, "성 간 입자의 크기 분포(The Size Distribution of Interstellar Grains)", 〈천체물리학 저널 (Astrophysical Journal)〉 217 (1977)

3 '닭'이 내는 소리와 비슷한 복(bok)이 아니라 다음에 포함된 복(bok)입니다. ─ Bart J. Bok, Edith F. Reilly, "작은 어두운 성운(Small Dark Nebulae)", 〈천체물리학 저널

(Astrophysical Journal)〉 105 (1947)

4   별 형성에 실제로 얼마나 많은 구름을 사용할 수 있는지는 천문학자와 탐험가 모두
     가 치열하고 혹독하게 연구하는 주제입니다. ─ J. P. Williams, L. Blitz, C. F. McKee,
     "분자 구름의 구조와 진화: 덩어리에서 핵으로, IMF로(The Structure and Evolution
     of Molecular Clouds: From Clumps to Cores to the IMF)", 〈Protostars and Planets
     IV〉, (투손 : 애리조나 대학교 출판부(University of Arizona Press), 2000)

5   마치 동네 술집에서 큰 성공을 기다리는 가수처럼 말이죠. ─ Hayashi C., "원시별
     의 진화(The Evolution of Protostars)", 〈천문학 및 천체물리학 연례 리뷰(Annual
     Review of Astronomy and Astrophysics)〉 4 (1966)

6   더블-H에 박수를 보냅니다. B. Reipurth, C. Bertout, 편집, "Herbig-Haro 연구 50년.
     발견에서 HST까지(Herbig-Haro Flows and the Birth of Stars)", 〈Herbig-Haro 흐름
     과 별의 탄생; IAU 심포지엄 182호(Herbig-Haro Flows and the Birth of Stars; IAU
     Symposium No. 182)〉, (도르드레흐트: Kluwer Academic Publishers, 1997)

7   천문학자는 새로운 천체를 발견하면 발견한 하늘의 위치를 따서 이름을 짓거나 자
     신의 이름을 따서 이름을 짓는 두 가지의 선택지가 있습니다. ─ Alfred H. Joy, "티 타
     우리 가변성(T Tauri Variable Stars)", 〈천체물리학 저널(Astrophysical Journal)〉 102
     (1945)

8   내 말은, 누군가는 가족 중에 좋은 유전자를 가져야 한다는 거죠. ─ N. Murray, "별 형
     성 효율과 은하수 거대 분자 구름의 수명(Star Formation Efficiencies and Lifetimes
     of Giant Molecular Clouds in the Milky Way)" 〈천체물리학 저널(Astrophysical
     Journal)〉 729 (2011)

9   솔직히 잘 정리했습니다. 어쨌든 우리는 그들을 좋아하지 않았습니다. ─ Vasilii V.
     Gvaramadze, Alessia Gualandris, "세 몸체의 만남으로 인한 매우 거대한 폭주 별
     (Very Massive Runaway Stars from Three-body Encounters)", 〈왕립 천문학회 월간
     지(Monthly Notices of the Royal Astronomical Society)〉 410 (2010)

10   물론 다른 대안 모델도 있지만, 이것은 "누군가가 훨씬 더 나은 아이디어를 얻을 때
     까지 일반적으로 받아들여지는" 모델입니다. ─ C. C. Lin, F. H. Shu, "원반 은하의 나
     선형 구조에 관하여(On the Spiral Structure of Disk Galaxies)", 〈천체물리학 저널
     (Astrophysical Journal)〉 140 (1964)

11   나는 우리은하와 안드로메다 은하의 조합에서 나온 새로운 은하의 모든 이름을 단
     호히 거부합니다. ─ Sangmo Tony Sohn, Jay Anderson, Roeland van der Marel, "M31
     속도 벡터. I. 허블 우주 망원경의 고유 운동 측정(The M31 Velocity Vector. I. Hubble
     Space Telescope Proper-motion Measurements)", 〈천체물리학 저널(Astrophysical

Journal)〉753 (2012)

12   다른 사람들은 그것을 "활발한 연구 영역"이라고 부릅니다.—J. E. Pringle, "천체물리
     학의 부착 원반(Accretion Discs in Astrophysics)", 〈천문학 및 천체물리학 연례 리뷰
     (Annual Review of Astronomy and Astrophysics)〉19 (1981)

13   50억 년이 지난 후에도 똑바로 서 있을 수 없다면 뭔가 아프다는 것을 알 수 있습니
     다.—Jay T. Bergstrahl, Ellis Miner, Mildred Matthews, 〈천왕성(Uranus)〉, (투손: 애리
     조나 대학교 출판부(University of Arizona Press), 1991)

14   이 모델을 "니스 모델"이라고 부르는 이유는 그것이 아주 멋져서가 아니라 천문학자
     들이 이 문제를 논의하면서 프랑스 니스에서 컨퍼런스를 개최하는 기발한 아이디어
     를 냈기 때문입니다.—A. Crida, "태양계 형성(Solar System Formation)" 〈현대 천문
     학 리뷰(Reviews in Modern Astronomy)〉21 (2009)

6 .... 미지의 블랙홀

1   심연을 응시하고도 살아남았다는 사실에 놀랐습니다. Karl Schwarzschild, "Über das
    Gravitationsfeld eins Massenpunktes nach der Einsteinschen Theorie", Sitzungsber.
    Preuss. Akad. D. Wiss (1916)

2   아인슈타인의 전 스승이었던 헤르만 민코프스키가 시간과 공간은 영원히 하나
    로 통합되어 있다는 사실을 깨달은 것에 대해 감사할 수 있습니다.—Hermann
    Minkowski, "공간과 시간(Raum und Zeit)", 〈독일 수학자 연보(Jahresbericht der
    Deutschen Mathematiker-Vereinigung)〉(1909)

3   그 누구도 알베르트 삼촌만큼은 할 수 없었던 것이 사실입니다.—Albert Einstein,
    "중력의 법칙(Die Feldgleichungen der Gravitation)", 〈베를린 과학 아카데미 회
    보(Sitzungsberichte der Preussischen Akademie der Wissenschaften zu Berlin)〉
    (1915)

4   심지어 일부에서는 전혀 문제가 되지 않는다는 주장까지 나오고 있습니다. 이쯤 되
    면 정말 잡초 속에 있다는 것을 알 수 있습니다.—S. Fichet, "베이지안 통계로부터 정
    량화된 자연스러움(Quantified Naturalness from Bayesian Statistics)", 〈물리학 리뷰
    (Physical Review) D〉. 86 (2012)

5   기본적으로, 우리가 엑스선 검출기를 켜자마자 블랙홀이 저 깊은 곳에서 우리를
    향해 비명을 지르고 있었습니다.—S. Bowyer 외, "우주 엑스선 소스(Cosmic X-ray

Sources)", 〈사이언스(Science)〉 147 (1965)

6 "중력 조정"은 진지한 과학 담론에서 사용하기에는 너무 터무니없게 들리기 때문에 "마이크로렌즈"라고 부릅니다. — Joachim Wambsganss, "중력 마이크로렌즈(Gravitational Microlensing)", 〈중력 렌즈: 강, 약, 마이크로(Gravitational Lensing: Strong, Weak and Micro)〉, Saas-Fee Lectures, Springer-Verlag, Saas-Fee Advanced Courses 33 (2006)

7 1970년대는 정말 대단한 시대였죠. — Stephen Hawking, "블랙홀 폭발?(Black hole explo-sions?)" 〈네이처(Nature)〉 248 (1974)

8 여러 세대에 걸쳐 사람들은 조수가 태양이나 달과 관련이 있다고 추측해 왔지만, 이 문제를 새로운 만유인력을 이용해 수학적으로 해결한 사람은 바로 거물급 과학자였습니다. — Isaac Newton, 〈프린키피아(Philosophiae Naturalis Principia Mathematica)〉(1729)

9 이 용어는 (매우 배고팠던) 스티븐 호킹이 베스트셀러 책에서 처음 사용했고, 이후 (매우 배고팠던) 과학계로 다시 퍼져 나갔습니다. — Stephen Hawking, 〈시간의 역사(A Brief History of Time)〉, (뉴욕: Bantam Dell, 1988)

10 하지만 천문학자들이 얼마나 열심히 노력하고 있는지는 인정해야 합니다. — A. Celotti, J. C. Miller, D. W. Sciama, "블랙홀의 존재에 대한 천체물리학적인 증거(Astrophysical Evidence for the Existence of Black Holes)", 〈고전 및 양자 중력(Classical and Quantum Gravity)〉 16 (1999)

7 ──── 행성상 성운

1 여기가 더워지는 건가요, 아니면 저만 그런 건가요? — 도널드 D. 클레이튼, 〈항성 진화와 핵합성의 원리(Principles of Stellar Evolution and Nucleosynthesis)〉, (시카고: 시카고 대학교 출판부(University of Chicago Press), 1983)

2 아니요, 저는 절대 아닙니다. — K.-P. Schröder, Robert Connon Smith, "태양과 지구의 먼 미래 재조명(Distant Future of the Sun and Earth Revisited)", 〈왕립 천문학회 월간지(Monthly Notices of the Royal Astronomical Society)〉 386 (2008)

3 붉은색은 복이 있나니, 그들은 우주를 물려받을 것이기 때문입니다. Michael Richmond, "저질량 별의 진화 후기 단계(Late Stages of Evolution for Low-mass Stars)", (http://spiff.rit.edu/classes/phys230/lectures/planneb/planneb.html), 2019년

11월 8일 검색

4   솔직히 부풀어 오른 붉은 괴물로 생을 마감하고 싶은 사람이 어디 있을까요? — I. -J. Sackmann, A. I. Boothroyd, K. E. Kraemer, "우리 태양. III. 현재와 미래(Our Sun. III. Present and Future)", 〈천체물리학 저널(Astrophysical Journal)〉 418 (1993)

5   의사의 진찰을 받아 보는 것이 좋습니다. — Martin Schwarzschild, "적색 거성과 초거성의 광구 대류 규모(On the Scale of Photospheric Convection in Red Giants and Supergiants)", 〈천체물리학 저널(Astrophysical Journal)〉 195 (1975)

6   가이거 카운터 가져왔죠? R. G. Deupree, R. K. Wallace, "핵심 헬륨 섬광과 표면 풍부도 이상(The Core Helium Flash and Surface Abundance Anomalies)", 〈천체물리학 저널(Astrophysical Journal)〉 317 (1987)

7   이 장 전체(그리고 실제로 전체 연구 분야)는 '그러고 나서 더 나빠진다.'로 요약할 수 있습니다. — David R. Alves, Ata Sarajedini, "적색 거대 분기 범프, 점근 거대 분기 범프, 수평 분기 적색 덩어리의 연령 의존적 광도(The Age-dependent Luminosities of the Red Giant Branch Bump, Asymptotic Giant Branch Bump, and Horizontal Branch Red Clump)", 〈천체물리학 저널(Astrophysical Journal)〉 511 (1999)

8   저 별이 우리에게 윙크하는 것 같아요. — I. S. Glass, T. Lloyd Evans, "대마젤란운의 미라 변수에 대한 주기-광도 관계(A Periodluminosity Relation for Mira Variables in the Large Magellanic Cloud)", 〈네이처(Nature)〉 291 (1981)

9   아주 천천히, 깊고도 긴 "쉬익" 하는 소리가 들리는 것을 상상할 수 있어요. — P. R. Wood, E. A. Olivier, S. D. Kawaler, "맥동하는 점근 거대 분기 별의 긴 2차 주기: 그 기원에 대한 조사(Long Secondary Periods in Pulsating Asymptotic Giant Branch Stars: An Investigation of Their Origin)", 〈천체물리학 저널(Astrophysical Journal)〉 604 (2004)

10 신중한 탐험가를 위한 편리한 가이드. — David J. Frew, 〈태양 이웃의 행성상 성운: 통계, 거리 척도 및 광도 함수(Planetary Nebulae in the Solar Neighbourhood: Statistics, Distance Scale and Luminosity Function)〉, 호주 시드니, 맥쿼리 대학교 물리학과 박사 학위 논문(2008)

8   백색 왜성과 신성

1   축하합니다, 이제 양자 역학자가 되셨습니다. — David J. Griffiths, 〈양자 역학 입문

(Introduction to Quantum Mechanics)〉(2판), (영국 런던: Prentice Hall, 2005)

2 안타깝게도 폴 디락은 이 책에서 이름을 제안했다는 주석을 제외하고는 등장하지
   않습니다. — Graham Farmelo, 〈가장 이상한 남자: 원자의 신비, 폴 디락의 숨겨진
   삶(The Strangest Man: The Hidden Life of Paul Dirac, Mystic of the Atom)〉, (뉴욕:
   Basic Books, 2009)

3 입자의 스핀과 입자가 따르는 통계의 종류 사이의 깊고 잠재적으로 미친 듯이 깊은
   연관성에 기반하고 있습니다. 저한테 묻지 마세요. — Wolfgang Pauli, "스핀과 통계의
   연결", 〈물리학 리뷰(Physical Review)〉 58 (1940)

4 하이젠베르크 만세! W. Heisenberg, "양자 이론 운동학 및 역학에 대한 설명적 내
   용(Über den anschaulichen Inhalt der quantentheoretischen Kinematik und
   Mechanik)", 〈물리학 저널(Zeitschrift für Physik)〉 43 (1927)

5 작은 별, 큰 생각. — S. Chandrasekhar, "고도로 붕괴된 항성 질량의 구성(두 번째 논
   문)(The Highly Collapsed Configurations of a Stellar Mass (Second paper))", 〈왕립
   천문학회 월간지(Monthly Notices of the Royal Astronomical Society)〉 95 (1935)

6 네, 그보다 더 복잡합니다. 항상 그보다 더 복잡하기 때문입니다. — J. B. Holberg, "어
   떻게 퇴화된 별이 백색 왜성으로 알려지게 되었는가(How Degenerate Stars Came
   to Be Known as White Dwarfs)", 〈미국 천문학회 회의 207(American Astronomical
   Society Meeting 207)〉 207 (2005)

7 공정하게 말하자면, 아서 에딩턴 경은 많은 사람과 물리적 물체에게 닥치라고 말하
   는 것을 좋아했던 것 같습니다. — A. S. Eddington, 〈별과 원자(Stars and Atoms)〉(영
   국 옥스퍼드: Clarendon Press, 1927)

8 만지지 마세요, 깨질 수 있어요! — S. Chandrasekhar, "퇴화된 핵을 가진 항성 구성
   (Stellar Configurations with Degenerate Cores)", 〈Observatory〉 57 (1934)

9 천문학적으로 말하면 그냥 진정하세요. — Daniel J. Eisenstein 외, "슬론 디지털 하
   늘 조사 데이터 릴리스 4에서 분광학적으로 확인된 백색 왜성의 카탈로그(Catalog
   of Spectroscopically Confirmed White Dwarfs from the Sloan Digital Sky Survey
   Data Release 4)", 〈천체물리학 저널 보충 시리즈(Astrophysical Journal Supplement
   Series)〉 167 (2006)

10 기꺼이 파헤칠 의향이 있다면 오늘 하나를 발견할 수도 있습니다. — J. L. Barrat, J. P.
   Hansen, R. Mochkovitch, "백색 왜성의 탄소-산소 혼합물 결정화(Crystallization of
   Carbon-oxygen Mixtures in White Dwarfs)", 〈천문학 & 천체물리학(Astronomy &
   Astrophysics)〉 199 (1988)

11 불꽃놀이처럼요. 하늘에서 폭죽이 터지면 마음껏 감탄사를 연발할 수 있습니다. 그

들이 당신의 발밑에서 터지면…… 아야. ─ M. J. Darnley 외, "은하 신성의 조상(On the Progenitors of Galactic Novae)", 〈천체물리학 저널(Astrophysical Journal)〉 746 (2012)

12 정말 주옥같은 책 제목입니다. ─ T. Brahe, 〈De nova et nullius ævi memoria prius visa stella〉, (1572)

13 이제 키스하세요.. ─ R. Tylenda 외, "V1309 Scorpii: 접촉 쌍성의 합병(V1309 Scorpii: Merger of a Contact Binary)", 〈천문학 & 천체물리학(Astronomy & Astrophysics)〉 528 (2011)

14 R. M. Crocker 외, "오래된 항성 집단에서 희미한 열핵 초신성에서 은하계 반물질 확산(Diffuse Galactic Antimatter from Faint Thermonuclear Supernovae in Old Stellar Populations)", 〈Nature Astronomy〉 1 (2017)

9 _____ 화려한 초신성

1 고마워요, 무명의 차코 천문학자, 당신은 진짜 친구예요. ─ "초신성 사진", (https://www2.hao.ucar.edu/Education/SolarAstronomy/supernova-pictograph), 2019년 11월 8일 검색

2 중국 천문학자들도 그랬군요. ─ Zhentao Xu, David W. Pankenier, "동아시아 고천문학: 중국, 일본, 한국의 천문 관측 역사 기록(East-Asian Archaeoastronomy: Historical Records of Astronomical Observations of China, Japan, and Korea)" (2000)

3 볼로 넥타이를 교묘하게 조정하면서 이 말을 하는 츠비키의 모습이 눈에 선합니다. ─ W. Baade, F. Zwicky, "초신성에 관하여(On Super-novae)", 〈미국 국립과학원 회보(Proceedings of the National Academy of Sciences)〉 20 (1934)

4 지글지글, 터지다, 버블버블 중 원하는 단어를 선택할 수 있습니다. ─ E. Cappellaro 및 M. Turatto, "초신성의 종류와 비율(Supernova Types and Rates)", 〈항성 인구 연구에 대한 쌍극자의 영향(Influence of Binaries on Stellar Population Studies)〉 264 (네덜란드 도르드레흐트: Kluwer Academic Publishers, 2001)

5 별이 어떻게 죽는지 연구하는 과학자들의 심장에 문제가 있는 걸까요? 그들은 밤에 어떻게 잠을 자나요? S. E. Woosley, H. -T. Janka, "핵 붕괴 초신성의 물리학(The Physics of Core-Collapse Supernovae)", 〈자연 물리학(Nature Physics)〉 1 (2005)

6 그리고 '일부 중성 미자'가 아니라 '꼭 필요한 것보다 더 많은 중성 미자'입니다. ─

E. S. Myra, A. Burrows, "II형 초신성의 중성 미자: 처음 100밀리초(Neutrinos from Type II Supernovae: The First 100 Milliseconds)", 〈천체물리학 저널(Astrophysical Journal)〉 364 (1990)

7   거대한 별 크기의 탄산음료 병을 흔든다고 상상해 보세요. — Wakana Iwakami 외, "핵붕괴 초신성의 입자 충돌 충격 불안정성의 3D 시뮬레이션(3D Simulations of Standing Accretion Shock Instability in Core-Collapse Supernovae)", 제14회 핵천체 물리학 워크숍(14th Workshop on Nuclear Astrophysics) (2008)

8   끓고, 끓고, 수고하고, 고생. — Paul A. Crowther, "볼프-레예 별의 물리적 특성 (Physical Properties of Wolf-Rayet Stars)", 〈천문학 및 천체물리학 연례 리뷰(Annual Review of Astronomy and Astrophysics)〉 45 (2007)

9   거울을 보면 내 안의 빛나는 별이 보이나요? — Jennifer A. Johnson, "주기율표 채우 기: 원소의 핵합성(Populating the Periodic Table: Nucleosynthesis of the Elements)", 〈사이언스(Science)〉 363 (2019)

10 그리고 선글라스가 당신을 보호해 줄 것이라고 생각하지 마세요. — W. Hillebrandt 및 J. C. Niemeyer, "IA형 초신성 폭발 모델(Type IA Supernova Explosion Models)", 〈천문학 및 천체물리학 연례 리뷰(Annual Review of Astronomy and Astrophysics)〉 38 (2000)

11 우리는 단지 아이디어 중 하나가 붙기를 바라면서 아이디어를 던지고 있습니다. — K. Nomoto, M. Tanaka, N. Tominaga, K. Maeda, "초신성, 감마선 폭발, 그리고 최초 의 별"(Hypernovae, Gamma-ray Bursts, and First Stars), 〈New Astronomy Reviews〉 54 (2010)

12 아보카도에서 씨를 꺼낸 후 아보카도가 폭발한다고 상상해 보세요. — Gary S. Fraley, "쌍생성 불안정성에 의한 초신성 폭발(Supernovae Explosions Induced by Pair-Production Instability)", (PDF), 〈천체물리학 및 우주 과학(Astrophysics and Space Science)〉 2 (1968)

10   중성자별과 마그네타

1   프리츠 츠비키가 우주 슈퍼 악당이 되려고 했던 건 분명합니다. — Walter Baade, Fritz Zwicky, "초신성과 우주선에 관한 발언(Remarks on Super-Novae and Cosmic Rays)", 〈물리학 리뷰(Physical Review)〉 46 (1934)

2   그리고 곧 상황이 이상해집니다. — Paweł Haensel, Alexander Y. Potekhin, Dmitry G. Yakovlev, 〈중성자별(Neutron Stars)〉, (베를린: Springer, 2007)

3   그리고 당신은 어깨가 빡빡하다고 생각했습니다. — B. Haskell 및 A. Melatos, "펄서 글리치의 모델(Models of Pulsar Glitches)", 〈국제 현대 물리학 저널 D(International Journal of Modern Physics D)〉 24 (2015)

4   마그네타에 접근하기 전에 모든 금속 물체를 제거하세요. — Victoria M. Kaspi, Andrei M. Beloborodov, "마그네타(Magnetars)", 〈천문학 및 천체물리학 연례 리뷰 (Annual Review of Astronomy and Astrophysics)〉 55 (2017)

5   맥박이 너무 규칙적이어서 첫 번째 물체는 '작은 녹색 인간(Little Green Men)' 을 뜻하는 "LGM-1"이라고 불렸어요. 천문학자들이 외계 생명체를 최초로 발견했 을 경우를 대비해서 말이죠. — A. Hewish 외, "빠르게 맥동하는 무선 소스의 관측 (Observation of a Rapidly Pulsating Radio Source)", 〈네이처(Nature)〉 217 (1968)

6   중력파와 더 친숙한 전자기파를 모두 가진 킬로노바에 대한 결합 관측은 거의 모든 변형 중력 이론을 무너뜨리는 추가 보너스도 있었습니다. — B. P. Abbott 외, "쌍성 중 성자별 병합의 다중 메신저 관측(Multimessenger Observations of a Binary Neutron Star Merger)", 〈천체물리학 저널 레터스(Astrophysical Journal Letters)〉 848 (2017)

7   그럼 어때요? — D. D. Ivanenko, D. F. Kurdgelaidze, "쿼크별에 관한 가설(Hypothesis Concerning Quark Stars)", 〈천체물리학(Astrophysics)〉 1 (1965)

11 _____ 초대질량 블랙홀

1   정말 멋진 재즈 클럽도 있습니다. — W. Baade, "우리은하의 핵을 찾아서(A Search for the Nucleus of Our Galaxy)", 〈Publications of the Astronomical Society of the Pacific〉 58 (1946)

2   돌이켜 보면 정말 경외심을 불러일으키는 이름을 붙일 수 있는 기회를 놓친 것 같습 니다. 글쎄요, 다음에 할 수 있을지도 모르죠. — B. Balick과 R. L. Brown, "은하 중심의 강렬한 서브아크초 구조(Intense Sub-arcsecond Structure in the Galactic Center)", 〈천체물리학 저널(Astrophysical Journal)〉 194 (1974)

3   중앙 블랙홀의 크기와 은하 자체의 특성이 서로 관계가 있는 것처럼 보일 정도입 니다. 마치 은하가 어두운 비밀 없이는 성장할 수 없는 것처럼요. — K. Gebhardt 외, "핵 블랙홀 질량과 은하 속도 분산 사이의 관계(A Relationship Between Nuclear

Black Hole Mass and Galaxy Velocity Dispersion)", 〈천체물리학 저널(Astrophysical Journal)〉 539 (2000)

4 말했잖아요. — Miloš Milosavljević, David Merritt, "마지막 파섹 문제(The Final Parsec Problem)", (PDF), 〈AIP Conference Proceedings, 미국 물리학 연구소(American Institute of Physics)〉, 686 (2003)

5 더 정확히 말하자면(안 될 이유가 없으니까요.) 중간 크기의 블랙홀 후보가 몇 개 있지만, 당연히 관측으로 정확히 찾아내기는 어렵습니다. — Karl Gebhardt, R. M. Rich, Luis C. Ho, "구상 성단 G1의 중간 질량 블랙홀: 새로운 케크 및 허블 우주 망원경 관측을 통한 중요성 향상(An Intermediate-Mass Black Hole in the Globular Cluster G1: Improved Significance from New Keck and Hubble Space Telescope Observations)", 〈천체물리학 저널(Astrophysical Journal)〉 634 (2005)

6 추상적이고 단순화되었습니다. "아무것도 없는 것 같습니다." — A. Ghez 외, "궁수자리 A* 부근의 높은 고유 운동 별들: 우리은하 중심에 있는 초질량 블랙홀에 대한 증거(High Proper-Motion Stars in the Vicinity of Sagittarius A*: Evidence for a Supermassive Black Hole at the Center of Our Galaxy)", 〈천체물리학 저널(Astrophysical Journal)〉 509 (1998)

7 모두 "슈바르츠실트!"라고 외치세요. — 사건의 지평선 망원경 공동 연구, "최초의 M87 사건의 지평선 망원경 결과. I. 초질량 블랙홀의 그림자(First M87 Event Horizon Telescope Results. I. The Shadow of the Supermassive Black Hole)", 〈천체물리학 저널 레터스(Astrophysical Journal Letters)〉 87 (2019)

8 '현실의 양자적 특성이 여러분을 산산조각 내 버린다.'에서와 같이 '경험'을 의미합니다. — 아메드 알헤이리 외, "블랙홀: 상보성인가 방화벽인가?(Black Holes: Complementarity or Firewalls?)" 〈고에너지 물리학 저널(Journal of High Energy Physics)〉 2013 (2013)

9 레이저를 눈으로 쳐다보지 마세요. — R. V. Pound, G. A. Rebka Jr., "핵 공명에서의 중력 적색 편이(Gravitational Red-Shift in Nuclear Resonance)", 〈물리학 리뷰 레터스(Physical Review Letters)〉 3 (1959)

10 내 손을 잡고 함께 여행을 후회하지 않을 여행이 될 것입니다.(기억조차 할 수 없을 테니까요.) — "슈바르츠차일드 블랙홀로의 여행(Journey into a Schwarzschild Black Hole)" (https://jila.colorado.edu/~ajsh/insidebh/schw.html), 2019년 11월 8일 검색

11 무언가가 블랙홀에 빠지려고 하면 그냥 놔두세요. — J. A. Wheeler, Pontificae Acad. Sei. Scripta Varia, 35, 539 (1971)

1 저 예쁜 불빛들 좀 보세요! 휴, 우리가 너무 순진했어. —Gregory A. Hields, "AGN의 간략한 역사(A Brief History of AGN)", 〈태평양 천문학회 간행물(Publications of the Astronomical Society of the Pacific)〉 111 (1999)

2 그리고 편리하게도 가장 밝은 클러스터 은하(the Brightest Cluster Galaxies)라고 부릅니다. —Y-T. Lin, Joseph J. Mohr, "은하단과 그룹의 K-밴드 특성: 가장 밝은 성단 은하와 성단 내 빛", 〈천체물리학 저널(Astrophysical Journal)〉 617 (2004)

3 자연은 왜 계속해서 자신을 능가하는 것을 고집할까요? —Tiziana Di Matteo 외, "퀘이사의 에너지 입력이 블랙홀과 그 숙주 은하의 성장과 활동을 조절한다(Energy Input from Quasars Regulates the Growth and Activity of Black Holes and Their Host Galaxies)", 〈네이처(Nature)〉 433 (2005)

4 그냥 감아서 찢어 버리면 됩니다. —Eric G. Blackman, "부착 원반과 다이너모: 통일된 평균장 이론을 향하여(Accretion Disks and Dynamos: Toward a Unified Mean Field Theory)", 제3회 국제 컨퍼런스 및 고급 학교(Proceedings of the Third International Conference and Advanced School), "난류 혼합과 그 너머(Turbulent Mixing and Beyond)", (2012)

5 아마도 가장 놀라운 것은 블랙홀이 순전히 가상의 물체일 때 이 사실을 알아냈다는 것입니다. —H. Thirring, "회전하는 페르 질량의 중력 이론에 대하여(Über die Wirkung rotierender ferner Massen in der Einsteinschen Gravitationstheorie)", 〈Physikalische Zeitschrift〉 19 (1918).

6 예를 들어 영어. —R. Penrose, R. M. Floyd, "블랙홀에서 회전 에너지 추출(Extraction of Rotational Energy from a Black Hole)", 〈자연 물리 과학(Nature Physical Science)〉 229, 177 (1971)

7 거대한. 우주. 레이저. 더 말할 필요가 있습니까? —R. Blandford 외, "활성 은하핵의 상대론적 제트(Relativistic Jets from Active Galactic Nuclei)", 〈천문학 및 천체물리학 연례 리뷰(Annual Review of Astronomy and Astrophysics)〉 57 (2019)

8 전 우주에서 가장 무섭도록 아름다운 구조를 우리에게 선사합니다. —R. C. Jennison, M. K. Das Gupta, "외계 전파 소스 시그너스 1의 미세 구조(Fine Structure of the Extra-Terrestrial Radio Source Cygnus 1)", 〈네이처(Nature)〉 172 (1953)

9 자연이 지금 우리를 가지고 노는 것 같아요. —M. Ruszkowski 외, "얽힌 자기장이 화석 라디오 버블에 미치는 영향(Impact of Tangled Magnetic Fields on Fossil Radio

Bubbles)", 〈왕립 천문학회 월간지(Monthly Notices of the Royal Astronomical Society)〉 378 (2007)

10 우주여, 당신은 힘든 거래를 주도합니다. — Tiziana Di Matteo 외, "퀘이사의 에너지 입력이 블랙홀과 그 숙주 은하의 성장과 활동을 조절한다(Energy Input from Quasars Regulates the Growth and Activity of Black Holes and Their Host Galaxies)", 〈네이처(Nature)〉 433 (2005)

11 타임머신은 꿈도 꾸지 마세요. 젊은 우주는 오늘날 우리가 알고 있는 우주보다 훨씬 더 나빴을 겁니다. — Ryle, Clarke, "최근의 방사능원 관측에 비추어 정상 상태 모델에 대한 고찰(An Examination of the Steady-state Model in the Light of Some Recent Observations of Radio Sources)", 〈MNRAW〉 122 (1961)

13 .... 우주끈과 불완전한 시공간

1 오랜 세월 공포로 가득 찬 오래된 고대 우주. — 플랑크 공동 연구, "플랑크 2018 결과. I. 개요 및 플랑크의 우주론적 유산(Planck 2018 Results. I. Overview, and the Cosmological Legacy of Planck)", 〈천문학 & 천체물리학(Astronomy & Astrophysics)〉 (2018)

2 눈을 감으면 모든 들판이 꿈틀거리는 것이 느껴질 것만 같습니다. — M. Peskin, D. Schroeder, 양자장 이론 입문(An Introduction to Quantum Field Theory), (콜로라도주 볼더: Westview Press, 1995)

3 금주의 괴물과 대결할 때는 캐치프레이즈가 필요합니다. — H. Georgi, S. L. Glashow, "모든 기본 입자 힘의 통일성(Unity of All Elementary Particle Forces)", 〈물리학 리뷰 레터스(Physical Review Letters)〉 32 (1974)

4 힉스 입자 탐색이 왜 그렇게 큰 이슈가 되었는지 궁금한 적이 있다면, 힉스 입자가 이 분열을 일으킨 장본인이기 때문입니다. — Peter W. Higgs, "깨진 대칭과 게이지 입자의 질량(Broken Symmetries and the Masses of Gauge Bosons)", 〈물리학 리뷰 레터스(Physical Review Letters)〉 13 (1964)

5 여러분, 집에 갈 수 있도록 빨리 서둘러요. — G. Ross, 〈대통합 이론(Grand Unified Theories)〉, (콜로라도주 볼더: Westview Press, 1984)

6 기숙사 방이 비좁다고 생각했죠? Jonathan Allday, 〈쿼크, 렙톤 그리고 빅뱅(Quarks, Leptons and the Big Bang)〉, (영국 브리스틀: 물리학 출판 연구소(Institute of Physics Publishing), 2001)

7   이 제목이 얼마나 진부한지 보세요. — G. Hooft, "통일 게이지 이론에서의 자기 단극자(Magnetic Monopoles in Unified Gauge Theories)", 〈Nuclear Physics B〉 79 (1974)

8   적어도 눈에 띄게 명백하게 드러난 단극은 아닙니다. — Blas Cabrera, "움직이는 자기 단극을 위한 초전도 검출기의 첫 번째 결과(First Results from a Superconductive Detector for Moving Magnetic Monopoles)", 〈물리학 리뷰 레터스(Physical Review Letters)〉 48 (1982)

9   두더지 언덕에서 산을 만들지 마세요, 우주여. — Alan Guth, "인플레이션 우주: 수평선과 평탄도 문제에 대한 가능한 해결책", 〈물리학 리뷰 D(Physical Review D)〉 23 (1981)

10 그리고 한번 망가진 우주는 다시는 치유할 수 없습니다. — Edmund J. Copeland 외, "우주 F- 및 D- 끈(Cosmic F- and D-strings)", 〈고에너지 물리학 저널(Journal of High Energy Physics)〉 2004 (2004)

11 왜 우리를 괴롭히는가, 우주여, 왜? — Zaven Arzoumanian 외, "나노그래브 9년 데이터 세트: 등방성 확률론적 중력파 배경의 한계(The NANOGrav Nine-year Data Set: Limits on the Isotropic Stochastic Gravitational Wave Background)", 〈천체물리학 저널(Astrophysical Journal)〉 821 (2015)

12 정말 머리를 긁적이는 이야기입니다. 어쩌면 우리 우주는 존재하지 않아야 할지도 모릅니다. 그런데도 우리는 여기 있습니다. 왜 그럴까요? — N. Straumann, "우주론적 상전이(Cosmological Phase Transitions)", 제3회 응집 물질 연구 여름학교 초청 강연 (Invited lecture at the third Summer School on Condensed Matter Research), (2004)

14   암흑 물질

1   그리고 여기 주석에 프리츠 츠비키가 다시 나오는데요. 그가 바로 이 이름을 붙인 사람이기 때문이죠. — F. Zwicky, "Die Rotverschiebung von extragalaktischen Nebeln", 〈Helvetica Physica Acta〉 6 (1933)

2   좋아요. 우주에 존재하는 모든 물질과 에너지의 4%. — L. Bergstrom, "비-바리온 암흑 물질: 관측 증거와 검출 방법(Non-baryonic Dark Matter: Observational Evidence and Detection Methods)", 〈물리학 진전 보고서(Reports on Progress in Physics)〉 63 (2000)

3   노벨상을 도둑맞은 사람이 있다면 아마도 베라 루빈일 것입니다. — V. Rubin, W. K.

Thonnard Jr., N. Ford, "NGC4605(R=4kpc)에서 UGC2885(R=122kpc)에 이르는 넓은 범위의 광도와 반경을 가진 21 Sc 은하의 회전 특성(Rotational Properties of 21 Sc Galaxies with a Large Range of Luminosities and Radii from NGC4605(R=4kpc) to UGC 2885(R=122kpc))", 〈천체물리학 저널(Astrophysical Journal)〉 238 (1980)

4   F. Zwicky, "Die Rotverschiebung von extragalaktischen Nebeln", 〈Helvetica Physica Acta〉 6 (1933)

5   여러분, 우주는 우리에게 무언가를 말하려고 하는 것 같습니다. — A. Refregier, "대규모 구조에 의한 약한 중력 렌즈(Weak Gravitational Lensing by Large-scale Structure)", 〈천문학 및 천체물리학 연례 리뷰(Annual Review of Astronomy and Astrophysics)〉 41 (2003)

6   알베르트가 뭐라고 말하든 상관없이 우리는 언제든지 수성의 이름을 바꿀 수 있습니다. — Albert Einstein, "일반 상대성 이론의 기초(The Foundation of the General Theory of Relativity)", 〈Annalen der Physik〉 49 (1916)

7   태양계에서 새로운 행성을 발견했다고 주장할 수 있는 인간이 과연 몇 명이나 될까요? N. Kollerstrom, "해왕성 발견 연대기(A Neptune Discovery Chronology)", 공동 예측을 위한 영국 사례(The British Case for Co-prediction), 유니버시티 칼리지 런던(University College London) (2001)

8   궁극적으로 틀렸지만 시도해 볼 만한 가치가 있었습니다. — M. Milgrom, "숨겨진 질량 가설에 대한 가능한 대안으로서 뉴턴 역학의 수정(A Modification of the Newtonian Dynamics as a Possible Alternative to the Hidden Mass Hypothesis)", 〈천체물리학 저널(Astrophysical Journal)〉 270 (1983)

9   힌트를 드리자면, '마크 해터(mark hatter)'와 운율이 맞습니다. — 플랑크 공동 연구(Planck Collaboration), "플랑크 2018 결과. I. 개요 및 플랑크의 우주론적 유산(Planck 2018 results. I. Overview and the Cosmological Legacy of Planck)", 〈천문학 & 천체물리학(Astronomy & Astrophysics)〉 (2018)

10 우주가 무엇을 요리하든 냄새가 아주 좋습니다. — R. A. Alpher, H. Bethe, G. Gamow, "화학 원소의 기원(The Origin of Chemical Elements)", 〈물리학 리뷰(Physical Review)〉 73 (1948)

11 상상의 나래를 펼칠 수 있는 이론 물리학 세계에 오신 것을 환영합니다. — Katherine Garrett, Gintaras Dūda, "암흑 물질: 입문서(Dark Matter: A Primer)", 〈Advances in Astronomy〉 (2011)

12 중성 미자가 존재하거나 운동량 보존이 깨졌거나 둘 중 하나였습니다. 여기서 우리는 첫 번째를 택했지요. — Laurie M. Brown, "중성 미자의 아이디어(The Idea of the

Neutrino)", 〈Physics Today〉 31 (1978)

13 그리고 컵케이크도 존재하지 않을 것입니다! ─ Matteo Viel 외, "WMAP와 라이만-α 숲으로 멸균 중성 미자와 가벼운 중력 미립자를 포함한 따뜻한 암흑 물질 후보를 제한(Constraining WarmDark Matter Candidates including Sterile Neutrinos and Light Gravitinos with WMAP and the Lyman-α forest)", 〈물리학 리뷰 D(Physical Review D)〉, 〈미국 물리학회(American Physical Society, APS)〉 71 (2005)

14 또는 폭력적으로 명명된 총알 클러스터. ─ Douglas Clowe 외, "암흑 물질의 존재에 대한 직접적인 경험적 증명(Direct Empirical Proof of the Existence of Dark Matter)", 〈천체물리학 저널 레터스(Astrophysical Journal Letters)〉 648 (2006)

15 우주는 우리가 생각했던 것보다 더 이상할 수 있습니다.(상상해 보세요.) ─ G. Bertone, "WIMP 암흑 물질에 대한 진실의 순간(The Moment of Truth for WIMP Dark Matter)", 〈네이처(Nature)〉 468 (2010)

16 이 시점에서 감마선을 방출하지 않는 것들을 나열하면 책이 더 짧아질 것입니다. ─ G. Bertone, D. Merritt, "암흑 물질 역학과 간접 검출(Dark Matter Dynamics and Indirect Detection)", 〈현대 물리학 레터스 A(Modern Physics Letters A)〉 20 (2005)

17 이 수수께끼를 풀면 우주의 가장 깊은 신비를 풀거나 새로운 신비를 열 수도 있습니다. ─ W. J. G. de Blok, "핵심 꼭짓점 문제(The Core-cusp Problem)", 〈Advances in Astronomy〉 (2010)

15 .... 외계인은 우호적일까

1 우주의 궁극적인 크기에 대해 알아보려면 인플레이션이라고 부르는 역사상 알쏭달쏭한 미지의 시기로 거슬러 올라가야 합니다. 머리 아플 일이 하나 이상일 수도 있습니다. 그러니까 우주는······. ─ Alan H. Guth, "인플레이션 우주: 수평선과 평탄도 문제에 대한 가능한 해결책(Inflationary Universe: A Possible Solution to the Horizon and Flatness Problems)", 〈물리학 리뷰 D(Physical Review D)〉 23 (1981)

2 학생과 함께 자신의 요점을 증명합니다. ─ J. E. Evans, E. W. Maunder, "화성에서 관측된 '운하'의 실체에 관한 실험(Experiments as to the Actuality of the 'Canals' Observed on Mars)", 〈왕립 천문학회 월간지(Monthly Notices of the Royal Astronomical Society)〉 63 (1903)

3 여러분이 훌륭한 학자답게 주석을 꼼꼼히 읽어 보셨다면 이미 알고 계실 것입니

다.—A. Hewish 외, "빠르게 맥동하는 무선 소스의 관측(Observation of a Rapidly Pulsating Radio Source)", 〈네이처(Nature)〉 217 (1968)

4   수십 년 동안 다양한 비외계인 설명이 제시되어 왔으며, 일부는 다른 것보다 더 설 득력이 있습니다. 하지만 모두가 동의하는 한 가지 사실은 오하이오주 콜럼버스에 서는 결코 일어날 수 없는 흥미로운 일이 일어났다는 것입니다.—Robert Gray, S. Ellingsen, "와우 지역에서 주기적 방출에 대한 탐색(A Search for Periodic Emissions at the Wow Locale)", 〈천체물리학 저널(Astrophysical Journal)〉 578 (2002)

5   진정한 문명인이 전자레인지가 울릴 때까지 기다리는 또 다른 이유입니다.— Petroff, E. 외, "파크스 전파 망원경에서 페리톤의 출처 확인", 〈왕립 천문학회 월간지 (Monthly Notices of the Royal Astronomical Society)〉 451 (2015)

6   전 세계 천문학자들은 먼지가 천문학의 거의 모든 이상 신호의 원인이라는 사실을 이미 알고 있었습니다.—Tabetha S. Boyajian 외, "KIC 8462852의 첫 번째 포스트 케 플러 밝기 하락(The First Post-Kepler Brightness Dips of KIC 8462852)", 〈천체물리 학 저널(Astrophysical Journal)〉 853 (2018)

7   적어도 먼지는 아니었습니다.—K. J. Meech 외, "붉고 매우 길쭉한 성간 소행성의 짧 은 방문(A Brief Visit from a Red and Extremely Elongated Interstellar Asteroid)", 〈네 이처(Nature)〉 552 (2017)

8   가장 가까운 지질학자를 찾아가서 안아 주고 암석도 멋지다고 말해 주세요.— Lars Borg 외, "화성 운석 ALH84001의 탄산염 나이(The Age of the Carbonates in Martian Meteorite ALH84001)", 〈사이언스(Science)〉 286 (1999)

9   그리고 매년 논쟁은 계속됩니다. 우리가 계속 귀를 기울여야 할까요? 외계인이 실 제로 존재할 수도 있지만, 우리에 대한 관심은 별로 없을 수도 있습니다.—"50세의 SETI(SETI at 50)", 〈네이처(Nature)〉 416 (2009)

10 한마디로 롤러코스터지요.—Freeman J. Dyson, "인공 항성에서 적외선 방사선 을 찾아서(Search for Artificial Stellar Sources of Infra-Red Radiation)", 〈사이언스 (Science)〉 131 (1960)

11 수십 년 동안 논쟁만 반복하다 보면 우리가 제대로 된 질문을 하고 있는지 의문이 들 기 시작합니다.—Michael H. Hart, "지구에 외계인이 없다는 설명(Explanation for the Absence of Extraterrestrials on Earth)", 〈왕립 천문학회 분기별 저널(Quarterly Journal of the Royal Astronomical Society)〉 16 (1975)

12 결국 드레이크 방정식은 희망과 꿈을 인쇄 가능한 숫자로 바꾸는 기계처럼 보입니 다.—T. L. Wilson, "외계 지성체 탐색(The Search for Extraterrestrial Intelligence)", 〈네이처(Nature)〉 409 (2001)

13 화성의 웅덩이 물은 독이 있으니 핥지 마세요. — L. Ojha 외, "화성의 반복적인 경사선상에 있는 수화염에 대한 스펙트럼 증거(Spectral Evidence for Hydrated Salts in Recurring Slope Lineae on Mars)", 〈자연 지구 과학(Nature Geoscience)〉 8 (2015)

14 때로는 제가 가장 좋아하는 천문학 단어 중 하나인 빙화산을 통해 우주로 분출되기도 합니다. — L. Roth 외, "유로파 남극의 일시적인 수증기(Transient Water Vapor at Europa's South Pole)", 〈사이언스(Science)〉 343 (2013)

15 Robert Brown, Jean Pierre Lebreton, Jack Waite, 편집. 〈카시니 호이겐스의 타이탄(Titan from Cassini-Huygens)〉, (베를린: Springer Science and Business Media 2009)

16 뜨거운 코코아 한 잔을 마실 수 있다면 말이지요. — John Johnson, 〈외계 행성은 어떻게 찾을 수 있나요?(How Do You Find an Exoplanet?)〉 (뉴저지 주 프린스턴: 프린스턴 대학교 출판부(Princeton University Press) 2015)

17 그리고 심지어 이 작은 붉은 별의 거주 가능 영역에 있다는 것은 매우 흥미로운 상황입니다. — G. Anglada-Escudé 외, "프록시마 센타우리 주변 온대 궤도에 있는 지구 행성 후보", 〈네이처(Nature)〉 536 (2016)

18 이 숫자는 실제 야구장에나 있을 법한 수치이므로, 그 사랑스러운 작은 세계 중 하나에 대한 소유권을 주장하고 싶은 만큼 아직은 너무 큰 기대를 걸지 마세요. — Eric A. Petigura 외, "태양과 같은 별을 도는 지구 크기의 행성 분포(Prevalence of Earth-size Planets Orbiting Sun-like Stars)", 〈미국 국립과학원 회보(Proceedings of the National Academy of Sciences of the United States of America)〉 110 (2013)

19 직접 살펴보세요. — https://breakthroughinitiatives.org/initiative/3

20 모든 사람이 특수 상대성 이론의 정확성을 즉시 인식했지만, 너무 이상했기 때문에 아무도 그것이 사실이기를 원하지 않았습니다. — Edwin F. Taylor, John Archibald Wheeler, 〈시공간 물리학: 특수 상대성 이론 입문(Spacetime Physics: Introduction to Special Relativity)〉, (뉴욕: W. H. Freeman, 1992)

16 _____ 화이트홀과 웜홀

1 상대성 이론의 다른 거의 모든 놀라운 결과와 마찬가지로, 이 이론은 아인슈타인이 논문을 발표하자마자 거의 바로 해결되었습니다. — Ludwig Flamm, "아인슈타인 중력 이론에 대한 논고(Beiträge zur Einsteinschen Gravitationstheorie)",

〈Physikalische Zeitschrift〉 XVII: 448 (1916)

2 그리고 상대성 이론의 다른 거의 모든 놀라운 결과와 마찬가지로, 전체 의미를 파악하는 데 수십 년이 걸렸습니다. —R. W. Fuller, J. A. Wheeler, "인과관계와 다중 연결 시공간(Causality and Multiply-Connected Space-Time)", 〈물리학 리뷰(Physical Review)〉 128 (1962)

3 바로 독일 수학입니다. —H. Reissner, "Über die Eigengravitation des elektrischen Feld nach der Einsteinschen Theorie", 〈Annalen der Physik〉 50 (1916)

4 전적으로 공개합니다. —저라면 그 놀이기구 표를 살 것입니다. Roy P. Kerr, "대수적으로 특수한 메트릭의 예로서 회전하는 질량의 중력장(Gravitational Field of a Spinning Mass as an Example of Algebraically Special Metrics)", 〈물리학 리뷰 레터스(Physical Review Letters)〉 11 (1963)

5 저를 탓하지 마세요. 저는 우주의 현재 상태에 대해 책임이 없습니다. —Michael Morris, Kip Thorne, Ulvi Yurtsever, "웜홀, 타임머신, 그리고 약한 에너지 상태(ormholes, Time Machines, and the Weak Energy Condition)", 〈물리학 리뷰 레터스(Physical Review Letters)〉 61 (1988)

6 여기서는 훨씬 더 까다롭고 미묘한 차이가 있지만(아마도 이 책 전체에 해당될 것입니다.) 좋은 출발점입니다. —H. Bondi, "일반 상대성 이론의 음의 질량(Negative Mass in General Relativity)", 〈현대 물리학 리뷰(Reviews of Modern Physics)〉 29 (1957)

7 아, 정말 괜찮아요. —S. K. Lamoreaux, "0.6~6μm 범위의 카시미르 힘 시연(Demonstration of the Casimir Force in the 0.6 to 6 μm Range)", 〈물리학 리뷰 레터스(Physical Review Letters)〉 78 (1997)

8 이 대화가 이렇게 학문적일 줄 누가 알았겠어요. —Christopher J. Fewster, Ken D. Olum, Michael J. Pfenning, "경계를 가진 시공간에서 평균 널 에너지 상태(Averaged Null energy Condition in Spacetimes with Boundaries)", 〈물리학 리뷰 D(Physical Review D)〉 75 (2007)

9 그들은 결국 땅에 도착합니다. 와, 정말 수학이 많이 나오네요. —Z. Fu 외, "짧은 이동 시간을 가지는 횡단 가능한 점근적으로 평평한 웜홀(Traversable Asymptotically Flat Wormholes with Short Transit Times)", (arXiv 전자 인쇄물: 1908.03273)

언뜻 보면 지구 어딘가에 외롭게 서 있는 산을 흑백으로 찍은 예술 사진처럼 보입니다. 그러나 이 사진은 우리 용감한 로제타 탐사선이 67P/추류모프-게라시멘코 혜성을 아주 가까이에서 찍은 것입니다. 몇 킬로미터 크기에 불과한 이 작은 혜성은 주로 화성과 목성 사이를 맴돌고 있습니다. 이 혜성을 가까이 마주하게 된다면 멋진 모험을 할 기회가 생긴 거예요. 모험 말이에요.

Courtesy of ESA/Rosetta/MPS for OSIRIS Team MPS/UPD/LAM/IAA/SSO/INTA/UPM/DASP/IDA

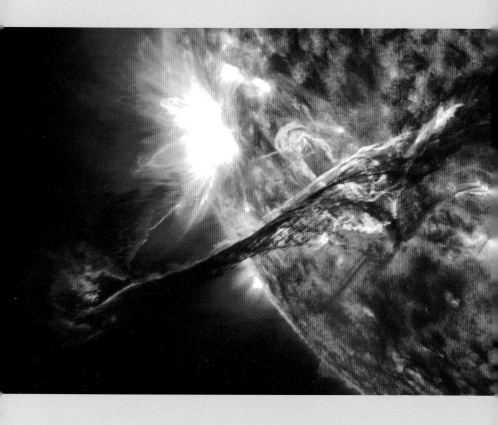

아주아주 궂은 날 태양이 점잖게 화내는 모습입니다. 과활성 자기장에 의해 발사된 플라스마가 특히 아름답게 두드러지지요. 하지만 이 플라스마는 지구를 통째로 몇 번이나 집어삼킬 수 있는 정도의 규모랍니다. 여러분은 (이 사진을 보기 전에는) 저기 떼쓰고 있는 아이의 성격이 나쁘다 정도로만 생각하셨죠?

Courtesy of NASA

빠르게 회전하는 우주의 좀비 별, 마그네타입니다. 이미 수명을 다했는데도 마치 살아 있는 것
처럼 보입니다. 별들의 어머니라도 사랑하기 어려울 만한 모습이지요. 설탕을 전혀 넣지 않은
크렘브륄레의 윗부분처럼 크러스트가 갈라질 때 발생하는 플레어를 예술가가 구현해 낸 이미
지가 분명합니다. 왜 그렇게 생각할까요? 어떤 탐사선이나 탐험가도 이런 폭발에서 살아남을
수 없기 때문이지요.

Courtesy of NASA's Goddard Space Flight Center/S. Wiessinger

제트를 뿜어내는 강착 원반은 사건의 지평선 그 자체입니다. 이들은 은하 중심에 있는 괴물 블랙홀로, 우주에서 가장 무시무시한 엔진으로 알려져 있습니다. 퀘이사, 블레이자 등 원하는 대로 부르세요. 이런 블랙홀 하나가 은하 전체를 재구성할 수도 있습니다. 간단히 말해 블랙홀은 무서운 존재입니다. 블랙홀을 방문하고 싶다면 말리지는 않겠지만 저는 안전하게 여기 있을게요. 아주 멀리 떨어진 이곳에요.

Courtesy of NASA/JPL/Caltech